国家出版基金项目
NATIONAL PUBLICATION FOUNDATION

"十三五"
国家重点出版物出版规划项目

陆战装备科学与技术·坦克装甲车辆系统丛书

装甲车辆动力传动系统试验技术

Test Technology for Armored Vehicle Drivetrain

徐保荣 李远哲 张金乐 崔涛 万丽 著

北京理工大学出版社
BEIJING INSTITUTE OF TECHNOLOGY PRESS

内 容 简 介

本书介绍了装甲车辆动力传动系统发展及试验现状、试验评价理论，构建了装甲车辆动力传动系统试验评价指标体系，分析了动力传动系统扭振试验、热平衡试验、自动解闭锁性能试验等试验项目的设计理论，论述了试验仪器、试验系统、试验场地等动力传动系统试验资源条件，从动力装置、传动装置、动力传动系统以及整车匹配性4个层面介绍了典型试验项目的试验方法，系统梳理了动力传动系统综合性能评价基本流程和常用方法，提出了试验数据处理与管理的基本要求和方法，展望了装甲车辆动力传动系统试验的发展方向和趋势。

本书重点介绍装甲车辆动力传动系统试验基础理论，兼顾了内容的可操作性，主要面向坦克装甲车辆科研管理部门、总体论证单位、试验基地和研制单位的研究人员、工程技术人员和管理人员，也可作为高等院校及相关专业的教材。

图书在版编目（CIP）数据

装甲车辆动力传动系统试验技术／徐保荣等著． —北京：北京理工大学出版社，2020.6

（陆战装备科学与技术·坦克装甲车辆系统丛书）

国家出版基金项目　"十三五"国家重点出版物出版规划项目　国之重器出版工程

ISBN 978 – 7 – 5682 – 8482 – 0

Ⅰ. ①装…　Ⅱ. ①徐…　Ⅲ. ①装甲车 – 动力系统 – 系统试验②装甲车 – 传动系 – 系统试验　Ⅳ. ①TJ811

中国版本图书馆 CIP 数据核字（2020）第 084930 号

出　　版／北京理工大学出版社有限责任公司
社　　址／北京市海淀区中关村南大街 5 号
邮　　编／100081
电　　话／(010)68914775(总编室)
　　　　　(010)82562903(教材售后服务热线)
　　　　　(010)68948351(其他图书服务热线)
网　　址／http://www.bitpress.com.cn
经　　销／全国各地新华书店
印　　刷／北京捷迅佳彩印刷有限公司
开　　本／710 毫米 × 1000 毫米　1/16
印　　张／32
字　　数／556 千字
版　　次／2020 年 6 月第 1 版　2020 年 6 月第 1 次印刷
定　　价／156.00 元

责任编辑／陈莉华
文案编辑／陈莉华
责任校对／周瑞红
责任印制／王美丽

《国之重器出版工程》
编辑委员会

专家委员会委员（按姓氏笔画排列）：

于　全　中国工程院院士

王　越　中国科学院院士、中国工程院院士

王小谟　中国工程院院士

王少萍　"长江学者奖励计划"特聘教授

王建民　清华大学软件学院院长

王哲荣　中国工程院院士

尤肖虎　"长江学者奖励计划"特聘教授

邓玉林　国际宇航科学院院士

邓宗全　中国工程院院士

甘晓华　中国工程院院士

叶培建　人民科学家、中国科学院院士

朱英富　中国工程院院士

朵英贤　中国工程院院士

邬贺铨　中国工程院院士

刘大响　中国工程院院士

刘辛军　"长江学者奖励计划"特聘教授

刘怡昕　中国工程院院士

刘韵洁　中国工程院院士

孙逢春　中国工程院院士

苏东林　中国工程院院士

苏彦庆　"长江学者奖励计划"特聘教授

苏哲子　中国工程院院士

李寿平　国际宇航科学院院士

李伯虎	中国工程院院士
李应红	中国科学院院士
李春明	中国兵器工业集团首席专家
李莹辉	国际宇航科学院院士
李得天	国际宇航科学院院士
李新亚	国家制造强国建设战略咨询委员会委员、中国机械工业联合会副会长
杨绍卿	中国工程院院士
杨德森	中国工程院院士
吴伟仁	中国工程院院士
宋爱国	国家杰出青年科学基金获得者
张　彦	电气电子工程师学会会士、英国工程技术学会会士
张宏科	北京交通大学下一代互联网互联设备国家工程实验室主任
陆　军	中国工程院院士
陆建勋	中国工程院院士
陆燕荪	国家制造强国建设战略咨询委员会委员、原机械工业部副部长
陈　谋	国家杰出青年科学基金获得者
陈一坚	中国工程院院士
陈懋章	中国工程院院士
金东寒	中国工程院院士
周立伟	中国工程院院士

郑纬民	中国工程院院士
郑建华	中国科学院院士
屈贤明	国家制造强国建设战略咨询委员会委员、工业和信息化部智能制造专家咨询委员会副主任
项昌乐	中国工程院院士
赵沁平	中国工程院院士
郝　跃	中国科学院院士
柳百成	中国工程院院士
段海滨	"长江学者奖励计划"特聘教授
侯增广	国家杰出青年科学基金获得者
闻雪友	中国工程院院士
姜会林	中国工程院院士
徐德民	中国工程院院士
唐长红	中国工程院院士
黄　维	中国科学院院士
黄卫东	"长江学者奖励计划"特聘教授
黄先祥	中国工程院院士
康　锐	"长江学者奖励计划"特聘教授
董景辰	工业和信息化部智能制造专家咨询委员会委员
焦宗夏	"长江学者奖励计划"特聘教授
谭春林	航天系统开发总师

《陆战装备科学与技术·坦克装甲车辆系统丛书》
编写委员会

编者序

　　坦克装甲车辆作为联合作战中基本的要素和重要的力量，是一种最具临场感、最实时、最基本的信息节点和武器装备，其技术的先进性代表了陆军装备现代化程度。

　　装甲车辆涉及的技术领域宽广，经过几十年的探索实践，我国坦克装甲车辆技术领域的专家积累了丰富的研究和开发经验，实现了我国坦克装甲车辆从引进到仿研仿制再到自主设计的一次又一次跨越。在车辆总体设计、综合电子系统设计、武器控制系统设计、新型防护技术、电子电气系统设计及嵌入式软件设计、数字化与虚拟仿真设计、环境适应性设计、故障预测与健康管理、新型工艺等方面取得了重要进展，有些理论与技术已经处于世界领先水平。随着我国陆战装备系统的理论与技术取得重要进展，亟需通过一套系统全面的图书来呈现这些成果，以适应坦克装甲车辆技术积淀与创新发展的需要，同时多年来我国坦克装甲车辆领域的研究人员一直缺乏一套具有系统性、学术性、先进性的丛书来指导科研实践。为了满足上述需求，《陆战装备科学与技术·坦克装甲车辆系统丛书》应运而生。

　　北京理工大学出版社联合中国北方车辆研究所、内蒙古金属材料研究所、北京理工大学、中国人民解放军陆军装甲兵学院、南京理工大学、中国人民解放军陆军军事交通学院和中国兵器科学研究院等单位一线的科研和工程领域专家及其团队，策划出版了本套反映坦克装甲车辆领域具有领先水平的学术著作。本套丛书结合国际坦克装甲车辆技术发展现状，凝聚了国内坦克装甲车辆技术领域的主要研究力量，立足于装甲车辆总体设计、底盘系统、火力系统、防护系统、电气系统、电磁兼容、人机工程、质量与可靠性、仿真技术、协同作战辅助决策等方面，围绕装甲车辆"多功能、轻量化、网络化、信息化、全电化、智能化"的发展方向，剖析了装甲车辆的研究热点和技术难点，既体现了作者团队原创性科研成果，又面向未来、布局长远。为确保其科学性、准确性、权威性，丛书由我国装甲车辆领域的多位领军科学家、总设计师负责校审，最后形成了由24分册构成的《陆战装备科学与技术·坦克装甲车辆系统丛书》，具体名称如下：《装甲车辆概论》《装甲车辆构造与原理》《装甲车辆行驶原理》《装甲车辆设计》《新型坦克设计》《装甲车辆武器系统设计》《装甲车辆火控系统》《装甲防护技术研究》《装甲车辆机电复合传动系统模式切换控制理论与方法》《装甲车辆液力缓速制动技术》《装甲车辆悬挂系统设计》《坦克装甲车辆电气系统设计》《现代坦克装甲车辆电子综合系统》《装甲车辆嵌入式软件开发方法》《装甲车辆电磁兼容性设计与试验技术》《装甲车辆环境适应性研究》《装甲车辆人机工程》《装甲车辆制造工艺学》《坦克装甲车辆通用质量特性设计与评估技术》《装甲车辆仿真技术》《装甲车辆试验学》《装甲车辆动力传动系统试验技术》《装甲车辆故障诊断技术》《装甲车辆协同作战辅助决策技术》。

《陆战装备科学与技术·坦克装甲车辆系统丛书》内容涵盖多项装甲车辆领域关键技术工程应用成果，并入选"国家出版基金"项目、"'十三五'国家重点出版物出版规划"项目和工信部"国之重器出版工程"项目。相信这套丛书的出版必将承载广大陆战装备技术工作者孜孜探索的累累硕果，帮助读者更加系统、全面地了解我国装甲车辆的发展现状和研究前沿，为推动我国陆战装备系统理论与技术的发展做出更大的贡献。

丛书编委会

前　言

　　动力传动系统是装甲车辆的核心关键部件，是实现陆基机动、地面突击、地面保障的关键装置，也是实现军用车辆"高机动性、强大火力、综合防护能力和先进信息化"的重要机动平台，是一个国家综合国力的重要标志。

　　动力传动系统的发展是高机动武器平台的核心推动力量。第一，可满足未来高机动武器平台要求动力传动系统必须具备高功率密度的要求，通过油气良好匹配与燃烧强化，不断提高发动机的平均有效压力，同时通过转速强化，提高现有柴油机和液力机械综合传动装置的功率传递能力，减小体积，提高动力传动系统功率密度。第二，从未来战争对装备的需求分析来看，动力传动系统不仅是实现高机动性的直接保证，也是未来战术高能激光武器、电磁和电热化学发射、主动悬挂、主动防护等新技术应用以及信息力提升的电力来源，需要大力发展新型机电混合驱动系统。第三，以自由活塞发动机、自由活塞发电机以及液压无级传动、牵引传动等为特征的新型动力传动形式蓬勃发展，可以实现能量高效转化和动力柔性无级传递。开展装甲车辆动力传动系统试验技术研究，构建动力传动系统试验评价指标体系，探索和完善环境适应性试验、可靠性试验、耐久性试验、匹配性能试验等试验方法以及实现途径，对于验证设计思想、产品定型决策和推动关键技术发展具有十分重要的意义。

　　本书介绍了装甲车辆动力传动系统发展及试验现状、试验评价理论，构建了装甲车辆动力传动系统试验评价指标体系，分析了动力传动系统扭振试验、热平衡试验、自动解闭锁性能试验等试验项目的设计理论，论述了试验仪器、试验系统、试验场地等动力传动系统试验资源条件，从动力装置、传动装置、动力传动系统以及整车匹配性4个层面介绍了典型试验项目的试验方法，提出了试验数据处理与管理的基本要求和方法，系统梳理了动力传动系统综合性能评价的基本流程和常用方法，展望了装甲车辆动力传动系统试验的发展方向和趋势。

本书由徐保荣、李远哲负责拟定编写大纲，李远哲和万丽统稿。全书共分为 7 章，徐保荣负责全书的审定并撰写第 1、4 章的全部内容和第 7 章的第 1 节，李远哲负责撰写第 2、3、5 章的第 4 节以及第 6 章的全部内容和第 7 章的第 2 节，张金乐负责撰写第 2、3、5 章的第 2、3 节，崔涛负责撰写第 2、3、5 章的第 1 节。

在编写过程中，参考了引用文献以及其他许多相关资料的成果，得到了许多人员的热心指导、支持和帮助。在此特别表示衷心的感谢！同时也对所有关心本书撰写的领导和同事们表示衷心的感谢！

由于编写时间和编者学识水平所限，书中难免有不妥之处，敬请批评指正。

著　者
2020 年 1 月

目　录

第 1 章

绪　　论

　　动力传动系统是装甲车辆的重要组成部分，是影响其机动性能的关键要素，对于装甲车辆作战效能发挥和战场生存能力提升具有十分重要的作用。动力传动系统试验贯穿于其设计、验证、鉴定、使用等多个阶段，除具有一般试验的基本特点外，在试验对象、评价指标、试验手段、试验方法等方面还具有自身的显著特征。本章在概述装甲车辆动力传动系统国内外发展现状的基础上，介绍了动力传动系统试验的作用、意义、类别、特点，分析了动力传动系统试验的现状和发展趋势。

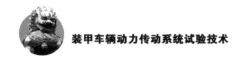

|1.1 装甲车辆动力传动系统国内外发展现状|

1.1.1 国外装甲车辆动力传动系统的发展现状

第二次世界大战之后，以主战坦克为代表的坦克装甲车辆发展了四代，动力系统经历了由追求功率提升到追求功率密度提升的转变，如美国的未来作战系统（FCS）和未来侦察系统（FSCS）、英国的快速反应地面系统（FLCS）、德国的新型装甲作战平台（NGP）、法国的空地一体化作战计划（BOA）等。为满足火力、装甲防护和机动性要求，对发动机和传动装置的功率和紧凑性提出了很高的要求。

动力装置从供油、增压、电控、结构可靠性、材料、制造工艺等单项技术和先进部件技术方面不断提升发动机功率密度；综合考虑总体布置、结构及性能匹配等诸多因素，应用"综合集成"和"一体化"设计理念，发展一体化装置；特别注重动力与辅助系统的结构集成设计与性能优化匹配，为满足未来陆上机动平台液力机械传动、机电复合传动、电传动等多种传动形式的发展要求，发展集成式动力系统（PPLT），涌现出如整体式推进系统 XAP - 1100（AIPS）和高水平的 MT880 系列柴油机等典型产品。

液力机械综合传动装置伴随装甲平台的发展需要，呈现出高功率密度（体积功率密度为 1 000 ~ 1 200 kW/m³、吨功率密度为 480 ~ 590 kW/t）、高机动性（最大车速 90~100 km/h、平均越野速度 65~96 km/h）、高可靠性（首次大修间隔里程 10 000~12 000 km，MKBF1 000~1 200 km）以及高信息化程度的技术特点，主要采用带闭锁离合器的液力变矩器、多自由度行星变速机构、静液无级转向、电液自动操纵、联合制动等关键部件技术，以及具有集高精度控制、故障诊断、状态检测及整车信息通信于一体的综合管理系统，其代表产品为德国 HSWL295、法国 ESM500 和美国 X1100-3B 综合传动装置等。

以下以国家为区分，分别介绍不同国家动力传动系统的发展与典型产品。

一、美国

1982 年，美国陆军开始执行重型战车的先进整体式推进系统（AIPS）规划，研制成果包括两个典型的先进集成式推进系统：由通用电气公司航空发动机部开发的 LV100 推进系统和由康明斯发动机公司开发的 XAP-1100 推进系统。

LV100 推进系统采用的技术都是低风险的，只是在现有技术基础上采用了如下的新结构以满足提高燃油经济性和减小体积等主要要求，包括：

①采用可变截面压气机和涡轮，保证在部分负荷下有良好的燃油经济性。

②改进了回热器，采用椭圆形截面的热交换管，以增大管的表面面积，从而提高传热效率。

③采用高冷却能力的油冷系统，易于散热，超过了 TACOM 对冷却系统的要求，从而能防止高温过热。

X 型传动装置是美国底特律柴油机阿里逊公司专门为美国陆军履带式坦克装甲车辆设计的传动装置。初期型号是 X-700 型传动装置，计划用于 50 吨级、588 kW（800 马力，1 马力 = 735 瓦）的履带式装甲车辆。由于更高功率发动机在主战坦克上的采用，80 年代开始研制 X-1100 型传动装置，并提出以下设计目标：适合配用燃气轮机和柴油机；能够传递 956~1 103 kW（1 300~1 500 马力）的总功率；适合 49~58 t 车辆使用；车辆最大速度达 64~80 km/h；制动减速度达 4.88~6.1 m/s²；具有原位转向能力和无级液压转向性能；有高速倒挡；有高的可靠性和耐久性。

X-1100 型传动装置由液力变速器、输入传动齿轮组、行星变速机构、液压转向装置、制动装置和操纵装置等部件组成。有 6 个前进挡、2 个倒挡，变矩器在低速下使用，在一挡速度以上变矩器闭锁，传动装置内还有 1 个液力制动器，从而具有连续制动能力而不会导致制动器过分磨损。采用发动机与传动装置并列布置的方案，相对于车辆均为横置。发动机与传动装置之间由一传动箱连接，这种布置可缩短动力舱长度。总体布置十分紧凑，形成了一个部件密集的长方体。

该传动装置包括 3 个型号：X-1100-1 型，适合与通用汽车（GM）公司的 XM1 坦克样车所用的泰莱达因大陆（Teledyne Continental）公司生产的 AVCR-1360 可变压缩比柴油机匹配使用；X-1100-2 型，适合与 M60 系列坦克所用的泰莱达因大陆公司生产的 AVDS-1790 柴油机匹配使用；X-1100-3 型，适合与克莱斯勒（Chrysler）公司的 XM1 坦克样车所用的莱卡明（Lycoming）公司生产的 AGT-1500 燃气轮机匹配使用。

XAP-1100、M1 坦克燃气轮机 AGT-1500、M1 坦克燃气轮机横置方案（TMEPS）的体积、油耗比较如表 1-1 所示。

表 1-1　三种方案体积和油耗对比

项目	AGT-1500	TMEPS	XAP-1100
使用油耗/[L·（战斗日）⁻¹]	2 650	2 120	1 260
体积/m³	8.5	6.51	4.39

二、德国

以 MTU883 发动机和伦克（RENK）公司的 HSWL295TM 传动装置为主要部件构成的欧洲动力装置（Euro Power Pack，EPP）是先进整体式推进系统的另一个典范。其两代产品的主要区别是发动机的强化程度不同，两代产品发动机的主要性能和参数对比如表 1-2 所示。

表 1-2　欧洲动力装置（EPP）技术数据

技术数据	第一代 MT883Ka-500	第二代 MT883Ka-501
标定功率/kW （标定功率/mHp）	1 100 （1 500）	1 210 （1 650）
标定转速/(r·min⁻¹)	2 700	3 000
最大转矩/(N·m) 最大转速/(r·min⁻¹)	—	5 000 （2 000）
质量比功率/(kW·kg⁻¹)	0.67	0.74
体积比功率/(kW·m⁻³)	890	970
比油耗/[g·(kW·h)⁻¹]	220	215
满负荷烟度（BOSCH，BSU）	<1.2	<0.3
冷却系统散热量/kW	620	640

续表

技术数据	第一代	第二代
	MT883Ka – 500	MT883Ka – 501
压缩比	14	17
缸径/mm（冲程/mm）	144（140）	144（140）
燃油系统	单体泵喷油系统	共轨式燃油系统

　　欧洲动力装置所用的 MTU883 发动机以高单位体积功率在世界坦克发动机中著称。本体的安装体积为 1.04 m³，由发动机、传动装置和冷却系统组成的整个动力装置体积为 4.53 m³，该欧洲动力装置比豹 II 坦克（图 1 – 1）原来动力装置几乎缩短了 1 m，节约了约 3 m³ 的动力舱空间，使豹 II 坦克加速更快，节油约 15%。安装欧洲动力装置的挑战者 2E 坦克动力舱空间节约了 1.7 m³ 的空间。

图 1 – 1　德国豹 II 坦克动力装置

　　HSWL354 传动装置（图 1 – 2）是伦克公司 HSWL 系列传动装置中传递功率最大的型号，最初是为联邦德国与美国联合研制 MBT – 70 坦克发展的，豹 II 坦克最终选用 HSWL354/3 型传动装置。HSWL354/3 型液力机械综合传动装置，由自控闭锁液力变矩器、正倒车机构、行星变速机构、液力 – 液压转向装置、液力制动器、汇流行星排和操纵装置等部件组成。所有部件均装在一个铝合金箱体里，净重 2 100 kg，齿轮和轴都经过表面硬化处理或调质处理。在豹 II 坦克上该传动装置用联轴器与发动机和侧传动装置相连接，与发动机和冷却系统构成整体，支承在车体后部，带动 2 个冷却风扇，消耗功率 162 kW（220马力）。

图 1 – 2　HSWL354 传动装置

伦克公司的 HSWL256 型传动装置（图 1 – 3）由一个带闭锁离合器的液力变矩器、一个转向机构和一个 6 挡变速装置组成。变矩器的特性和传动装置的挡位划分与预先所考虑的高功率柴油发动机的扭矩特性有最佳的匹配。HSWL256 型传动装置的一个最重要创新是电液传动装置控制系统。

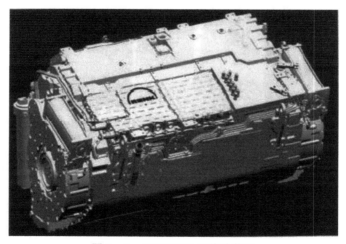

图 1 – 3　HSWL256 型传动装置

三、法国

法国"勒克莱尔"坦克的推进系统采用了 UNI V8 X – 1500 超高增压柴油机、ESM500 液力机械综合变速箱（图 1 – 4）、高效板翅式散热器、离心式风扇等，功率为 1 103 kW，整体式吊装。

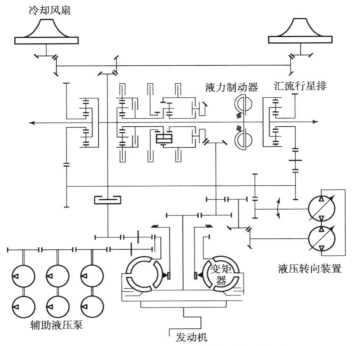

冷却风扇
液力制动器
汇流行星排
液压转向装置
变矩器
辅助液压泵
发动机

图 1 - 4　法国 ESM500 传动装置传动简图

　　ESM500 传动装置是法国瓦勒奥/塞纳·马恩省设备 （Valeo/SESM） 公司为法国 AMX 勒克莱尔主战坦克研制的 ESM500 型液力机械传动装置，它的最大特点是体积小、质量轻，液力变矩器可自动闭锁，该传动装置可传递 882 ~ 1 103 kW （1 200 ~ 1 500 马力） 功率，适合 50 ~ 60 吨级车辆使用，其最大特点是结构紧凑、质量轻，长 1.03 m、宽 1.562 m、高 0.67 m、重 1 900 kg （不含制动器），比豹 Ⅱ 坦克使用的 HSWL354/3 传动装置 （长 1.04 m、宽 1.72 m、高 0.78 m、重 2 100 kg） 更紧凑、更轻。

　　法国正在以 V8X1500 发动机和 ESM500 传动装置为基础，设计一种新型整体式推进系统，该系统的体积将比 AMX 勒克莱尔坦克的推进系统减小 30%。

　　西方主战坦克液力机械综合传动装置性能参数比较如表 1 - 3 所示。

表 1 - 3　西方主战坦克液力机械综合传动装置性能参数比较

车辆	挡位 （前/倒）	体积/m³	质量/kg	功率密度/(kW · m⁻³)	单位功率质量/(kg · kW⁻¹)
M1A2	4/2	1.58	1 969	698	1.79

续表

车辆	挡位（前/倒）	体积/m³	质量/kg	功率密度/(kW·m⁻³)	单位功率质量/(kg·kW⁻¹)
挑战者	4/3	2.05	2 335	430	2.65
韩国 XK2	4/2	0.97	1 500	904	1.70
豹 Ⅱ	4/2	1.34	2 100	822	1.9
勒克莱尔	4/2	1.05	1 800	1 047	1.63

四、俄罗斯

苏联坦克动力舱的尺寸一直是国外所有坦克中最小的。T-64、T-72、T-80 主战坦克的推进装置分别采用了二冲程、四冲程柴油机和燃气轮机，柴油机为横置，燃气轮机为纵置，传动为双侧机械式行星变速箱。俄罗斯最新的 T-14 主战坦克动力传动总成由 X 型 12 缸、四冲程涡轮增压中冷发动机与传动装置等构成，实现了整体吊装，如图 1-5 所示。动力传动系统具有高紧凑性以及较高的扭矩储备系数，匹配定轴式机械传动变速箱。

图 1-5　T-14 主战坦克动力传动总成

作为 T-14 主战坦克动力的 A-85-3 柴油机为由三个缸排组成的 X 型 12 缸机，上、下缸排夹角 120°，缸径 150 mm，主缸行程 160 mm，采用四冲程、涡轮增压中冷，如图 1-6 所示。采用整体式、铝合金缸盖、顶置凸轮轴、连身机体。上排左气缸及其对应的下排气缸为主缸，右气缸及其对应的下排气缸为副缸，副缸行程大于主缸。进气歧管设有进气预热装置。两个压比为 3.5 ~ 4 的涡轮增压器，布置在发动机左、右两侧的后端。发动机功率输出，经曲轴

齿轮与传动装置相连。A－85－3 涡轮增压中冷柴油机的性能列于表 1－4。

图 1－6 T－14 主战坦克动力 A－85－3 柴油机实物

表 1－4 俄罗斯 A－85－3、德国 MT883ka、10VMT890 的对比

发动机型号	A－85－3	MT883Ka－501	10VMT890
国别	俄罗斯	德国	德国、美国
安装车型	T－14	"梅卡瓦" 4	混合动力试验平台
发动机排量/L	34.6	27.36	10
标定功率/kW	1 103	1 103	808
标定功率转速/(r·min^{-1})	2 000/2 400	2 700	4 250
最大扭矩/(N·m)	6 324	4 550	2 070
扭矩储备系数	1.20～1.25	1.17	1.14
燃油消耗率/[g·(kW·h)$^{-1}$]	218	208	—
外廓尺寸（$L \times B \times H$）	812×1 300×820	1 488×972×742	—
质量/kg	1 550	1 800	860
活塞平均速度/(m·s^{-1})	10.67/12.8	12.6	15.16
平均有效压力/MPa	1.95/1.6	1.79	2.6
升功率/(kW·L^{-1})	31.88	40.3	81
比质量/(kg·kW^{-1})	1.41	1.63	1.1
单位体积功率/(kW·m^{-3})	1 273.7	1 028	～1 200

五、日本

日本 10 式主战坦克采用三菱公司 4 冲程 V 型 8 缸水冷涡轮增压机，如图 1 – 7 所示，最大功率输出为 1 200 PS①（转速为 2 300 r/min 时），单位功率为 16. 37 kW，升功率为 70. 6 PS/L，体积功率为 1 594 PS/m³，采用可变正时气门、电子控制喷油系统，在发动机气缸及其他部件使用陶瓷涂层技术来实现隔热，进而确保良好的热效率。

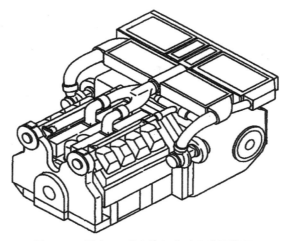

图 1 – 7　日本 10 式主战坦克动力装置简图

10 式主战坦克变速箱是由一个三挡的机械变速箱和一个 HMT 液压无级变速器通过行星齿轮汇力，成为第一个无级变速的坦克变速箱。在坦克常用的速度段，HMT 比有级变速机构具有更高的起动轮轴输出力，而且在起动和低速加速阶段能更快地增大输出。在起动段和中低速时的机动性会更好，对于主战坦克在崎岖地形或狭窄蜿蜒道路十分有利，灵敏性与加速性能都比 90 式提升。液压式无级自动变速箱能够实现连续的无级变速和无级转向。

六、印度

印度国防研究与发展局战车研发部（CVRDE）为实现国产化，召集了军事专家和技术人员共同参与未来主战坦克动力组件的研制，计划设计功率为 1 343 kW 的发动机及传动系统。其中 1 119 kW 的功率足以带动 50 t 的未来主战坦克，另外 224 kW 的功率可作为储备，用来驱动将来可能增加的车重。

---

　① PS 表示公制马力，1 kW = 1. 36 PS。

1.1.2 国内装甲车辆动力传动系统的发展现状

一、动力装置的发展

我国军车动力的研制经历了从引进仿制，改进提高，到自行研制的艰苦历程。主要机型以 150 系列柴油机为主。通过几十年的努力，升功率由第一代坦克柴油机的 9.8 kW/L 发展到第二代的 19.1 kW/L，第三代提高到了 32.5 kW/L，平均有效压力接近 1.9 MPa，但是活塞平均速度始终没有超过 12 m/s。与以德国 MTU 公司 MT890 系列柴油机为代表（升功率为 92 kW/L）的国外先进动力系统相比差距很大。究其原因主要是：（1）150 mm 直径的活塞组质量偏大，惯性力制约了转速的提高；（2）摩擦磨损、润滑技术没有突破。因此，适当减小发动机的缸径，提高平均有效压力，提高发动机转速，是提高柴油机功率密度的有效措施。

图 1-8 表示了高紧凑型柴油机体积功率和单缸功率随缸径的变化趋势。由于近期内我国高强化柴油机活塞平均速度难以出现较大幅度的提高，目前最适合我国国情的高功率密度柴油机缸径范围在 125~135 mm 之间。

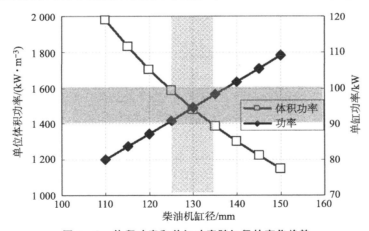

图 1-8 体积功率和单缸功率随缸径的变化趋势

在借鉴 8×8 轮式步兵战车用 BFM1015（缸径 132 mm）柴油机军用化的成功经验后，北京理工大学 2000 年年初进行了"新一代柴油机性能预测与分析"课题研究工作，成功论证了选用 132 mm 缸径现有民机进行强化达到高体积功率的潜力和可行性，并于 2006 年 6 月在单缸机上实现了单缸 92 kW 的指标；"十一五"期间，开展了"数字化柴油机技术"预研课题研究，在消化和吸收德国道依茨公司 TCD2015 V8 柴油机技术的基础上，开展了高强化柴油机关键技术研究，获得整机 736 kW 的基本性能。

新 132 柴油机研制是以道依茨 TCD2015 柴油机为基础平台，通过全新构建高效燃烧系统、进排气系统、高压比增压系统、电控单体泵供油系统、综合电子控制系统，重新设计气缸盖、配气机构、平衡机构、冷却润滑系统，采取提高转速强化平均有效压力的技术路线，功率强化幅度达 35% 以上。为达到功率强化的目标，新 132 系列柴油机采用的主要技术方案是：发动机转速从 2 100 r/min 提高到 2 500 r/min，在冲程不变的情况下，活塞平均速度从 10.15 m/s 提高至 12.1 m/s，平均有效压力从原机的 1.57 MPa 提高至 1.95 MPa，发动机强化系数增加接近 50%。

表 1-5 列出了德国道依茨 TCD2015 原机、用于新型轻型坦克动力研制的 8V132 柴油机和国外先进车用柴油机的主要技术参数对比。

表 1-5　新 132 系列柴油机技术参数对比

对比参数	道依茨 TCD2015	8V132	同级别国外典型机型
发动机型式	四冲程，水冷 8 缸，V90	四冲程，水冷 8 缸，V90	四冲程，水冷 8～12 缸
缸径（冲程）/mm	132（145）	132（145）	144（140）
转速/(r·min^{-1})	2 100	2 500	2 000-4 250
活塞平均速度/(m·s^{-1})	10.15	12.1	12～15.6
平均有效压力/MPa	1.57	1.95	1.8～2.6
功率/kW	440	650	>800
升功率/(kW·L^{-1})	27.5	40.6	40～92
燃油消耗/[g·(kW·h)$^{-1}$]	220	235	210
寿命/h	10 000	500	2 000

二、传动装置的发展

我国坦克传动技术的发展大致经历了三个技术阶段：机械传动、液力机械传动、液力机械综合传动。

（一）机械传动

从 20 世纪 50 年代开始，我国引进苏联 T-54A 中型坦克全套产品图纸、工艺技术文件和专用工装、设备，开始生产坦克机械变速箱和 59 式主战坦克。

之后，在不改变总体方案和基本结构的基础上，通过适应性改进加大了可传递的功率，先后生产了62式坦克、63式水陆坦克和69式主战坦克，但其传动装置的改进基本局限于引进的产品技术和生产线的范围内。

20世纪70至80年代，由于缺乏技术储备、基础设施条件以及基础技术研究，坦克传动技术还属于"三机"（机械传动、机械操纵及行动部分的机械悬挂）型式。如我国研制的第二代主战坦克（即88式主战坦克），其传动系统仍采用苏联的由传动箱、主离合器、定轴变速箱、二级行星转向机、机械制动器及侧传动等部件组成的分置式机械传动方案（图1-9）。在这个阶段，采用定轴式变速箱和机械操纵拉杆操纵主离合器的技术方式。

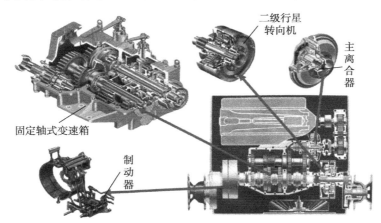

图1-9 59/69/80/96式坦克动力舱（12150L/ZL＋横置定轴式机械变速箱）

（二）液力机械传动

1999年定型的三代主战坦克其传动装置采用组合式液力机械传动箱（图1-10）将发动机动力，通过带闭锁离合器的液力变矩器传递给双侧变速箱，通过双侧变速箱，车辆可实现起步、变速、转向和制动等功能。与已装备的坦克相比，第三代主战坦克传动操作系统有很大的进步，使我国坦克传动技术实现了新的突破。在这个阶段，采用液力变矩器传动、机械拉杆与液压控制组合方式操纵的传动技术得到应用。

（三）液力机械综合传动

为满足我军军用履带车辆对高性能传动装置的急需，提高武器装备的现代化水平，我国从20世纪90年开始开展传动专项项目，明确了以液力机械综合传动为发展方向，目前采用传动专项技术的Ch1000、Ch700、Ch500、Ch300

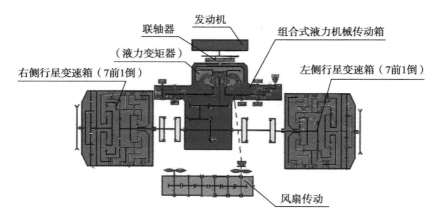

图1-10 第三代主战坦克组合式液力机械传动装置

四个挡次的综合传动装置（表1-6）已经形成产品序列，标志着我国军用履带车辆综合传动装置已经进入了全面应用时期。在这个阶段，普遍采用液力变矩、行星变速、液力机械联合制动、静液无级转向以及电液自动操纵等技术。

表1-6 "传动专项"传动系列化方案规划

型号	Ch1000	Ch700	Ch500	Ch300
功率范围/kW （功率范围/Hp）	730~100 1 000~1 500	480~730 650~1 000	330~480 450~650	220~330 300~450
适应吨位/t	40~52	25~32 32~40	18~25	12~18
最大车速 /(km·h^{-1})	65~70	55~70	60~70	65~70
变速机构	四种尺寸系列的多自由度行星变速机构			
操纵	电液自动操纵			
转向	液压无级转向			
适应车型	主战坦克	轻型坦克 155自行火炮	第二代步兵战车 122自行火炮 水陆坦克	装甲运输车
备注	四个挡次零部件尽可能通用			

|1.2 装甲车辆动力传动系统试验综述|

1.2.1 动力传动系统试验的作用和意义

动力传动系统试验是为满足装备科研、生产和使用需要，按照规定的程序和条件，对装备进行验证、检验和考核的活动。通过试验获取有价值的数据资料（信息），并对其进行处理、逻辑组合和综合分析，将其结果与规定的指标（如战术技术指标、作战使用要求等）进行分析比较，对实现动力传动系统研制目标的情况进行评价，对动力传动系统（包括系统、分系统及其部件）的指标进行评定，其目的是为动力传动系统的定型工作、部队使用、研制单位验证设计思想和检验生产工艺提供科学决策依据。

动力传动系统试验是车辆核心部件和陆军装备发展的重要手段，装备发展与装备试验技术的不断发展和完善是分不开的，试验是改善动力传动系统性能、提高产品质量不可缺少的重要环节，且随着装甲车辆动力传动系统关键技术的不断发展，动力传动系统试验技术也将不断提升，全面发展。

装甲车辆动力传动系统试验的作用意义表现在以下几个方面：

（1）作为装甲车辆的核心部件，动力传动系统是地面突击装备承载平台实现全域作战和机动作战的主要依托，是陆军装备实现机械化的关键技术。不同类型的动力传动系统必须具有良好的性能及较高的可靠性和适应性，这就在客观上要求对其进行全方面的试验考核。

（2）装甲车辆作战使用条件复杂，不同使用条件对动力传动系统的要求不同，无论其设计方案多么科学合理，也难以将所有因素都考虑在内，设计、制造、装备的好与坏都必须通过试验来验证。

（3）通过试验来验证和设计产品，提出改进产品性能、提高产品质量的方法。

（4）动力传动系统试验技术的发展，为动力传动系统理论研究和型号研制工作提供手段，为建立系统的理论基础提供依据。

（5）动力传动系统试验是决策部门方案选择、采购订货的基本依据，是降低决策风险的有效手段。

（6）动力传动系统试验是动力传动系统型号研制各阶段是否具备转阶段条件的基本依据。在原理样阶段，重在验证设计方案的合理性；在初样阶段，重在暴露关键问题并掌握解决方法；在正样阶段，重在确定指标达到程度、预估可靠性维修性水平；在军方试验阶段，主要解决被试品能否定型的问题；生产阶段，进一步发现动力传动系统研制缺陷，为新型号研制提供数据支持。

1.2.2 装甲车辆动力传动系统试验的类别和特点

随着现代科学技术的迅速发展，动力传动装备日益朝着模块化、轻量化、信息化和智能化方向发展。动力传动系统主要影响履带装甲车辆的机动性，包含加速性、最大车速、转向能力、制动能力，还影响车辆的燃油经济性等指标。动力传动系统主要存在的失效形式有疲劳强度失效、热变形失效、化学腐蚀失效、磨损失效、汽蚀及沉积构成的失效等。针对不同失效形式的特点需要开展不同的试验，以考核传动系统的功能性能等。例如，传动系统额定功率试验，可以考核动力传动系统的强度、热变形、磨损等性能；又如冷热冲击试验，动力传动系统在冷热交替的环境下运行，可考核动力传动系统的热变形、化学腐蚀、磨损、润滑与密封等性能。

国外产品开发人员非常重视动力传动产品的台架试验方法，首先对传动装置开展不同层次的 FMECA 分析、FTA 分析，根据各个部件和整机的薄弱环节，将特定的试验工况进行选取，从而在试验台架上能够针对产品的失效特性进行有针对性的试验。对于部件动态性能和可靠性试验方面，国外普遍掌握载荷谱的合成和分解技术，各个部件在刚强度设计方面有完善的载荷谱，能够开展专门的刚强度试验；在液压件抗污染试验方面，通过使用不同污染等级的油品，开展泵马达、液压阀等抗污染可靠性研究；在跑、冒、滴、漏、松方面，能够开展振动、液压冲击、高温、高压等综合工况试验，有效检验产品可靠性。相比国外，我国在整机和零部件的试验方面缺乏针对失效特征的试验，不能对各种试验工况进行有目的性的使用，台架试验深度和广度大大落后于国外。

所以动力传动系统的考核一方面是考核动力传动系统的功能、性能、环境适应性等指标；另一方面是考核动力传动系统在各种临界工况下的抗失效能力，此类试验主要是通过分析耐久性试验后各零部件的状态情况来评价耐久性是否通过。同时要求动力传动系统在试验过程中不可以出现严重的故障，如轴断裂、齿轮断裂等。一般地，按照试验内容类别，动力传动系统的试验主要分为性能试验、环境适应性试验、振动噪声试验和耐久性试验几种。

一、性能试验

机动性能是坦克装甲车辆的三大性能之一，动力传动系统的性能是保证其机动性能的关键。与国外先进的动力传动系统相比，国内产品功率损耗大、传动效率低。我国现役装备最先进的动力传动功率损失比勒克莱尔坦克 ESM500 传动装置高 60 kW 以上。坦克传动系统功率损耗大，传递到主动轮的净功率低，制约了坦克动力性；功率损耗大，所需散热辅助装置体积大，增加了推进系统的质量和体积；功率损耗大，热累计效应明显，热失效故障频发，影响了坦克的可靠性。

高机动坦克对动力传动系统提出了更高要求。高机动条件下，传动系统额定输入转速大幅提高，体积功率密度等指标需求也大幅提升，由此引起旋转构件线速度提高，功率损耗增加。为了适应新一代坦克和现役装备高机动发展的要求，提升主动轮净功率，减少热失效故障，减小散热系统体积和质量，必须研究动力传动系统动力性指标的试验测试方法。履带车辆转向台架试验模拟也有一定难度，中心转向和小半径转向的传动系统功率流向单一，均是通过动力机构输入功率、两侧履带输出功率实现；随着转向半径的增加，出现转向功率回流，即内侧履带由于制动作用从地面吸收功率，并且与发动机输入功率合并后同时传递到外侧履带；但转向半径进一步增加，两侧履带功率的功率流向再次趋于单一。对于使用电机作为驱动或者加载的试验台架而言，如何在转向过渡过程中将低速侧的加载电机转为动力电机，并将三个电机的转速及转矩变化和各个传动部件的运动学及动力学协调匹配是转向试验模拟的难点。

动力系统的性能主要包含动力性能、经济性能，主要使用有效功率、标定功率、有效扭矩、平均有效压力、燃油消耗率、机油消耗率等指标进行描述，主要开展转速特性试验、负荷特性试验、排放试验等。

传动系统的性能主要包含空损特性、效率特性、自动换挡性能、自动解闭锁性能、转向性能、磨合试验等，使用空损功率、效率、换挡品质、转向半径、中心转向时间、最大车速、0 ~ 32 km/h 加速时间等指标进行描述，主要开展起步、换挡、爬坡、效率、转向、制动等试验科目，从而科学评价传动装置的性能。

动力传动系统的性能主要包含动力性能、经济性能等，使用传递净功率、最大车速、高原起步动力因数、燃油消耗率等指标进行描述，主要开展动力传动牵引特性试验、动力传动扭振试验、动力传动联合制动试验、动力传动失速点试验等试验科目，从而评价动力传动系统的性能。

二、环境适应性试验

GJB 4239—2001《装备环境工程通用要求》中，将环境适应性定义为：装备（产品）在其寿命期预计可能遇到的各种环境的作用下，能实现其所有预定功能、性能和（或）不被破坏的能力，是装备的重要质量特性之一。环境适应性是评价装甲装备质量的重要指标。随着现代化战争的发展，战场环境复杂多变，装甲装备的环境适应性显得越来越重要。装甲装备环境适应性试验是检验其环境适应性优劣的关键环节，其研究旨在发现装甲装备全寿命周期各任务剖面中存在的与环境适应性相关的问题，通过结构或工艺的改进、防护措施的加强以及特殊装置的采用等技术措施来提高其环境适应能力，从环境适应性方面为装甲装备型号设计、论证和定型等工作提供规范、标准等方法手段，为使用阶段的保障工作提供理论依据与技术支持，并通过对在役装备的分析和总结，为新型号研制积累经验数据。

动力传动装备在高原、低温等特殊环境下故障频发，严重影响了装备的完好性和战斗力的发挥。针对动力传动系统的环境适应性指标主要考察动力传动系统在平原地区、高原地区等区域的适应能力。

动力系统的环境适应性主要包含海拔高度适应性、高温适应性、高寒适应性，主要开展高原起动试验、高温热平衡试验和低温起动试验。传动系统的环境适应性主要包含高温适应性、高寒适应性，主要开展低温起动试验。动力传动系统的环境适应性主要包含高温适应性、高寒适应性，主要开展低温起动试验、高原起步试验和高温热平衡试验。

三、振动噪声试验

18世纪欧洲工业革命以来，动力传动系统的振动、噪声问题已经影响到机械工业的各个领域。19世纪中期以来，各国广泛开展了动力传动系统的振动噪声研究。当前在民用车辆领域具有一些振动和噪声测试的规范，如GB 1495—2002《汽车加速行驶车外噪声限值及测量方法》，但在军用履带车辆领域，对于动力传动系统比较全面的振动噪声测试规范还处于空白。装甲车辆复杂的载荷工况、工作原理、机械结构，导致动力传动装置振动抑制难度大，振动烈度难以降低，从而制约了动力传动系统功率密度、可靠性等指标的持续提升。在车辆动力传动系统中，由于发动机燃气压力和惯性力矩呈周期性变化，这些力矩作用在发动机曲轴上形成激励力矩，轴系本身不但具有惯性，而且具有弹性，这些因素使系统产生扭振。当激励力矩等于系统固有频率时，系统将发生共振。共振时，系统中往往产生很大的扭振附加载荷，可能导致一系列后果。例如，曲轴、传动轴发生扭转性疲劳断裂；齿轮发生敲击、点蚀、噪声或者断裂；连接部件如弹性联轴器、减振器、连接法兰等发生损坏，以致断裂；通过振动表面向外界环境辐射出强烈的噪声。以上故障均可能导致整个动力传动系统动力传递中断，严重影响零部件和整个动力传动系统的可靠性和耐久性，同时还将引起车身的振动和噪声，影响舒适性。综上所述，必须开展

动力传动系统振动噪声试验。

动力系统的振动噪声试验主要包含振动试验和噪声试验。传动系统的振动噪声试验主要包含电子元器件冲击和振动试验以及传动装置本体的振动噪声试验。针对动力传动系统振动噪声试验主要开展装甲车辆野外振动试验、动力传动系统台架振动/扭振试验研究等。

四、耐久性试验

动力传动产品质量一致性差，可靠性低，严重制约了装备战斗力的发挥。由于可靠性设计水平低、工艺技术与生产装备落后，产品质量一致性差、可靠性低，平均故障时间不到国外同类装备的 50% 。未来动力传动产品的性能和可靠性指标将大幅提高。与这些要求不断提高不相适应的是，现有的动力传动台架试验方法主要是静态试验，无法达到设计验证和产品动态性能科学评价的目的。台架试验测试出的平均故障间隔里程与实车试验具有较大差异，故障模式与实车差异巨大，制约了动力传动性能和可靠性提升。针对由于试验过程中极限工况试验不足，试验内容不全面、缺乏动态试验的问题，制定了明确的试验鉴定工作要求，以性能试验主要解决装备"能用"问题，以作战试验主要解决装备"管用"问题，以在役考核主要解决装备"耐用"问题，未来装备试验将向贴近实战的大强度考核和各动态工况下产品使用极限方向转变。动力传动台架耐久性试验，是产品交付装车进行试验鉴定前最后一个质量管控窗口，通过研究获得耐久性试验方法，成为保证动力传动装置试验鉴定考核顺利进行的关键。

耐久性试验研究主要涉及实车载荷谱模拟、不同动力源试验方案制定等，从而全面考核动力传动产品的耐久性指标。

1.2.3 装甲车辆动力传动系统试验的现状

目前，为了更好地评价车辆动力传动系统性能，国内各高校、科研院所及试验机构做了大量研究和实践工作，主要包括三个方面，即发动机或传动装置性能试验技术研究、动力传动系统匹配性能评价技术研究、装备高原环境适应性试验技术研究。

一、动力传动系统评价研究

国内各研究机构在动力传动系统匹配评价研究领域的工作主要分为匹配评价指标和评价方法两个方面的内容。

在评价指标方面，一般主要从动力性和燃油经济性两个方面进行评价，对应指标主要包括功率输出系数、单位燃料消耗量系数、起动扭矩、变矩器高效工作范围等。江苏理工大学的何仁教授提出了驱动功率损失率和有效效率利用率两个新的指标。装甲兵工程学院的骆清国教授从动力性、燃油经济性、转向性、制动性、持续行驶性、可靠性、耐久性、操纵性、战场隐蔽性、环境适应性、可维修性、多燃料适应性、紧凑性、轻巧性、全寿命周期费用等 15 个方面研究了动力传动系统的 37 项评价指标。

在评价方法方面，主要有单项评价法和综合评价法两类。单项评价法主要是研究或试验鉴定人员根据工程需要就系统某一项或数项指标达到情况单独进行评价。综合评价法主要是根据不同指标权重和具体分值计算出动力传动系统性能综合评价值，对不同系统进行综合性能横向对比，所采用的数学模型有线性加权法、模糊评价法、理想解逼近法等。

二、动力传动系统试验设计研究

装甲车辆性能试验主要包括台架试验和实车试验两部分。

其中，台架试验部分通过军用标准形式基本完成了性能试验方法的制定，军用柴油机性能试验主要依据 GJB 1527—1992《装甲车辆柴油机通用规范》、GJB 5464.1—2005《装甲车辆柴油机台架试验》、GJB 2006—1994《装甲车辆柴油机涡轮增压器规范》等标准实施，传动装置主要依据 GJB 8099—2013《履带式装甲车辆定轴式综合传动装置通用规范》、GJB 8100—2013《履带式装甲车辆行星式综合传动装置通用规范》等标准实施。

实车试验部分主要通过最大速度测定、纵坡通过性能试验、通过规定障碍试验、平均速度测定、持续行驶性能试验、夜间行驶性能试验、动力传动系统冷却试验等性能试验项目检查动力传动系统性能，对应的军用标准有：

GJB 59.1—1985《装甲车辆试验规程　加速特性、最大和最小稳定速度试验》

GJB 59.3—1987《装甲车辆试验规程　起动性能试验》

GJB 59.9—1987《装甲车辆试验规程　通过规定障碍试验》

GJB 59.10—1987《装甲车辆试验规程　纵坡与侧坡通过性能试验》

GJB 59.12—1987《装甲车辆试验规程　制动性能试验》

GJB 59.13—1988《装甲车辆试验规程　转向性能试验》

GJB 59.14—1988《装甲车辆试验规程　持续行驶性能试验》

GJB 59.16—1988《装甲车辆试验规程　发动机燃油、润滑油消耗量测定及最大行程计算》

GJB 59.25—1991《装甲车辆试验规程　硬地拖钩牵引特性试验》

GJB 59.39—1991《装甲车辆试验规程 拖曳阻力测定》

GJB 59.40—1992《装甲车辆试验规程 车辆发动机装车试验》

GJB 59.44—1992《装甲车辆试验规程 动力传动系统冷却试验》

GJB 59.45—1992《装甲车辆试验规程 夜间行驶试验》

GJB 59.57—1995《装甲车辆试验规程 运输性试验》

GJB 59.59—1995《装甲车辆试验规程 平均速度测定》

《装甲车辆试验规程 综合传动装置装车适应性试验》（送审稿）

三、动力传动系统试验条件研究

长期以来，业内对装备在平原环境下的动力传动系统性能试验与评价研究较为集中，随着装备全域机动的需求进一步增强，近年来行业内在动力传动系统高原适应性研究方面也进行了一定程度的研究。研究内容主要包括高原环境特点、高原环境对发动机性能的影响、高原环境对动力传动系统性能的影响、高原环境对人员的影响等方面。

（1）高原环境特点主要包括：

①随着海拔的升高，大气压力下降，空气密度减少，含氧量降低；

②平均气温下降，昼夜温差大，年低温期长；

③气候干燥，降水量低，蒸发量高，日照辐射强，风沙尘大。

（2）高原环境对发动机性能的影响主要包括：

①功率下降，燃油消耗率升高；

②增压柴油机扭矩随海拔高度升高而减小，适应性系数低；

③排气温度升高，发动机热负荷增加；

④压气机工作效率下降，高效区变窄；

⑤涡轮增压器转速和涡轮前燃气温度上升；

⑥热负荷加大，冷却系统散热能力降低；

⑦冷起动能力下降；

⑧粉尘含量大，空气滤清器工作状况恶化。

（3）高原环境对动力传动系统性能的影响包括：

①转向、换挡、制动频繁，制动带、摩擦片磨损快；

②道路崎岖不平，振动剧烈，机件、仪表、仪器易损坏；

③河床碎石使履带易脱落损坏，并使负重轮橡胶损坏严重。

第 2 章

装甲车辆动力传动系统评价指标体系

评价指标是对试验对象综合性能的分解和量化表征，是开展动力传动系统试验设计、统筹试验资源、构建试验条件、实施试验评价的基本依据。本章从动力装置、传动装置、动力传动系统、整车匹配特性4个纬度构建动力传动系统试验评价指标体系。其中，动力装置、传动装置评价指标体系重点从单体设备层面对动力传动系统的两类主要构成装置进行性能评价，动力传动系统评价指标体系着力对动力装置、传动装置及其辅助系统匹配特性进行评价，整车匹配特性则强调动力传动系统与整车其他分系统以及作战使用环境之间的匹配效果。

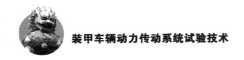
|2.1　动力装置评价指标体系|

　　装甲车辆的行驶速度、加速性、转向、爬坡，对各种障碍和水、软地面的通过性能及防护性能等均直接与它所采用的动力装置密切相关，对其诸如功率密度、瞬态响应、燃油经济性、可靠性、可维修性、耐久性、环境适应性和全寿命周期费用等性能都有严格的要求。对于装甲车辆动力装置而言，应以提高车辆战场生存能力为主要准则，即一方面应保障车辆要求的机动性能；另一方面应考虑发动机本身对车辆防护性能的影响，如发动机的结构紧凑性、红外特征和排气烟度等。

　　对装甲车辆动力装置评价指标可以从动力性、经济性、紧凑性、可维修性、耐久性、环境适应性和强化特性等方面进行分析。性能指标是对装甲车辆发动机各项技术要求以量化形式的体现，是对现有的发动机选型时进行评定、试验和鉴定的依据。但是动力装置的基本性能参数只能作为对动力装置的最基本的认识，不能作为试验鉴定工作当中对发动机进行鉴别和评价的基础。为了准确反映发动机的技术水平，通过对比、分析、计算，构建了如图 2 - 1 所示的装甲车辆动力装置的评价指标体系。

一、动力性指标

　　发动机动力性指标是表征发动机做功能力大小的指标，一般用标定功率、标定转速、转矩、活塞平均速度和平均有效压力等表征。

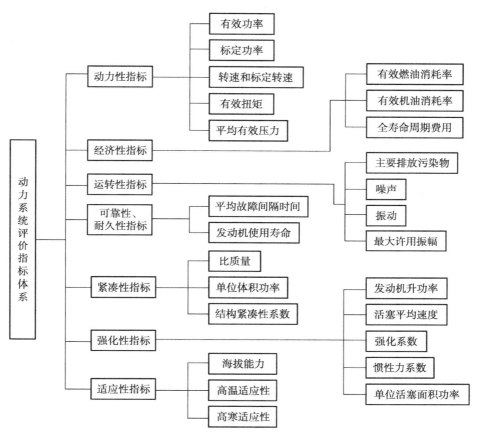

图 2 - 1　装甲车辆动力装置评价指标体系

（一）有效功率

发动机单位时间对外输出的有效功率，用 P_e 表示，单位为 kW，大小等于发动机的有效扭矩与曲轴角位移的乘积。发动机所能发出的功率越大，单位时间内做功越多，发动机动力性越强。

有效功率的公式为：

$$P_e = T_e \times (2 \times \pi \times n / 60) \times 1\ 000 = T_e \times n/9\ 550 \qquad (2-1)$$

式中　T_e——有效转矩（N·m）；

　　　n——转速（r/min）。

（二）标定功率

由于发动机有效功率会随着发动机的转速和扭矩的变化而变化，因此评价发动机的功率需要规定相应的条件。根据内燃机特性、用途和使用特点而确定的有效功率最大使用界限称为发动机的标定功率。发动机标定功率是指由发动机制造厂标定的，发动机装有实际使用条件下的全部附件，在试验台上按制造厂规定的转速运转一定时间所测得的输出功率。

根据我国国家标准规定，标定功率分为以下 4 种：

①十五分钟功率。十五分钟功率是指内燃机允许连续运转 15 min 的最大有效功率，适用于需要有短时良好的超负荷和加速性能的汽车、摩托车、快艇等用途的内燃机功率标定。

②一小时功率。一小时功率是指内燃机允许连续运转 1 h 的最大有效功率，适用于需要一定功率储备以克服突增负荷的工程机械、重型汽车、内燃机车及船舶等内燃机功率标定。

③十二小时功率。十二小时功率是指内燃机允许连续运转 12 h 的最大有效功率。适用于需要连续运转 12 h 而又需要充分发挥功率的拖拉机、工程机械、重型汽车及铁道牵引等内燃机功率标定。

④持续功率。持续功率是指内燃机允许长期连续运转的最大有效功率，适用于需要长期连续运转的电站、内燃机车、远洋船舶等内燃机功率标定。

常见发动机标定功率范围如表 2 – 1 所示。

表 2 – 1　常见发动机标定功率范围

动力装置	功率 /kW
现代主战坦克柴油机	380 ~ 1 104
重型载货汽车柴油机	可达 800 ~ 900
履带式拖拉机柴油机	25.7 ~ 88.3

（三）转速和标定转速

发动机转速是指发动机曲轴每分钟的回转数，用 n 表示，单位为 r/min。发动机进行功率标定时所用的转速值称为标定转速。

提升发动机标定转速和活塞平均速度是提高发动机单位体积功率的有效措施。但随着转速提高，运动件惯性力提高，内燃机零件机械负荷加大；活塞缸盖等燃烧室承热部件工作循环次数增加，零件热负荷加剧，机械效率下降；内燃机振动问题突出，噪声加大，进排气阻力增加，使其充量系数下降。因此一般采用短冲程的方法提高转速，使活塞平均速度不至于过高的情况下提升单位体积功率。

现代主战坦克内燃机标定转速在 2 000 ~ 26 000 r/min 之间，现代拖拉机内燃机标定转速在 1 500 ~ 2 500 r/min 之间。

发动机功率、转速、扭矩的测量可以使用测功机在发动机试验台架上测出。测功机作为发动机的负载，可实现测定工况的改变，模拟发动机实际运行时外界负载的变化，同时测量发动机的转矩和转速，即可算出发动机的功率。

（四）有效扭矩

有效扭矩是指发动机通过飞轮对外输出的实际力矩值，用 T_e 表示，单位为 N·m。发动机标定功率和标定转速确定后，标定工况的转矩就确定了。对于装甲车辆发动机，除了对功率和转速的要求外，还要求有一定的转矩储备，即具有较好的转矩特性，转矩特性用转矩总适应性系数 K 表示。

$$K = K_m \times K_n \qquad (2-2)$$

式中，K_m 为转矩适应性系数，K_n 为转速适应性系数。表达式如下：

$$K_m = \frac{M_{emax}}{M_e} \qquad (2-3)$$

$$K_n = \frac{n_e}{n_{emax}} \qquad (2-4)$$

式中 M_{emax}——最大转矩；

$\qquad M_e$——标定工况下转矩；

$\qquad n_{emax}$——最大转矩时的转速；

$\qquad n_e$——标定转速。

转矩适应性系数越大，内燃机适应外界阻力变化能力越强，对车辆而言可以减少换挡次数，减少驾驶员的疲劳程度。转速适应性系数越大，工作越稳定，对车辆而言可以减少机械传动变速箱排挡数，简化传动结构。

部分车辆柴油机转矩和转速适应性系数要求范围如表 2-2 所示。

表 2-2 部分车辆柴油机转矩和转速适应性系数

动力装置	K_m	K_n	K
坦克柴油机	1.07 ~ 1.19	1.07 ~ 1.56	1.35 ~ 1.86
汽车柴油机	1.05 ~ 1.2	1.5 ~ 2	1.6 ~ 2.4
拖拉机柴油机	1.15 ~ 1.25	1.5 ~ 2	1.86 ~ 2.5
工程机械柴油机	1.15 ~ 1.4	1.5 ~ 2	1.85 ~ 2.6

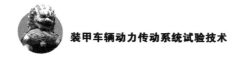
（五）平均有效压力

平均有效压力是指在发动机的膨胀行程中，能推动活塞做出与每一工作循环有效功相等的功的一种假想不变的压力。平均有效压力是判断发动机每单位气缸工作容积做功能力的指标，常用符号 p_e 表示，单位为 MPa。其值可按发动机的平均指示压力与其机械效率的乘积通过试验确定，即

$$p_e = \frac{W_e}{V_s} = p_i \eta_m \tag{2-5}$$

式中 W_e——有效功（曲轴端输出）；

V_s——气缸工作容积（活塞排量）；

p_i——平均指示压力；

η_m——机械效率。

各类发动机的平均有效压力决定于燃烧室形式、混合气形成的方法、燃料的种类、燃烧过程与换气过程的质量、机械效率、进气压力和温度，以及发动机的冷却方式与冲程数。目前发动机提高平均有效压力除了改善混合气形成过程、燃烧过程、换气过程质量以及减少发动机的机械损失等之外，最主要的方法是增压。由于提高平均有效压力需要解决一系列的技术难题，因此，平均有效压力的大小在一定程度上也反映了所设计发动机的先进程度。

如表 2-3 所示，就大多数发动机的额定工况而言，一般柴油机的平均有效压力多为 0.6～1.0 MPa，而增压柴油机则可达到 0.9～2.6 MPa，研制中的主战坦克发动机有的已经高达 3.2 MPa。

表 2-3 常见发动机的平均有效压力范围 MPa

发动机类型	平均有效压力范围
柴油机	0.6～1.0
增压柴油机	0.9～2.6

显然，平均有效压力越大，发动机的做功能力越强。发动机在标定功率时的平均有效压力是表示发动机的整个工作过程完善性和热力过程强烈程度的重要参数之一。

二、经济性指标

发动机经济性指标是指生产成本、运转中的消耗及维修费用等。它包括有效燃油消耗率、机油消耗率、全寿命周期费用等指标。

（一）有效燃油消耗率

有效燃油消耗率是指发动机输出 1 kW·h 的有效功所消耗的燃油量，用 b_e 表示，单位为 g/(kW·h)。

$$b_e = 1\,000 \times G_f \,/\, P_e \qquad\qquad (2-6)$$

式中，$G_f = 3.6 \times \Delta v \times \rho_t / \Delta t$；$P_e = (n \times T_e)/9\,550$。所以，

$$b_e = 1\,000 \times \left(3.6 \times \Delta v \times \frac{\rho_t}{\Delta t}\right) \Big/ \left(\frac{n \times T_e}{9\,550}\right) \qquad\qquad (2-7)$$

式中　b_e——有效燃油消耗率（g/(kW·h)）；

　　　Δv——单位时间内燃油流量（mL）；

　　　ρ_t——燃油密度（g/cm³）；

　　　Δt——单位时间（s）；

　　　n——发动机转速（r/min）；

　　　T_e——发动机有效转矩（N·m）。

发动机有效燃油消耗率越小，发动机经济性越好。发动机燃油消耗率主要与发动机工作过程、燃烧室结构以及机械效率等相关，因此改善燃烧、降低散热损失和机械损失可以降低燃油消耗率。发动机有效燃油消耗率会随着发动机功率的变化而变化，因此一般以标定工况时输出 1 kW·h 有效功所消耗的燃油量来表达（有的采用外特性最低的燃油消耗率作为指标）。在标定工况下，现代坦克和工程机械柴油机的燃油消耗率一般在 215~270 g/(kW·h) 之间，农用柴油机的燃油消耗率一般在 220~260 g/(kW·h) 之间。

（二）机油消耗率

机油消耗率是指发动机输出 1 kW·h 的有效功所消耗的机油量，用 b_o 表示，单位为 g/(kW·h)。

机油是保障发动机正常运转，延长发动机使用寿命的重要因素之一，良好的机油具有润滑、冷却、清洁、抗磨损、密封、防锈等功能。机油输送到发动机燃烧室运动部件如活塞、缸套、涡轮增压器等，由于活塞环、气门油封等位置存在间隙，会有极少量机油窜入燃烧室燃烧，因此发动机运行正常情况下也会有极少量的机油消耗量。一般机油消耗量过高，可能的原因有活塞环或气缸壁过度磨损、气门油封磨损老化、润滑系统机油渗漏、机油添加量过多等。

由于机油的价格远高于柴油，同时，随着排放要求及燃烧效率的提高，燃油形成的颗粒物密度在减小，未燃机油形成的排放颗粒物密度越来越大，因此要求发动机的机油消耗率尽可能小。正常发动机机油消耗率范围在 0.1~

0.3 g/（kW·h）之间。根据《汽车发动机性能试验方法》（GB/T 19055—2003）规定机油消耗率的测量方法，在额定转速和全负荷运行 24 h，机油消耗量（单位：L）/燃油消耗量（单位：L）的比例不得超过 0.3%。

（三）全寿命周期费用

根据 GJB/Z 91—1997 标准，发动机全寿命周期费用是指发动机寿命周期内用于研制、生产、使用与保障以及退役所消耗的一切费用总和。它可分为购置费用和运行维修费用。购置费用是指发动机未投入使用以前阶段发生的费用，包括论证、设计、开发、生产及安装；运行维修费用是指发动机投入使用以后阶段发生的费用，包括能源消耗、维修、备品配件、人员配置和培训费用等，与产品可靠性和维修水平有关。

全寿命周期费用是衡量发动机经济性最合理的指标之一，因为购置费用与运行维修费用相比占比较小，因此通常在发动机研究过程加大投资来改善可靠性和维修性，换来全寿命周期费用的节约，谋求最佳的经济效益。

三、运转性指标

发动机运转性指标，主要是指发动机操纵是否方便，运转是否平稳，噪声、振动及排放污染的情况。

（一）柴油机主要排放污染物

柴油机主要排放污染物有一氧化碳（CO）、氮氧化合物（NOx）、碳氢化合物（HC）、可吸入颗粒物（PM）四种。污染物排放量通过发动机每输出 1 kW·h 有效功所排出的污染物质量表示，单位为 g/（kW·h）。柴油机主要排放污染物的危害如表 2-4 所示。

表 2-4　柴油机主要排放污染物的危害

污染物	危害	
一氧化碳（CO）	主要与人体血红蛋白结合导致窒息	
碳氢化合物（HC）	对人体眼睛和呼吸系统造成损害，致癌	
氮氧化合物（NO_x）	对人体呼吸系统造成强烈刺激作用，NO_2 形成光化学污染	
颗粒物（PM）	沉积在人体呼吸系统，难以排出，引发肺部严重疾病	

由于柴油机采用扩散燃烧的燃烧方式，部分柴油与空气混合不均匀，导致缸内局部柴油过浓而未完全燃烧，另外燃烧过程后期，低速离开的燃油混合物

以及燃烧不良造成燃油无法充分燃烧和氧化，会生成一氧化碳（CO）和碳氢化合物（HC）。氮氧化合物（NO_x）来源于大气中的 N_2 以及燃料中的含氮有机物，在高温下与氧气反应生成。颗粒物（PM）通常包括 PM10（粗颗粒）及 PM2.5（细颗粒），是由于柴油机混合气的不均匀性，气缸内存在高温缺氧的富油区，燃油发生裂解形成碳烟晶核，在高温条件下重新聚合而形成。排气中四种混合物的大致占比如图 2 – 2 所示。

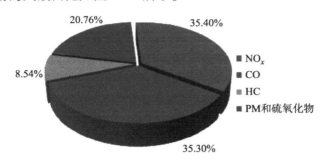

图 2 – 2　柴油机排气中各项污染物占比

目前有美国联邦标准、日本标准和欧洲标准三个主要车用内燃机排放标准。我国依据欧洲标准，制定《车用压燃式、气体燃料点燃式发动机与汽车排气污染物排放限值及测量方法》（GB 17691—2005），提出了中国第Ⅳ、Ⅴ、Ⅵ阶段的排放污染物限值及测量方法的具体要求。表 2 – 5 为 ESC（European Steady state Cycle，欧洲稳态测试循环）和 ELR（European Load Response test，负荷烟度试验）对柴油机排气污染物限值规定。表 2 – 6 为 ETC（European Transient Cycle，欧洲稳态测试循环）对柴油机排气污染物限值规定。

表 2 – 5　ESC 和 ELR 在不同阶段的试验限值　　　g/（kW·h）

阶段	一氧化碳（CO）	碳氢化合物（HC）	氮氧化合物（NO_x）	颗粒物（PM）	烟度
Ⅲ	2.1	0.66	5.0	0.1	0.8
Ⅳ	1.5	0.46	3.5	0.22	0.5
Ⅴ	1.5	0.46	2.0	0.02	0.5
EEV	1.5	0.25	2.0	0.02	0.15

表 2 – 6　ETC 在不同阶段的试验限值　　　　g/（kW·h）

阶段	一氧化碳（CO）	碳氢化合物（HC）	氮氧化合物（NOₓ）	颗粒物（PM）	烟度
Ⅲ	2.1	0.66	5.0	0.1	0.8
Ⅳ	1.5	0.46	3.5	0.22	0.5
Ⅴ	1.5	0.46	2.0	0.02	0.5
EEV	1.5	0.25	2.0	0.02	0.15

（二）噪声

发动机噪声是指发动机在燃料燃烧、机械运转、空气流动等过程中，气流和机械部件的无规则振动发出的声音，大小用分贝（dB）表示。发动机运行过程的噪声的主要来源包括燃烧噪声、机械噪声、空气动力噪声三个方面。

燃烧噪声主要是发动机气缸燃烧时，缸内压力出现循环往复周期性变化，燃烧瞬间造成较大的动力载荷和高频率振动导致。燃烧噪声主要取决于气缸内气压的压力升高率，压力升高率过高，气缸振幅增大，噪声加大。通过进气增压、燃油分段喷射、减小喷油提前角等措施都有利于减小燃烧噪声。

机械噪声主要是发动机工作时各零部件发生的敲击和碰撞，以及交变力作用下零件产生弹性变形引起的振动产生，包括活塞敲击噪声、配气系统噪声等。通过优化机体结构，采用整体式轴承座、优化凸轮型线、非金属材料传动件等有利于减小机械噪声。

空气动力噪声主要是发动机进排气或者风扇工作时，一定流速的空气与发动机部件相互作用产生振动产生，包括进排气噪声、风扇噪声等。重型柴油机接近标定转速时，风扇噪声会成为主要噪声源，可通过合理控制风扇转速、加入消声器控制。

过大的噪声会降低车内操作人员的注意力，影响其正确判断，对乘员间的正常谈话造成干扰，影响操作人员状态，从而影响装备的整体作战性能。长期处于噪声过大的环境，会对操作人员听觉及神经系统造成危害。

噪声对人体有害，国际标准组织（ISO）指出，为保护听力，每天工作 8 h 的容许噪声值为 90 dB（A），任何情况下不允许超过 115 dB（A）。现代内燃机噪声为 85 ~ 110 dB（A），通常柴油机噪声高于汽油机。

（三）振动

发动机振动是指发动机运行过程中，机械部件往复运动导致机体产生较大抖动的现象。发动机振动是衡量发动机工作质量的一个重要标志。振动信号用振动位移、振动速度、振动加速度衡量。

对于简谐振动，振动位移 x、振动速度 v、振动加速度 a 可表示为：

$$x = A\sin(2\pi ft + \varphi) \tag{2-8}$$

$$v = 2\pi fA\cos(2\pi ft + \varphi) \tag{2-9}$$

$$a = -(2\pi f)^2 A\cos(2\pi ft + \varphi) \tag{2-10}$$

式中　f——振动频率；

　　　φ——初相位。

发动机由活塞连杆组、曲轴飞轮组等机构组成，活塞、连杆、曲柄等构件在高速周期性运动时产生的惯性力及气缸内气压力呈周期性变化，是柴油机振动的主要激振源。激振源来自三部分：一是曲柄连杆机构的活塞、连杆、曲柄等构件在高速周期性运动时产生的往复惯性力；二是曲轴、飞轮等旋转部件高速运动时产生的离心惯性力；三是缸内燃气压力。柴油机振动一般与柴油机机型及运行工况有关，转速和负荷提高，使机内部件运动剧烈，产生的惯性力增大，振动加强。另外，发动机热负荷增大，运动部件之间的间隙减小，又使振动受到限制。

发动机振动过大会对乘员和发动机部件及设备造成危害。频率在 30 Hz 及 300 ~ 400 Hz 的振动，会导致人体腹腔产生共振，引起恶心、呕吐、头晕的症状，影响车内操作人员对仪表的观察、判断及操作。同时，发动机的振动超过一定限值时，会造成车内紧固件的松动、机件的疲劳断裂、电器仪表元件断路等，减少车内部件、设备、系统的使用寿命。常用中小功率柴油机振动评级如表 2 – 7 所示。

表 2 – 7　振动烈度等级（2 ~ 1 000 Hz）

振动烈度等级	机械主结构上所测得的综合振动限值		
	位移 （r. m. s. ）/μm	速度 （r. m. s. ）/（mm·s⁻¹）	加速度 （r. m. s. ）/（m·s⁻²）
1. 1	≤17. 8	≤1. 12	≤1. 76
1. 8	≤28. 3	≤1. 78	≤2. 79
2. 8	≤44. 8	≤2. 82	≤4. 42

振动烈度等级	机械主结构上所测得的综合振动限值		
	位移 （r. m. s.）/μm	速度 （r. m. s.）/（mm·s⁻¹）	加速度 （r. m. s.）/（m·s⁻²）
4.5	≤71.0	≤4.46	≤7.01
7.1	≤113	≤7.07	≤11.1
11	≤178	≤11.2	≤17.6
18	≤283	≤17.8	≤27.9
28	≤448	≤28.2	≤44.2
45	≤710	≤44.6	≤70.1
71	≤1 125	≤70.7	≤111
112	≤1 784	≤112	≤176
180	>1 784	>112	>176

注：表中值系根据在 2～10 Hz 范围恒位移，在 10～250 Hz 范围恒速度和在 250～1 000 Hz 范围恒加速度条件下导出的。

（四）最大许用振幅

发动机的曲轴扭转振动系统由曲轴及与其相连接的连杆、活塞、飞轮等运动构件组成，由于该轴系并不是一个绝对的刚体，因此如同其他弹性系统一样，具有一定的扭振自振频率，或称固有频率。另外，由于曲轴是在周期性变化的扭矩作用下工作的，这个周期性变化的扭矩，在振动学中称为干扰力矩。当两者频率趋于一致时，就会发生共振。危险的扭转振动给发动机带来的主要危害是：

①使曲轴间的夹角随时间变化，破坏了曲轴原有的平衡状态。使机体的振动和噪声显著增大；

②由于配气定时和喷油定时失去了最佳工作状态，发动机工作性能变坏；

③使传动齿轮间的撞击、磨损加剧；

④扭振附加应力的增加，有可能使曲轴及其传动齿轮断裂。

大量的断轴事故表明，曲轴的破坏大都是扭转振动引起的疲劳破坏。且疲劳破坏往往开始于轴端截面的突然变化、材料本身的缺陷及表面粗糙等引起的应力集中部位。一般采用扭振许用应力及许用扭振振幅来作为评价的标准。

曲轴的扭振许用应力，对于车用发动机，一般在连续工作情况下取为 $[\tau] = 0.25\tau_{-1}$，其中 $0.25\tau_{-1}$ 是材料的扭转疲劳极限。

最大许用扭振振幅是指在确保轴系安全的前提下第一质量振幅的大小。对于车用发动机，一般取 $[A_1] = \pm 0.2° \sim \pm 0.5°$。

经过扭振计算和测试，如果在发动机工作转速范围内有强烈的共振，则必须采取有效的消减或避振措施，以保证发动机工作的安全可靠。目前，消减轴系扭振的方法有：

① 频率调整法：改变轴系中某些部件的转动惯量；改变轴系中某些轴端的柔度；在发动机和车辆传动系统中间插入弹性联轴节。

② 减小振能法：干扰力矩输入系统的能量大小决定着扭振的强烈程度，因此，设法减小干扰力矩对系统的做功，也是避免某些谐次干扰力矩激起强烈振动的措施。

③ 装设减振器：在利用调频和减小振能的方法仍然不能解决问题时，可考虑加装各种形式的扭振减振器，根据其性质，可分为三类：动力减振器、阻尼减振器和复合减振器。

四、可靠性和耐久性指标

发动机的可靠性是指发动机在设计规定的使用条件下，具有持续工作的能力。在我国，可靠性指标在保证期内通常以发动机首次大修时间、平均故障间隔时间来评定。

（一）发动机平均故障间隔时间

发动机平均故障间隔时间一般是指发动机在使用期限内，发生主要故障与前一次故障发生的间隔时间（主要故障包括曲柄连杆机构、配气机构等主要零件的断裂以及影响喷油泵和增压器功能等的故障），用来衡量故障发生率。如果发生故障较为频繁，维修次数多，则发动机可靠性差。

（二）发动机使用寿命

发动机使用寿命用发动机首次大修时间衡量，是指从内燃机开始使用到第一次大修前累计运转的总小时数（单位：h）。

发动机大修是指发动机在一定的使用年限之后，经过检测诊断和技术鉴定，需要拆解发动机并更换发动机内部的主要零部件的维修。装甲车辆正常使用会定期进行保养，在保证期内一般不需要对发动机进行大修。但随着发动机使用年限的增加，活塞环、缸套等运动副的磨损加剧，可能产生以下不良现象：

①磨损导致配合间隙过大，并且气门油封老化，可能出现机油消耗过多。

②可能造成气缸密封不严，导致气缸压力降低，发动机动力性下降。

③运动副间配合间隙过大，导致发动机出现异响，如拉缸、敲缸、撞击声等。

发生以上情况则发动机一般需要进行大修，需要维修更换包括曲轴、活塞（环）、气缸（套）、连杆、气门组件等一个或多个发动机主要内部构件。

发动机使用寿命可以反映发动机的耐久性。现代载重汽车发动机使用寿命在 7 500 ~ 15 000 h 之间，拖拉机、工程机械内燃机的使用寿命在 6 000 ~ 15 000 h之间，坦克柴油机寿命一般在 500 ~ 1 000 h 之间。有些坦克柴油机大修期是规定的，即所谓强制大修，以保证其更高的可靠性。

五、紧凑性指标

发动机紧凑性是评价发动机结构紧凑性及金属材料利用程度的一个指标。通常是指发动机的质量和外形尺寸。衡量发动机质量的指标是比质量，衡量发动机外形尺寸的指标是单位体积功率和结构紧凑性系数。

（一）比质量

比质量是指发动机的干质量与其标定功率的比值。干质量是指未加注燃油、机油和冷却液的发动机质量。由定义可得：

$$m_e = \frac{m}{p_e} \qquad (2-11)$$

式中　m——干质量；

　　　p_e——标定功率。

比质量是发动机紧凑性的一个指标，是用来表征发动机质量利用程度和总体结构紧凑程度的指标。汽车柴油机的比质量一般为 3.5 ~ 5 kg/kW，工程机械柴油机的比质量一般为 4 ~ 7 kg/kW，农用柴油机的比质量一般为 7.6 ~ 20.4 kg/kW。现代坦克柴油机的比质量一般在 1.5 ~ 3 kg/kW。

（二）单位体积功率

单位体积功率 N_v 是用来衡量发动机外形尺寸的指标。即

$$N_v = \frac{P_e}{V} \qquad (2-12)$$

式中　P_e——发动机的标定功率（kW）；

V——发动机的外形体积，即发动机的长、宽、高的乘积（m^3）。

单位体积功率还可写为：

$$N_v = \frac{P_e}{V_h} \cdot \frac{V_h}{V} = P_L k \qquad (2-13)$$

由式（2-13）可知，单位体积功率决定于升功率 P_L 以及发动机总排量 V_h 和其外形体积 V 的比值 k（$k = V_h/V$，其单位为 L/m^3，k 称为总布置紧凑性系数）。这说明了要提高单位体积功率，除了必须提高升功率外，还应该尽量提高总布置结构的紧凑性。

单位体积功率对一般发动机的设计不是十分重要，但它是军用发动机设计的一个十分重要的指标，它们要求单位体积功率要尽可能的大，现代主战坦克的水冷式柴油机的单位体积功率一般在 300～370 kW/m^3 之间，研制中的主战坦克水冷式柴油机的单位体积功率有的高达 1 114 kW/m^3，而主战坦克的风冷式柴油机的单位体积功率（包含冷却系附件）在 83.7～232.9 kW/m^3。目前先进柴油机的单位体积功率高达 1 360 kW/m^3。

（三）结构紧凑性系数

结构紧凑性系数是指发动机总排量 V_h 和其外形体积 V 的比值，可写为：

$$k = V_h/V \qquad (2-14)$$

其单位为：L/m^3。

结构紧凑性系数是用来表征发动机总体结构紧凑程度的指标。发动机的结构紧凑性，除了与发动机主要机构的结构、布置方案直接有关外，也与附件的大小和布置有很大关系。所以设计时不仅要注意发动机主要机构的结构布置的紧凑性，还应该注意研制结构尺寸小而性能好的附件。

不同用途的发动机对质量和外形尺寸的要求不同，如汽车发动机对质量和外形尺寸的要求都要小，而工程机械和一般农用机械发动机可以稍大一些，坦克和高速舰艇发动机要求体积小而质量可以稍大一些。现代主战坦克的水冷式柴油机的总布置紧凑性系数在 9.49～30.6 L/m^3 之间，而现代主战坦克的风冷式柴油机的紧凑性系数在 5.6～12.38 L/m^3。

六、强化性指标

发动机负荷的大小将直接影响发动机的总体布置和零部件的结构、材料选用以及加工方法等，因此通常选用发动机的升功率、活塞平均速度、强化系数、惯性力系数和校正单位活塞面积功率来表示内燃机负荷的大小，作为发动的强化指标。

（一）升功率

升功率（kW/L）的定义是在额定工况下，发动机每升气缸工作容积所发出的功率，其表达式为：

$$P_L = \frac{P_e}{iV_s} \qquad (2-15)$$

式中　P_e——发动机的额定功率（kW）；

　　　i——气缸数；

　　　V_s——气缸工作容积。

升功率表示了单位气缸工作容积的利用率，升功率越大表示单位气缸工作容积所发出的功率越大。那么，当发动机功率一定时，升功率越大发动机的质量利用率就越高，相对而言发动机就越小，材料也就越省。升功率的高低反映出发动机设计与制造的质量。因此升功率是评定一台发动机整机动力性能和强化程度的重要指标之一。

一般发动机的升功率范围如表2-8所示。

表2-8　一般发动机的升功率范围　　　　　　　　　　kW/L

发动机	P_L
农用柴油机	8～15
汽车用柴油机	20～60
强化高速柴油机	20～70
四冲程摩托车用汽油机	50～70
四冲程小客车用汽油机	40～90
二冲程小型汽油机	20～75

提高升功率的主要措施：

①提高转速：提高转速几乎可以成正比地提高发动机的升功率，但随着转速的提高，活塞的平均速度也将大幅度提高，进而大幅度提高了发动机的机械负荷及机械损失。国际上的高功率密度发动机采用了小缸径、高转速。

②提高进气密度与使用增压中冷。

③提高发动机机械效率，增加有效功的输出。减少机械损失主要是减少零件之间的摩擦，涉及零件的精度、表面加工质量、润滑质量、温度控制及减少附件等。

④改善油气混合质量和燃烧过程。采用电控燃油喷射系统，在所有工况下

使混合气的质量尽可能达到最佳，空气与燃油的混合地点从节气门处转移至喷油嘴处，燃油直接与吸入的空气混合，从本质上改善了混合气的均匀性。

（二）活塞平均速度

活塞平均速度 C_m（单位是 m/s）是指发动机在标定转速下工作时，活塞往复运动速度的平均值。活塞平均速度 C_m 是对活塞式发动机的性能指标有着全面影响的一个重要参数。C_m 选择得是否恰当合理，直接影响到发动机的动力性能、经济性能、机械负荷、热负荷、振动与噪声特性。

发动机活塞平均速度：

$$C_m = \frac{s \times N}{3\,000} \qquad\qquad (2-16)$$

式中，C_m——活塞平均速度（m/s）；

s——活塞行程（cm）；

N——曲轴的转速（r/min）。

一般发动机的活塞平均速度 C_m 如表 2-9 所示。

表 2-9 一般发动机的活塞平均速度   m/s

发动机	四冲程下活塞的平均速度
汽油机（汽车用）	7~12
汽油机（飞机用）	9~14
柴油机（低速）	4~6
柴油机（高速）	7~12

通常按照活塞平均速度 C_m 值将发动机分为三类：$C_m < 6$ m/s 的称为低速发动机；$C_m = 6 \sim 9$ m/s 的称为中速发动机；$C_m > 9$ m/s 的称为高速发动机。

活塞平均速度对发动机性能的影响：

①活塞平均速度的增大，能使柴油机升功率增大，有利于动力性的改善与提高，结构轻巧紧凑。

②随着发动机活塞平均速度的增加，经济性能下降，机械损失增大，同时机械负荷、振动、噪声与热负荷均迅速增加。

③当柴油机活塞平均速度增大，使得进气因为热传导所获得的温升下降时，使进气阀处马赫数 Z 值增加，有利于充量系数的提高；但当 $C_m > 14$ m/s 时，进气阻力增大，使充量系数快速下降。

④当活塞平均速度增大到一定值时，燃烧恶化，摩擦磨损加剧，使整机工

作寿命下降。

因此，随着 C_m 值的提高，必须改善进排气过程，选用较好的材料，采用较高加工精度与特殊表面处理，设计高负荷下工作可靠而结构轻巧的活塞组等措施来保证柴油机具有优良的性能。

现代主战坦克发动机的标定转速在 2 000 ~ 6 000 r/min 之间，活塞平均速度在 9.75 ~ 12.8 m/s 之间。研制中的主战坦克发动机的活塞平均速度有的高达 13.43 m/s。

（三）强化系数

发动机强化系数 $P_{me} \cdot C_m$ 是发动机的平均有效压力与活塞平均速度的乘积，单位为 MPa·m/s。由定义可得：

$$P_{me} \cdot C_m = \pi \frac{T_{tq}\tau}{iV_s} \times 10^{-3} \cdot \frac{sn}{30} = c\frac{P}{A} \qquad (2-17)$$

式中　T_{tq}——有效扭矩（N·m）；

　　　s——活塞行程（m）；

　　　c——常数。

由式（2-17）可知，强化系数与活塞单位面积 A 成反比，与功率 P 成正比。其值越大，发动机的热负荷与机械负荷越高。由此可见，强化系数一方面代表了转速和功率的强化，另一方面又代表了发动机所受热负荷和机械负荷两方面的综合强烈程度。提高发动机强化系数的理想途径如下：

①提高转速 n，即提高活塞平均速度 C_m，提高转速的目的是增加单位时间内的做功次数，从而使发动机体积小、质量轻和功率大，但提高活塞平均速度对发动机机械负荷和热负荷影响很大。

②提高充气压力：提高充气压力的目的是增加单位时间内进入气缸的空气量。但与提高活塞平均速度相比，提高充气压力来提高平均有效压力二者有所不同。

提高平均有效压力和提高活塞平均速度都能强化柴油机。但高增压对热度的影响远比提高活塞平均速度要小得多。通过对轴承载荷分析可知，影响轴承工作可靠性的主要原因并不是最大燃烧压力，而是活塞平均速度所产生的惯性力。因此不论从机械载荷、热负荷还是机械效率来说，采用高增压来提高平均有效压力是强化柴油机的最佳途径。

（四）惯性力系数

惯性力系数（发动机的运转值）α 是指单位轴承面积上承受的最大往复运

动质量惯性力。惯性力系数反映了轴承的工作情况，是评定机械负荷的一个指标。设轴承的有效面积与气缸直径 d 的平方成正比，则：

$$\alpha \propto \frac{d^3 \cdot \frac{s}{2} \cdot n^2}{d^2} = \frac{s}{2d} \cdot d^2 \cdot n^2 \qquad (2-18)$$

式中　　d——气缸直径；

　　　　s——活塞行程；

　　　　n——曲轴转速。

为了计算方便，不使惯性力系数过大，令

$$\alpha = \frac{s}{2d} \cdot d^2 \cdot n^2 \cdot 10^{-3} \propto \left(\frac{V_{\mathrm{m}}}{\sqrt{s/d}}\right)^2 \qquad (2-19)$$

可以看出，惯性力系数 α 与 $V_{\mathrm{m}}/\sqrt{s/d}$ 的平方成正比。习惯上把 $V_{\mathrm{m}}/\sqrt{s/d} = V_{\mathrm{m}}'$ 称为活塞的校正平均速度。

（五）单位活塞面积功率

单位活塞面积功率为

$$N_{\mathrm{F}} = \frac{N_{\mathrm{eN}}}{\tau F_{\mathrm{h}}} = \frac{P_{\mathrm{eN}} C_{\mathrm{m}}}{10\tau} (\mathrm{kW/cm^2}) \qquad (2-20)$$

因为 N_{eN} 与发动机单位时间内燃烧释放的热量成正比，燃烧室散热面积与活塞面积成正比，所以 N_{F} 就近似正比于额定功率工况下通过燃烧室单位表面积的平均热流量（设传热条件相同），可以代表热负荷，是评价发动机热负荷的指标。

七、适应性指标

发动机的适应性是发动机在不同地理条件、不同气候条件下的工作能力以及适应多种燃料的能力。评价指标有海拔能力和高温适应性及高寒适应性。

（一）海拔能力

海拔能力是指发动机在高原等海拔较高地区的工作能力。随着海拔升高、大气压力降低、空气密度减少，氧气含量降低，混合气过浓，燃烧速率慢，后燃严重，这种工况下发动机输出功率下降，出现动力不足、燃油消耗率增加的问题。同时，不完全燃烧的柴油容易在活塞顶、气门上形成积炭，加剧机件的磨损，缩短发动机的使用寿命。

发动机海拔能力的评价方法：一般通过标定不同海拔高度下发动机外特性

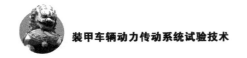
曲线，测量其不同转速下的有效功率和有效转矩，观察外特性曲线随海拔的变化情况。

（二）高温适应性

发动机高温适应性是指发动机在高温条件下的工作能力。高温条件下，发动机散热较为缓慢，如果冷却系统不能及时给发动机降温，则会导致发动机气缸过热引起燃烧恶化，使得发动机功率下降，油耗上升。

（三）高寒适应性

发动机高寒适应性是指发动机在高寒条件下的工作能力。高寒条件下，发动机容易出现起动困难的问题。第一，环境温度较低，机油黏度越大、流动性越差，机油难以输送到摩擦表面进行润滑，导致起动阻力矩增大，发动机不易点火；第二，进行温度过低使压缩终了缸内温度低，柴油不易雾化，导致难以形成有效燃烧；第三，环境温度如果低于柴油凝点温度，柴油会结蜡而吸附在管道上，供油不畅导致发动机起动困难。

车用发动机一般要求能够在 ±40 ℃气温范围内良好工作，在高温地区不会过热，在高寒地区有良好的起动性能。在低温冷起动方面，一般发动机要求在 −5 ℃气温下不用任何辅助起动装置就可以起动。在更低的温度下，利用一些辅助装置或使用抗低温燃油也能顺利起动。

|2.2　传动装置评价指标体系|

发动机的特性和车辆行驶实际需要存在较大的差距。如果采用柴油机作为动力，就必须设置传动系统以满足车辆行驶的实际需要，也就是动力传动需要较好地匹配。从这个角度来看，传动系统是用来调节发动机性能以满足行驶需要的装置。因此传动系统是协调发动机驱动力与车轮（或履带）负载的装置。由于陆上车辆发动机的扭矩（驱动力）储备系数小（对于柴油机一般不大于1.15），而路面阻力即车轮或履带上的负载变化往往大于 20 倍，因此车辆传动装置需要多挡，如工程机械一般有 7~9 个挡、坦克有 4~7 个挡、农用拖拉机一般有 20 个挡以上。负载适应范围宽是车辆传动系统与飞机、轮船传动系统最大的区别。

装甲车辆对于传动装置的主要使用要求可概括为以下几点：

①车辆的行驶速度可以在零到最大车速之间连续变化。

②车辆能够在一定的困难路面上行驶，可以爬大坡。

③能够切断发动机的动力，满足空载起动发动机和非行驶工况输出动力的需要。

④能够提供一定的倒驶速度。

⑤具有过载保护功能，不致引起发动机熄火和部件损坏。

⑥有液力变矩器的综合传动装置，可以利用发动机制动，可以通过拖车而起动发动机。

⑦具有应急挡，可以在电控系统失效的情况下，具备前进、倒退、空挡等功能。

⑧具有一定转向半径的转向能力，具备中心转向功能。

⑨能够给冷却风扇提供动力，根据需要可以设置不同的动力输出接口，如压气机取力口等。

⑩传动效率高。因为效率低有用功率就少，损耗的功率会使系统发热量增大，从而使系统温度过高，需要较大的散热装置，而散热装置又需要消耗动力和增加质量、占据有用空间和增加成本。

目前传动装置主要有机械传动装置、综合传动装置、静液机械传动装置和电力传动装置等。鉴于传动装置种类的多样性，分别根据不同的传动类型建立专门的评价指标体系将会使传动装置的评价指标体系过于分散和缺乏系统性；同时将会使不同类型的传动装置之间缺乏必要的可比性；综合不同传动装置的共性指标才是对动力传动装置进行描述和评价的主旨。综合上述因素，建立了如图 2 – 3 所示的传动装置的评价指标体系。

一、动力性指标

传动装置动力性指标是表征传动装置传递功率能力大小的指标，一般用最大输出转速、0 ~ 32 km/h 加速时间、传动比范围和传递功率等表征。

（一）最大输出转速

传动装置的最大输出转速是指最高挡最大功率点所对应的输出转速，常常与整车最大车速相对应。现役世界先进主战坦克的最大车速都在 70 km/h 以上，一般对应的传动最大输出转速在 2 500 r/min 以上。

（二）0 ~ 32 km/h 加速时间

加速性一般用车辆的起步加速性能来描述。加速时间是指车辆在战斗全重

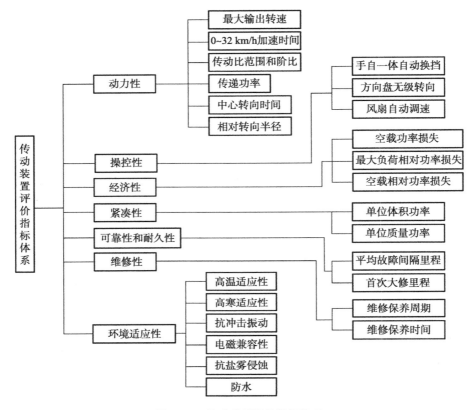

图 2 - 3　传动装置评价指标体系

和在一定的路面条件下，从原地起步开始（一般2挡起步），连续换挡加速到规定速度所用的时间。目前坦克装甲车辆普遍采用在水泥路面上 0 ~ 32 km/h 的加速时间来描述。现役世界先进主战坦克 0 ~ 32 km/h 加速时间为 5.5 ~ 7 s。而对应传动装置而言，一般在台架试验上模拟整车的起步加速特性，配置整车惯量和地面阻力，测定传动输出转速从 0 到车速 32 km/h 时所对应的输出转速的最短时间。

（三）传动比范围和阶比

实际发动机受到自身稳定性、燃油经济性等要求制约，其常用工作转速范围有限，额定转速和最大扭矩对应的转速之比通常不大于1.4，远远不能满足车辆行驶速度从 0 到 70 km/h 甚至85 km/h 的转速范围需求。液力机械综合传动装置调节动力特性的基本原理是，通过设置多个挡位不仅使发动机处于常用工作转速范围，而且尽量分段模拟车辆所需的理想动力特性，将每个挡位牵引特性曲线相连就构成了近似的车辆所需理想动力特性曲线。坦克装甲车辆理想的牵引力特性是随着车速的提高牵引力逐渐下降，呈现双曲线的特点，即保持功率恒定：

$$P = D \times v = 常数 \qquad (2-21)$$

式中　P——车辆牵引功率；

　　　D——车辆牵引力；

　　　v——车辆行驶速度。

而实际发动机特性并不满足恒定功率的需求，一般随着发动机转速升高，牵引力呈现先升后降的特点。传动装置的基本功能就是将发动机动力特性转变为适应车辆机动性要求的动力特性，如图 2-4 所示。

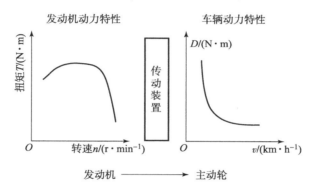

图 2-4　传动装置将发动机动力特性转换为车辆所需的动力特性示意图

传动装置的传动范围与发动机的调速范围密切相关，传动范围是指一挡传动比与最高挡传动比之比，必须同时满足车辆爬大坡和最高车速的要求，一般而言当前传动装置的传动范围都在 6.4 以上。若传动范围已知，确定前进挡位数量的主要依据是传动阶比不至于过大或者过小，一般来说，传动阶比保持在 1.4 ~ 2.0 为宜。随着车速的不断提高，现代坦克的前进挡挡位数一般为 5、6 或 7。

（四）传递功率

传动装置的传递功率是指能够与发动机匹配工作，传递的发动机额定功率的大小。传动功率的大小与整车的吨位密切相关，对于 50 t 以上的重型车辆，一般需要传动装置能够传递发动机 1 100 kW 的额定功率。

（五）中心转向时间

当前履带装甲车辆普遍采用零差速双流转向形式，中心转向时间是转向性能的重要指标。

履带车辆中心转向的含义是：转向中心位于两侧履带中间车辆对称平面上，两侧履带卷绕速度大小相等、方向相反，即一侧履带向前运动，另一侧履带向后运动，两侧主动轮均有动力输出。中心转向功能的实现是由转向机构的型式决定的。中心转向功能要求基于下面理由：

①中心转向时相对转向半径（实际转向半径和履带中心矩的比值）等于0，车辆能在街道、桥头或特殊地形等狭窄地面条件下进行转向，提高履带车辆的转向机动性。

②通过车辆的方向转动，实现履带车辆平台上装火力的调转，这对刚性地固定在履带车辆车体上的火炮、导弹发射架及管式防空系统等可实现方向调转和瞄准。

图2-5、图2-6所示为履带中心转向运动学示意图和履带转向动力学示意图。图中 O_1、O、O_2 分别为左侧履带的瞬时转向中心、车体几何中心和右侧履带的瞬时转向中心，C_1 和 C_2 分别为左右两侧履带的几何中心，B、$2L$ 和 $2e$ 分别表示履带中心矩、履带接地长和履带宽度。V_q、V_x 和 V_j 分别表示履带接地端在 O_1O 直线上各质点的牵连速度、相对速度和绝对速度。在传统中心转向时间计算方法中不考虑履带的滑转，从而将瞬时转向中心 O_1 视为和 C_1 重合，从而得到理论的中心转向半径为 OC_1，而实际的中心转向半径为 OO_1。根据刚体动力学理论，履带与地面的相互作用可以等效成作用在 O_1 的力 F 和作用于车体的转矩 M。图2-6中令 $O_1C_1 = \beta L$，$OC_1 = \alpha L$。

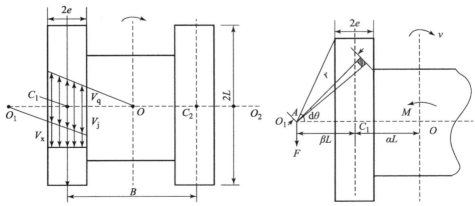

图2-5 履带中心转向运动学示意图　　图2-6 履带转向动力学示意图

履带车辆中心转向的时间可用式（2-22）表示：

$$t = 60 \frac{0.5B + \beta L}{R_z n} \tag{2-22}$$

式中　R_z——履带车辆主动轮半径（mm）；

　　　n——履带车辆主动轮转速（r/min）；

　　　β——修正参数。

图 2 - 7 显示了关键参数 β 的数值计算流程，先由整车参数 e、B、L 计算出 α 值作为后续计算的目标值。设定 β 初值，通过上述流程计算出 α_1，通过判据比较 α_1 和目标值 α 的差距，如果符合判据则输出最终的 β，如果不符合则改变 β 值，开始新一轮的 α_1 值的计算，直到满足判据，然后终止迭代计算，输出最终计算结果。

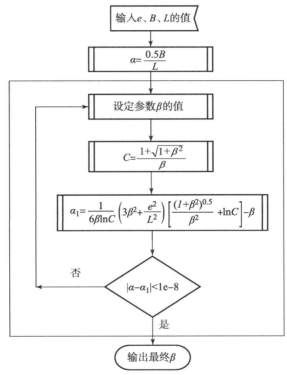

图 2 - 7　关键参数 β 的数值计算流程

（六）相对转向半径

零差速式双流转向的各挡相对转向半径为：

$$\rho_{ig} = \frac{k i_{zf}}{2 i_{bf}} \qquad (2 - 23)$$

式中，ρ_{ig} 表示各挡相对规定转向半径；k 表示汇流排特性参数；i_{zf} 表示发动机到汇流排太阳轮传动比；i_{bf} 表示发动机到汇流排齿圈的传动比。

图2-8表示了零差速式双流转向传动系统示意图。

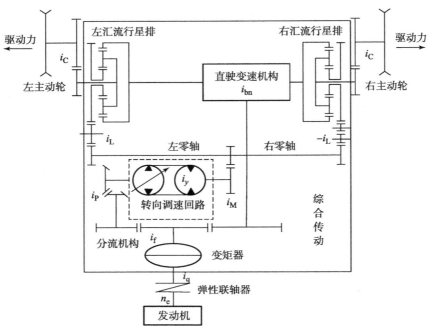

图2-8 零差速式双流转向传动系统示意图

图2-9表示了各挡最小转向半径，挡位越高最小半径越大，虚线表示侧滑曲线，实际车辆的转向工作半径要不小于侧滑曲线所对应的转向半径，车辆才不会产生侧滑现象。

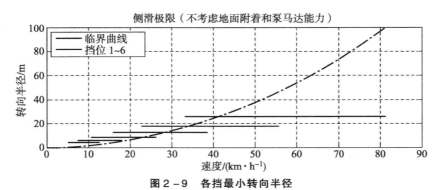

图2-9 各挡最小转向半径

二、操控性指标

传动装置操控性指标是表征传动装置操控先进性的指标，一般用手自一体自动换挡、方向盘无级转向、风扇自动调速等表征。

（一）手自一体自动换挡

手自一体自动换挡是衡量传动装置操控先进性的重要指标，具体是指传动的换挡有手动模式和自动模式两种设置。手动模式可以充分发挥驾驶员的驾驶技巧；自动模式可以较好地减轻驾驶疲劳，将主要精力用在战场作战任务上。当前主流先进坦克一般都具有手自一体自动换挡功能。换挡品质是传动的重要评价指标。液力变矩器解闭锁本质上也属于自动换挡功能的一部分，传动比从 0 无级变化到 1，液力变矩器的解闭锁品质也是传动装置操控性能的衡量因素。

（二）方向盘无级转向

方向盘无级转向是指通过方向盘转动带动操纵机构控制传动装置的转向执行机构，实现转向半径的连续变化，满足不同弯曲道路和地形上的转向需求。我国最早的 59 式坦克采用两级行星转向机转向，转向范围有限，而如今的主流坦克是采用纯静液转向驱动，满足转向半径连续变化的需求。

（三）风扇自动调速

风扇自动调速是指动力舱的冷却风扇能够根据发动机水温、传动装置等参数的变化，根据一定的控制策略自动控制风扇的转速，从而达到动力舱发热量和散热量自动匹配的需求。当前液力机械传动装置普遍采用液黏离合器或者液力偶合器实现风扇的自动调速。

三、经济性指标

传动装置经济性指标是表征传动装置传递功率损失大小的指标，一般用空载功率损失、最大负荷相对功率损失、空载相对功率损失等表征。

（一）空载功率损失

传动装置空载功率损失是指传动输出无负载，在一定输入转速和油温的工况下系统达到稳定，传动输入的功率值就是空载功率损失值。传动装置的空载功率损失可用最高挡、额定输入转速、油温在 90 ℃ 左右条件下的功率损失值来表征。传动装置空载功率损失与传动液力元件，包括液力变矩器、液力偶合器、液力减速器等高速旋转的典型构件空损密切相关，同时与离合器带排力矩、泵马达空损等相关。传动装置整机空载损耗由液压系统工作所需功率、齿轮轴系啮合和搅油损失功率、摩擦元件损失功率、密封元件和液力液压元件摩

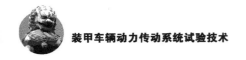

擦损失功率等组成。一般而言，不工作离合器/制动器的带排功率损失占整机空载功率损失的比例最大，多在30%以上。

（二）最大负荷相对功率损失

最大负荷相对功率损失是指按照传动装置能够传递的发动机额定功率条件下，传动输入功率和传动输出功率之差与传动输入功率之比。当前传动装置最大负荷相对功率损失在15%以下。

（三）空载相对功率损失

空载相对功率损失是指传动装置在最高挡和额定输入转速的条件下的空损值和能够传递的额定功率之比。当前传动装置的空载相对功率损失在15%以下。

四、紧凑性指标

传动装置的紧凑性指标是表征传动装置的功率密度的重要指标，一般用单位体积功率和单位质量功率来表征。

（一）单位体积功率

传动装置单位体积功率是指传动装置传递的发动机标称额定功率与传动装置体积之比，又称为体积功率密度。当前传动装置的体积功率密度都在900 kW/m³以上。先进的液力机械综合传动装置如法国的ESM500、德国RENK公司的HSWL295TM的体积功率密度也达到了1 000 ~ 1 200 kW/m³。

（二）单位质量功率

传动装置单位质量功率是指传动装置传递的发动机标称额定功率与传动装置质量之比，又称为质量功率密度。当前传动装置的质量功率密度都在450 kW/t以上。先进的液力机械综合传动装置如法国的ESM500、德国RENK公司的HSWL295TM的质量功率密度也达到了480 ~ 590 kW/t。

五、可靠性和耐久性指标

传动装置的可靠性和耐久性指标是指发动机在设计规定的使用条件下，具有持续工作的能力。在我国，可靠性和耐久性指标通常以在保证期内传动装置平均故障间隔里程、首次大修里程来评定。

（一）平均故障间隔里程

传动装置平均故障间隔里程一般是指传动装置在使用期限内，发生主要故障与前一次故障发生的间隔里程（主要故障包括断轴、断齿、油压低故障），用来衡量故障发生率。如果发生故障较为频繁，维修次数多，则传动装置可靠性差。

（二）首次大修里程

传动装置使用寿命用传动装置首次大修里程衡量，是指从传动装置开始使用到第一次大修前累计行驶的总里程（单位：km）。

传动装置大修是指传动装置在一定的使用之后，经过技术鉴定，需要拆解并更换其内部的主要零部件的维修。

传动装置大修一般需要更换包括变速机构的摩擦片、动密封、O形圈等一个或多个传动装置主要内部构件。

传动装置使用寿命可以反映传动装置的耐久性。先进国家的传动装置首次大修里程都在 10 000 km 以上。

六、维修性设计

维修性设计是保证传动装置及各部件在规定的操作条件和时间内，按规定的维修程序和方法，将产生故障的部件恢复或保持到规定的良好状况的一种根本措施。维修性定性要求包括可达性、互换性与标准化、防差错及差错标志、维修安全、零部件可修复性及减少维修内容、降低维修技能要求等。按照GJB 5386—2005《履带式装甲车辆综合传动装置通用规范》提出的传动装置维修性的要求和 GJB 368A—1994《装备维修性通用大纲》相关要求进行维修性设计。在传动装置中需要检查维护分解或者修理的零部件，都应具有良好的可达性，对故障率高而又需要经常维护的部件及应急开关、通道口，应提供最佳的可达性。尽量做到在检查或者维修易损件时，不拆或不移动部件。

（一）维修保养周期

传动装置的维修保养周期一般是指油滤更换周期。传动装置的油滤类型较多，有操纵滤、回油滤和粗滤等，不同的油滤更换周期不同。对于过滤等级较高的操纵滤等一般要求油滤更换周期不低于 3 000 km。

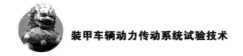

（二）维修保养时间

传动装置外部部件单件平均维修时间的衡量标准是：在试验室环境条件下，更换输出齿轮处油封，并记时；更换输入轴处油封，并记时；更换转向泵，并记时；更换转向马达，并记时；更换油滤，并记时。对应的各个时间就是传动装置的单件平均维修时间。

七、环境适应性指标

传动装置的环境适应性是传动装置在不同地理条件、不同气候条件下的工作能力。评价指标有高温适应性、高寒适应性、抗冲击振动等。

（一）高温适应性

传动装置高温适应性是指传动装置在高温条件下的工作能力。高温条件下，传动装置内部的传感器、液压系统的 O 形圈等橡胶制品、摩擦元件的性能都有不同程度的衰减。通过高温试验可有效考核传动装置的密封性和电控系统工作稳定性。按照工作油温温度 125 ℃，温度达到平衡后保温 30 min，检查传动装置有无渗漏现象、各个传感器监控测点的参数是否发生异常。

（二）高寒适应性

传动装置高寒适应性是指传动装置在高寒条件下的工作能力。高寒条件下，传动装置容易出现起动阻力过大，导致动力传动低温起动失败。过低的温度导致传动油黏度过大，油泵起动阻力大，空载空损损失和负载功率损失都会增大。按照工作温度 - 43 ℃，温度达到平衡后开展低温起动试验。

（三）抗冲击振动

传动装置的电控系统需要开展抗冲击振动试验。把传动装置电控系统被试件安装在振动台上，其中振动加载振幅为 25.4 mm 时所对应的频率为 5 ~ 5.5 Hz，振动加载加速度为 1.5g 时对应的频率为 5.5 ~ 30 Hz，振动加载振幅为 0.84 mm 时所对应的频率为 30 ~ 50 Hz，振动加载加速度为 4.2g 时对应的频率为 50 ~ 500 Hz；垂直方向振动扫描 4 次，每次 15 min；施加冲击振动加速度为 40g，波形为后峰锯齿波，持续时间为 11 ms；沿传动系统实际受冲击的 6 个方向，每个方向冲击 6 次等试验条件实施试验，试验结束后，按检验规程检验产品性能。

（四）电磁兼容性

传动装置含有较多的电子设备，在整车环境或者作战环境，电子系统工作容易受到干扰，必须开展电磁兼容性能相关试验。电子控制系统的电磁兼容性应满足 GJB 151A—1997《军用设备和分系统电磁发射和敏感度要求》中相关要求。

（五）抗盐雾侵蚀

传动装置诸多部件采用 45#钢、铸铁等易腐蚀材料，并且接插件、电子元器件也容易受到腐蚀环境的侵害。一般对电控盒等电子部件按 GJB 150.11A—2009《军用装备试验室环境试验方法 第 11 部分：盐雾试验》中 48 h 喷盐雾和 48 h 干燥试验程序执行。

（六）防水

传动装置的电控系统应有良好的密封性，保证不进水。将传动电控、传动测试盒、换挡操纵装置浸入水中若干分钟，检查传动电控和测试盒的密封性。拆检时，无进水痕迹为合格；有进水痕迹则为不合格。对传动手柄进行自顶向下的泼水试验，重复 3 次，检查换挡手柄的密封性。拆检时，无进水痕迹为合格，有进水痕迹则为不合格。

|2.3　动力传动系统评价指标体系|

对坦克动力传动舱的基本要求应遵循：确认在采用新技术提高坦克机动性能的同时，应从全面提高作战使用时对坦克的总体性能要求出发，努力缩小动力传动舱尺寸（特别是降低车高）、提高传动效率；以利于增强坦克形体防护、减小坦克被命中概率；利于在增强装甲防护时，控制坦克总质量增加，提高坦克通行（特别是桥梁）能力；并利于在增加单位功率、提高坦克机动性能的同时，减少功率损失不致使发动机功率过大，以便提高坦克使用的经济性。

基于装甲车辆的总体要求，并参照美军、俄罗斯军队对装甲车辆动力传动舱的基本要求，动力传动系统的评价指标体系如图 2-10 所示。

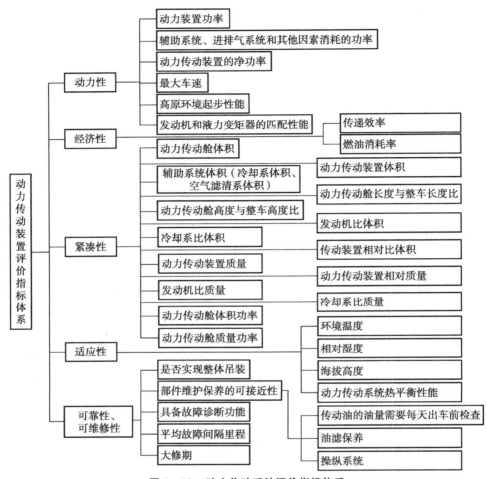

图2-10 动力传动系统评价指标体系

动力传动舱的基本性能参数只能作为对动力传动舱的最基本的认识。为了准确反映动力传动舱的技术水平并实现不同动力传动舱之间的真实对比，通过对比、分析、计算，可以对动力传动舱的性能作出更加客观的评价和认识。

动力装置和传动装置是车辆的两大核心部件，它们之间的合理匹配决定了车辆的机动性。

传动装置对于车辆机动性的影响包括：

①传动装置的传动范围决定了车辆的速度调节范围和扭矩调节范围。

②传动装置的排挡划分、阶比设置、换挡时间等直接影响车辆的加速性能、制动性能和转向性能，进一步影响车辆的平均越野速度。

③车辆的转向性能取决于采用何种形式的转向结构，要实现无级转向，就

必须采用双流传动。

④车辆换挡的操纵方式直接影响车辆的机动性和驾驶舒适性，与换挡规律、液力变矩器解闭锁控制规律等因素相关。

⑤车辆的燃油经济性主要反映在传动装置对发动机功率的利用效率，包括传动装置的功率损失、排挡划分等。

动力传动匹配和优化的主要目的就是通过系统匹配，使车辆实现不同工况下行驶、取力功能，而且力求性能达到最优。动力传动匹配的内容主要包括整车动力性和经济性的评价、传动系统传动比划分、发动机与液力变矩器的匹配、动力传动系统的扭振匹配等。

动力传动的匹配要遵循下列原则：

（1）动力性原则。

坦克装甲车辆主要行驶在越野路面上，动力传动匹配之后的动力性能是影响车辆战役机动性和战术机动性的重要因素之一。性能一流的动力装置和传动装置，并不一定能够得到动力性优良的坦克装甲车辆，其关键环节在动力装置和传动装置的匹配。若匹配不当可能出现"加速无力、爬坡费劲、越野乏力"等现象，严重影响车辆的动力性。所以动力传动匹配首先遵循动力性原则。

（2）经济性原则。

这里的经济性主要是指发动机的燃油经济性。燃油经济性不但影响坦克装甲车辆的最大行程等战技指标，还影响部队后勤保障的成本和代价。燃油经济性不仅与发动机的类型和性能相关，还与动力传动匹配的效果相关。车辆如果能够根据路面阻力特性，将发动机的工作点调节到理想的燃油消耗点，那么车辆的燃油经济性就好。

（3）环境适应性原则。

我国幅员辽阔，装甲车辆往往要求能够满足全域作战需求。动力传动匹配的时候一定要考虑严寒、高原、沙漠、热区等不同地域的气候特征，确保动力性、经济性等影响车辆机动性的指标的实现。例如，在严寒地区，柴油发动机起动往往很困难，主要原因是蓄电池起动能量有限，传动系统起动阻力大，对于集成了液力传动、行星变速、液压转向和电液自动操纵的液力机械综合传动装置起动阻力可能更大。动力传动匹配一定要考虑发动机严寒起动问题，确保传动系统的起动阻力达到要求。在高原地区，空气稀薄，发动机的动力特性会下降，因此传动装置的自动换挡规律等要考虑到这些因素的影响。

（4）工况适应性原则。

装甲车辆行驶工况多变，而在实际使用中不宜对驾驶员的操作进行过多限制和约束，动力传动的匹配不仅需要适应车辆行驶阻力的变化，还需要避免由于驾驶员的一些不当操作，如不合理换挡、不合理转向等，造成发动机意外熄火等。

（5）高功率密度原则。

装甲车辆动力舱的质量和体积严重影响整车质量和体积，进而严重影响整车的机动性能和防护性能。动力传动的匹配要充分追求高集成度而实现高功率密度，尽可能为减小动力舱体积和质量做贡献。液力机械综合传动装置将变速、转向、制动、操纵等功能部件集成在一起，还需要与发动机、动力传动辅助系统高度集成。"欧洲动力机组"将德国 MTU 公司的 MT883 柴油机、RENK公司的 HSWL295 传动装置和双级压力进气装置、高效紧凑冷却系统集成在一起，使豹 II 坦克的动力舱体积减小超过 40%。动力传动装置的匹配在结构集成方面要尽可能考虑到这个原则。如用带起动齿圈的弹性联轴器代替发动机飞轮就是这种匹配原则的应用。

（6）高可靠，长寿命原则。

高可靠和长寿命不仅是动力装置和传动装置各自追求的目标，也是动力传动装置匹配设计的目标。动力传动装置匹配之后可以看作是一个新的动力装置，其各组成部件的寿命、可靠性等指标各异，在设计的时候要较好地考虑到薄弱环节，避免出现"短板效应"，确保整车可靠性和寿命等指标的实现。在匹配设计过程中要通过故障模式、影响分析（FMEA）和故障树分析（FTA）发现薄弱环节，采取有力措施，以降低故障发生的概率。

（7）人–机–环境友好原则。

友好的人–机–环境设计可以减轻驾驶员的工作强度，提高战斗力。振动、噪声、操作方便性等都会影响驾驶员的情绪和状态，动力传动匹配时要考虑扭振、操作方便性等因素。例如，在车辆使用中往往会遇到出入车库等低速场合，车辆的最低稳定车速不宜过高，否则会给驾驶员的操作带来较大不便。根据实际使用经验，车辆最低稳定车速应不大于 4 km/h。

（8）动力传动系统在常用转速范围内需避免共振。

一般装甲车辆常常采用柴油机作为动力源，其输出扭矩会呈现周期性波动，给动力传动系统带来周期性激励。当激励频率与动力传动系统的固有频率一致时，系统将发生共振，动载荷急剧增大。在动力传动匹配时一定要建立动力传动系统扭振模型，通过匹配合适的弹性联轴器，保证在发动机常用工作转速范围内，动力传动系统不发生共振现象。

一、动力性指标

发动机动力性指标是表征发动机做功能力大小的指标，一般用标定功率、标定转速、转矩、活塞平均速度和平均有效压力等表征。动力传动舱的最直接的功能是为装甲车辆提供动力源，因此动力传动舱的功率指标体现了动力传动舱的做功能力，是反映装甲车辆机动性能的重要指标。

（一）动力装置功率

动力装置功率是指发动机的额定功率，一般 50 t 以上车辆要求发动机的额定功率都在 1 100 kW 以上。

（二）辅助系统、进排气系统和其他因素消耗的功率

辅助系统、进排气系统和其他因素消耗的功率是指各个系统间功率传递或者发动机功率通过传动系统传递到两侧主动轮的过程中消耗的功率。该功率越小，系统消耗的功率越小，系统效率越高。

（三）动力传动装置的净功率

动力传动装置的净功率又叫主动轮功率或者轴功率，净功率越大，系统效率越高。

（四）最大车速

动力传动系统的最大车速是指传动输出模拟水泥路面阻力条件下，传动系统置于最高挡位，发动机油门逐渐增大，系统达到平衡时的车速。

（五）高原环境起步性能

高原环境起步性能是指动力传动系统在高原环境下的起步动力因数，该值越大，则动力传动系统的高原动力性越好。

（六）发动机和液力变矩器的匹配性能

动力传动的动力性匹配一般是指柴油机与传动装置中液力变矩器的匹配。为更全面地评价柴油机与变矩器的稳态匹配性能，根据理想稳态匹配的原则定义以下 8 个指标（图 2 – 11）：

（1）零速比稳定工作点扭矩 M_{i0} 与柴油机外特性曲线中最大扭矩 M_{max} 的比值：

$$K_0 = \frac{M_{i0}}{M_{max}} \tag{2 – 24}$$

K_0 值越接近于 1，说明起动工况越较好地利用了柴油机的最大扭矩，该比

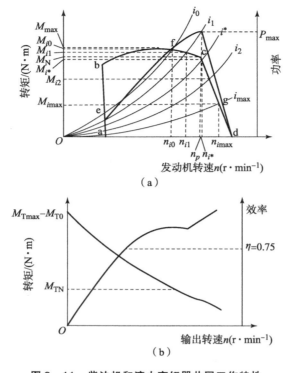

图 2 - 11　柴油机和液力变矩器共同工作特性
（a）转矩与发动机转速的关系；（b）转矩与输出转速的关系

值可称为起动能度。

（2）最高效率的稳定工作点扭矩 M_{i*} 与柴油机额定功率时的扭矩 M_N 的比值：

$$K_{i*} = \frac{M_{i*}}{M_N} \qquad (2-25)$$

K_{i*} 值越接近于 1，说明该液力变矩器越能够高效地传递标定功率，该比值可称为最高效率工况与额定功率工况的接近度。

（3）柴油机和液力变矩器稳定工作区域的面积 A_w 和柴油机独立工作区域的面积 A_d 的比值（记作 I），即

$$I = \frac{A_w}{A_d} \qquad (2-26)$$

I 值反映了柴油机与液力变矩器共同工作的稳定工作区域的相对大小。

（4）高效区功率输出系数 ϕ_N：

$$\phi_{\mathrm{N}} = \frac{\int_{n_{\mathrm{T1}}}^{n_{\mathrm{T2}}} f(n_{\mathrm{T}}) N_{\mathrm{T}}(n_{\mathrm{T}}) \, \mathrm{d}n_{\mathrm{T}}}{N_{\mathrm{e}}} \qquad (2-27)$$

式中，$N_{\mathrm{T}}(n_{\mathrm{T}})$ 是输出转速为 n_{T} 时对应的功率；N_{e} 为柴油机标定功率；$f(n_{\mathrm{T}})$ 为车辆实际使用过程中转速分配统计规律，由于缺乏相关数据，常按照均匀分布计算。

（5）全区功率输出系数 ϕ_{A}：

$$\phi_{\mathrm{A}} = \frac{\int_{0}^{n_{\mathrm{Tmax}}} f(n_{\mathrm{T}}) N_{\mathrm{T}}(n_{\mathrm{T}}) \, \mathrm{d}n_{\mathrm{T}}}{N_{\mathrm{e}}} \qquad (2-28)$$

式中，n_{Tmax} 为变矩器涡轮轴输出的最大稳定转速。

（6）适应性系数放大因子 χ：

$$\chi = \frac{K_{\mathrm{Tf}}}{K_{\mathrm{f}}} = \frac{M_{\mathrm{Tmax}}/M_{\mathrm{TN}}}{M_{\mathrm{max}}/M_{\mathrm{N}}} \qquad (2-29)$$

式中，K_{Tf}、K_{f} 分别为涡轮输出端与柴油机曲轴端的适应性系数。适应性系数是动力机最大扭矩与其标定扭矩的比值，柴油机与液力变矩器连接后，液力变矩器的自适应性，使得整个系统的适应性系数得到提高，适应性系数放大因子 χ 则反映了液力变矩器对柴油机自适应性的放大作用。

（7）高效区宽容度 σ：

$$\sigma = \frac{n_{\mathrm{T2}}}{n_{\mathrm{T1}}} \qquad (2-30)$$

式中，n_{T1}、n_{T2} 分别是高效区域对应的最低转速和最高转速。

（8）燃油消耗率系数 ϑ：

$$\vartheta = \frac{g_{\mathrm{eN}}}{g_{\mathrm{eTc}}} \qquad (2-31)$$

式中，g_{eN} 为柴油机额定工况燃油消耗率；g_{eTc} 为柴油机与液力变矩器共同工作区域内换算到涡轮轴端的等效燃油消耗率的平均值。

二、经济性指标

（一）传递效率

动力传动功率损失是指动力传动系统在功率传递过程中，扣掉辅助系统、进排气系统和其他因素消耗的功率，得到的净功率和发动机的输出功率之比。传递效率越高，动力传动系统的经济性越好。

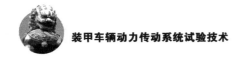

（二）燃油消耗率

动力传动系统燃油消耗率是指系统发出每千瓦时能量需要燃烧掉的燃油质量，不同负荷时的燃油消耗率不同。可以通过负荷特性曲线找到发动机各工况中的最低耗油率。

三、紧凑性指标

发动机紧凑性指标一般用动力传动舱体积、发动机比体积等 14 个指标表征。

（一）动力传动舱体积

动力传动舱体积一般用长×宽×高进行计算，一般不含局部突出。受整车质量、布置空间的限制，随着功率不断加大，对传动装置的功率密度要求越来越高。减小动力舱的容积，缩小坦克目标体积和减轻质量，可使整车的生存能力和机动性得到进一步提高。因此，提高功率密度、减小体积、减轻质量一直是设计人员的追求。坦克动力舱的体积一般约占整车总体积的 40%，提高动力传动装置即动力舱的功率密度，一方面可以通过提高动力传动及其辅助系统的集成度，另一方面可以通过提高发动机、传动装置、辅助系统本身的功率密度来实现。20 世纪 80 年代初期，美国开始了重型战斗车辆"先进的整体式推进系统（AIPS）"的研制，使动力舱体积与 M1A2 比缩小了 26% ~ 30%；德国 MTU 公司和德国 RENK 公司共同研制的"欧洲动力传动机组"使豹 Ⅱ 的动力舱由约 7 m³ 减少到 4.6 m³。而世界上其他先进的三代坦克改进型的动力舱体积一般在 6 ~ 7 m³。德国 MTU 公司和德国 RENK 公司共同研制的"欧洲动力机组"，其最大功率为 1 210 kW，最大扭矩为 5 000 N·m，体积比豹 Ⅱ 原动力舱减小约 3 m³。

（二）动力传动装置体积

动力传动装置体积一般用长×宽×高进行计算，一般不含局部突出。

（三）辅助系统体积（冷却系体积、空气滤清系体积）

辅助系统体积一般用长×宽×高进行计算，一般不含局部突出。

（四）动力传动舱长度与整车长度比

动力传动舱长度与整车长度比能够反映动力舱紧凑性，该比值越小动力舱相对越小，为乘员舱和驾驶舱做的贡献越大。

（五）动力传动舱高度与整车高度比

动力传动舱高度与整车高度比也能够反映动力舱紧凑性，该比值越小动力舱相对越矮，整车也能做得低矮，有效降低了正面发现和击中的概率。

（六）发动机比体积

发动机比体积是指发动机的体积和动力舱的体积之比，该比值越小发动机的体积越小。

（七）冷却系比体积

冷却系比体积是指冷却系的体积和动力舱的体积之比，该比值越小冷却系的体积越小。

（八）传动装置相对比体积

传动装置相对比体积是指传动装置的体积和动力舱的体积之比，该比值越小传动装置的体积越小。

（九）动力传动装置质量

动力传动装置质量是指动力传动装置质量之和（不含油），该值越小动力传动装置越轻，系统质量功率密度越高。

（十）动力传动装置相对质量

动力传动装置相对质量是指动力传动装置质量之和（不含油）与整车质量之比，该比值越小动力舱越轻，系统质量功率密度越高。

（十一）发动机比质量

发动机比质量是指发动机的质量和动力舱的质量之比，该比值越小，发动机相对越轻。

（十二）冷却系比质量

冷却系比质量是指冷却系的质量和动力舱的质量之比，该比值越小，冷却系相对越轻。

（十三） 动力传动舱体积功率

动力传动舱体积功率是指发动机额定功率和动力传动舱的体积之比，该比值越大，动力传动舱体积功率密度越大，系统越紧凑。

（十四） 动力传动舱质量功率

动力传动舱质量功率是指发动机额定功率和动力传动舱的质量之比，该比值越大，动力传动舱质量功率密度越大，系统越紧凑。

四、适应性指标

（一） 环境温度

环境温度会对动力传动系统的动力性、电子元器件的可靠性等产生较大影响。动力传动系统的发动机和传动装置均有适应环境温度的要求，对于动力舱而言，环境温度一般要求在 $-50 \sim 50 \, ℃$。

（二） 相对湿度

湿度因素会使动力传动系统的部分结构件较快地产生腐蚀，同时会使电子元器件的绝缘性能下降，所以一般会对动力传动系统的湿度适应性进行约束，一般要求在 $25 \, ℃$ 的条件下相对湿度 ≤98% 。

（三） 海拔高度

海拔高度越高，气压越低，空气中含氧量越少，发动机的燃烧越不充分，从而影响动力性的发挥，一般高原地区的起步性能、最高车速等都会受到影响。通常要求动力传动系统都能适应 4 000 m 以上的海拔高度。

（四） 动力传动系统热平衡性能

动力传动系统的发动机和传动系统都有适应温度的要求，热平衡性能是保证动力舱可靠工作的重要保证。一般要求辅助散热系统能够使传动油温稳定在 $90 \, ℃$ 左右，发动机水温保持在 $80 \, ℃$ 左右。目前国内外对动力传动系统热平衡试验结果主要通过 ATB 特性指标、发动机热适应率、稳定温度曲线和最高可使用环境温度进行评价。

（1） ATB 特性指标。

ATB 特性指标是指发动机冷却水温达到沸点时所对应的环境温度，可表示为：ATB 等于冷却水沸点温度 −（冷却水温稳定值 − 环境温度）。ATB 特性指标提供了在冷却系统工作下，车辆发动机所能适应的最高环境温度，在该温度下，冷却水温将达到沸点温度。从 ATB 特性上可以看出冷却系统所具有的最大冷却潜力，反映了冷却能力的强弱。

（2）发动机热适应率 γ。

发动机热适应率 γ 是指车辆在某一排挡行驶时，发动机稳定热负荷特性落在要求的温度范围内（如 55 ~ 105 ℃）的比率，其给出了发动机冷却水温在该工况条件下处于正常范围的概率，因而也给出了车辆冷却系统处于正常量的概念。

（3）稳定温度曲线和最高可使用环境温度。

稳定温度曲线给出了达到热平衡时各温度参数所能达到的稳定状态，说明了冷却系统的热平衡特性在发动机满负荷状态下的分布情况；最高可使用环境温度是一个计算参数，用于评价车辆是否能在战技指标规定的最高环境温度下使用。试验时环境温度不得低于 20 ℃。

通过对试验数据进行处理，可以在发动机外特性上和传动装置得到各测点稳定温度 TS 曲线和可使用的最高环境温度 TAC 曲线。

各测点稳定温度的外推和环境温度的外推采用国内外通用的计算方法进行，稳定温度的外推公式为：

$$TS_1 = TS_t + (TA_1 + TA_t) \qquad (2-32)$$

式中　TA_t——试验时的环境温度；

　　　TA_1——可使用的最高环境温度；

　　　TS_t——试验时的稳定温度；

　　　TS_1——可使用的最高环境温度时的稳定温度。

环境温度的外推公式为：

$$TA_e = (TS_e + TS_t) + TA_t \qquad (2-33)$$

式中　TS_e——可使用的温度参数上限值；

　　　TA_e——TS_e 时的环境温度。

五、可靠性、可维修性指标

（一）是否实现整体吊装

动力传动系统的拆装应花费最少的劳动和时间，并使用最少量的工具；动力传动装置各部件的组合方式，采用积木式组合方式有利于小部件的整体维护和更换；减少动力传动系统的管路数目，管路的连接采用带止回阀的快速接头，是缩短拆装时间的有效手段；动力传动系统能否实现整体吊装，是实现战时条件下快速维修、恢复战斗力的必要保障。

为便于实现车辆一体化吊装，传动装置采用模块化设计和模块化布置方式，动力传动装置的维修或更换采用一体化吊装方案。传动装置与侧传动之间采用滑动齿套连接。拆开主动轮传动端盖，转动内套传动轴就能分离连接齿套，松开固定螺栓，即可一体化吊出动力传动装置。复装也是一体化吊入，无须对中和定心校正。传动装置输出采用的滑动齿套连接等设计不仅缩短了维修时间，而且减少了维修人员、提高了维修方便性。

（二）部件维护保养的可接近性

传动装置经常需要检查和维护保养的主要工作内容有：

（1）传动油的油量需要每天出车前检查。

一般要求打开盖板，拧开螺堵即可完成检查。加油和放油采用随车工具可方便快速进行。

（2）油滤保养。

一般对于需要保养的油滤，如回油滤、操纵滤均布置在传动装置上部外侧，使维修保养方便。

（3）操纵系统。

液压操纵系统以及操纵电控系统的接口部分均布置在排气百叶窗口位置，便于观察、检测、检修。同时，其周围有足够的空间以便于安装和使用测试接头和工具，除能容纳维修人员手臂外，还有观察空隙。通过在设计中考虑传动装置的可达性要求，大大减少了在传动装置使用和维修中保养维修的人力和时间。

（三）具备故障诊断功能

测试性设计是保证传动装置、分系统能及时并准确地确定其可工作、不可工作或性能下降等状态，并隔离其内部故障的一种设计。测试性的定性要求主要是对测试的方便性、快捷性、可达性、标准化，测试的可控性和观测性以及被测元件 UUT 与测试设备的接口兼容性等方面提出的要求。传动装置具有故障诊断接口，接口具有良好的可控性、可观测性等特点，以及防差错措施和接口兼容性强的特点，可以通过故障诊断盒进行参数监视和故障隔离。对供油系统、液压操纵系统及操纵电控系统能否正常工作具有有效的监测作用。

（四）　平均故障间隔里程

高可靠性也是设计人员不断追求的目标。为保证车辆在各种复杂环境条件下的作战使用性能，坦克装甲车辆的可靠性指标也越来越高，传动装置的高可靠性成为重要指标。坦克强国如美国、法国、德国的主战坦克耐久性指标超过10 000 km，液力机械综合传动装置的平均故障间隔里程（MKBF）超过3 000 km。

（五）　大修期

大修期一般用发动机工作的摩托小时或者传动装置运行里程数来衡量。动力传动系统尽可能采用等寿命设计，这样动力或者传动的大修期就与系统的大修期接近。大修期指标越高，动力传动系统的可靠性和寿命越高。

|2.4　整车匹配特性评价指标体系|

通过整车特性参数，表征动力传动系统装车后与其他相关系统（如动力辅助系统、行动系统等）之间的匹配程度，以评定动力传动系统最终性能。因此，匹配特性评价指标体系更多地表征了动力传动系统实车上的表现。通过深入研究和全面分析现有国家军用标准中与动力传动系统密切相关的履带车辆性能的评定方法与指标，提出以下 29 个性能指标来作为动力传动匹配特性的评价指标，如图 2 – 12 所示。

一、动力性

动力性是整车的动力特性的表征，用以确定车辆动力设计的完善程度。评价整车的动力性能可以有多类、多个参数综合反映，但从整车的角度出发，最大车速、加速特性、爬坡性能等最具有代表意义。

（一）　最大车速

最大车速是指在规定的路面及环境条件下，车辆在战斗全重状态下直线行驶时，在各挡位能够达到的最大瞬时速度。

影响车辆最大速度的主要因素有发动机标定功率、车辆战斗全重、车辆推进系统总效率、传动系统最小传动比（车辆在最高行驶速度时的传动系统的传动比）和地面阻力系统等。

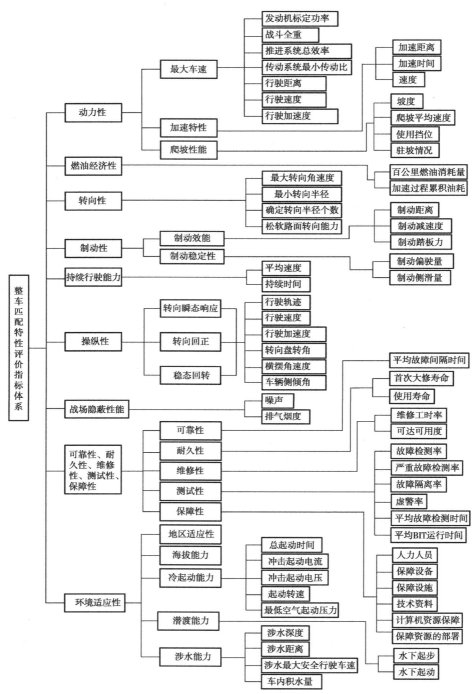

图 2－12　整车匹配特性评价指标体系

传动系统的最小传动比是车辆设计时对车辆所能达到的最大速度的结构保障和限制。

（二）加速特性

加速特性用以确定最大油门时的加速性能，是指在规定的路面和环境条件下，车辆在战斗全重状态下直线行驶，从起步开始加速到规定速度（履带式车辆通常规定为 32 km/h，轮式车辆通常规定为 32 km/h 和 60 km/h）的性能。在水平平坦路面上加速度大小与动力因数成正比，从理论上讲，应该用加速度和时间的关系来评价车辆的加速特性，但实用意义不大，因此，通常采用速度或距离与时间的关系来评价车辆的加速特性。

发动机的外特性对车辆加速特性的影响较明显，具有良好外特性的发动机能以较少的排挡获得比较理想的动力特性；传动装置性能的优劣，尤其是排挡的划分，直接关系到发动机动力在加速各阶段的合理安排，所以其工作特性必然影响到车辆的加速特性。

（三）爬坡性能

纵坡与侧坡通过性是指坦克装甲车辆通过纵坡与侧坡的能力，通常以通过坡度来表征。试验中记录通过时使用的挡位、平均速度、驻坡情况等参数。

爬坡试验中，车辆用最低挡从较小坡度开始爬坡，其所能克服的最大坡度即为爬坡能力，用角度或纵向升高比表示。越野车辆一般爬坡度不小于 60%。而液力传动车辆，其最大爬坡度可达很大值，但仅具有极低的车速，因此一般以克服一定坡度时的车速来评价其爬坡性能。对军用履带车辆，除要求爬坡度外，还要求车速。现代坦克在爬 60% 的坡度时，可达 8～9.5 km/h 的车速。

车辆的战斗全重是影响最大爬坡度的主要因素之一。战斗全重越大，则车辆在坡道上需要克服的上坡阻力越大，在发动机功率一定的条件下，车辆越重，其最大爬坡度就越小。在满足附着条件和战斗全重一定的情况下，发动机功率越大，则车辆的最大爬坡度越大。

当车辆在侧倾坡上起步或换挡时，横向布置的摩擦元件常常不能分离彻底，因而会造成车辆起步和换挡困难。侧倾坡度越大，这种现象越严重。

二、燃油经济性

燃油经济性直接关系到装备的作战效能和在役适用性。优越的燃油经济性将为装备提供更大的机动范围和更小的使用能耗，因此，燃油经济性是所有具备自主机动能力的装备必须考虑的评价指标。对装甲车辆而言，燃油经济性是

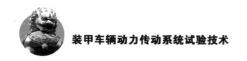
整车性能评价以及动力传动系统与整车匹配特性表征的重要参数指标。

（一）百公里燃油消耗量

燃油消耗量是指装甲车辆在规定路面条件下行驶时的百公里燃油消耗量。试验时，在规定的道路上以道路允许的最大车速行驶，行驶中不得使用空挡滑行和停车，连续行驶距离不少于 50 km，最好用合适的方法测得燃油消耗量，该参数对于反映传动系统单个挡位上的燃油经济性更为准确。

（二）加速过程累积油耗

加速过程累积油耗是指装甲车辆从原地起步加速至最大车速过程的累积油耗，该参数能全面地评价装甲车辆的燃油经济性。

三、转向性

装甲车辆转向空间受车体外廓尺寸设计的影响，同时，车辆的动力性能、传动装置的挡位设计以及动力传动系统与车辆行驶系统、辅助系统等之间的匹配关系也直接影响着整车转向性能。

转向性能是指装甲车辆最小转向空间的要求，评定参数主要包括最大转向角速度、最小转向半径、确定转向半径个数、松软路面转向能力等。

（一）最大转向角速度

对于静液驱动转向机构，最大转向角速度是指泵马达排量杆处于最大位置、发动机转速置于额定转速时，车辆稳定转向的角度与所用时间的比值。

（二）最小转向半径

对于零差速式双流转向传动装置，最小转向半径是指各个挡位由直驶路和转向路传动比的比值与履带中心距的乘积。

（三）确定转向半径个数

对于两级行星转向机转向的传动装置，确定转向半径个数是由两侧固定差速的对数组合决定的，而对于静液驱动转向机构，转向半径是无级变化的。

（四）松软路面转向能力

松软路面转向能力一般是指传动装置在泥泞道路上能够顺利完成中心转向的能力。

四、制动性

制动性是指坦克装甲车辆在规定路面行驶时实施制动的性能。制动性主要包括制动效能和制动稳定性两个方面。制动效能包括制动距离、制动效率的测定，制动效率是制动踏板力（输入）和车辆减速度（输出）的关系，评价参数主要包括制动距离、制动减速度、制动踏板力等。制动稳定性是指制动时，车辆在直路或弯路上的方向控制能力，即制动时车辆不发生跑偏、侧滑及方向失控的能力。

（一）制动距离

在规定的工况下，车辆（以 32 km/h）在规定的水平路面上行驶，从紧急制动开始到停车所移动的距离。

制动距离的长短决定了车辆的安全性，也限制了车辆单位功率的发挥。较短的制动距离可以使驾驶员发挥车辆高速行驶的性能，最大程度上发挥车辆的单位功率。

（二）制动减速度

制动减速度是制动过程中单位时间内车辆速度的变化量。制动距离主要取决于制动减速度。对于装甲车辆，为提高机动性，在提高加速性的同时要求提高减速度，主要评价指标是制动距离和制动时间。

（三）制动稳定性

制动稳定性是指制动时，车辆在直路或弯路上的方向控制能力。在制动过程中，车辆有可能出现制动跑偏而使车辆失去控制离开原来的行驶方向，发生侧滑及方向失控。制动稳定性主要评价指标是偏驶量和侧滑量。

发生跑偏、侧滑及方向失控的原因主要有两个：一是制动悬架导向杆系与专项系统拉杆数设计原因，跑偏方向是固定的；二是车辆左右车轮、特别是前轴专项轮制动器的制动力不对称，属制造、调整误差造成的，跑偏方向具有随机性。

五、持续行驶能力

持续行驶能力是指装甲车辆在规定路面条件下（包括铺面路、砂石路、起伏土路、冰雪路等）连续行驶的能力。它的主要评价参数包括平均速度和持续时间。

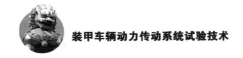

（一）平均速度

平均速度包括公路平均速度和越野平均速度。指在规定的路面（各类公路路面、各类越野路面（起伏路、碎石路））上及规定的环境条件下，车辆各平均速度的加权平均值。

车辆单位功率越大，车辆推进系统（包括动力、传动和行动部分）总效率越高，在相同单位功率条件下车辆获得的平均行驶速度也越高。

操纵、传动系统结构形式对车辆的换挡时间、排挡划分的合理性、动力的适应性、转向的灵活性以及制动性能均有影响，因而也影响车辆的平均速度。反过来讲，车辆的平均速度反映了车辆动力、传动系统的性能。

（二）持续时间

持续时间是指以道路条件和车辆技术性能允许的最高速度连续行驶的时间（车辆各系统、装置应保持正常工作状态）。

对于车辆推进系统，在沿海、湿热、高原等环境影响下，以允许最高速度行驶，推进系统尤其是发动机水温、油温、压力等各项性能参数应保持稳定匹配。

六、操纵性

操纵性主要是指整车的转向瞬态响应、转向回正和稳态回转性能，用以衡量整车的操控性能，如操纵方便性、转向灵敏度，主要包括行驶轨迹、行驶速度、行驶加速度、转向盘转角、横摆角速度和车辆侧倾角等参数。

七、战场隐蔽性

（一）噪声

噪声分为车内噪声和车外噪声。车内噪声影响乘载员的舒适性，车外噪声则影响技术指标，如噪声无感觉距离，直接与战场隐蔽性有关。这里重点指车外噪声。毋庸置疑，较小的噪声更有利于战场的隐蔽性。车辆动力传动系统是车辆行进过程中的主要噪声源，也是敌人最易于识别的因素。

（二）排气烟度

动力系统的排气烟度是评价柴油机燃烧过程是否完善的重要参数，同时，过度的排气烟度使装甲车辆无法隐蔽行进，影响装甲车辆的战场隐蔽性能。排气中碳烟排放常用烟度来衡量，而微粒排放则用质量浓度或质量排放率来表示。

八、可靠性、耐久性、维修性、测试性和保障性

（一）可靠性

动力传动系统的可靠性一般用动力系统平均故障间隔时间来表征。

平均故障间隔时间是指在规定条件下和规定里程（时间）内，被试品的寿命单位总数与故障总数指标，通常用 MMBF（MTBF）表示。

（二）耐久性

根据 GJB 59.62—1996《装甲车辆试验规程　耐久性试验》，耐久性是指装甲车辆正样品（含正样的系统、设备、装置、部件、组件装车）在规定条件下，达到其规定使用寿命而不出现耐久性故障的概率，称不出现耐久性故障的概率为耐久度（使用寿命）。耐久性用首次大修寿命和耐久度两个参数表示。这里所提及的耐久性故障是指装甲车辆样品出现不能继续使用或从经济上考虑不值得修复的耗损型故障。主要指装甲车辆样品发生的疲劳损坏；磨损超过规定限值；材料锈蚀、老化；样品主要性能衰退超过规定限值；故障异常频繁超过规定限值；或继续使用时维修费用不断增长达到不合理的程度。其结果是需要大修或更换样品。

1. 首次大修寿命

首次大修寿命用于度量装甲车辆整车和主要可修部件的耐久性水平，通常用整车和整体部件首次大修时的寿命单位（可以是里程、工作时间和工作次数）总数表征。

2. 耐久度（使用寿命）

使用寿命用于度量产品不可修的主要零部件的耐久性水平，通常用零部件达到极限状态时的寿命单位总数表示。

（三）维修性

1. 可达性（可达可用度）

可达性用于度量在不考虑保障延误时间和备用时间的条件下工作时间占用总时间的百分比。通常只考虑实际消耗的工作时间、修复性维修时间和预防性维修时间。

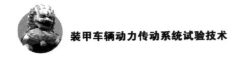
2. 维修人时（维修工时率）

维修人时是与维修人力有关的一种维修性参数。其度量方法为：在规定的条件和规定的期间内，产品直接维修工时总数与该产品寿命单位总数之比。装甲车辆维修工时率一般按修复性维修、预防性维修和保养工时分别提出要求。

（四）测试性

测试性是指产品能及时准确地确定其状态（可工作、不可工作或性能下降）并隔离其内部故障的一种设计特性。测试性与可靠性、维修性、保障性有着极为密切的关系。系统测试性水平的高低直接影响到系统维修性指标的实现，良好的测试性是良好的维修性的基础。通过系统测试性/BIT 和中央测试系统设计，提供实时诊断和预测结果进行预测维修，预先安排维修计划，可以缩短维修和供应保障过程。除产品合理划分、功能性能监测、BIT 和中央检测系统、故障信息的记录与报告、测点设计、测试文档、抑制虚警等定性要求外，还包括故障检测率、严重故障检测率、故障隔离率、虚警率、平均故障检测时间、平均 BIT 运行时间等定量指标。

1. 故障检测率

故障检测率（FDR）是指用规定的方法正确检测到的故障数与故障总数之比，用百分数表示。其定量的数据模型如式（2-34）所示：

$$\gamma_{FD} = \frac{N_D}{N_r} \times 100\% \qquad (2-34)$$

式中　γ_{FD}——故障检测率；

　　　N_D——正确检测到的故障数；

　　　N_r——故障总数。

2. 严重故障检测率

严重故障检测率（CFDR）是指用规定的方法正确检测到的严重故障数与被测单元发生的严重故障总数之比，用百分数表示。其中，严重故障是指产品不能完成规定任务的或可能导致人或物重大损失的故障或故障组合。其定量数据模型如式（2-35）所示：

$$\gamma_{CFD} = \frac{N_{CD}}{N_{Cr}} \times 100\% \qquad (2-35)$$

式中　γ_{CFD}——严重故障检测率；

　　　N_{CD}——正确检测到的严重故障数；

　　　N_{Cr}——严重故障总数。

3. 故障隔离率

故障隔离率（FIR）是指用规定的方法将检测到的故障正确隔离到不大于

规定模糊度 L 的故障数与检测到的故障数之比，用百分数表示。其定量数学模型如式（2-36）所示：

$$\gamma_{FI} = \frac{N_L}{N_D} \times 100\% \qquad (2-36)$$

式中　γ_{FI}——故障隔离率；

　　　N_L——故障正确隔离到不大于规定模糊度 L 的故障数；

　　　N_D——正确检测到的故障数。

4. 虚警率

虚警率（FAR）是指在规定的时间内发生的虚警次数与同一时间内故障指示总数之比，用百分数表示。其定量的数据模型如式（2-37）所示：

$$\gamma_{FA} = \frac{N_{FA}}{N} \times 100\% = \frac{N_{FA}}{N_F + N_{FA}} \times 100\% \qquad (2-37)$$

式中　γ_{FA}——虚警率；

　　　N_{FA}——虚警次数；

　　　N——指示（虚警）总数；

　　　N_F——真实故障指示次数。

5. 平均故障检测时间

平均故障检测时间（MFDT）是指从开始故障检测到给出故障指示所经历时间的平均值。其定量数学模型如式（2-38）所示：

$$T_{FD} = \frac{\sum t_{FDi}}{N_{FD}} \times 100\% \qquad (2-38)$$

式中　T_{FD}——平均故障检测时间；

　　　t_{FDi}——检测并指示第 i 个故障所用时间；

　　　N_{FD}——检测出的故障总数。

6. 平均 BIT 运行时间

平均 BIT 运行时间（MBRT）是指为完成一个 BIT 测试程序所需的平均有效时间。其定量数学模型如式（2-39）所示：

$$T_{BR} = \frac{\sum t_{BRi}}{N_B} \times 100\% \qquad (2-39)$$

式中　T_{BR}——平均 BIT 运行时间；

　　　t_{BRi}——第 i 个 BIT 测试程序的有效运行时间；

　　　N_B——BIT 测试程序数。

（五）保障性

保障性是指装备的设计特性和计划的保障资源充分和使用程度两个方面。

保障资源是保证装备完成平时战备和战时使用的人力和物力，是从事保障活动所需人员、设备、设施、技术、方法和资金的统称。诊断方案是保障方案的重要内容，保障方案的评价与权衡分析、维修作业分析、修理级别分析等保障性设计分析结果，为确定诊断资源配置、测试性与保障系统接口关系提供设计输入。

1. 人力人员

主要是按要求编配的装备使用人员数量、专业职务与职能、技术等级是否胜任作战和训练使用；按要求编配的各级维修机构的人员数量、专业职务与职能、技术等级是否胜任维修工作；按要求选拔或考录的人员文化水平、智能、体能是否适应产品的使用与维修工作。进行人力人员评价的主要指标有：每百公里维修工时、平均维修人员规模（用于完成各项维修工作的维修人员的平均数（维修工时数（MMH）/实际维修时间（ET）））。

2. 保障设备

主要是确定其与产品的接口是否匹配和协调，各修理级别按计划配备的保障设备数量与性能是否满足产品使用和维修的需要；保障设备的使用频次、利用率是否达到规定的要求；保障设备维修要求（计划与非计划维修、停机时间及保障资源要求等）是否影响正常的保障工作。

3. 保障设施

主要是确定设施在空间、场地、主要的设备和电力以及其他条件的提供等方面是否满足了装备的使用与维修的要求，也要确定在温度、湿度、照明和防尘等环境条件方面以及存储设施方面是否符合要求。

4. 技术资料

主要是技术资料的数量、种类和格式，技术资料的正确、清晰、准确、完整和易理解性，技术资料中的警告、提醒及安全注意事项的合理、醒目情况，各技术资料中的术语的一致性情况。

5. 计算机资源保障

主要评价硬件的适用性和软件程序（包括机内测试软件程序）的准确性、文档的完备性与维护的简易性。

6. 保障资源的部署

保障资源的部署性分析可采用标准度量单位，如标准集装箱数量、标准火车皮数量、某型运输机数量等，通过各种可移动的保障资源（人力人员资源除外）的总质量和总体积转化计算得到。通过部署性评价，可以宏观上比较装备保障规模的大小，从中找出薄弱环节，进一步改进装备或保障资源的规划与设计工作。

九、环境适应性

（一）地区适应性

地区适应性是指动力传动系统在整车实装状态下，对高原、沙漠、湿热、严寒地区的适应性，确定其使用特点和方法。

（二）海拔能力

海拔能力是指动力系统适应高海拔的能力，或者说是海拔对发动机的影响。

随着海拔高度的增加，大气压力和空气密度下降，海拔高度为 4 000 m 时，气压从 101.3 kPa 下降到 61.3 kPa，下降了 40%；同时空气密度也从海平面的 12 kg/m³ 下降到 0.8 kg/m³，下降了 1/3。

发动机功率下降：高海拔、气压和空气密度下降，使发动机充气量和气缸压缩终了时的压力、温度降低，燃料不能完全燃烧，因而功率下降，燃料消耗率增加。

发动机容易过热：空气密度小，散热效果差，发动机进气量少，燃烧恶化，后燃严重。

（三）冷起动能力

冷起动能力是指发动机在低温条件下不同工况的起动能力。低温情况对发动机影响最大，主要因素是机油、冷却液的加温时间。

（四）潜渡能力

潜渡能力是指车辆在潜渡条件下发动机起动和传动装置换挡的性能。

装甲车辆在水下运动时，由于水的浮力作用于车体，车辆出现失重现象，而造成河底地面附着力减小。因此，装甲车辆潜渡的基本条件，是单位体积质量满足车辆在水底有足够附着牵引力要求，即良好动力性要求。

（五）涉水能力

涉水能力是指车辆的涉水深度和涉水速度。进气百叶窗和进排气口高度是车辆涉水能力的重要影响因素，而进气百叶窗和进排气口是动力系统正常工作的重要决定因素。

第 3 章

试验设计

G B 3358.3—1993《统计学术语 第三部分 试验设计术语》对试验设计（Experimental Design）的解释是："对试验规划，主要指选择参加试验的因素，确定各因素的水平，挑出要试验的水平组合。"《现代科学技术词典》对试验设计的解释是："在统计分析中，要求以次数尽可能少的试验获取足够有效的资料，从而得到较可靠的评估结论。试验设计就是从这个要求出发，考虑到试验结果或观察时可能产生的误差，运用数学方法来研究如何合理抽样试验，控制各个因素在试验中的条件，同时还研究在各种允许的试验条件下最优的试验方案的存在性和求法等问题。"

　　本章着眼无成熟试验方法需开展相应理论研究的试验项目，系统分析试验原理和关键技术，围绕试验样本、试验条件、数据传递、测试测量、环境构设等要素提出相应试验方法。

|3.1　动力装置试验设计|

3.1.1　试验目的

　　装甲车辆动力装置是驱动装甲车辆行驶所需能量产生、转换、传递、消耗和管理的各部件及其子系统的有机结合体。其功能主要是完成燃料燃烧所释放的化学能向机械能高效转化，实现理想的驱动特性，并达到车辆的动力性、经济性、运转性、可靠性、适应性等柴油机特性的相关指标要求。因此，为了使装甲车辆动力装置的特性满足相关指标要求，需要对动力装置进行相应的试验。

　　装甲车辆动力装置试验目的主要是测试动力装置的各项评价指标是否达到要求。针对上一章提到的动力系统评价指标，如动力性、经济性、运转性、可靠性、耐久性、紧凑性、强化性和适应性等，来设计动力装置试验测试发动机的各项性能。针对动力性、经济性、紧凑性、强化特性等指标，设计了性能试验，装甲车辆柴油机在运行过程中的转速、负荷和路面情况会经常变化，为了研究柴油机在不同工况下的性能和变化规律，使柴油机在不同工况下达到最优的动力性和经济性，需要研究柴油机的万有特性（包括速度特性、负荷特性）。针对适应性指标，设计了环境适应性及热平衡试验，装甲车辆的行驶环境较为复杂恶劣，为了保证柴油机在不同环境因素作用下均能达到预期的性能要求，需要针对柴油机环境适应性进行试验。柴油机在运行过程中，燃料燃烧释放的总热量除了做功以外，还会释放大量热量，其间会发生复杂的能量转换与流动传热。为确保柴油机的各个系统（如进排气系统、冷却系统）与柴油机运行工况达到最优匹配，需要对柴油机进行热平衡试验。针对可靠性、耐久性指标，设计了可靠性试验，为了使柴油机在投产前尽可能暴露所有可能出现的质量问题并加以解决，使柴油机的设计质量和制造质量符合相应标准，使柴油机达到预期的寿命指标。另外，针对运转性指标，设计了振动、噪声试验及排放试验，柴油机在运行过程中会产生振动和噪声，并排放有害污染物，对人体健康及生态环境造成不利影响。为了研究柴油机运行过程产生的振动、噪声和排放特性，将产生的振动和噪声、污染物排放量限定在规定的范围。

3.1.2　试验条件

为了能够准确反映柴油机各性能指标的实际状况，确保柴油机各性能指标达到规定要求，进行试验时需要规定采用合适的试验设备，控制相应的试验条件。对于柴油机试验，一般情况下，环境温度、风速、柴油机负载情况等因素会对柴油机的性能产生影响，因此需要根据实际情况合理选择试验条件。试验条件采取控制变量的原则，把多影响因素的问题变成多个单影响因素的问题。每一次只改变其中的某一个因素，而控制其余几个因素不变，从而研究被改变的这个因素对柴油机性能的影响。

3.1.3　试验方案设计

一、性能试验

车用柴油机在运行过程中的转速和负荷经常变化，因而输出功率也经常变化。在载荷不变的情况下，由于路面情况不同，车辆行驶速度会有快有慢，因而需要发动机转速能高能低；且在同一车速下，载荷质量也可以有多有少，路面情况也会不同，柴油机负荷也就有大有小。因此，根据整车动力的需求，车用柴油机的运行状况经常在不断地变化着。柴油机工况就是发动机运行或工作的状况。负荷和转速是发动机运转过程中确定工况的两个主要运行参数。在整车速比确定的情况下，发动机转速与车辆速度成正比。而负荷可由有效输出扭矩或平均有效压力来表示，与车辆运行时的总阻力成正比。因此，要了解车辆在各种工况下的性能和变化规律以及在某一工况下运行的可能性和适应性，就必须研究柴油机特性的变化规律。

（一）影响因素分析

1. 柴油机速度特性

内燃机在循环供油量保持不变的情况下，其主要性能参数（M_e、N_e、g_e 等）随转速 n 变化的规律被称为内燃机的速度特性。当柴油机的循环供油量被限制在标定工况点的位置时，其主要性能参数随转速变化的规律称为柴油机速度特性，如图 3 - 1 所示。

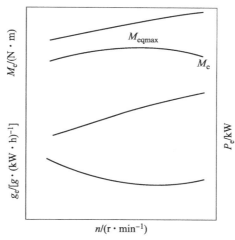

图 3 - 1　柴油机速度特性

内燃机在稳态工况下，其扭矩 M_e 可用下式表示：

$$M_e = X'_m \rho_s \eta_v \frac{\eta_i}{\alpha} \eta_m \quad (\text{N} \cdot \text{m}) \tag{3 - 1}$$

上式表明 M_e 只与空气密度 ρ_s、充气系数 η_v、指示效率 η_i、过量空气系数 α、机械效率 η_m 五个因素有关。所以内燃机的速度特性由上述五个参数随转速不同的变化规律之综合影响所决定。

（1）影响进气总管内的空气密度 ρ_s 的因素。

增压柴油机的 ρ_s 与增压比成正比，同时还与中冷器有关。当增压柴油机按速度特性运行时，其增压比随转速的下降而减小。这是因为循环供油量虽已被限定不变，但进入涡轮增压器的排气能量随着转速的下降而相应减少，涡轮转速随之相应下降而造成的。对机械增压柴油机而言，增压器的转速直接随内燃机转速的变化而变化。

（2）影响充气系数 η_v 的因素。

当柴油机按速度特性运行时，其充气系数在常用转速范围内总是随转速的下降而增大；而当转速在低速段时，对于确定的柴油机在设计时确定的配气相位对充气过程不利，因而，将随转速的下降而明显减小。增压柴油机进气压力比非增压柴油机的高，对充气过程比较有利，所以，其充气系数随转速而变化的曲线会比非增压柴油机平坦。

（3）影响过量空气系数 α 的因素。

对非增压柴油机而言，其过量空气系数 α 随转速不同而变化的关系主要取决于循环供油量 m_{fcyc} 随转速不同而变化的关系。当柴油机采用柱塞式喷油泵时，泵油系数随转速的下降而减小，致使 m_{fcyc} 随 n 的下降而缓慢减少，因而 α 随 n 的下降而增大。对增压柴油机而言，因为增压压力对过量空气系数 α 的影响比较突出，所以，其 α 随 n 的下降而减小。

（4）影响指示效率 η_i 的因素。

当柴油机按速度特性运行时，其指示效率随转速不同而变化的关系主要是与过量空气系数 α 和压力升高比 λ 有关。随着转速的下降，α 值因循环供油量减少而增大；而 λ 值一般不会下降，甚至还可能增大，因此，η_i 随 n 的下降而降低，反映燃烧过程质量的比值 $\dfrac{\eta_i}{\alpha}$ 也随转速的下降而降低。

（5）影响机械效率 η_m 的因素。

对增压柴油机而言，随着转速的下降，空气密度 ρ_s 会减小，比值 $\dfrac{\eta_i}{\alpha}$ 也会减小，而是先增大，后减小，所以，机械效率 η_m 随转速的下降而提高。

根据以上分析可知，当内燃机按速度特性运行时，其输出扭矩 M_e 或功率 N_e 与转速 n 之间的关系是多种因素综合影响的结果。

2. 柴油机负荷特性

柴油机的负荷特性曲线是指当转速不变时，柴油机的主要性能指标（每小时燃油消耗量及燃油消耗率等）随着负荷而变化的关系曲线。如图 3-2 所示为柴油机负荷特性曲线。负荷特性的横坐标是功率或平均有效压力，纵坐标为其他性能指标，主要讨论燃油消耗率和负荷的变化关系。

由负荷特性可以判断不同负荷下运转时柴油机的经济性，也可以根据各种转速下的负荷特性来绘制速度特性和万有特性。此外，负荷特性较容易测定，因此在调试过程中，常用负荷特性作为性能指标比较的标准。

负荷特性试验的目的是评定发动机在规定转速、不同负荷时的经济性和排放性能。它主要表明在同一转速下，各种不同负荷时的燃油消耗率 g_e 随功率 P_e 变化的关系。对于额定转速，可以通过负荷特性曲线找出发动机所能达到的额定功率和额定点的耗油率，判断功率标定的合理性。对于其他转速，可以

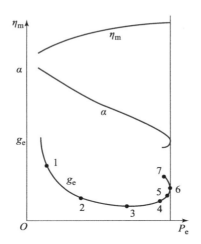

图 3 - 2　柴油机负荷特性

通过负荷特性曲线找到发动机各工况中的最低耗油率 $g_{\min}$，这是评价不同发动机经济性能的一个重要指标。

（1）扭矩 M_e 随转速 n 的变化关系。

由式

$$\eta_e = \frac{3.6 \times 10^3 N_e}{G_T H_u} \tag{3-2}$$

求出 N_e，代入下式

$$M_e = 9\ 550\ \frac{N_e}{n}(\text{N} \cdot \text{m}) \tag{3-3}$$

得

$$M_e = 9\ 550\ \frac{G_T H_u \eta_e}{n}(\text{N} \cdot \text{m}) \tag{3-4}$$

式中　M_e——有效扭矩（N·m）；

　　　n——转速（r/min）；

　　　N_e——有效功率（kW）；

　　　H_u——所用燃油的热值（kg/kg）；

　　　G_T——每小时耗油量（kg/h）；

　　　η_e——有效热效率。

若每循环供油量为 ΔG kg，则每小时供油量 G_T 为

$$G_T = \Delta G \times \frac{n}{\tau} \times 60\ \text{kg/h} \tag{3-5}$$

得

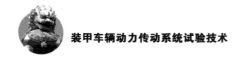

$$M_e = 9\ 550\ \frac{\Delta G H_u \eta_e}{3.6 \times 10^3 \tau} \times 60\ \text{N} \cdot \text{m} \tag{3-6}$$

由于有效扭矩 M_e 与循环供油量 ΔG、指示效率 η_i 及机械效率 η_m 成正比，所以若知道 ΔG、η_i 及 η_m 随转速而变化的关系，即可知道 M_e 随转速而变化的关系。

（2）油耗率与负荷的变化关系。

由公式 $g_i = \dfrac{G_T}{N_e} \times 10^3\ \text{g}/(\text{kW} \cdot \text{h})$ 可知，燃油消耗率 g_i 与 η_i 及 η_m 的乘积成反比。显然，只要分析指示效率 η_i 及机械效率 η_m 随负荷的变化规律，就可以得到燃油消耗率 g_i 和负荷的变化关系。

由上述分析可知，载荷、转速、燃油消耗量、机油温度、冷却水温、机油压力、喷油时期、排气温度等参数对柴油机负荷特性有较大影响，为了分析柴油机的负荷特性，在试验过程中需要将这些参数都一一测出，最后用转速、载荷、燃油消耗量等参数绘出发动机的负荷特性曲线图。

3. 柴油机万有特性

发动机负荷特性和速度特性分别反映了发动机主要性能参数仅随负荷和转速变化的规律，从而可以从不同的角度评价发动机的性能。车辆发动机在实际工作中，转速、负荷都不断地变化，要全面评价发动机的性能，仅凭负荷特性或速度特性则有一定的局限性，因而需要一种能同时展示上述两种特性的图形来进行评价。这种图形可以是在三维坐标图上，以工况面（转速和负荷的二维平面）为自变量域的特性曲面；也可以在工况面的二维坐标图上，表示为各种参数的等值线，如等燃油消耗率线、等功率线、等 NO_x 排放线等。后者就是万有特性曲线图，如图 3-3 所示。

万有特性曲线实质是所有负荷特性和速度特性线的合成。它可以表示发动机在整个工况范围内主要参数的变化关系，用它可以确定发动机最经济的工作区域，当然也可以确定某排放污染物的最小值区域等。在发动机性能匹配优化过程中，通过对调整参数如点火提前角、喷油提前角、喷油脉宽、EGR 率、配气相位等进行优选，可以使发动机的最低油耗区和排放区域落在最常用的工况范围内，这是发动机性能匹配的重要原则之一。

从使用的角度看，在产品发动机万有特性曲线图上可以看出，全工况范围内，即各种负荷和各种转速时，平均有效压力 p_e、功率 P_e、耗油率 g_e 及有害物排放等参数的变化规律，从而能够全面确定发动机最合理的调整和最有利的使用范围。当然通过万有特性曲线也可分析、计算整车各挡位、各种坡度、不同车速下的经济性和动力性等，从而制定出对发动机设计修改、安全寿命、使

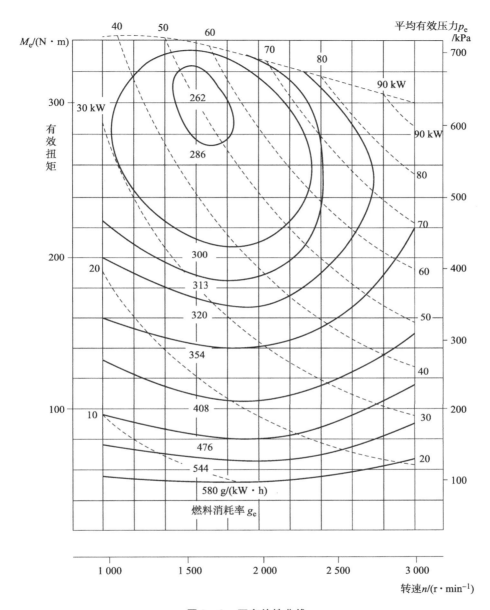

图 3 - 3   万有特性曲线

用、保养等有利的一些参考数据。

通过万有特性曲线可分析发动机的使用经济性。最内层的等油耗曲线的范围是经济性最好的区域。等油耗曲线横坐标方向较宽，表示发动机在转速变化较大而负荷相对变化较小的情况下工作时，经济性较好，这种情况适用于车用发动机。反之，如果等油耗曲线纵坐标方向较长，则表示发动机在负荷变化较大而转速变化较小的情况下工作时，经济性较好，比较适合于对转速波动要求较高的领域。

（二）试验方法设计

（1）速度特性的试验方法。

发动机起动后，稍加负荷，使发动机逐步达到规定的稳定热状态再开始试验。根据柴油机的实际状态，选取不同的负荷进行试验。将柴油机油量调节机构固定在某一位置，转速从大逐渐减小，测量柴油机的有效功率 P_e、有效扭矩 T_q、小时耗油量 G_t 和有效燃油消耗率 g_e 等。

（2）负荷特性的试验方法。

发动机起动后，稍加负荷，使发动机逐步达到规定的稳定热状态再开始试验。一般试验在发动机 50% ~ 80% 的额定转速下进行，需要时，转速范围可上、下扩展，直至其额定转速。试验从小负荷开始，逐步加大循环喷油量，然后进行测量，直至油量达到限值为止，也可以从大负荷开始，逐渐降低至小负荷。保持转速始终不变。

（3）测量参数。

在对发动机进行性能特性试验时，其测量参数的数量和方法与功率试验的测量参数基本相同，即在每一个工况下，测量发动机进气状态、转速、扭矩、燃油消耗量、燃油消耗率、点火或喷油提前角、空燃比和排温，记录燃料牌号等。按需要测量 CO、HC、NO 排放量等。

（三）试验数据分析

根据试验数据绘出发动机速度特性图（图 3 - 1）和负荷特性图（图 3 - 2）。万有特性图以转速为横坐标、平均有效压力（或扭矩）为纵坐标的万有特性曲线运用最广，绘制该万有特性曲线需要画出等油耗曲线、等功率曲线和边界线，具体绘制方法如表 3 - 1 所示。

表 3 - 1　发动机万有特性曲线绘制方法

线型	绘制方法	采用（建立）的模型	拟合方式
等油耗曲线	先建立燃油消耗率与转速和扭矩的关系模型，绘出三维曲面图，再生成二维的等值线图	$b_e = f(T_{tq}, n)$	最小二乘法原理，多元线性回归

续表

线型	绘制方法	采用（建立）的模型	拟合方式
边界线	根据发动机外特性曲线的数据绘制边界线	$T_{tq} = f(n)$	样条插值拟合
等功率曲线	按公式 $P_e = T_{tq} \cdot n/9\ 550$ 绘制，绘出三维曲面图，再生成二维等值线图	$T_{tq} = f(n)$	样条插值拟合

某柴油机燃油消耗率和功率的三维模型如图 3 - 4 所示，并利用外特性数据采用样条型插值方法绘制边界线，最终得到图 3 - 5 所示的万有特性曲线。

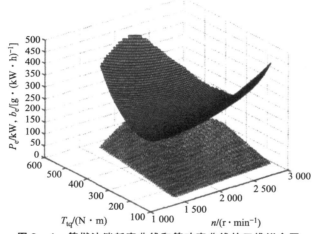

图 3 - 4　等燃油消耗率曲线和等功率曲线的三维拟合图

二、环境适应性试验

环境适应性是指在服役过程中的综合环境因素作用下能实现所有预定的性能和功能且不被破坏的能力。它是对环境适应能力的具体体现，是一种重要的质量特性。

柴油机需要在非常宽广范围的环境条件中完全满足所要求的种种特性，并且运转顺畅。在进行试验时需要考虑到大气温度、大气压力（海拔高度）变化时对柴油机的影响，如图 3 - 6 所示。

一般固定式发动机有可能把周围条件控制在一定程度下。但是，要使车辆在 - 40 ~ 50 ℃ 的大气温度范围内不发生异常，对新开发的柴油机进行"高原、高寒、高温"三高的可靠性试验也变得十分必要，通过对柴油机进行三高可靠性试验来检测运行状况，保证在极限环境下能正常起动和有良好的动力性和经济性。

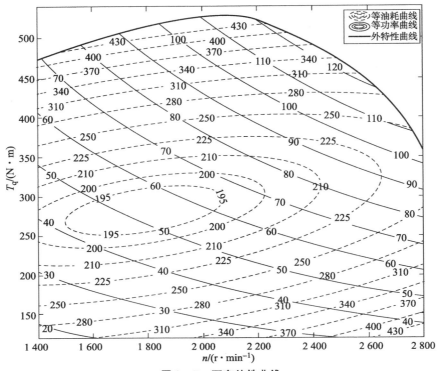

图 3-5 万有特性曲线

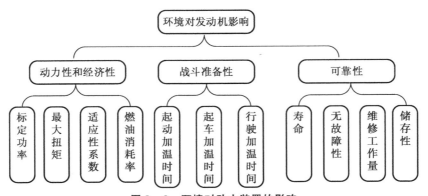

图 3-6 环境对动力装置的影响

（一）高原环境适应性试验

研究发现随着海拔高度上升、大气压力下降、空气密度减小，环境温度也随之降低，这些环境因素将导致柴油机的过量空气系数和有效功率减小，燃油消耗率增加，进而使柴油机的尾气中排出更多的有害物质，其动力性、经济性和可靠性都将受到较大的影响。因此，针对柴油机的环境适应性试验即使柴油机工作在不同海拔地区，然后研究柴油机的动力性和经济性等特性。

1. 影响因素分析

柴油机的高原环境适应性直接影响车辆在高原地区性能的发挥。高原地区大气压力和气温低，风沙尘大，日照及紫外线强，对柴油机性能有显著影响。在高原地区，柴油机的动力性、经济性、起动性、热平衡、排放性能都大幅度下降，导致以柴油机为动力的车辆不能处于良好的工作状态，其可靠性、耐久性、作业效率严重下降。试验需要分析高原环境对经济性、动力性的影响，验证在高原环境中是否发挥出正常性能。

在高原地区，大气压力和含氧量随海拔高度增大而减小的程度比较明显。据试验统计，海拔高度每增加 1 000 m，大气压力约下降 11.5%，空气密度约减少 9%。高海拔地区气压和空气密度的下降，使压燃式柴油机的气缸充气密度降低，过量空气系数减小，从而导致燃烧不充分，后燃性严重，工作粗暴，燃油消耗量增大，排气黑烟严重，废气有害物质排放量大大增加，功率下降。图 3-7 为某型柴油机在平原和海拔 4 500 m 高海拔环境下的外特性。

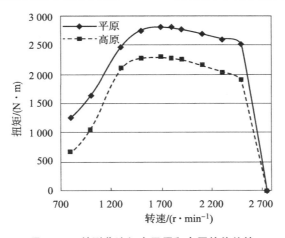

图 3-7 某型柴油机在平原和高原的外特性

由于大气条件改变，原来根据低海拔运行要求设计的车用柴油机在高原使用时会使进入气缸的空气质量流量降低，燃料燃烧不充分且后燃严重，同时高原环境对柴油机冷却系统也会有影响。如图 3-8 所示为高原环境对柴油机性能的影响分析。高原环境主要影响柴油机的燃烧和冷却性能，进而导致柴油机动力性和经济性下降。

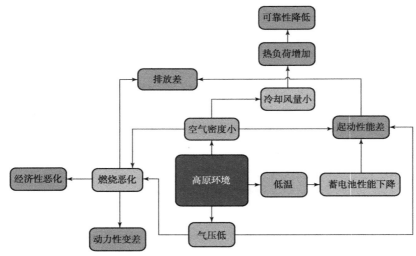

图 3 - 8　高原环境对柴油机影响分析

柴油机的性能主要取决于缸内混合气的燃烧膨胀做功，冷却系统可以保证发动机在最适宜的温度状态下工作，海拔变化对柴油机缸内燃烧、冷却系统性能影响较大，下面详细分析海拔高度对柴油机燃烧以及冷却性能的影响。

（1）海拔高度对柴油机燃烧的影响。

随着海拔高度的上升，大气压力和密度都显著下降，进气质量流量下降，当喷油量不变时，过量空气系数与空燃比都变小，压缩终点的缸压下降，燃油和进气的混合质量变差，着火时间推迟，缸内的燃烧不完全导致上止点附近的放热量变少，最终会导致缸压峰值的降低。某 8 V 涡轮增压柴油机不同海拔高度下的缸内压力变化如图 3 - 9 所示，从图中可以看出，海拔高度从 0 m 上升到 5 000 m 时，缸内燃烧的压力峰值随海拔高度增加而降低。

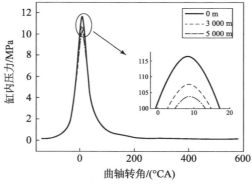

图 3 - 9　某 8V 涡轮增压柴油机不同海拔高度下的缸内压力变化

由于海拔高度上升带来的进气质量下降，油气混合不充分，着火延迟，缸内燃烧的滞燃期变长，这期间积累了较多的可燃混合气引起预混燃烧阶段燃油的燃烧强度变大，缸内燃油的燃烧温度迅速升高，最终导致了高原缸内燃烧温度峰值的增大。从图 3 - 10 中可以看到，缸内最高燃烧温度随着海拔高度的上升而不断升高。

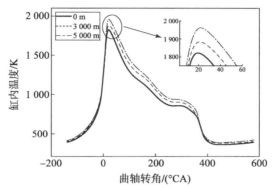

图 3 - 10　某 8V 涡轮增压柴油机不同海拔高度下的缸内温度变化

高原环境下燃油主燃期燃烧不充分，一部分燃料是在活塞离开上止点之后才燃烧，燃烧持续期加长，燃烧重心后移，后燃明显加重，排温增加，同时后燃期活塞下行，做功能力下降，导致柴油机热效率的降低。某柴油机不同海拔高度下的缸内瞬时放热率如图 3 - 11 所示，高海拔时最高放热率在高原较平原有一定程度的下降。

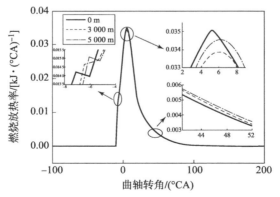

图 3 - 11　某柴油机不同海拔高度下的缸内瞬时放热率变化

（2）海拔高度对冷却性能的影响。

海拔高度的上升引起环境压力的下降，环境压力的下降导致了空气密度的降低，冷却风的质量流量会随着空气密度的下降而下降，同时空气密度下降引起的散热器气侧传热系数下降，导致冷却系统冷侧的散热能力下降，当所需散走的热量一定时，冷却系统气侧的进出口温差增大，发动机进出口的冷却液温度升高，当冷却液温度升高到一定程度，过高的冷却水温会引起发动机传热量下降。如图 3 – 12 及图 3 – 13 所示为某柴油机在不同海拔高度下的高低温散热器散热量和冷却空气体积流量、质量流量的变化情况。

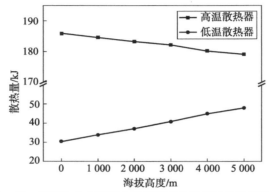

图 3 – 12 某柴油机在不同海拔高度下的高低温散热器散热量

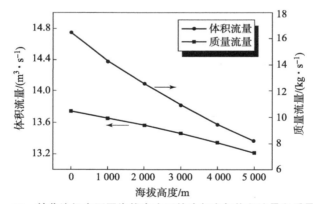

图 3 – 13 某柴油机在不同海拔高度下的冷却空气体积流量和质量流量

2. 试验装置设计

试验时需要用到的试验装置（图 3 – 14）主要包括高原环境模拟系统、试验用计算机控制平台、测功机、油耗仪、燃烧分析仪等。

计算机控制平台用以监测运行状况及采集试验时的运行数据，可以进行数据采集和分析等功能。油耗仪用来测试试验过程中的油耗。燃烧分析仪是用于对汽油或柴油缸内燃烧情况进行测量和分析的设备。

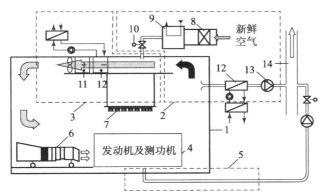

图 3 – 14　高原环境试验系统示意图

1—高原模拟舱；2—气压模拟系统；3—温度模拟系统；4—测功机；
5—尾气处理系统；6—模拟迎风装置；7—日照装置；8—滤清器；
9—加湿器；10—节流阀；11—加热器；12—冷却器；
13—风机；14—排烟管

高原环境模拟系统用来模拟高原环境，使试验过程保持在规定的环境下进行，高原环境模拟系统主要包括：

①压力模拟系统：用于模拟高原地区的低气压环境，由新风系统和尾气排出系统共同组成。

②温度模拟系统：用于试验室内的温度控制。

③湿度模拟系统：用于试验室内的湿度控制。

④循环风系统：均匀布置试验区域内的空气。

⑤安全控制系统：用于监测试验室内一氧化碳和碳氢化合物含量，避免人员伤亡。

3．试验条件的控制

试验条件主要分为两个方面：环境要求条件（如环境温度、环境气压、空气密度）；试验台要求条件。

（1）环境要求条件。

环境温度控制在 10 ~ 46 ℃，空气压强控制在 538.8 kPa，空气密度控制在 0.763 kg/m³ 左右，用以模拟我国海拔 5 000 m 左右的高原地域环境。

（2）试验台要求条件。

根据 GJB 769.1—1989 要求，柴油机参数测量要求节选如表 3 – 2 所示。详细参数要求详见 GJB 769.1—1989。

表 3 – 2　柴油机参数测量要求

参数	含　义	单位	精度
扭矩	柴油机输出端测量平均扭矩	N·m	±1%
转速	柴油机每分钟曲轴转数	r/min	±1%
增压器转速	增压器转子每分钟转数	r/min	±0.5%
有效功率	柴油机功率输出轴测得功率	kW	±1.5%
燃油消耗率	每小时单位有效功率消耗的燃油量	g/(kW·h)	±2.5%
机油消耗率	每小时单位有效功率消耗的机油量	g/(kW·h)	±10.5%
空气消耗率	每小时单位有效功率消耗的空气量	kg/(kW·h)	±5.5%
环境温度	柴油机、增压器或扫气泵进气口温度	K/℃	±4
冷却介质温度	冷却介质中指定点温度	K/℃	±2
机油温度	机油润滑系统中指定点温度	K/℃	±2
燃油温度	喷油泵燃油进口温度	K/℃	±2
进气压力	柴油机、增压器或扫气泵空气进口处平均绝对压力	kPa	±5%
排气压力	柴油机排气总管内或涡轮后的废气平均绝对压力	kPa	±5%
机油压力	机油润滑系统中各指定点的平均压力	kPa	±5%
燃油压力	油泵燃油进口处平均压力	kPa	±10%

4．试验数据分析

在发动机高原环境模拟试验台上进行高原性能模拟试验，研究分析高原环境对柴油机动力性、起动性、热平衡性、经济性能的影响。

（1）海拔高度对动力性的影响。

随着海拔的升高，气压和空气密度降低，进气量减少、燃烧恶化等导致柴油机的功率和扭矩下降。试验在不同的海拔高度测试在不同转速下的标定功率和最大扭矩，根据测得的数据绘制出如图 3 – 15 所示的标定功率与最大扭矩随海拔高度的变化关系图，用以分析海拔高度对动力性的影响。

（2）海拔高度对经济性的影响。

试验需测定不同海拔高度下不同转速时的负荷特性曲线。测定在不同海拔高度时燃油消耗率与排气温度随转速与功率的变化关系，绘制出在不同海拔高度时的负荷特性与外特性曲线，如图 3 – 16 和图 3 – 17 所示。

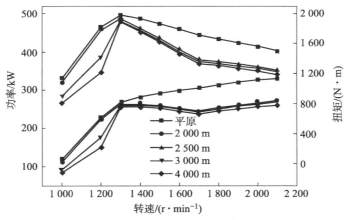

图 3-15　某扭矩及功率与海拔高度的关系

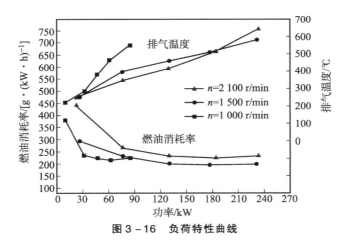

图 3-16　负荷特性曲线

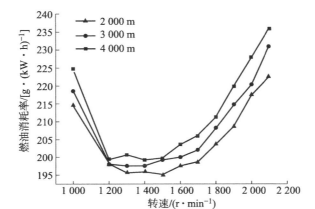

图 3-17　外特性曲线

（二）低温环境适应性试验

GB/T 20969.1—2007《低温环境对内燃动力机械的要求》是国家关于内燃机针对在低温环境条件下所制定的技术要求，如表 3 – 3 所示，该标准适用对象为用于工程、建筑、起重、运输、内燃发电机组等机械配套的内燃动力机械。该标准定义了内燃动力机械低温适应性能设计、调整的基本依据以及标准的高原环境测试条件。对于军用标准而言，需要柴油机能够在最低 – 43 ℃ 苛刻环境下正常起动且可靠地工作。

表 3 – 3　内燃动力机械在不同起动方式下的起动性能

方式	达到要求的环境温度/℃	预热时间/min	起动时间（电机拖动）/s
无起动措施	≤0	—	
起动液喷注	≤ – 15	—	
进气预热	≤ – 15	—	≤25
机油预热	≤ – 25	≤25	
液循环加热	≤ – 25	≤25	
PTC 进气加热	≤ – 25	≤25	

1．影响因素分析

冷起动困难、起动过程及起动后严重冒烟、怠速运行不稳定等问题一直是柴油机实际应用中的难题。冷起动性能已经成为衡量柴油机技术水平的重要指标及其正常运行应具备的重要性能之一。判断起动性的优劣取决于起动所需要的拖动时间，即从起动开关接通到柴油机自行运转的时间。

（1）低温时冷却液温度低、润滑油黏度大。

柴油机起动阻力矩大小主要取决于润滑油的润滑作用。冷机起动时，冷却液温度近似于环境温度，柴油机机体和润滑油的温度近似于冷却液的温度，润滑油温度低导致其黏度增大，流动性差，机油泵不能及时将润滑油注入各摩擦表面；此外，低温条件下曲轴、连杆与轴瓦膨胀系数不同，不能建立均匀的油膜，这些因素都造成起动阻力矩增加。低温下起动对柴油机的磨损相当严重，约占柴油机总的使用磨损量的 50% ~ 75%。因此，从柴油机的经济性、寿命等方面考虑，应缩短其起动时间。

（2）燃油雾化不良。

低温时燃油黏度和密度增大，使流动性变差。蒸发、雾化不良，致使大部分燃油以液态存在于气缸内，难与空气混合；由于起动时转速不高，进气管内的流速降低，不能形成足够强度的空气涡流，造成实际参与燃烧的柴油过少。且发动机转速低导致喷油压力低，使油滴尺寸偏大，从而使喷油量贯穿度较大，过大的贯穿度会使燃油碰到冷的燃烧室壁而不易蒸发，不易着火。

（3）压缩终点的温度和压力低。

低温起动时，由于气缸传热量、漏气损失增加，造成压缩终了的温度和压力偏低，混合气不易自燃，从而造成柴油机起动困难。另外，有研究结果表明，必要的压缩温度不在于能否着火，而在于滞燃期必须尽可能短。随着压缩温度降低，滞燃期急剧增加，其实际效果是推迟着火和降低燃烧速率，导致循环功率不足甚至熄火，使柴油机不能起动。

（4）初期着火不稳定。

柴油机起动过程中，因其压缩终点温度、压力低，热散失和燃气泄漏量多等，其工质的热力状态极不稳定，初期着火时断时续，极易发生失火现象，并有可能熄火，造成起动失败。

（5）蓄电池性能下降。

起动机是通过蓄电池供电的电机，可以带动柴油机转动起来。起动机必须超过柴油机的最大起动转矩，使柴油机起动时有较大的起动加速度，使柴油机在最短时间内加速到最小起动转速。

目前常用的蓄电池是铅酸蓄电池，随着电解液温度的降低，使蓄电池起动时的容量和端电压降低，这会导致起动机转矩减小。在低温起动时，需要起动功率大，而此时蓄电池的输出功率反而下降，当温度下降到一定程度，起动机便拖动不了柴油机，达不到所需的起动转速，柴油机便起动困难。

综上所述，柴油机在起动时，尤其是低温起动时，无论是外界条件还是其自身条件都比较恶劣，从而导致柴油机起动困难，排放恶化。图 3-18 给出了柴油机冷起动性能的影响因素。

目前采取的柴油机冷起动性能改善措施包括：安装起动机、减压装置（图 3-19）、进气预热装置（图 3-20）、电热塞（图 3-21），采用电控燃油喷射系统等方法。

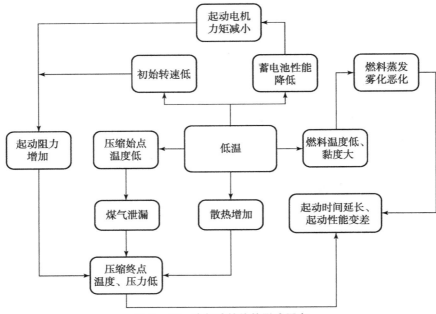

图 3-18　冷起动性能的影响因素

图 3-19　减压装置

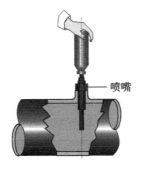

图 3-20　进气预热装置

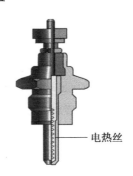

图 3-21　电热塞

2. 试验装置设计

试验时需要用到的试验装置（图 3 - 22）主要包括低温试验舱温控系统、预热器、测量监控平台等。温控系统用以使冷冻室温度达到试验设定温度，使试验过程保持在规定的温度下进行；测量监控平台用以监测运行状况，采集试验时的运行数据。

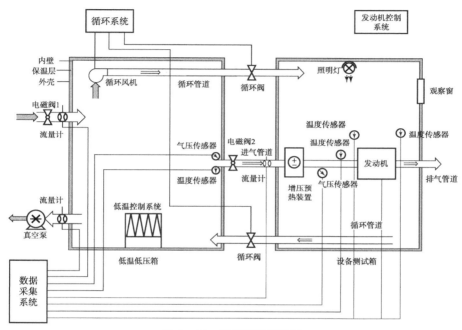

图 3 - 22　试验装置原理图

低温低压环境模拟装置，自带恒温控制系统，比如当设定控制箱温度为 - 43 ℃ 时，控制箱可以自动调节温度达到 - 43 ℃，并维持稳定。通过循环系统，可以使测试箱的温度稳定到 - 43 ℃。模拟起动时的低压环境时，考虑到测试箱的密闭性产生的误差，使进气口通过软管直接与低温低压箱相连，当低温低压箱压强降到设定值时，通过控制电磁阀 1 和电磁阀 2，可以实现起动时的低压要求。

3. 试验条件控制

试验条件主要分为两个方面：环境要求条件（如环境温度、冷冻时长）；试验台要求条件。

（1）环境要求条件：试验采用低温试验舱模拟 - 43 ℃ 的工作环境，待机油、柴油、缸内等温度值降到（ - 43 ± 1）℃ 的范围内时，保温 12 h 后进行起动操作。 - 43 ℃ 的温度环境是模拟我国寒冷地域的环境，此环境下柴油机起动困难。由于降低温度较为困难，需要较长时间来保证柴油机处于试验要求温度。

（2）试验台要求条件：试验参数测量精度要求见表3－2，具体参见国标GJB 769.1—1989。

4．试验数据分析

不同的辅助起动方式对柴油机低温下的起动有不同的效果，根据试验记录下的起动数据，包括起动电流、起动电压等起动电机的参数，分析起动电机的性能、功耗等。以及根据起动时间和起动转速等运行数据，综合评价柴油机冷起动性能。

（1）不同机油温度下起动试验数据分析。

机油温度不仅决定了其黏度从而影响内燃机内部阻力矩，同时也在很大程度上影响着气缸温度，如活塞温度、燃烧室壁面温度等，通过试验对其影响结果进行分析。如图3－23、图3－24所示为某8V柴油机不同机油温度条件对其起动时间和有效输出力矩的影响。

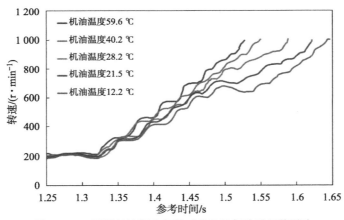

图3－23　不同机油温度条件对柴油机起动时间的影响

（2）不同进气温度下起动试验数据分析。

低温时进气温度低，缸内温度较低，造成起动时着火困难。使用进气加热后的空气进入气缸后对燃烧室表面进行了加热，并且加热后的空气充满整个气缸容积中，这些都有利于喷入气缸容积中的雾状燃油混合、滴状燃油蒸发；也有利于喷射在燃烧室表面的燃油所形成的油膜的蒸发。通过试验对其影响结果进行分析，图3－25、图3－26是某8V柴油机采用进气预热和不采用进气预热时初始循环最高燃烧压力变化及起动时间比较。

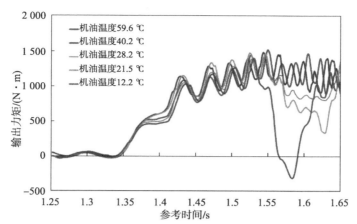

图 3-24 不同机油温度条件对柴油机有效输出力矩的影响

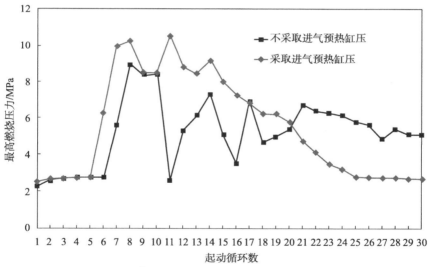

图 3-25 采用进气预热和不采用进气预热初始循环最高燃烧压力

（三）高温环境适应性试验

高温环境试验一般称作耐热试验，车辆强化程度越来越高，柴油机的热负荷不断增加。高温环境会对柴油机进气、冷却水温、机油、燃烧等产生影响，会显著影响性能。试验需要分析高温环境对性能的影响，测试在高温环境中能否发挥出正常性能。

1. 影响因素分析

高温环境对柴油机运行主要有以下几方面影响：

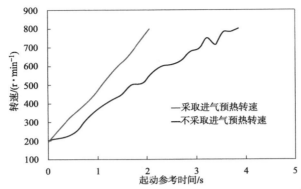

图 3-26 采用进气预热和不采用进气预热时的起动时间比较

①对进气量的影响：空气受热膨胀后密度较小，进气质量变小，从而功率也随之降低。

②对冷却水温的影响：由于空气流经散热器时温度较高，从而达不到较好的冷却效果，再加上大气温度提高、机体散热性差等影响，冷却水温度容易过高，严重时会导致水箱开锅。

③对机油的影响：大气温度升高，机油的散热不好，会导致机油温度升高，从而加速机油的氧化、热分解和聚合，使机油的润滑效果不好，可能会出现拉缸和抱瓦现象，损坏柴油机。

④对燃烧的影响：若大气温度高，则进入气缸混合气的温度会随之升高，缸内最高压力和最高温度会随之增大，容易引起爆燃。柴油机若在高温环境下持续工作，就必须克服环境高温所带来的影响。

2. 试验方法设计

高温环境试验的目的是验证柴油机在高温环境下能否发挥出正常的性能（如供油泵的热性能是否下降，柴油机的运转和起动性是否恶化），以及零部件能否超出材料耐热界限（如机油温度、冷却水温度、所用橡胶件、塑料零部件有无问题）。因此，与高原环境类似，高温环境下试验系统主要由试验时需要用到的试验装置组成，包括高温环境模拟系统、试验用计算机控制平台、测功机、油耗仪、燃烧分析仪等。

试验过程如高原环境试验，将柴油机置于高温环境中，测试柴油机的动力性、经济性等特性。

（四）热平衡试验

1. 影响因素分析

热平衡试验就是测试不同工况下燃油燃烧释放出的总热量分配到有效功率

以及各部分部件时散热损失的情况。根据热量的分配情况，可以判断在某一特定工况下，零部件的热负荷是否过高。同时，热平衡的试验结果也可以为冷却系统的评价提供依据。总之，发动机的热平衡试验就是从系统集成的角度来统筹测试发动机中的能量转换与流动传热过程，确保发动机的各个系统如进排气系统、冷却系统、润滑系统与发动机匹配最优化，在保证动力性、经济性、可靠性的同时，最大限度地提高发动机的热效率。

柴油机冷却系统需要满足不同工况下冷却强度可调的要求。柴油机在起动后自行加温期间若造成不必要的燃油消耗，会延长起动后预热时间；若柴油机长时间在低速高负荷工况下运转，易导致过热，可能引起热变形，降低机械强度，破坏润滑油膜，致使柴油机性能降低甚至失去工作能力；而在高速低负荷工况，又容易出现冷却过度问题，容易造成燃烧过程恶化、工作粗暴、摩擦损失增加及零件磨损加剧等不良后果。对于高功率密度柴油机，由于需要散走的热量从总体上更多，上述情况带来的危害更加突出。

根据热力学第一定律，假定把燃料完全燃烧所产生的热量看作100%，这些热量转变为几部分不同形式的能量存在，表示转变的能量如何在各个部分中进行分配称为热平衡。将热平衡界面定义为工作时物质的交换关系，如图 3 - 27 所示。

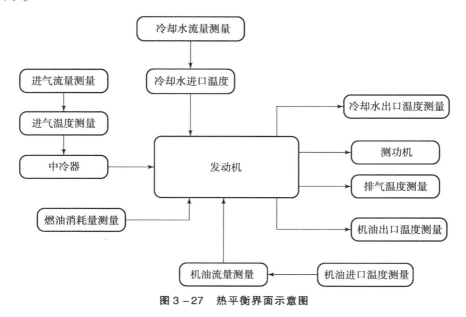

图 3 - 27　热平衡界面示意图

由此可以得到的热平衡方程为

$$Q_t = Q_e + Q_w + Q_o + Q_r + Q_{res} \qquad (3-7)$$

式中 Q_t——燃料完全燃烧产生的热量（kJ/h）；

       Q_e——转化为有效功的热量（kJ/h）；

       Q_w——传入冷却介质的热量（kJ/h）；

       Q_o——机油带走的热量（kJ/h）；

       Q_r——损失到排气中的热量（kJ/h）；

       Q_{res}——余项损失（kJ/h）。

如果以各部分散热量所占总放热量的百分比来表示，则热平衡方程变为

$$\eta_t = \eta_e + \eta_w + \eta_o + \eta_r = 100\% \tag{3-8}$$

根据上述分析以及 GJB 1822—1993 中规定，热平衡试验需要测量以下参数：进气温度、进气压力、转速、扭矩、燃油消耗量、喷油泵回油量、燃油进油温度、燃油回油温度、空气消耗量、排气温度、冷却水流量、冷却水进水温度、冷却水出水温度、机油流量、机油进油温度、机油出油温度、中冷器水流量、中冷器进水温度和中冷器出水温度。

2．试验条件控制

对柴油机的热平衡试验需要控制柴油机在稳定工况下运转，冷却系统采用闭环的方式，柴油机冷却水进出口水温差和机油进出口温差的每个测量值的差值不得大于 0.1 ℃。其余参数按照 GJB 769.1—1989 的规定测量。

3．试验数据分析

根据测得数据对柴油机热平衡特性进行分析，绘制有效功的热当量、冷却水带走热量、机油带走热量、燃油带走热量、中冷器带走热量、废气带走热量等影响柴油机热平衡的参数随转速变化的特性曲线。曲线绘制方法如表 3－4 所示。

表 3－4   影响柴油机热平衡参数随转速变化曲线绘制方法

曲线	公式	公式参数
有效功的热当量随转速变化曲线	$Q_e = 3\,600 P_e$	Q_e 为有用功之热量，kJ/h； P_e 为有效功率，kW
冷却水带走热量随转速变化曲线	$Q_H = G_H \times C_H \times \Delta t_H$	Q_H 为冷却水带走热量，kJ/h； G_H 为冷却水流量，kg/h； Δt_H 为冷却水进出水温度差，℃； C_H 为水的比热，kJ/(kg·℃)

续表

曲线	公式	公式参数
机油带走热量随转速变化曲线	$Q_M = G_M \times C_M \times \Delta t_M$	Q_M 为机油带走热量，kJ/h； G_M 为机油流量，kg/h； Δt_M 为机油进出油温度差，℃； C_M 为机油比热，kJ/（kg·℃）
燃油带走热量随转速变化曲线	$Q_F = G_F \times C_F \times \Delta t_F$	Q_F 为燃油带走热量，kJ/h； G_F 为喷油泵回油量，kg/h； Δt_F 为燃油回油与进油温度差，℃； C_F 为燃油比热，kJ/（kg·℃）
中冷器带走热量随转速变化曲线	$Q_z = G_{zH} \times C_H \times \Delta t_{zH}$	Q_z 为中冷器带走热量，kJ/h； G_{zH} 为中冷器水流量，kg/h； Δt_{zH} 为中冷器进出水温度差，℃； C_H 为水的比热，kJ/（kg·℃）
废气带走热量随转速变化曲线	$Q_r = (B + A_a) C_r (t_r - t_a)$	Q_r 为废气带走热量，kJ/h； B 为燃油消耗量，kg/h； A_a 为空气消耗量，kg/h； t_a 为环境温度，℃； t_r 为涡轮后排气温度，℃； C_r 为废气比热，kJ/（kg·℃）

三、可靠性试验

可靠性是产品在规定的条件下，在规定的时间内，完成规定功能的能力。这里主要包含了 4 个主要因素，即试验对象、规定条件、规定的时间及功能。

柴油机可靠性试验是通过规定的工况进行耐久试验，来验证和评价柴油机的设计质量和制造质量，同时可以为优化设计及质量提高提供依据，最终使柴油机达到可靠性目标的开发过程。柴机油可靠性试验通常分为台架可靠性试验、道路可靠性试验及用户可靠性试验，台架可靠性试验验证是否科学充分则直接关系到产品的可靠性水平。

（一）可靠性试验内容及方法

可靠性试验的目的是让产品在投产前把所有可能出现的问题都暴露出来，并加以解决。目前国内应用较多的是 GB/T 19055—2003《汽车可靠性试验方法》国家标准中的交变负荷循环试验规范和冷热冲击试验规范。同时还有其他的试验规范可以作为一种参考。

1. 全速全负荷耐久试验

全速全负荷耐久试验是行业内相对传统且普遍应用的可靠性试验方法，其目的在于考核柴油机重要的零部件如活塞、活塞环及气缸套等在热负荷条件下的耐磨损可靠性能，可初步得到柴油机功能及磨损方面的重要信息，是其他可靠性试验的基础试验。试验规范详见表 3-5，试验中应注意对冷却液温度、机油压力、机油温度及进气温度等参数的控制。

表 3-5　全速全负荷耐久试验规范

转速	负荷	时间
额定转速	100%	500-1 000 h

2. 交变负荷循环试验

交变负荷试验方法一般采用"矩形"或"锯齿形"循环试验方法，这两种试验方法兼顾模拟实际使用工况和模拟零件故障形式，能达到加速强化试验的目的。而且可以根据不同的要求，或按照特殊考核的要求，灵活设计不同的具体试验规范。如图 3-28 所示为交变负荷试验规范示意图。其主要特点是所需的试验时间长，采用中高转速，增加了负荷产生的应力交变频率及温度，提高了质量惯性所产生的应力及频率。该试验主要考核在大扭矩和高转速条件下工作的情况，如曲柄连杆机构、挺杆、摇臂等运动件的抗疲劳强度的能力。同时也考核各个零部件的可靠性，如活塞、水泵等。从油门全闭的状态到 105%油门状态之间的变化，主要用于考核加速变速频率，考核曲轴由零负荷加载至全负荷的承受能力，在试验中，始终要处于非稳定工况。零件受到额外的冲击力后，润滑表面油膜容易破裂，因此对零件的强度和耐磨性是严峻的考验。

3. 冷热冲击试验规范

冷热冲击试验规范如图 3-29 所示。其冷却液温度变化范围为 34~110 ℃。由于在冷热冲击工况下，各种零部件受热状态突变，按照热胀冷缩的规律，会降低连接件所形成的压强，破坏密封件（如气缸垫被打穿），可能还会有压紧件等之间相对滑移，扯破密封垫（如排气歧管垫片）。

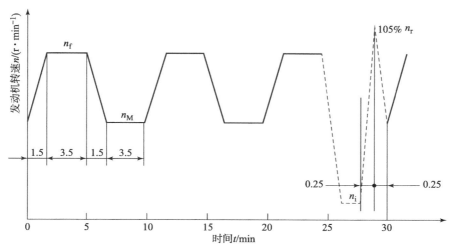

图 3-28   交变负荷试验规范示意图（实线表示油门全开）

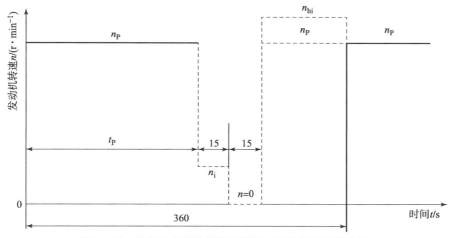

图 3-29   冷热冲击试验规范示意图（实线表示油门全开）

还有零件内部受热不均匀，热应力交变而开裂（如活塞、缸套等）现象。如果改变了运动件间的间隙，可能产生擦伤、刮伤。另外，还改变压配件之间过盈的状态，可能产生松脱等。因此，这种试验方法被广泛地用于考核设计过程之中。

4. 燃油系统穴蚀试验

柴油机燃油系统尤其是高压部分因压力变化产生气泡，随后在压力波动或燃油流动作用下气泡破裂，气泡爆破产生的瞬时高压使金属表面脱落形成麻点，称为燃油系统穴蚀。燃油系统穴蚀试验主要是用于考核喷油器等重要零件对高油温及变工况的适应能力，评价供油系统特别是高压供油系统的可靠性。

一汽技术中心根据博世公司的专项试验方法，细化了试验工况及试验时间，形成了自主创新的穴蚀试验规范。穴蚀试验核心在于各工况的变化以及高燃油温度的参数控制，每个循环 90 min，共计运行 600 h。试验工况示意图如图 3－30 所示。

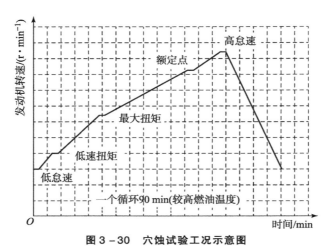

图 3－30　穴蚀试验工况示意图

（二）试验数据分析

具体指标参见 GB/T 19055—2003，其中有详细的参数范围及试验方法。下面简要列出一些试验评价方法。

（1）可靠性试验性能指标。可靠性初始性能指标与试验过程中以及试验结束后的性能复试指标的变化应在一定限值之内，包括功率、扭矩、转速、燃油耗、漏气量、机油耗、烟度、排放指标等参数。

（2）可靠性试验参数控制。可靠性试验参数的控制应该符合相关技术要求，试验参数不满足要求的可靠性试验不能予以通过。其中重要的试验参数包括进气温度、排气温度、进气压力、排气背压、机油温度、机油压力、燃油温度等参数。

（3）可靠性试验过程中故障发生的等级及频次。可靠性试验通过的前提之一是不能发生一二类故障，三四类故障发生的频次也不应超过规定数量，不得有异响以及"三漏"（漏油、漏水、漏气）等影响安全运行的情况。

（4）整机拆检评分。零部件不允许有断裂、裂纹、变形、磨损严重等影响整机功能完整性的明显损伤，不得有重要零部件评分低于规定的合格分数，一般零部件评分低于合格分数的数量也应符合规定，重要参数测量值应在规定范围之内。

四、人 – 机 – 环境试验

（一）排放试验

对于车用燃油发动机，排气污染物主要包括气态污染物和颗粒物。气态污染物指一氧化碳（CO）、碳氢化合物（HC）、氮氧化合物（NO_x）、二氧化碳（CO_2）。颗粒物（PM）则由干炭烟（DS）硫酸盐和可溶性有机物（SOF）组成。这些污染物主要存在以下三个来源：

①发动机排气管排出的有害气体，如一氧化碳（CO）、二氧化碳（CO_2）、碳氢化合物（HC）、氮氧化合物（NO_x）、颗粒物（PM）等；

②发动机曲轴箱内泄漏到大气中的废气物，如 CO、HC、NO_x；

③来自燃料供给系统的燃油蒸发排放物，主要是 HC。

1．影响因素分析

柴油机排放量主要取决于柴油机内燃烧的质量。燃烧效果越好，柴油的主要成分尽可能多地转化为 CO_2 和水，转换成污染物的比例越小。柴油机排放影响因素有过量空气系数、混合气质量、柴油机喷油规律等。

（1）过量空气系数对排放的影响。

如图 3 – 31 所示，当燃烧室及供油系统结构参数一定时，对于某一 α 值，α 降低使 CO 浓度增加，这是因为循环喷油量增加，而氧浓度未增加，缺氧现象随 α 减小而急增。α 增加使 CO 浓度增加的原因是 α 增加使混合气变稀、燃烧室内温度下降，局部地区温度过低或混合气超过稀燃界限，猝熄现象增加，使 CO 浓度增加。

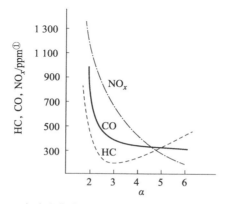

图 3 – 31　直喷式柴油机 α 对 HC、CO 及 NO_x 浓度的影响

---

① 1 ppm = 10^{-6}。

对于某一 α 值，HC 浓度最低，偏离此值，HC 浓度均要增加。随着 α 的增加，NO_x 浓度明显下降。而且在 α 较小的区段，NO_x 浓度下降的速度快；在 α 较大的区段，NO_x 浓度下降的速度变平缓。这是因为 α 的增加即意味着每循环喷油量减少，这使得气缸内放热率和平均燃烧温度下降，因此 NO_x 浓度降低。

（2）混合气质量对排放的影响。

提高喷油压力或增强燃烧室内空气涡流，改善混合气形成质量，有助于改善燃烧，可降低 HC 及 CO 浓度，但 NO_x 浓度将会增加。柴油机燃烧可分为预混燃烧和扩散燃烧两个阶段，扩散燃烧又可分为着火后继续喷入的燃油燃烧及喷射结束后剩余的燃油燃烧两个部分，在预混燃烧阶段有一个放热高峰，在扩散燃烧阶段存在一个低放热率的持续期。燃烧阶段最高燃烧温度越高，NO_x 的排放量越高；提高喷油速率，缩短喷油持续期，加强油气混合，可以促进扩散燃烧，以缩短燃烧持续期，减少后燃，还可减少燃烧烟度和微粒排放量。

（3）喷油规律对排放的影响。

控制喷油规律供油对柴油机排放的影响至关重要，为改善喷雾质量，促进油气的良好混合，除高压喷射外，还有预喷射技术、控制喷油规律等。一般初期供油率会影响 NO_x 浓度和噪声的大小，中期喷油率会控制碳烟生成，后期喷射则直接关系后燃及碳烟、微粒的生成，如图 3-32、图 3-33、图 3-34 所示。

通常，减少内燃机预混燃烧量可使缸内压力升高率减少，气缸峰值压力和温度降低。这不仅可使噪声降低，还有利于获得低的 NO_x 排放量。因为 NO_x 的形成在很大程度上取决于缸内的峰值压力和温度。

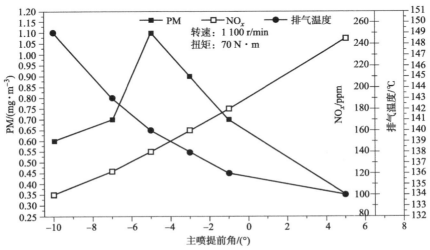

图 3-32　主喷提前角变化对排气温度、PM、NO_x 浓度的影响

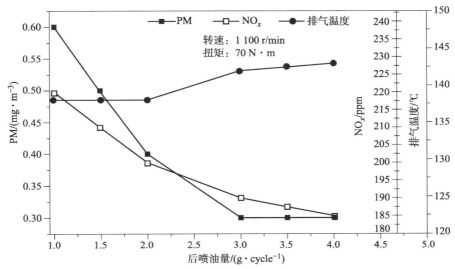

图 3 - 33　后喷油量变化对排气温度、PM、NO$_x$ 的影响

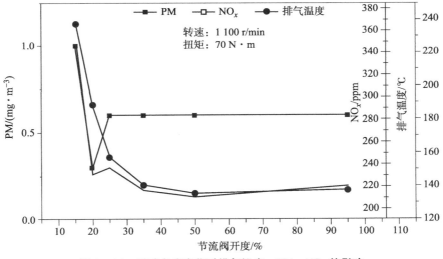

图 3 - 34　后喷角度变化对排气温度、PM、NO$_x$ 的影响

2. 试验原理设计

（1）排放物测量原理。

按 GB 17691—2018 规定的瞬态试验循环（WHTC）和稳态试验循环
（WHSC）的要求运行测试循环，按连续采样和气袋采样方法进行污染物的测
量，通过测得的各种排放污染物质量和相应的发动机循环功计算比排放量。连
续采样是在原始或稀释排放中连续测试污染物浓度、排气质量流量（原始或

稀释），计算污染物质量流量和循环排放量。

气袋采样是按比例地将稀释排放的样气连续抽取和存储下来。利用气袋对气态污染物进行收集，利用滤纸对颗粒物进行收集。计算气态污染物比排放量和颗粒物比排放量。测量系统可采用以下两种功能同等的测量系统：

①气体组分采用从原始排气中直接采样测量，颗粒物用部分流稀释系统（图3－35）测量。

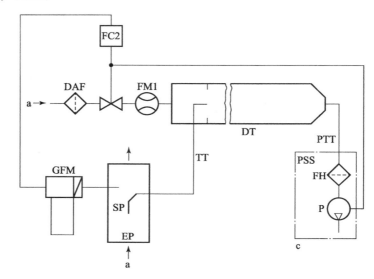

a=排气；b=可选；c=滤纸架

图3－35　部分流系统采样系统组成图

②气体组分及颗粒物采用全流稀释系统（CVS系统，见图3－36）和全流定容稀释采样系统进行测量。

这两种测量系统都可用在排放测量循环中，并允许两种系统任意组合（如直采气体测量和全流颗粒物测量等），如图3－37所示。

（2）瞬态试验循环（WHTC）。

WHTC包括一组逐秒变化的转速和扭矩的规范百分值，WHTC试验循环如图3－38所示。为了在发动机试验台上进行试验，根据每台发动机的瞬态性能曲线将百分值转化成实际值，以形成基准循环。这样按照发动机基准循环展开试验循环并进行试验，按照这些基准转速、扭矩值，试验循环在试验台架运行，并记录实际转速、扭矩和功率。为保证试验有效性，试验完成后应对照基准循环进行实际转速、扭矩和功率的回归分析。

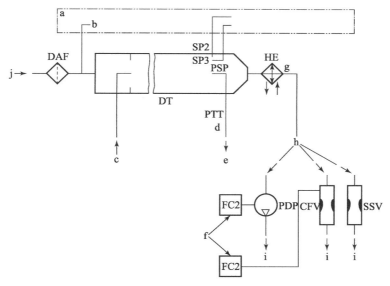

a=分析系统；b=背景空气；c=排气；d=另一路由取样；
e=连接二次稀释系统；f=如采用EFC；i=出口；g=备选；h=如采用TC。

图 3 – 36　全流系统采样系统组成图

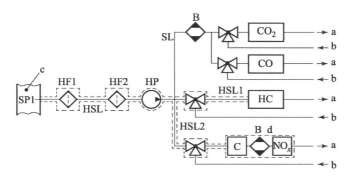

a=出口；b=零气、标气；c=排气管；d=可选项。

图 3 – 37　原始排放 CO、CO_2、NO_x 和 HC 的分析流程图

　　为计算比排放量，应对整个循环的发动机实际功率进行积分，计算出实际循环功。若实际循环功和基准循环功的偏差在规定范围内，则判定试验有效。

　　气态污染物应连续采样或采样到采样袋中。颗粒物取样经稀释空气连续稀释并收集到合适的单张滤纸上。

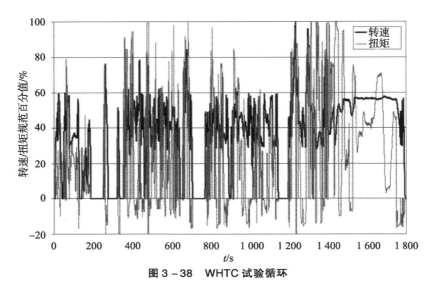

图 3 - 38 WHTC 试验循环

（3）稳态试验循环（WHSC）。

稳态试验循环（WHSC）包含了若干转速规范值和扭矩规范值工况（表 3 - 6），在进行试验时，根据每台发动机的瞬态性能曲线将百分值转化成实际值。发动机按每工况规定的时间运行，在 201 s 内以线性速度完成发动机转速和扭矩转换。为确定试验有效性，试验完成后应对照基准循环进行实际转速、扭矩和功率的回归分析。

在整个试验循环过程中测定气态污染物的浓度、排气流量和输出功率，测量值是整个循环的平均值。气态污染物可以连续采样或采样到采样袋。颗粒物取样经稀释空气连续稀释并收集到合适的单张滤纸上。

为计算比排放量，应对整个循环的发动机实际功率进行积分，计算出实际循环功。为试验有效，实际循环功和基准循环功的偏差须在规定范围内。

表 3 - 6 WHSC 试验循环

序号	转速规范值/%	扭矩规范值/%	工况时间/s
1	0	0	210
2	55	100	50
3	55	25	250
4	55	70	75
5	55	100	50

序号	转速规范值/%	扭矩规范值/%	工况时间/s
6	25	25	200
7	45	70	75
8	45	25	150
9	55	50	125
10	75	100	50
11	35	50	200
12	35	25	250
13	0	0	210
合计			1 895

3. 试验装置设计

柴油机试验台的布置如图 3 − 39、图 3 − 40 所示，包括测功机、排放测试分析仪、固体 SCR 系统、尿素 SCR 系统和 SCR 催化转换器。

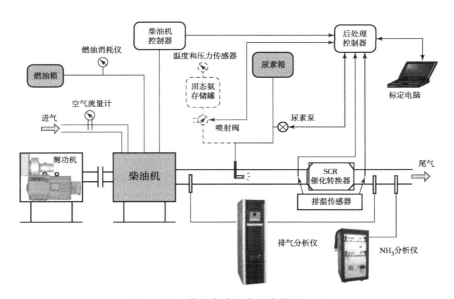

图 3 − 39　柴油发动机台架布置图（a）

图 3-40　柴油发动机台架布置图（b）

通过以太网与标定软件进行通信，标定软件与发动机 ECU 通信，能够实时调整发动机在设定工况下的不同控制参数组合，并记录发动机 ECU 的传感器数据。通过串口、CAN 总线等连接方式与测功机、油耗仪、排气分析仪等其他测试设备通信，控制外部设备动作，同时记录各个传感器的数据。系统根据这些传感器数据判断发动机和外部设备的工作状态，进行对比分析，实时改变控制参数。

4.试验数据分析

GB 17691—2018 附录中包含了具体的排放计算方法，如 WHSC 和冷热 WHTC 比排放的计算，其余计算详见 GB 17691—2018。

WHSC 比排放的计算：

$$e = \frac{m}{W_{act}} \tag{3-9}$$

式中　m——排放物的质量（g）；

　　　W_{act}—— 实际循环功（kW·h）；

WHTC 的结果为冷态和热态加权的结果：

$$e = \frac{(0.14 \times m_{cold}) + (0.86 \times m_{hot})}{(0.14 \times W_{act,cold}) \times (0.14 \times W_{act,hot})} \tag{3-10}$$

式中　m_{cold}——冷起动循环质量排放量（g）；

　　　m_{hot}——热起动循环质量排放量（g）；

　　　$W_{act,cold}$——冷起动循环的实际循环功（kW·h）；

　　　$W_{act,hot}$——热起动循环的实际循环功（kW·h）。

比如 CO_2 排放的计算。

WHTC 循环的 CO_2 比排放的计算：

CO_2 比排放 e_{co_2}：

$$e_{co_2} = \frac{(0.14 \times m_{co_2,cold}) + (0.86 \times m_{co_2,hot})}{(0.14 \times W_{act,cold}) \times (0.14 \times W_{act,hot})} \quad (3-11)$$

式中　$m_{co_2,cold}$——冷起动循环 CO_2 质量排放量（g）；

　　　$m_{co_2,hot}$——热起动循环 CO_2 质量排放量（g）；

　　　$W_{act,cold}$——冷起动循环的实际循环功（kW·h）；

　　　$W_{act,hot}$——热起动循环的实际循环功（kW·h）。

WHSC 循环的 CO_2 比排放 e_{co_2}：

$$e_{co_2} = \frac{m_{co_2}}{W_{act}} \quad (3-12)$$

式中　m_{co_2}—— CO_2 质量排放（g）；

　　　W_{act}——实际循环功（kW·h）。

试验循环中排出的粒子数量计算公式：

$$N = \frac{m_{edf}}{1.293} \cdot k \cdot c_s \cdot f_r \cdot 10^6 \quad (3-13)$$

式中　N——试验循环排出的粒子数量；

　　　m_{edf}——循环当量稀释排气质量（kg/test）；

　　　k——标定系数；

　　　c_s——矫正标准条件（273.2 K、101.33 kPa）下稀释排气中的粒子平均浓度，每立方厘米的粒子数；

　　　f_r——试验时稀释设定的挥发性粒子去除器的平均粒子浓度衰减系数。

（二）振动试验

柴油机是装甲车等的主要动力源，其工作过程的周期性使得主要零部件承受周期性交变载荷作用，成为诱发内燃机振动的主要激励。柴油机振动一方面造成自身零部件间的剧烈冲击，损坏柴油机构件，恶化柴油机整机性能；另一方面，振动直接向外发出噪声或者将激振力、力矩传递给机体，从而导致其振动并产生出很大的噪声。

1. 影响因素分析

从振动测量的角度将振动按信号时域性质进行分类较为适宜。按时域性质分类，机械振动可分为确定性的和随机性的两大类。确定性振动是指振动的时间历程具有确定形态，其瞬时值随时间变化的过程可以用确定的数学关系式来描述和预计，它们的频域由离散频率的正弦分量或连续频谱所组成。柴油机零部件有规律的旋转、往复和冲击等运动所引起的振动都是或者近似是确定性振动。随机性振动是指瞬时值无规则的、无法以精确的数学关系式表示，而只能用概率和统计方法求其平均性来评价的振动。

确定性振动和随机性振动又可分成若干类别，如图 3 - 41 所示。

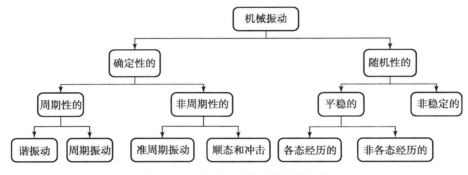

图 3 - 41 机械振动按时间历程分类

在柴油机做功冲程中，活塞将爆发压力传至曲轴，其运动与转动力无关。在其他过程，曲柄连杆往复惯性力和气体压缩作用力对曲轴的转动产生阻力，这就造成曲轴出现扭矩波动。振动来源主要是燃烧造成的扭矩波动。在往复柴油机中，作用在活塞上的燃烧压力转换成旋转动力。由于曲轴转动每隔一圈，燃烧才在气缸发生一次，这就会产生扭矩波动。这一波动经离合器传送至变速器和驱动轴。活塞和连杆的上、下往复运动以及曲轴和飞轮等元件的转动，如果失去平衡也会成为振动力的来源。

2. 试验装置设计

用于测量机械振动的仪器可分为基本仪器和辅助仪器两类。

基本仪器是指直接测量机械振动各表征参数的专用仪器，通常称为测振仪。按照测振仪所采用的测量坐标系可分为相对式和惯性式两大类：相对式测定的是被测对象相对某参考坐标系的振动；惯性式则是用来测定被测对象相对大地或惯性空间坐标系的振动，因此也称为绝对式。相对式测振仪与被测对象之间可采用接触式安装或非接触式安装；而惯性式测振仪与被测振动之间必须采用接触式安装。按测振仪的工作原理可以分为机械式、光学式和电气式，柴油机振动测量所使用的测振仪主要是电气式。按被测振动参数可将测振仪分为测振幅、速度、加速度、频率等类型。按被测参数量值性质可将测振仪分为测峰值的和测有效值的等。通常基本仪器是读数式的，但也有的测振仪配有小型记录器，可直接显示振动的时间历程波形。

辅助仪器通常是指应用于振动测量中的通用仪器，可协助基本仪器完成振动测量的记录与分析等功能。如频谱分析仪、随机振动数据处理装置、激振器等。测振仪器的分类如图 3 – 42 所示。

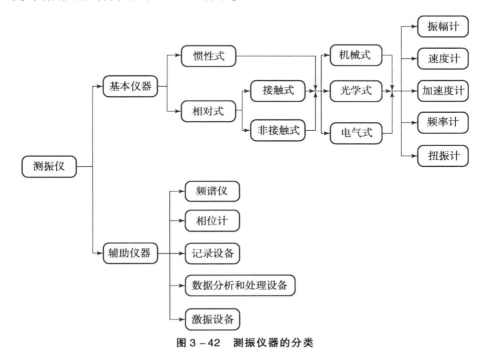

图 3 – 42　测振仪器的分类

目前在柴油机振动测量中应用最广泛的是电气式测振仪，其基本环节如下：

①拾振环节。拾振环节是用来完成将被测机械振动的参数（位移、速度或加速度）转换成为电信号的功能，供计量、记录或分析使用。通常称为测振传感器或拾振器。

②放大环节。放大环节是用来将测振传感器产生的电信号加以放大，以便进行计量与记录。当采用加速度传感器作拾振环节时，通常使用前置放大器将加速度传感器的高输出阻抗变换为低输出阻抗，以便和后接电路输入阻抗相匹配。

③测量分析环节。测量分析环节是测振仪的主要组成部分，按照测振目的不同，测量分析环节也不同。当测振的目的是测定位移、速度、加速度幅值时，可选用线性放大器，测量结果可以是峰值或有效值；当需要进行频率分析时，可采用由一组滤波器构成的频率分析仪。

④显示记录环节。测量结果的显示与记录可由指示表头，数字显示、示波

器 X – Y 记录仪、电平记录仪、磁带记录仪、数字记录器等进行。

⑤数据处理环节。将被测振动信号进行分析、处理及变换，采用的设备如统计分布分析仪、模拟电压读出器、数字编码机、纸带穿孔机、纸带读数机、电传打字机以及专用信号处理微型电子计算机等。

3．试验方法设计

（1）振动测量参数选择。

振动测量参数须根据测振目的确定：若测振的目的在于研究结构强度或分析振型时，通常测定振动位移，因为柴油机被测部位的变形量与该部位振动位移有关；当研究阻尼系数或确定人体对振动的敏感程度时，通常测量振动速度；当确定振动对被测部位的动载荷与力的关系、机械疲劳、冲击以及力的传递时，通常测量振动加速度；为寻找振源还须对被测振动进行频谱分析。

（2）振动测量点的选择。

振动测量点的数量与分布是根据振动测量的目的确定的。通常取直角坐标系的原点通过柴油机曲轴或重心。对所选定的每一个测量点均须在 X、Y、Z 三个坐标方向上都可实现测量。

当测振的目的在于测定柴油机的振级时，通常是在柴油机前后两端顶部、增压器托架、输出端传动箱上部以及底座等处取测量点，测量点应取在局部刚度较大的部位，以便使测量结果能够反映整机的振动量级，应避免将测量点选在局部刚度较差的部位；当测振的目的在于研究振型时，须在直角坐标系 X、Y、Z 三个方向上各取 3~5 个测量点；当测振的目的在于研究振动传递情况时，须在弹性支撑、柔性连接管路的前后各取一测量点，并测定出三个方向上的振动。

测定柴油机振动时，通常是在柴油机标定工况下进行测量，当在柴油机运行转速范围内包含有共振转速时，还须在其共振转速下进行振动测量。

当进行柴油机振动测量时，须采取措施将被测柴油机与外界其他干扰振源实行隔离，以便消除外界振源对测量结果的干抗。在无法实现完全隔离的情况下，整理测量结果时，可根据测振目的适当处理。

当测量点取在柴油机燃烧室及排烟管附近时，必须考虑这些部位的高温对拾振器的影响并采取相应措施。

4．试验数据分析

结合 GB/T 10397—2003《中小功率柴油机 振动评级》对柴油机进行振动分析评级。图 3 – 43、图 3 – 44 是某柴油机振动烈度和带宽均方根随转速的变化关系。

（1）振动烈度。

振动烈度（单位为 mm/s）为

$$V_{ms} = 10^3 \sqrt{\frac{1}{2} \sum_{k=k_1}^{k_2} \left(\frac{A_k}{2\pi f_k}\right)^2} \qquad (3-14)$$

式中 A_k——振动信号幅值；

f_k——振动信号频率。

（2）带宽均方根。

带宽均方根（单位为 m/s^2）

$$a_{RMS} = \sqrt{\frac{1}{2} \sum_{k=k_1}^{k_2} (A_k)^2} \qquad (3-15)$$

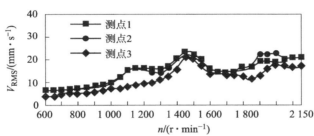

图 3 - 43　振动烈度随转速变化曲线

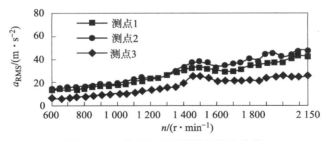

图 3 - 44　带宽均方根随转速变化曲线

（三）噪声试验

柴油机运行时能够产生巨大的噪声。按产生噪声的原因可以分为：燃烧噪声、机械振动噪声、进排气的气流噪声等，噪声从柴油机的振动表面和进、排气系统的开口部位向外界辐射传播，巨大的持续噪声对人体是有害的。目前世界上工业发达国家已先后颁布了目的在于控制噪声，减少公害的噪声标准。我国 1978 年颁布的"噪声卫生标准"规定工业声的容许值为 86 dB（A）。世界主要工业国家业已规定了机舱控制噪声标准，由于柴油机噪声是形成工业和交通噪声的主要成分，因此柴油机噪声测量已成为检测社会上声污染的主要项目。

1. 影响因素分析

柴油机噪声主要包括燃烧噪声、机械噪声、进排气噪声及其他部件发出的噪声。

燃烧噪声是在可燃混合气体燃烧时，因气缸内气体压力急剧上升冲击柴油机各部件，使之振动而产生的噪声。柴油中的十六烷值不合适或喷油时间过于提前，会引起柴油机工作粗暴使噪声急剧增大。

机械噪声是柴油机工作时各运动件之间及运动件与固定件之间作用的周期性变化的力所引起的，它与激发力的大小和柴油机结构动态特性等因素有关。机械噪声包括活塞敲击声、气门机构冲击声、正时齿轮运转声等。一般来说，低转速时，燃烧噪声占主导地位，高转速时，机械噪声占主导地位。

进排气噪声来自气流振动，一般和柴油机转速功率和进排气管道有关，目前广泛采用的空气滤清器和消声器就能有效降低进排气噪声。

2. 试验装置设计

噪声测量仪器包括传声器、声级计、频率分析仪、校准器，与其他附件配合使用实现噪声测量与分析。在柴油机噪声测量中应用最广的是便携式精密声级计。根据国际电工委员会（IEC）规定精密声级计测量的频率范围为 20 Hz ~ 12.5 kHz，声级测量范围为 0 ~ 130 dB（2209 型），在主要频率范围内偏差小于 ±1 dB。

便携式精密声级计由传声器、前置放大器、测量放大器、国际标准频率计权网络、衰减器、检波电路、平均电路、指示表头等组成，其原理方块图如图 3 - 45 所示。

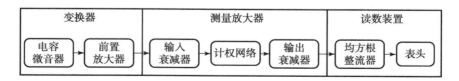

图 3 - 45　便携式精密声级计原理方块图

3. 试验方法设计

（1）测量点的选择。

测定柴油机噪声的测量点必须选取在规定表面上，对于小型柴油机通常可在规定表面上选取四个测量点，即在柴油机规定表面的前、后、左、右各面的中央位置各取一个测量点，测量点的高度通常取柴油机本体高度的1/2。把上述四个测量点称作基准点。有时亦可取五个测量点，即除上述四个基准点之外，还规定将表面顶部表面中央位置也取作测量点。

柴油机被测噪声的测量值应为规定表面上各测量点所测得的测量值的平均值。当各测量点的测量值中的最大值与最小值之差不大于 10 dB 时，可取算术平均值；若差值超过 10 dB 时，可取对数平均值。

（2）噪声测量的典型环境。

①全消声试验室。

全消声试验室的四壁和天花板、地板等六个面均由吸音材料、尖壁等构成。在全消声试验室中，柴油机所辐射的噪声全部被试验室六面的吸音材料吸收，因此室内无反射声。在各测量点上，所测得的声压级仅是直接来自柴油机的辐射噪声，完全没有反射声。声学上把没有任何反射声的声场称为自由声场。

②半消声试验室。

半消声试验室的地板为反射式的，另外的五个面均由吸音材料构成。因此在半消声试验室中，测得的声压级除直接来自柴油机的辐射噪声外，还包含有来自全反射地面的反射声，因此半消声试验室也称半混响声场。在半消声试验室测得的声压级将比全消声试验室高 3 dB 左右。

③全反射试验室。

全反射试验室的四壁、天花板和地板均用声学硬质材料（如水泥）构成，有时也称混响室。为了取得更好的声反射效果，常常将室内做成不规则的形状。在全反射试验室中，各点声场均系由来自各个方向上的大量的反射声波复合而成。因此声场中各点的平均声能密度相同，声学上把这种声场称为漫射声场。在漫射声场中不存在噪声的指向性。全反射试验室的容积和混响时间会对漫射声场产生影响。实践证明，当全反射试验室的容积越大时，其低频特性越好。

全反射试验室由于无法测定噪声的方向性，无法判别噪声是由柴油机哪个部位发出的，因此难以确定产生噪声的噪声源。普通的柴油机试验室的声场情况大体上近似于全反射试验室。

4．试验数据分析

噪声试验主要对声压与声压级、声强与声强级、声功率与声功率级等进行计算分析，以及相关频谱分析。

（1）声压与声压级。

声压是指有声波时介质的压强对其静压力的变化量。通常以其均方根值（有效值）来衡量其量值的大小。声压记作符号 p，单位为 Pa。

正常人耳刚刚能听到频率为 1 000 Hz 的纯音的声压为 2×10^{-5} Pa，声学上称此声压为听阈声压，也称作参考声压，记作 p_0。

人耳能够听到的没有危险的声压为 20 Pa（痛阈声压），人耳能够听到的声压的动态范围为 2×10^{-20} Pa，可见直接用 Pa 作为声压的计量单位是不方便的，而且就人耳生理上听感特性而言，当声压增大 10 倍时，人耳所感觉到的响度仅比原响度大 1 倍左右，因此声学上常采用一个相对值——声压级来度量，定义声压级为

$$L_p = 20\lg \frac{p}{p_0} (\mathrm{dB}) \qquad (3-16)$$

式中　p——声压（Pa）；

　　　p_0——参考声压，$p_0 = 2 \times 10^{-5}$ Pa。

声压级为一相对量，无量纲，但在声学中用"级"来表示相对量，并以分贝（dB）作单位。若用声压级来表征人耳能够听到的声压动态范围，则为 0 ~ 120 dB。其中 0 dB 表示参考级，120 dB 表示最大级，而当声压增大 10 倍时，声压级仅增大 1 倍，与人耳听感特性基本一致。

（2）声强与声强级。

声音具有一定的能量，可用它的能量来表示声音的强弱。声场中某点在指定方向的声强，就是在单位时间内通过该点与指定方向垂直的单位面积上的声能，以符号 I 表示，单位为 W/m^2。定义声强级为

$$L_I = 10\lg \frac{I}{I_0} (\mathrm{dB}) \qquad (3-17)$$

式中　I——声强（W/m^2）；

　　　I_0——参考声强，取 $I_0 = 101$ W/m^2。

（3）声功率与声功率级。

声功率是声源在单位时间内发射出的总能量，以符号 W 表示，其单位为 W。定义声功率级为

$$L_W = 10\lg \frac{W}{W_0} (\mathrm{dB}) \qquad (3-18)$$

式中　W——声功率（W）；

　　　W_0——参考功率，取 $W_0 = 10 \sim 12$ W。

对柴油机进行频谱分析，分析柴油机噪声声压级变化。如图 3 – 46 为某柴油机不同负荷时测量点噪声声压级的变化。

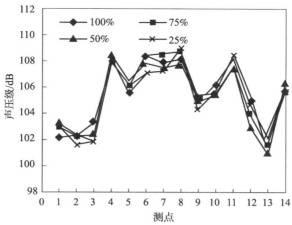

图 3 - 46 　 某柴油机不同负荷时测量点噪声声压级的变化

|3.2 　 传动装置试验设计|

3.2.1 　 性能试验

应用于履带装甲车辆的液力机械传动装置集成了可闭锁液力变矩器、三自由度行星变速机构、液压液力复合转向、电液自动操纵、液力机械联合制动等技术，大幅度提高了我国主战坦克的直驶、转向、制动能力，极大改善了车辆的操控性能。传动装置的主要功能是将发动机动力传递到侧传动和行动装置、空气压缩机及冷却风扇，改变车辆直驶的行驶速度和主动轮上的牵引力，使车辆实现前进、后退、转向、制动、拖车起动等，同时承担风扇传动和转向操纵任务。传动装置的性能可以通过空损性能、效率特性、自动换挡性能、自动解闭锁性能、转向性能等进行表征。

一、空损试验

空载功率损失即综合传动装置两侧输出没有负载的情况下在一定输入转速、挡位和油温的条件下，当系统达到平衡，传动的输入功率就是系统消耗的空损功率。空损功率是传动装置评价指标体系中经济性指标之一。空损试验的主要目的是测试传动装置各挡在不同输入转速和油温下所消耗的功率值。空损试验的条件是有动力源，可以是发动机或者电机，动力源和综合传动之间需要布置转速转矩传感器。

（一）影响因素分析

某综合传动 3 挡空载功率损失特性如图 3 - 47 所示，转速越高空损越大，温度越高空损越小。

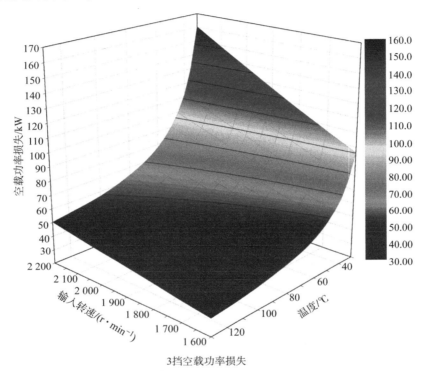

3挡空载功率损失

图 3 - 47　传动装置空载功率损失特性

传动装置的空载功率损失主要有定轴齿轮机构空载损失、行星变速的功率损失、液力元件（包括液力变矩器、液力偶合器、液力减速器，是在传动装置壳体内部高速旋转的典型构件）空载功率损耗等。某综合传动的空载功率损失比例关系如图 3 - 48 所示，变速机构的空载功率损失最大，约占 33%，主要由摩擦片的带排功率损失导致。

（1）高速旋转构件搅油功率损失。

相对运动零件之间的搅油功率损失和零件之间的距离密切相关，特别是具有较高相对转速差的零件之间，当距离小于 0.5 mm 时，起到了剪切油膜的作用，导致功率损耗大幅增加，因此，在系统设计中，相对较大速差的零件间最小距离应大于 1 mm，如有空间，大于 2 mm 后，系统搅油功率损失将会大幅下降。

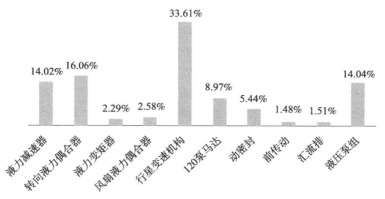

图 3-48　各部件空载功率损失比例关系

（2）液力变矩器功率损失。

液力变矩器闭锁时，其功率损失可能由三部分组成，即轴承、密封等摩擦引起的机械损失；工作轮相对于工作油转动摩擦引起的圆盘损失；工作液体在液力变矩器工作腔内循环流动，引起冲击和摩擦的液流损失。液力变矩器闭锁工况功率损失主要是由内部液流流动所引起的，外部条件如供油量、负载对功率损失基本没有影响，油温稍有影响，但影响不大。液流损失占主要部分，约80.5%（其中以液流冲击损失为主要部分），次之为圆盘损失，约12.5%，再之为机械损失约7%。因此，要减小闭锁工况时的功率损失，必须减小液流损失，使循环流量尽量小。从设计上控制结构参数、叶片形状等来保证循环流量最小是困难的，但是在导轮内加装单向联轴器，是使闭锁工况功率损失降至最小的切实可行的措施。

（3）旋转密封功率损失。

旋转密封结构在综合传动装置内部较多，由于压力高、线速度大，存在一定的功率损耗。密封环的运动状态与摩擦系数、密封环尺寸、配合间隙的设计密切相关。

（4）转向泵马达功率损失。

转向泵马达是综合传动装置转向核心部件，在传动装置直驶工况，转向泵空转，从而形成固定的功率损耗。泵马达的空载功率损耗由三部分组成：油液漏损产生的液压能损失和热量损失，泵马达壳体对外的散热。对于泵马达壳体的对外散热以对流换热为主，热传导占比较低，可忽略。一般而言泵马达输入转速越高，其空载功率损失越大。

（5）离合器/制动器带排功率损失。

离合器/制动器带排功率损失与润滑油流量、润滑油黏度、摩擦副间隙、摩擦副数量、摩擦片表面油槽槽型等有关，这些参数影响多片湿式摩擦片高速旋转时的非线性运动响应和带排功率损失。润滑油流量越低，摩擦副碰摩临界速度越高，摩擦副越难发生碰摩。同时润滑油流量越低时，离合器高速碰摩带排转矩随转速的增长越缓慢，其高速带排功率损失越小。因此，设计湿式离合器时，在满足冷却润滑的基础上，应尽可能减小润滑油的供给流量。润滑油黏度越低，摩擦副碰摩临界速度越低，摩擦副越易发生碰摩，碰摩产生的离合器功率损失也越多。在设计湿式离合器时，可选用黏度稍大的润滑油以提高其碰摩临界转速并降低碰摩引起的带排转矩，但此方法同时会明显增大离合器低速工作时的带排转矩，因此需综合考虑。摩擦副间隙越小，摩擦副碰摩临界速度越低，摩擦副越易发生碰摩，但对离合器高速碰摩带排转矩无明显影响。在设计湿式离合器时，可适当增大摩擦副间隙，以提高碰摩临界转速。摩擦副数越少，离合器碰摩临界转速提高，摩擦副越不易发生碰摩，而且开始碰摩时带排转矩增加相对平缓，无急剧增加现象，湿式离合器高速碰摩带排转矩也出现较大幅度的减小。一般而言摩擦片上的沟槽形式影响带排转速，螺旋槽较好，斜线槽次之，直线槽最差。

（二）试验设计

对于整机空损试验，传动装置两侧不加载荷，断开两侧加载电机，通过量油尺记录综合传动液面位置，输入转速从 0 到额定转速之间设置 9 个点左右，挡位覆盖前进挡、倒挡、中心转向挡，温度一般为室温和 90～120 ℃ 两个温度区间，变矩器状态分为液力和机械两种，通过组合输入转速、挡位和温度，记录测量输入转速、输入扭矩、挡位、温度等信息。挡位顺序一般是空挡，各个前进挡从低到高，然后是倒挡、中心转向挡，从而得到各种工况下的空损值。

对于部件的空损试验，输入转速从 0 到额定转速之间设置 9 个点左右，温度一般为室温和 90～120 ℃ 两个温度区间，通过组合输入转速和温度，从而得到各种工况下的空损值。

（三）试验数据分析

传动空损功率影响传动系统效率，空损越大，系统效率越低。传动装置整机台架试验需要记录的原始数据主要包括挡位（G）、输入转速（n_1）、输入扭矩（M_1）、传动油温（T）、变矩器状态、空损功率（P_0）等。如果空损过大，不满足使用要求，需要从影响空损效率的各个因素出发，降低对应的功率消耗，直到满足要求。

各挡空损功率 P_0（kW）：

$$P_0 = \frac{n_1 \times M_1}{9\,550} \tag{3-19}$$

二、效率特性试验

与国外先进的传动系统相比，我国传动装置功率损耗大、传动效率低。当前传动装置最高挡位额定转速机械工况传动效率为 78%，功率损失超过 200 kW。勒克莱尔坦克 ESM500 传动装置最高挡位额定转速机械工况传动效率为 85%，功率损失约 135 kW。德国研制的 HSWL295 传动装置最高挡位额定转速机械工况传动效率为 88%，功率损失约 110 kW。

效率特性试验的主要目的是测试传动装置各挡在不同输入转速、油温、变矩器状态和负载下传动输出功率和传动输入功率的比值。效率特性是传动装置评价指标体系中经济性指标之一。

效率特性试验的条件是有动力源，可以是发动机或者电机，动力源和综合传动之间需要布置转速转矩传感器，传动和加载单元之间也需要布置转速转矩传感器。对于传递功率在 1 000 kW 左右的传动装置，输入端测试仪器转速范围一般为 0 ~ 3 000 r/min，转矩范围为 0 ~ 6 000 N·m；输出端测试仪器转速范围一般为 0 ~ 3 000 r/min，转矩范围为 0 ~ 20 000 N·m。

（一）影响因素分析

液力机械综合传动装置的效率与其使用工况密切相关，各个挡位低转速阶段，液力变矩器处于液力工况，转速越高效率越大。当随着转速的升高，液力变矩器自动闭锁，效率特性出现瞬时的跃升，随着转速的升高，总体效率下降。传动装置的各挡效率特性如图 3-49 所示。

传动系统功率传递过程中，离合器、齿轮轴系、旋转构件等全部工作在由润滑油形成的流场内，流体和固体工作界面高度耦合，成为功率损耗的主要组成部分。随着传动系统转速的提高，构件转速、流体流速、流场形态发生变化，从而引起功率损耗变化。湿式离合器摩擦片之间流体随线速度的增加，其流速增加、油气比例改变，流体作用在摩擦片上的力发生变化；摩擦片内、外毂作为行星传动的构件，同时作为摩擦片的支撑基础，其受力状态与离合器系统密切相关；摩擦片的间隙受到流体作用力、内外毂作用力的影响发生动态变化，反之，摩擦片间隙的变化又影响流体的形态和力学关系。因此，润滑油、摩擦片及内外毂之间耦合关系复杂。在传动系统壳体内部的润滑油受温度和外力作用的影响，以油和气的形式分布在整个壳体内部，形成复杂的流场形态。旋转构件转速变化，引起流场形态变化，流场变化反之影响旋转构件的受力状

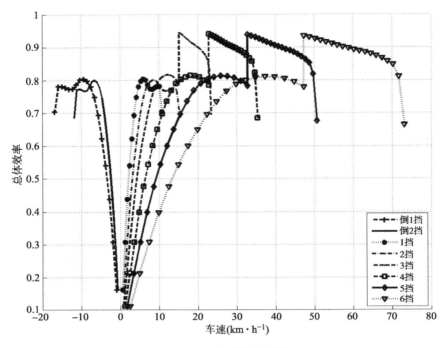

图 3－49 各挡效率特性

态。齿轮系统，特别是行星传动系统，轮齿啮合和齿面油膜相互作用。高功率密度引起系统结构刚度减小，行星传动齿轮接触界面在重载条件下偏离理论啮合中心；在高转速及强制润滑下，行星传动系统内部流场形态变化，导致功率损耗增大。一般而言传动装置的功率损失由空载功率损失和负载功率损失组成，空载功率损失越大其总体效率越低。负载功率损失主要与负载和转速相关，负载越大，转速越低，负载功率损失越小。

（二）试验设计

对于整机的效率特性试验，输入转速从怠速到额定转速之间设置 4 个点左右，挡位覆盖前进挡、倒挡、中心转向挡，温度一般为室温和 90～120 ℃ 两个温度区间，变矩器状态分为液力和机械两种，负载按照 100%（在发动机额定功率点传动输入的净功率）、75% 和 50% 三个点设定，通过组合输入转速、挡位、温度和负载，从而得到各种工况下的效率特性值。挡位顺序一般是空挡，各个前进挡从低到高，最后是倒挡。

（三）试验数据分析

坦克传动系统功率损耗大，传递到主动轮的净功率低，制约了坦克动力性；功率损耗大，所需散热辅助装置体积大，增加了推进系统的质量和体积；功率损耗大，热累计效应明显，热失效故障频发，影响了坦克可靠性。如果传动效率值不满足要求，则需要从总体方案、零部件设计、空损功率抑制等多个方面进行改进，从而提升传动效率。

传动装置整机台架试验需要记录的原始数据主要包括挡位（G）、输入转速（n_1）、输入扭矩（M_1）、左输出转速（n_2）、左输出扭矩（M_2）、右输出转速（n_3）、右输出扭矩（M_3）、传动油温（T）、变矩器状态等。

根据式（3 – 20）计算得到整机的效率 η。

$$\eta = \frac{n_2 \cdot M_2 + n_3 \cdot M_3}{n_1 \cdot M_1} \times 100\% \tag{3 – 20}$$

三、自动换挡性能

自动变速技术可以提高车辆动力性、燃油经济性、操纵稳定性和舒适性，换挡规律是自动变速技术的核心内容，是保证实现自动变速系统最优性能的基础。自动换挡性能是传动装置评价指标体系中操控性评价指标之一。

合理的换挡规律可以充分利用发动机的功率，提高车辆的平均行驶速度、通过性等性能。换挡规律目前有单参数、双参数、动态三参数、工程车辆四参数和智能换挡控制等。单参数换挡规律结构简单，但不能实现驾驶员干预换挡，且噪声大，难于兼顾动力性、经济性要求，故目前已很少采用。双参数换挡规律克服了单参数换挡规律的缺点，当前采用最多的控制参数是车速与油门开度，并且形成了最佳动力性和最佳经济性换挡规律的制定方法。某装甲车辆的动力性换挡规律，如图 3 – 50 所示，图中实线表示升挡，虚线表示降挡。严格意义的动态三参数规律比较复杂，目前实用程度不高。近年来，越来越多的研究将智能控制理论应用于换挡规律，利用驾驶者的经验及其他专家的知识形成换挡知识库，对传统的双参数或三参数进行了修正和改进。但是，这种方法制定的换挡规律通常取决于驾驶员的经验和水平以及设计人员的理解程度。

自动换挡规律一个核心的设计难点是关于换挡延迟的设计。理论上，如果将升、降挡点设计为同一点，可以使车辆的动力损失减小或经济性提高。由于实际车辆受各种因素的干扰，在换挡点附近可能会发生由油门或车速的波动而引起的意外换挡，导致换挡循环，所以引入降挡速差。而降挡速差如果设置不

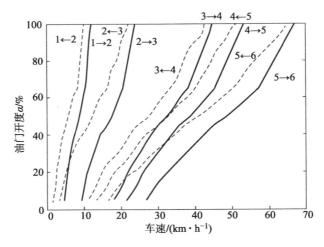

图 3 - 50　动力性换挡规律

合理，将使车辆的动力性或经济性变差，影响车辆性能的发挥。因此，无论对动力性还是经济性换挡规律都必须有一个合理的降挡速差。

　　从降挡速差角度考虑，双参数换挡规律可分为等延迟型（图 3 – 51（a））、发散型（图 3 – 51（b））、收敛型（图 3 – 51（c））与组合型（图 3 – 51（d））等形式。等延迟型换挡规律的降挡速差大小不随油门开度的变化而发生变化，但是驾驶员可以实现干预换挡，可以在小油门开度条件下提前换入高挡，有利于降低发动机噪声和提高发动机的燃油经济性；发散型换挡规律的降挡速差随油门变化呈发散型分布。在中小油门开度下换入高挡，能够改善燃油经济性；在大油门开度条件下升挡，使发动机接近最大功率点，动力性较好，并且换挡延迟增大，有利于减少换挡次数。其缺点也是由于大油门降挡所对应的发动机转速很低，功率利用差。鉴于发散型换挡规律的特点，它适用于经常工作在中小油门，又需要频繁换挡的小型城市道路车辆，故它在民用自动变速器中应用较多。收敛型换挡规律的降挡延时随油门开度增大而减小，呈收敛分布。在大油门开度时，对应的降挡延时小，发动机转速降低的较少，有较好的功率利用率。小油门开度时降挡延时大，发动机可以在较低转速下工作，可以获得较好的燃油经济性，适用于经常工作在大油门开度下的重型车辆；组合型换挡规律则是根据车辆的不同需求，针对不同油门开度下的换挡延时做出相应的调整，以获得更好的适应性。针对重型装甲车辆，降挡速差应该符合下述几点建议：

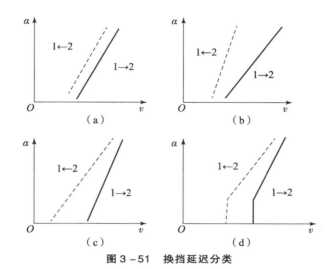

图 3 - 51　换挡延迟分类

（a）等延迟型；（b）发散型；（c）收敛型；（d）组合型

①降挡后发动机不应超速工作，以减小其噪声和振动，从而有利于延长发动机的寿命。

②对于同一挡位，大油门开度所对应的降挡速差应该小一些，这样可以提高车辆的动力性；小油门开度所对应的降挡速差应该大一些，以减少换挡次数，并且提高车辆的经济性。

③相同油门开度时，高挡应该比低挡的降挡速差大。

④中等油门开度时，应综合考虑车辆的动力性和经济性，从而决定降挡速差的大小。

自动换挡特性试验的主要目的是测试传动装置相邻各挡在升挡和降挡两种工况下，在不同升挡点和降挡点、不同的油压重叠、不同油压特性曲线的条件下，得到传动输出加速度变化率、换挡冲击扭矩和操纵件的滑摩功。

自动换挡特性试验的条件是有动力源，可以是发动机或者电机，如果是电机，需要模拟发动机的动态扭矩。动力源和综合传动之间需要布置转速转矩传感器，传动和加载单元之间也需要布置转速转矩传感器。为获得换挡冲击的瞬时物理量，动态扭矩传感器的采样频率在 10 kHz 以上。

（一）影响因素分析

传动装置换挡过程分为单元件切换换挡控制和双元件切换换挡控制两种方式，前者即为一般自动变速器的离合器滑摩换挡控制，换挡过程可分为准备相、扭矩相和惯性相 3 个阶段；对于双元件换挡过程而言，由于换挡控制涉及两个离合器放油、另外两个离合器充油，则控制要复杂很多。双元件换挡过程分 3 个阶段，与之相应，工作离合器充油过程也应进行分阶段控制，如图 3 – 52 所示。准备相阶段是指离合器油缸快速充油、消除活塞空行程的过程，整个过程是从 TCU 发出换挡指令开始，到充油滑摩离合器油缸克服回位弹簧的预紧力并消除离合器摩擦片的间隙，使其达到贴合、但尚未传递摩擦扭矩为止；同时，放油离合器应快速卸除储备压力，为下阶段控制做准备，如图 3 – 52 中黑线所示。此阶段双元件切换换挡过程开关控制快速充放油，如图 3 – 52 中细实线所示。扭矩相阶段放、充油离合器传递扭矩按照一定规律消长，最终完成扭矩交替，因此，离合器油压也应相应变化以适应扭矩传递需要，从而控制变速器输出轴扭矩波动。当传递扭矩路线完成改变，放油离合器传递扭矩减少为 0 时，此时应迅速彻底放油分离，防止动力损失。惯性相阶段，放油离合器已完成放油分离，充油离合器尚未锁止，因此变速器自由度增加，速比不定。为使挡位更替平顺进行，此阶段需动态闭环调节充油离合器的油压，直至其摩擦片锁止，换挡过程完成。

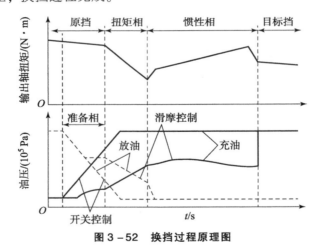

图 3 – 52　换挡过程原理图

换挡品质是在保证动力传动系统寿命的前提下，能迅速平稳地变速换挡。换挡时从发动机来的输出转矩与从车轮来的负载转矩不协调，需换入挡的主被动齿轮有大转速差；换挡时，接合离合器时主从动片转速相差大以及驾驶员的熟练程度、路况、机械状况等对换挡品质都有很大的影响。忽略外部因素，则影响换挡品质的主要有以下几个方面：

（1）换挡过程中结合、分离元件的搭接定时。

动力换挡过程中，一个换挡离合器摩擦元件的结合与另一个换挡离合器摩擦元件的分离在时间配合上必须恰当。如果这一元件的分离时间和另一元件的结合时间间隔过小，两个元件工作区域重叠就会过大，会形成"挂双挡"的现象。在此过程中，两个元件互相制动，引起动力传动系统巨大的动载荷，不仅增加了发动机油耗，还会对系统造成较大的冲击。反之，若两个元件的作用时间相差过大，发动机动力无法有效地通过变速箱传递出去，动力流失，形成传动系统动力中断的情况。这种情况相当于换挡过程中每次都由当前挡位换到空挡，再由空挡换到目标挡位，不仅影响车辆的动力性能，也会使车辆产生前俯后仰的颠簸。

（2）换挡过程相关结合、分离元件的油压控制。

换挡离合器采用摩擦力传递动力，在结构参数一定的条件下摩擦转矩取决于离合器片的摩擦系数和离合器片间的压紧油压。由于摩擦系数随相对滑转速度变化而变化，且对于不同的摩擦材料差异较大。履带车辆因传递的转矩较大，传动装置中的湿式换挡离合器摩擦盘的材料也比较特殊，摩擦副通常是由铜基粉末压制的内齿摩擦片和外齿对偶钢片组成，大量的试验结果表明其动摩擦系数与静摩擦系数相差近一倍，这也就造成了离合器滑摩到结合或结合到滑摩过程中转矩的巨大变化。

换挡过程中压紧油压可以对换挡过程有效地进行控制，控制各个换挡离合器状态的转换。油压增长越快转矩变化就越快，冲击就越大；但油压增长过慢又会造成动力损失较多，离合器在滑摩时还会产生摩擦热，造成摩擦片温升过高，产生翘曲变形，过量的摩擦将影响结合元件的摩擦材料的使用寿命。因此，需要制定换挡过程中相关结合元件的油压变化规律，既保证良好的动力性能又要使换挡冲击小。

（3）惯性能量所引起的冲击。

对于有级式变速箱传动比不可连续变化，各个挡位之间存在阶比，换挡过程中总不可避免地会产生动力传动系统内不同惯性能量的急剧释放或吸收。挡位数越少，传动比连续性越差，阶比就越大，引起的惯性能量冲击也就越大。

自动换挡技术目前常用双参数换挡规律，即根据车速和油门开度判断当前挡位状态是升挡、降挡还是保持。自动换挡从本质上讲是关于离合器的切换。离合器在滑摩和结合的过程中，其状态之间的切换是关键因素之一。图 3 – 53 表示了离合器状态之间的切换。图 3 – 54 所示为离合器状态切换临界条件。

图 3 – 53，图 3 – 54 中，ω 表示相对角速度，α 表示相对角加速度，ω_{Tol} 表示离合器闭锁的临界速差，τ_{k} 表示离合器动摩擦力矩，$\tau_{\text{s}}^{\pm}$ 表示离合器双向静摩擦力矩，τ 表示离合器实际传递转矩。

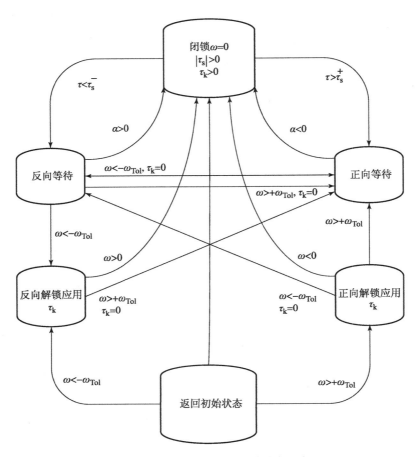

图 3-53　离合器闭锁和解锁状态切换

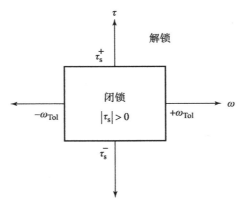

图 3-54　离合器状态切换临界条件

当离合器未接合时，摩擦转矩为 0。当离合器接合完成后，离合器传递的转矩从滑摩转矩急剧下降到系统的惯性转矩。其中离合器从滑摩到锁止的判断条件是仿真计算的一个重要条件。可采用下式进行判断。

离合器的闭锁条件是：

$$\tau_k > 0, \ |\omega| \leqslant \omega_{\text{Tol}}$$

车辆动力性与加速时间和加速度等指标有关，可以从这些指标的角度考虑换挡过程的车辆动力性。换挡时间代表着换挡过程持续时间的长短，该值较小时，换挡的瞬态过程较短，则动力性较好。加速度最大值与最小值之差，可以表征换挡过程中的加速度特性，该值较大时，则加速性较好。因此，选择这两个指标作为动力性评价指标。舒适性与人体的主观感受直接相关，传统的换挡品质研究大多集中在这一方面。加速度和冲击度是车辆在行驶方向上的变量，且冲击度是衡量车辆换挡过程平顺性的主要评价指标，这两个指标对舒适性有着很大影响，尤其是其波动值可以表征主观感觉上瞬态的冲击，因此，选择传统的加速度和冲击度作为研究对象。换挡过程中离合器通过交替运动实现分离和接合，这一过程带来的换挡冲击较大，对传动系统产生的动载荷较大，将严重影响传动系统的寿命。判断离合器寿命的指标主要有滑摩功和滑摩功率。但是自动换挡规律设计好坏还取决于在特定路面是否会出现频繁解闭锁现象。图 3 – 55 显示了换挡循环示意，实线代表升挡，虚线代表降挡，以 4 挡升 5 挡和 5 挡降 4 挡进行说明，这两条换挡线将图示区域分为 3 个，即左区域、中区域和右区域。a→b→c→d→a 组成的区域表示了换挡循环过程，随着油门开度和车速的变化，在一定程度上造成了 4 挡和 5 挡的交替循环切换，产生了换挡循环问题。所以判断自动换挡规律的好坏必须对车辆在一定路面的换挡次数进行统计，作为评价自动换挡规律好坏的参数之一。

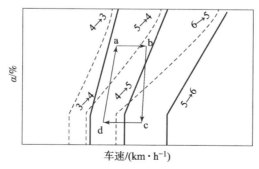

图 3 – 55　换挡循环示意图

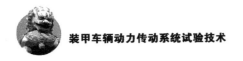

（二）试验设计

对于自动换挡特性试验，传动输出配置整车惯量，分为升挡和降挡两种情况，升挡点和降挡点分别从换挡特性曲线上按照50%、60%、70%、80%、90%、100%油门开度进行选取，传动两侧输出按照水泥路面阻力进行加载，从而得到对应的升挡或者降挡车速，操纵件的油压特性分为特性1、特性2等，换挡重叠时间分为时间1、时间2等，通过组合这些输入条件，得到不同的换挡品质，包含滑摩功、冲击度、换挡冲击等值。

（三）试验数据分析

传动装置整机自动换挡性能台架试验需要记录的原始数据主要包括输入转速（n_1）、左输出转速（n_L）、右输出转速（n_R）、涡轮转速（n_T）、变速一排框架转速（n_B）、车速（n_V）、油门开度、输入扭矩（M_1）、左侧输出扭矩（M_L）、右侧输出扭矩（M_R）等。

由于自动换挡过程中，各种参量都在动态变化，需要记录各参量随时间变化的曲线。通过对车速信号进行两次求导数，可得到系统的冲击度。通过变速一排框架转速、输入转速和输出转速可以换算得到摩擦元件主被动段转速变化情况，通过记录油压特性随时间的变化曲线，可以换算得到系统的滑摩功。通过记录传动输出的扭矩变化峰值，可以得到换挡冲击峰值。

滑摩功的表达式为：

$$M_f = M_{fd} = \mu_d \cdot F \cdot r_e \cdot Z \qquad (3-21)$$

式中　μ_d——动摩擦系数；

　　　F——离合器法向压紧力；

　　　r_e——作用半径；

　　　Z——摩擦副数。

四、自动解闭锁性能

传动装置的自动解闭锁本质上属于换挡性能的一种，自动解闭锁性能影响车辆的平顺性及传动装置闭锁离合器摩擦片和内部轴系的可靠性，是传动装置评价指标体系中操控性评价指标之一。

自动解闭锁功能主要用以控制液力变矩器。液力变矩器是通过工作轮叶片和工作液体的相互作用，使机械能与液体动能相互转换来传递动力，具有无级连续改变转速和转矩的能力，对外负载具有良好的自适应性。液力变矩器简化了车辆的操纵，使其起步平稳、加速迅速，并且降低了传动系统的动载荷和振动，延长了动力传动系统的使用寿命。液力变矩器本质是液力传动，效率较低，需要在液力变矩器内部增加一套机械离合器，从而综合液力传动和机械传动的优点。

当变矩器满足闭锁条件时，传动装置电控单元 TCU 向闭锁电磁阀发出 PWM 电信号，打开电磁阀，主油路液压油进入闭锁离合器活塞，使变矩器泵轮和涡轮闭锁在一起，形成机械传动。随着闭锁离合器的接合，变矩器的泵轮、涡轮及涡轮轴都与发动机同速旋转。由机械传动取代了液力传动从而提高了传动效率。当变矩器满足解锁条件时，闭锁电磁阀断电，液压腔放油，变矩器则处于解锁状态，恢复液力传动。液力变矩器闭锁离合器控制油路如图 3 – 56 所示。

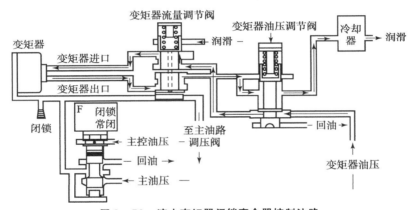

图 3 – 56 液力变矩器闭锁离合器控制油路

自动解闭锁特性试验的主要目的是测试传动装置在解锁和闭锁两种工况下，在不同解锁点和闭锁点、不同油压特性曲线的条件下，得到传动输出加速度变化率、换挡冲击扭矩和操纵件的滑摩功。

自动解闭锁特性试验的条件是有动力源，可以是发动机或者电机，如果是电机，需要模拟发动机的动态扭矩。动力源和综合传动之间需要布置转速转矩传感器，传动和加载单元之间也需要布置转速转矩传感器。

（一）影响因素分析

1. 自动解闭锁规律控制参数

实现液力变矩器闭锁控制的参数有单参数和双参数，共有以下 7 种方案。

（1）涡轮转速控制。

当涡轮转速达到一定值时，变矩器进行闭锁，这种控制方法只能在少部分油门开度下保证有合理的换挡规律。

（2）车速或变速器输出轴转速控制。

只有当车速或变速器输出轴转速达到一定值时才闭锁。在某些用途中，可以避免低挡范围内频繁闭锁，减少由此引起的冲击和磨损。

（3）变矩器转速比控制。

当变矩器的泵轮与涡轮转速比达到一定值（如耦合点传动比 i_M 或最高效率速比 i）时闭锁。这种方案从保证变矩器高效区考虑，比较合理，在各种油门开度下都能得到合理的效率和动力性能。

（4）涡轮转速 – 油门控制。

这种方案的依据是在一定油门开度下，变矩器闭锁的涡轮转速不同。油门大时涡轮转速高（晚闭锁），油门小时涡轮转速低（早闭锁）。可在不同的油门下获得比较理想的闭锁点，适用于车辆负荷经常变化的情况。

（5）车速 – 油门控制。

这种方案的条件是在一定油门开度下，只有当车速达到一定值时才闭锁，此方案类似涡轮转速 – 油门控制。

（6）按排挡范围进行闭锁控制。

只有在某些排挡范围内才能实现闭锁，如前进挡或高挡范围内才能闭锁，而在其他排挡工作时，不论其转速多高，都只能在液力工况下工作。

（7）发动机转速和涡轮转速双参数控制。

发动机转速处于一定转速范围，并且涡速/发动机转速 $\geq i$，实现的功能为输出闭锁信号；接收到的发动机转速 $\leq a$ r/min 时，实现的功能为输出解锁信号；接收到的发动机转速 $\geq b$ r/min 时，实现的功能为输出解锁信号。

2. 自动解闭锁控制策略

闭锁过程的控制常采用 4 段式的控制策略：

（1）快速充油阶段。图 3 – 57 中所标的容积率，这个阶段电磁阀处于完全打开的稳定状态，油压迅速增长，闭锁离合器达到初始接合状态。

（2）开环控制阶段。快速充油之后进入开环控制阶段，直到监测到发动机转速下降。

（3）闭环控制阶段。从发动机转速下降一直到监测到涡轮转速和泵轮转速同步。

（4）完全接合时间。当监测到涡轮转速和泵轮转速同步时，TCU 发出电磁阀全开指令，闭锁离合器完全接合，完成闭锁。

闭锁离合器快充油时间受油温、发动机转速以及闭锁离合器磨损等因素的影响，设定的初始值不能完全适应不同条件下的闭锁要求，需要采用自适应的控制策略根据前次的闭锁参数来自动修正初始参数。图 3 – 58 为闭锁离合器快

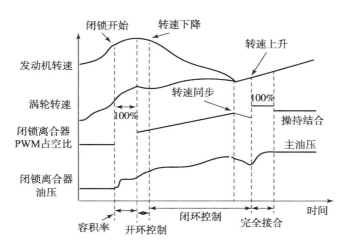

图 3 - 57 闭锁离合器闭锁过程分阶段控制策略

充油过程自适应控制原理。系统检测闭锁前后发动机转速变化量，并与参考模型给定的标准值相比较，对快充油时间进行修正。开环控制阶段采用等斜率占空比控制，这段控制的初始占空比的大小及增长的斜率通过试验来确定。初始占空比的大小应随温度的变化而变化，因为相同占空比、不同温度时闭锁油压是不同的，需要通过试验来标定。闭环控制阶段以泵轮和涡轮滑差的变化为控制目标进行闭环控制，这个过程具有非线性、时变性的特性，可以采用 PID 迭代学习控制算法。

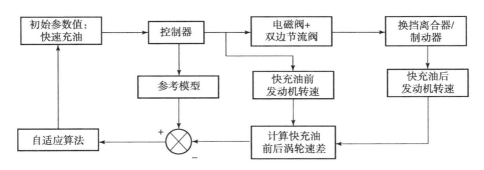

图 3 - 58 闭锁离合器快充油过程自适应控制原理

（二）试验设计

对于自动解闭锁特性试验，传动输出配置整车惯量，分为解锁和闭锁两种情况，挡位覆盖 3 挡到最高挡，传动两侧输出按照水泥路面阻力进行加载，操纵件的油压特性分为特性1、特性2等，针对任意解闭锁策略工况条件下，得到不同的解闭锁品质，包含滑摩功、冲击度、换挡冲击等值。

（三）试验数据分析

传动装置整机台架自动闭锁性能试验需要记录的原始数据主要包括输入转速（n_1）、左输出转速（n_L）、右输出转速（n_R）、涡轮转速（n_T）、变速一排框架转速（n_B）、车速（n_V）、输入扭矩（M_1）、左侧输出扭矩（M_L）、右侧输出扭矩（M_R）等。

由于解闭锁过程中，各种参量都在动态变化，需要记录各参量随时间变化的曲线。某变矩器闭锁过程曲线如图3-59所示。通过对车速信号进行两次求导数，可得到系统的冲击度。通过传动输入转速和涡速的变化可以换算得到闭锁离合器摩擦元件主被动段转速变化情况，通过记录油压特性随时间的变化曲线，可以换算得到系统的滑摩功。通过记录传动输出的扭矩变化峰值，可以得到闭锁冲击峰值。

五、转向性能试验

转向性能是传动装置评价指标体系中动力性评价指标之一。当前履带装甲车辆普遍采用零差速双流转向形式，中心转向时间、各挡最小转向半径和各挡转向动力因数是转向性能的重要指标。

图3-60是转向系统的特性曲线。按照从左到右，从上到下的顺序排列，子图1表示各个挡发动机100%油门开度在不同路面转向时主动轮输出的动力因数和车速的关系，子图1同时表示了液压转向系统作用到主动轮的最大动力因数，从图中可以看出低挡位时发动机可以给转向系统提供足够的功率保证，转向系统可以克服地面阻力系数为0.845的路面，路面状况越好发动机输出的动力因数越大。子图2表示不同路面转向所需的动力因数和相对转向半径之间的关系，从图上可以看出转向系统提供的动力因数可以克服大部分路面的转向阻力（除地面阻力系数大于0.845的路面）。子图3表示发动机在不同转速下匀速转向时，转向时间和泵马达排量杆开度之间的关系，从图上可以看出发动机转速越大，中心转向时间越小。子图4表示不同挡位匀速转向时，相对转向半径和泵马达排量杆开度之间的关系，从图上可以看出相同排量杆开度，挡位越高，最小相对转向半径越大。

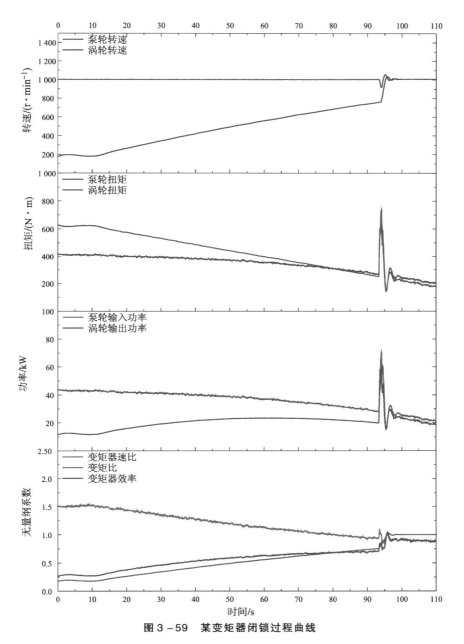

图 3 - 59　某变矩器闭锁过程曲线

图 3 - 61 中，横坐标是相对转向半径 ρ，纵坐标是内、外侧履带的功率与滚动阻力所消耗功率的比值。转向时，内、外侧履带的功率随相对转向半径的变化比较复杂。由图 3 - 61 可知：

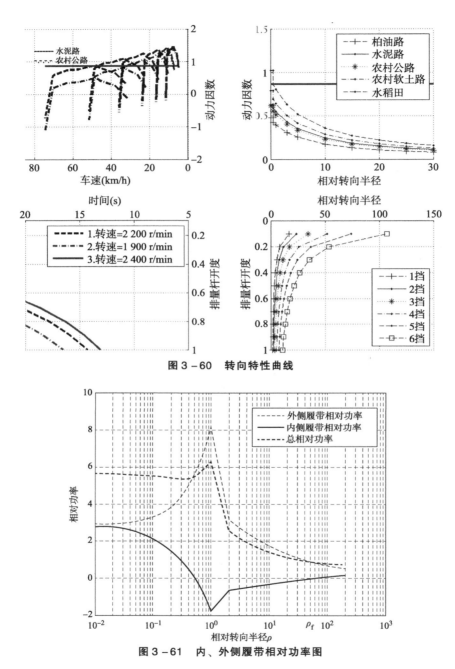

图 3 - 60　转向特性曲线

图 3 - 61　内、外侧履带相对功率图

①当 $\rho = 0.5$ 时，即内侧履带不转，而车辆绕内侧履带接地段中心做转向运动时，外侧履带的功率几乎等于整车的功率，达到最大值；而内侧履带的功率理论上为 0。

②在所有转向半径区，外侧履带功率为正值。在较大的转向范围内（$\rho >$ 0.5），外侧所需的推进功率大于发动机所能提供的功率。

③在小半径区（$\rho < 0.5$）和当相对转向半径大于自由半径 ρ_f 时，内侧履带功率为正，而在常用相对转向半径范围内（$0.5 < \rho < \rho_f$）转向时，内侧履带功率为负，即内侧履带输出功率，称为转向再生功率。

转向再生功率是双流传动结构的一大特点，一方面转向再生功率可补偿外侧履带对功率的需求，但另一方面，由于转向再生功率的传递会增大传动系统的负荷，功率损失增大也会加大系统的热负荷。图 3－62 是双流传动转向再生功率流动示意图。当车辆在常用相对转向半径范围内（$0.5 < \rho < \rho_f$）转向时，传至外侧汇流排行星架的推进功率由四部分组成：一是经直驶变速机构通过外侧汇流排齿圈传过来的发动机功率；二是经转向流通过外侧汇流排太阳轮传过来的发动机功率；三是经转向流通过内侧汇流排太阳轮经过内侧汇流排齿圈再经过变速机构主轴传过来的发动机功率；四是经内侧汇流排行星架经过内侧汇流排齿圈再经过变速机构主轴传过来的转向再生功率。随着相对转向半径的减小，转向再生功率增加。

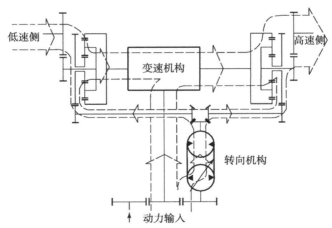

图 3－62 双流传动转向再生功率流动示意图

（一）影响因素分析

1. 发动机油门开度和液力变矩器对转向影响规律分析

驾驶员通过加大发动机油门开度和改变液力变矩器工况来克服较大的转向负荷或实现快速转向。图 3－63 为 4 挡液力工况，慢转向时，改变发动机油门开度和液力变矩器工况对转向性能的影响曲线。图中 a 时刻为转向开始时刻；b 时段为转向手柄输入和发动机油门均增大阶段；d 时段为转向手柄输入逐渐达到最大，同时继续增大发动机油门开度阶段；c、e、f时刻分别为变矩器解锁、闭锁、解锁时刻。

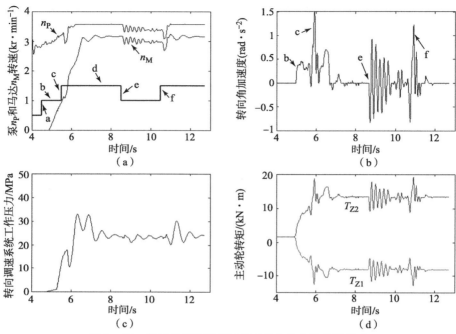

图 3 – 63　发动机和变矩器工况对转向动态特性的影响

（a）液压泵和液压马达转速变化曲线；（b）转向角加速度变化曲线；

（c）转向高压变化曲线；（d）两侧主动轮转矩变化曲线

由图 3 – 64 可知：

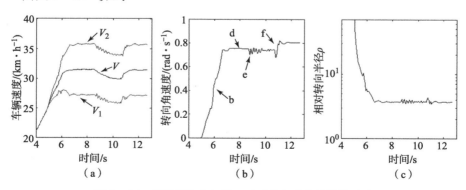

图 3 – 64　发动机和变矩器工况对转向动态特性的影响

（a）车辆速度变化曲线；（b）转向角速度变化曲线；

（c）相对转向半径变化曲线

①在 b 阶段，车辆中心速度、车辆转向角度均增大，转向半径减小。在 d 阶段，受转向所需发动机功率的限制，继续增大发动机油门开度时，泵转速、马达转速和车辆转向角速度基本不变。改变发动机油门开度时，车辆的转向半径和转向角速度变化平稳，超调量较小。

②解、闭锁变矩器对车辆转向响应影响较大。闭锁变矩器（e 和 f 阶段）时的转向角加速度振荡较大，导致主动轮转矩和转向调速系统的工作压力超调较大。在 f 阶段，当发动机油门开度和转向手柄输入稳定后，闭锁变矩器，可提高车辆转向角速度，但相对转向半径基本不变。解锁变矩器（e 阶段）时车辆转向角加速度峰值小于闭锁时的峰值，但受液力变矩器涡轮工作不稳定的影响，车辆转向角速度和转向半径稳定调节时间长。无论是解锁过程还是闭锁过程，车辆相对转向半径基本不变。

分析表明：加大油门和解、闭锁变矩器可以提高车辆直驶车速或克服较大的转向阻力。但当转向操纵输入调定时，通过增、减油门和解、闭锁变矩器无法实现对车辆相对转向半径的有效控制，因此必须采用降挡后转向来实现更小的转向半径。

2. 转向期间换挡影响规律分析

车辆正常行驶时，受路面条件的限制，修正转向的同时进行换挡操纵不可避免。车辆在高挡位（如 5、6 挡）高速行进时，驾驶员紧急小半径转向时跳降挡操纵也时有发生。针对修正转向时升挡、低挡位小半径转向时降挡、高挡位紧急小半径转向时跳降挡等三个转向过渡过程，研究综合传动在转向期间换挡时的动态响应特性。并对汇流行星排轴承转速在各转向期间换挡工况以及快速转向工况的动态响应进行单独分析。

（1）修正转向时升挡过程分析。

图 3 – 65 是车辆 1 挡起步、转向手柄输入为 20°条件下，由 1 挡连续升至 4 挡的动态响应。图 3 – 66 为该工况下转向角速度的动态响应。

①由图 3 – 65 可知：车辆修正转向升挡时，转向半径迅速增大，转向角加速度为负，转向加速阻力减小，尽管转向离心阻力和换挡冲击增大，但总转向阻力减小（图 3 – 65（f）），转向调速系统工作压力 P_h 峰值较小，P_h 超调量小于 25%（图 3 – 65（e））。

②转向升挡前、发动机减油门（如 4.4～4.6 s 时段）时，转向泵和马达转速快速减小，车辆转向角速度快速减小；升挡过程，转向角速度随着发动机油门增大和转向调速系统负载转矩的减小而增大。如图 3 – 66 所示，1 挡升 2 挡时的转向半径与转向角速度的突变明显小于 2 挡升 3 挡和 3 挡升 4 挡时的突变。

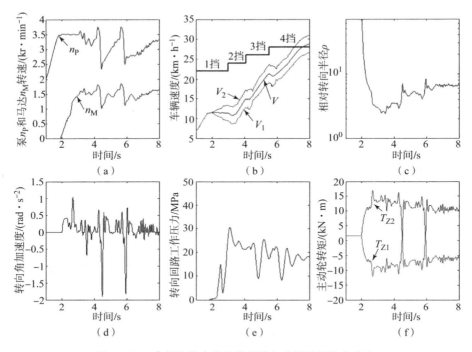

图 3 - 65　车辆和综合传动修正转向升挡时的动态响应

（ a ）液压泵和液压马达转速曲线；（ b ）车辆速度变化曲线；（ c ）相对转向半径变化曲线；

（ d ）转向角加速度变化曲线；（ e ）转向高压变化曲线；（ f ）两侧主动轮转矩变化曲线

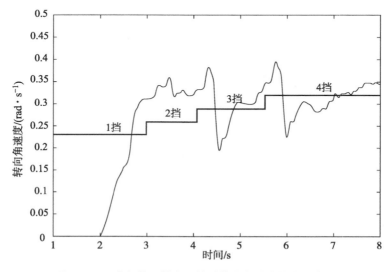

图 3 - 66　车辆修正转向升挡时转向角速度的动态响应

③转向升挡过程，发动机转速因换挡动力中断而快速升高，若驾驶员此时快速增大发动机油门，将导致变矩器涡轮和转向泵转速迅速升高，转向泵转速将可能超过其最高安全工作转速（3 650 r/min）。

④转向升挡过程，车辆转向半径快速增大，将破坏原来的转向状态，尤其是连续升挡，易导致车辆转向失控。

基于以上四点，考虑地面附着条件和保证高压安全阀闭合，并控制工作压力 P_h 超调量在 50% 以内，2 挡转向降至 1 挡时的转向手柄输入应小于 70%。

（2）高挡位急转向时跳降挡过程分析。

车辆在高挡位高速直驶、遇紧急状况时，驾驶员将在紧急小半径转向的同时进行快速连续降挡。图 3 – 67 为车辆 5 挡机械工况紧急小半径转向时跳至 3 挡的动态响应，图 3 – 68 为车辆转向角速度的动态响应。

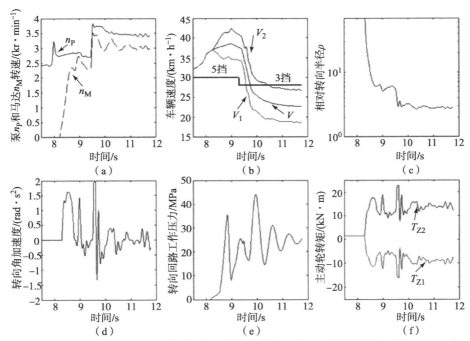

图 3 – 67　车辆和综合传动在 5 挡紧急转向跳降至 3 挡时的动态响应

（a）液压泵和液压马达转速变化曲线；（b）车辆速度变化曲线；（c）相对转向半径变化曲线；
（d）转向角加速度变化曲线；（e）转向高压变化曲线；（f）两侧主动轮转矩变化曲线

具体分析结果：

①车辆和综合传动在 5 挡小半径转向跳降至 3 挡的响应与 2 挡小半径转向降至 1 挡的响应变化规律一致。5 挡跳至 3 挡期间，相对转向半径较大，转向阻力相对较小，因此主动轮转矩 T_Z 和转向调速系统工作压力 P_h 的峰值均比 2

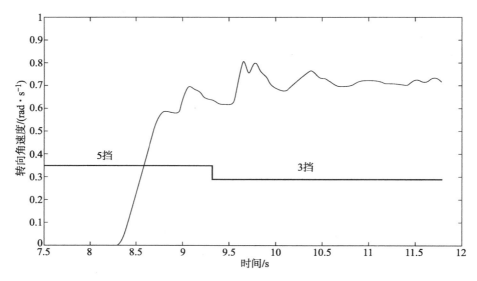

图 3-68　车辆在 5 挡紧急转向跳降至 3 挡时的转向角速度动态响应

挡降至 1 挡时的小。T_z 的峰值略小于地面附着极限，P_h 峰值压力小于高压安全阀压力，但 P_h 超调量较大，约为 70%。

②车辆在 5 挡紧急转向跳至 3 挡后，3 挡时的转向角速度（图示中 10 s 以后）大于 5 挡小半径转向时的转向角速度（图示中 9～9.3 s）。这是因为 5 挡小半径急转向时，因发动机功率不足，转向泵转速较低，约为 2 750 r/min，此时的发动机转速约为 1 760 r/min。

③若车辆在 5 挡紧急转向跳至 3 挡后，继续降至 1 挡或空挡，这将使得综合传动换挡动力中断明显，则车辆与综合传动将由 5 挡转向→动力中断期间的空挡转向→低挡位转向，综合传动内部功率流向变化将导致内部机构承受冲击，尤其车辆转向行驶的内侧功率流变化频繁。

基于以上三点，可以有以下结论：①在高挡位进行转向降挡时，与低挡位转向降挡同样要求，但应尽量避免在高挡位进行连续降挡；②从转向安全和发动机功率角度要求考虑，不应在 5、6 挡进行相应的小半径转向和转向跳降挡。在实际转向试验中，一般开展中心转向试验、各个挡位不同转速和负载条件的转向试验，而不进行转向换挡试验。

（二）试验设计

不同挡位小半径转向试验会有转向再生功率的模拟，主要涉及加载电机四象限状态的切换，这是台架试验的重点和难点。

　　履带车辆综合传动装置是集直驶推进和转向驱动于一体的传动装置，其转向性能是综合传动装置的一项很重要的性能，由于我国缺少必要的试验手段，综合传动装置全功率转向性能指标还不能在试验台进行全面考核，转向性能台架试验的难点在于低速侧的功率回流及转向负载的模拟技术。

　　转向试验台布置图如图 3 – 69 所示，采用 T 形布置，交流变频电机具有四象限工作、电能量闭式循环功能、DTC（直接转矩控制）等优异特点，3 台交流变频调速电机均能实现动力和加载两种工况。

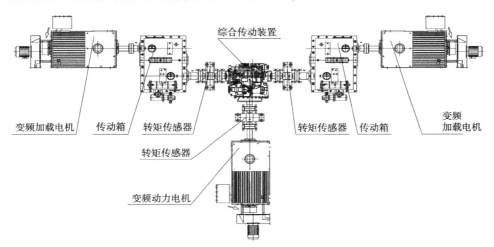

图 3 – 69　试验台布置图

　　针对坦克装甲车辆转向全过程的再生功率试验模拟难题，可以采用基于车辆转向模型的两侧履带实时转矩控制算法、转向惯性载荷自动补偿方法及电惯量模拟低通滤波时间自适应算法，突破坦克装甲车辆转向全过程多功率流协同控制、动态过程惯量载荷实时补偿等关键技术，构建坦克装甲车辆动态转向试验系统，实现再生功率实时动态模拟。试验台具有电功率封闭与零速全转矩加载能力，动态转速响应时间小于 0.8 s，动态转矩响应时间小于 0.04 s，可模拟坦克装甲车辆转向半径 ∞ ~ 0 连续变化，满足不同吨位坦克装甲车辆的无级转向台架试验需求。

　　履带车辆传动装置转向台架试验应能模拟履带车辆的实际转向工况。由于综合传动装置在转向过程中有功率回流，即内侧履带和发动机同时向外侧履带发出功率，此时外侧履带的驱动力矩比相同条件下的直驶力矩要大。由于内外侧功率的变化也同时导致发动机功率的变化，因此，综合传动装置在由直驶到转向的过程中，功率出现了较复杂的再分配，传统试验台模拟该工况具有很大的难度，特别是内侧履带要由直驶工况下的消耗功率连续变化到转向工况下的发出功率，这种性能试验需要试验台的动力执行元件既具有吸收功率，又具有发出功率的能力，并且从吸收功率转化为发出功率工况要可控，能根据具体履带车辆转向性能试验参数进行设定和调整。上述试验工况需要导致了执行元件的特殊性。另外，由于转向试验台的功率较大，应当采用闭式系统，执行元件把吸收的能量返回到另一个发出能量的执行元件，就可减少试验台的总输入能量，节约试验成本，减少试验费用。电机是实现试验台吸收功率到发出功率的转换和能量的回馈利用最为理想的动力元件之一。同时电机、发电机性能可靠，维护简单方便，满足本试验台动力执行元件的性能要求。

传动驱动加载系统，具有四象限工作的能力，如图 3 – 70 所示，变频电机在正转和反转的条件下都可工作于电动机工况和发电机工况，能完成发出功率和吸收功率的两种功能。这种四象限工作能力，可以满足吸收功率到发出功率两种工况的无停机转换。同时驱动加载系统能把工作于发电机工况下的电能回馈到电动机工况，实现能量的闭式循环利用，减少试验过程中的用电量。

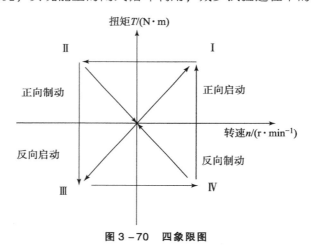

图 3 – 70　四象限图

变频电机电动状态能在 0 ~ 2 400 r/min 内实现恒转速控制；变频电机发电状态要求能在 0 ~ 1 500 r/min 内实现恒转矩控制而转速随动，在 1 500 ~ 2 400 r/min 内实现恒功率控制，如图 3 – 71 所示，具体工况如下：

1#电机由电网驱动为电动状态时，2#电机与3#电机被拖动为发电状态，能量通过变频装置以箭头方向流动运行。2#电机与3#电机由电网驱动为电动状态时，1#电机被拖动为发电状态，能量通过变频装置以箭头方向流动运行。变频电机从驱动电动状态到被拖动发电状态或从发电状态到电动状态可以连续变化，不需要停机。因此该驱动加载系统既满足综合传动装置性能试验要求，又能实现能量的闭式循环，可以满足综合传动装置转向试验的特殊需要。

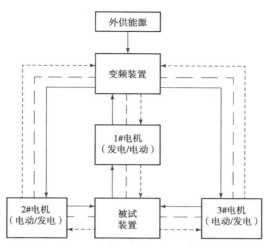

图 3 - 71　变频电机的工况转换图

图 3 - 72 所示的试验台采用三台变频电机作为动力头和加载设备。驱动电机为整个试验的动力头，模拟与被试件相匹配的发动机特性。动力头通过输入端转速转矩传感器与被试综合传动装置的输入端相连。综合传动装置的输出端分别通过内外侧履带输出端转速转矩传感器与内外侧负载电机相连。内外侧电机根据实时控制系统中控制模型的计算结果模拟转向过程中的内外侧主动轮负载转矩。三台变频电机通过驱动系统组成电功率封闭系统。

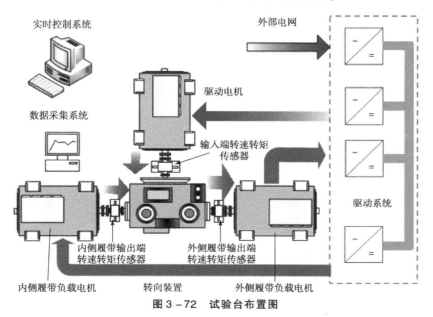

图 3 - 72　试验台布置图

对于中心转向，泵马达排量杆分别置于左侧或者右侧最大位置处，传动输入转速分别选择发动机额定转速点和发动机最大扭矩点转速，缓慢加载传动两侧输出，两侧加载扭矩绝对值相同，直到泵马达转向高压达到 45 MPa，记录传动输入/输出转速、扭矩、泵马达压力等信息，计算得到中心转向时间。

对于各挡小半径转向试验，传动输出配置整车惯量，液力变矩器处于解锁状态，挡位覆盖 1 挡到 4 挡，泵马达排量杆分别置于左侧/右侧最大位置处和最大行程一般的位置，传动输入转速分别选择发动机额定转速点和发动机最大扭矩点转速，按照转向理论计算左右两侧加载的理论扭矩，直到系统平衡，记录传动输入/输出转速、扭矩、泵马达压力等信息，计算得到各挡转向半径。

（三）试验数据分析

传动装置整机台架转向特性试验需要记录的原始数据主要包括输入转速（n_1）、左输出转速（n_L）、右输出转速（n_R）、泵马达压力（P）、泵马达相对变量、挡位（G）、输入扭矩（M_1）、左侧输出扭矩（M_L）、右侧输出扭矩（M_R）等。

中心转向时间计算式见式（2 - 22），各挡相对转向半径计算式见式（2 - 23）。针对试验数据绘制各个挡位转向过程动态变化曲线，如 1 挡液力工况转向试验过程示意如图 3 - 73 所示。

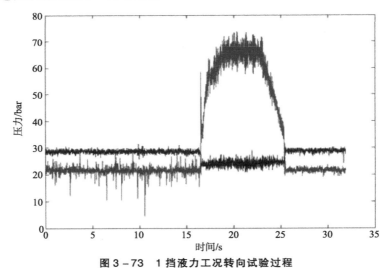

图 3 - 73 1 挡液力工况转向试验过程

3.2.2 环境适应性试验

环境适应性是传动装置评价指标体系中适应性评价指标之一。针对综合传动装置而言，环境适应性指标主要包含：工作环境温度一般适应 – 43 ~ 46 ℃，海拔高度适应 4 000 m 以上高度等，低温环境是影响综合传动装置气温起动阻力矩的主要因素。

环境适应性试验的主要目的是测试传动装置在低温工况能够匹配发动机顺利起动。

环境适应性试验需要将动力传动系统置于 – 43 ℃ 环境中，起动发动机看能否顺利起动。

（一）影响因素分析

试验结果表明低温条件下油泵扭矩约为常温状态下的 5 倍。低温起动失败故障树如图 3 – 74 所示。

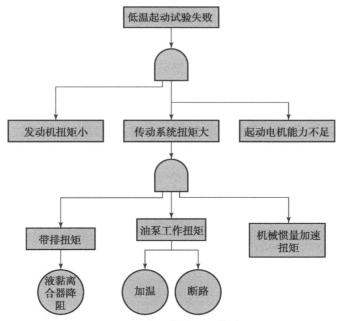

图 3 – 74 低温起动失败故障树

1. 油液加温因素的研究

对于加温器管路，为传动装置加温装置提供热源，并综合考虑动力、传动、机油箱的加温需求，合理匹配水路，使各部件均匀加温，温度变化图如图 3 – 75 所示。

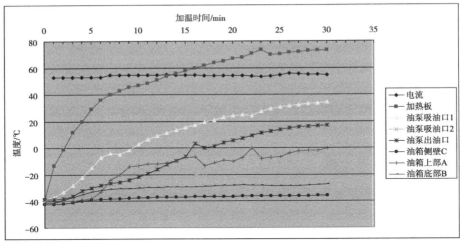

图 3-75　温度变化图

2．油泵出口油液断路的研究

在传动装置增加卸荷阀，使油泵在起动过程中空转，无压力输出，从而减少泵组的搅油损失。车辆起动后，油泵组恢复正常工作状态。此措施可明显降低起动阻力矩。

3．降低风扇液黏离合器的带排转速和扭矩

增加总分离间隙，采用波形弹簧提高分离间隙的均匀性以及优化控制润滑油量实现带排阻力的减小。

（二）试验设计

在低温舱中环境温度降到 - 43 ℃，将传动装置的泄荷阀打开，如果传动装置油底壳有加温装置，则先加温一段时间，然后起动发动机，看能否顺利起动，如果起动失败，则需要从传动装置加温、减阻等多个途径出发进行整治，直到低温起动试验成功。

（三）试验数据分析

传动装置整机台架起动性能试验需要记录的原始数据主要包括发动机转速（n_1）、涡轮转速（n_T）、变速一排框架转速（n_B）、车速（n_V）等。

3.2.3　电磁兼容性试验

电磁兼容性是传动装置评价指标体系中适应性评价指标之一。电磁兼容性试验的主要目的是测试传动装置电控系统，按照国军标的要求检验各部分指标

是否满足要求。

电磁兼容性试验的开展需要有专门的电磁兼容试验室，满足国军标关于电场传导、辐射、变化等激励的要求，包含测量接收机、数据记录装置、信号发生器、衰减器、示波器，LISN 等。

（一）影响因素分析

对于复杂的军用系统，目前计算机控制已经涉及系统每一个角落，由于数字设备广泛应用，脉冲电流和电压具有很丰富的高频谐波，会产生很强的辐射，电磁干扰的问题才日益突出。需要注意的是，电磁兼容问题不是电子工程师能够单独解决的问题，无论是机械总师、动力总师还是电气总师，都要充分重视电磁兼容问题，加强沟通，围绕电磁环境总要求、系统功能、结构特征、任务书要求等获取综合的设计信息，制定出一套全面合理的电磁兼容控制方案，包含如何进行屏蔽结构、总体布置、频谱管理、电源、接地网络的设置等设计原则和相关控制措施。采用 EMC 系统工程方法是 EMC 在军用系统中取得成功的关键，关注接口设计方案，全局考虑、折中处理是制定整个控制方案的最重要的因素。

（二）试验设计

传动装置包含传动电控单元，一般电磁兼容性的定性要求为：在规定的电磁环境下，达到整车系统内或系统间的电磁兼容设计指标。电磁兼容性的定量要求为：以产品整个寿命周期内的典型电磁环境条件和 GJB 151A—1997《军用设备和分系统电磁发射和敏感度要求》中规定的电磁兼容性指标为设计指标。对于传动电控电磁兼容性要求具有两方面的能力：一是能在预期的电磁环境中正常工作，无性能降低或故障；二是对该电磁环境不是一个污染源。传动电控单元电磁兼容性工作的难点是：安装空间狭小，电子设备众多，存在着复杂的电磁环境，若不进行特殊处理，则各电子设备相互干扰，无法正常工作。

综合传动装置本体一般不做电磁兼容试验，而是针对电控单元在电磁兼容试验室开展部件级的电磁兼容试验。电磁兼容试验科目包含 CE102 10 kHz ~ 10 MHz 电源线传导发射；RE102 2 MHz ~ 18 GHz 电场辐射发射；CS101 25 Hz ~ 50 kHz 电源线传导敏感度；CS106 电源线尖峰信号传导敏感度；CS114 10 kHz ~ 400 MHz 电缆束注入传导敏感度；CS115 电缆束注入脉冲激励传导敏感度；CS116 10 kHz ~ 100 MHz 电缆和电源线阻尼正弦瞬变传导敏感度；RS103 2 MHz ~ 18 GHz 电场辐射敏感度等。如图 3 – 76 所示为 CE102 试验配置。

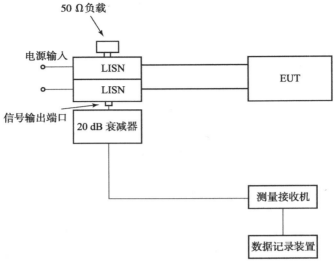

图 3 - 76　CE102 试验配置

（三） 试验数据分析

在 *X* - *Y* 坐标上连续绘出测试数据的幅频特性、限值曲线，并列出所需要的超过限值的频率、幅值、超标量及工作状态，如图 3 - 77 所示。

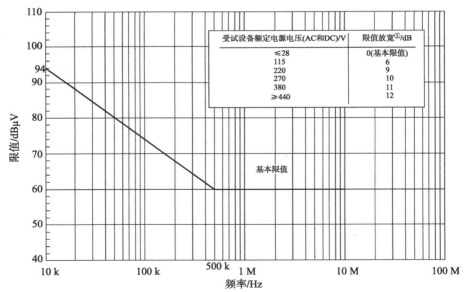

注①：额定电压 $U=28{\sim}440$ V时，限值在基本限值基础上放宽$10 \lg(U/28)$dB，U的单位为V。

图 3 - 77　CE102 限值试验

对于 CS101 试验，要记录限值，实际施加的幅频曲线，各受试电源线是否满足敏感度要求，EUT 发生敏感的电源线、频率、敏感度门限电压和工作状态。CS101 电压限值如图 3 - 78 所示。

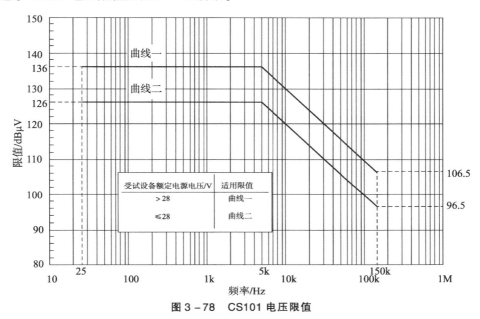

受试设备额定电源电压/V	适用限值
> 28	曲线一
≤28	曲线二

图 3 - 78 CS101 电压限值

3.2.4 磨合试验

磨合试验本质上影响传动系统的空载功率损失和效率特性，所以磨合试验对应传动装置评价指标体系中的经济性评价指标。传动装置内部零部件由于加工工艺、刀具、机床等及本身变形因素的影响，摩擦副表面始终存在着不同程度的缺陷。因此进行初期磨合是很有必要的。磨合的目的是使摩擦表面产生有控磨损，两摩擦表面相互适应，从而得到最好的承载关系和达到最小的机械损失。概括起来，良好的磨合能起到以下几项作用：

①改善摩擦副表面接触状态，增大接触面积，减小接触应力，提高承载能力。

②降低摩擦阻力，提高机械效率，增加有效功率。

③有利于润滑油膜形成，改善润滑条件，降低热负荷，减小磨损，延长寿命。

④防止离合器摩擦片烧蚀、滑动轴承异常磨损和损坏。

磨合试验的主要目的是使样机内部有相对运动的、有配合关系的零部件得到充分有效的磨合，去除加工和装配过程中产生的锐边或者毛刺，使配合零件

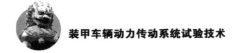

达到较好的工作状态。

磨合试验的条件是有动力源，可以是发动机或者电机，如果是电机，需要模拟发动机的动态扭矩。动力源和综合传动之间需要布置转速转矩传感器，传动和加载单元之间也需要布置转速转矩传感器。

（一）影响因素分析

1. 主要影响因素

影响传动装置磨合期磨损量的主要因素包括：磨合负荷、磨合转速、磨合时间、磨合油温、换挡次数和磨合油初始浓度。下面逐一对各影响因素进行讨论。

①磨合负荷。综合传动台架磨合分为空载磨合和负载磨合，台架空载磨合负荷主要是综合传动内部旋转部件（离合器、齿轮、轴承等）搅油损失和离合器摩擦片带排损失，在结构参数和装配尺寸一定的情况下，其大小主要取决于转速、时间和油温高低。台架负载磨合是指在输出端逐级加载的一种磨合方式，负荷越大，磨损越剧烈。

②磨合转速。磨合转速越高，搅油损失和带排转矩越大，磨损加剧；油温升高，油液黏度下降，搅油损失和带排转矩降低。对于常啮合摩擦副来说，高的磨合转速会增大单位时间内摩擦副的受力时间，且摩擦副表面温升有所加剧，磨损量有所增加。对于湿式换挡离合器，在结合油压一定的情况下，结合前主被动摩擦片相对转速越高，滑磨时间越长，导致发热加剧，磨损量增大。

③磨合时间。综合传动装置台架磨合磨损量随时间变化较大，磨合时间越长，磨损量越大，磨损率越小。在计算磨合期磨损量时，可以将磨合时间划分为小的时间间隔，视每一间隔时间内磨损量与磨合时间互为线性变化规律。

④磨合油温。磨合油温度对磨损量的影响问题比较复杂，油温高，油液黏度下降，搅油损失和带排转矩减小，磨合负荷降低，磨损量减小；但油温高会使得润滑油膜难于形成，摩擦副表面直接接触面增大，有可能使磨损加剧。

⑤换挡次数。换挡次数正比于换挡频率，频率高，单位时间内换挡间隔时间短，换挡次数就多，磨损量就大。换挡次数多少主要影响换挡离合器摩擦片的磨损量，在换挡转速和油温一定的情况下，磨损量与换挡次数成正比关系。

⑥磨合油初始浓度。综合传动装置磨合油初始浓度不同，磨损量变化不一样，试验证明，初始浓度高的磨合油，其内部所含磨损微粒数量较多，磨合过程的磨损量会加剧。

2. 空载磨合试验磨损规律

选取了4台C3A型综合传动装置进行空载磨合试验。试验方案和油液取样情况见表 3 - 7。

表 3 - 7　空载磨合试验方案

序号	传动编号	转速/(r · min⁻¹)			换挡间隔/min	试验时间/min	取样间隔/min
1 号	C3A1	800	1 500	2 000	5	180	30
2 号	C3A2	800	1 500	2 000	5	180	30
3 号	C3A3	800	1 200	1 600	10	240	30
4 号	C3A4	800	1 500	1 800	10	240	30

　　试验后对所取油样进行光谱分析，可得到空载磨合过程中磨损量变化规律，即空载磨合过程中换挡离合器摩擦片和铸铁密封环磨损元素浓度变化较大，磨合效果明显；齿轮和轴承类摩擦副在空载磨合过程中磨损元素浓度变化很小，磨合效果不明显。在一定换挡间隔和磨合时间条件下，磨损量与磨合转速成线性变化关系。

　　综合传动装置磨合试验一般不采用空载磨合的方法。

　　3. 负载磨合试验磨损规律

　　传动装置负载磨合试验是指在两侧输出端采用液压泵加载的方式施加负载转矩，使摩擦副在受力情况下进行磨合的试验方法。负载磨合相对于空载磨合的主要区别在于磨合过程中综合传动装置处于受力工作状态，目前汽车发动机和大型内燃机车等设备负载磨合一般采用逐级加载和逐级增速的试验方法。

　　首先对 4 台 C3A 型综合传动装置进行 50% 负荷下的负载磨合试验，试验过程中负载、转速、挡位分配和换挡间隔如表 3 - 8 所示。

表 3 - 8　C3A 型综合传动装置负载磨合试验方法 1

编号	磨合负载/%	转速/(r · min⁻¹)	挡位	换挡间隔/min	取样间隔/min	磨合时间/min
1 号	50	1 600	1 - 2 - 3 - 4 - 3 - 2 - 1 - 0	3	15 - 20	210
2 号	50	1 600	3 - 4 - 3 - 4 - 3 - 4 - 3 - 4	5	15	150
3 号	50	1 000 1 200 1 500 1 800	3	—	10	120

续表

编号	磨合负载/%	转速/(r·min⁻¹)	挡位	换挡间隔/min	取样间隔/min	磨合时间/min
4号	50	1 000 1 200 1 500 1 800 2 000	3	—	10	150

1号综合传动装置采用的是循环换挡方案，齿轮类摩擦副有了一定的磨损；磨合结束时，元素浓度未见明显平缓趋势，说明此时未达到磨合结束时的磨粒浓度变化趋势较小的判定要求。这种磨合方案不推荐。

2号综合传动装置磨合过程与1号略有不同，主要是对3、4挡进行负载磨合，换挡频率与1号一致，Fe元素和Si元素浓度呈明显递减趋势，且在磨合试验结束时未见变化趋势趋于稳定。频繁换挡磨合试验的典型特征是各个挡位的摩擦副，特别是换挡离合器和齿轮副在不断地相互结合、分离，齿轮不断受到载荷冲击，致使其磨损量变化较大。

对3号和4号综合传动装置，采用固定挡位的磨合方法，并且在试验中有针对性地改变了磨合转速，3号和4号综合传动装置磨合过程中Fe和Si元素浓度随磨合时间下降较快，其中4号综合传动装置到150 min时仍然呈下降趋势，这说明在50%的负载下，三挡摩擦副到试验结束时磨合也未完成，通过此现象，可以确认若不加大载荷，齿轮类摩擦副的磨合时间仍须继续加长。因为固定挡位的磨合方式对离合器来说没有摩擦片的结合分离过程，摩擦片无滑摩，也就谈不上磨损元素的浓度变化。这两种磨合试验方案有一定参考价值，但不完善。

针对5号综合传动装置，制定了如表3-9所示的逐级加载、改变转速、固定挡位的负载磨合试验方法。

表3-9 C3A型综合传动装置负载磨合试验方法2

编号	磨合负载/%	转速/(r·min⁻¹)	挡位	换挡间隔/min	取样间隔/min	磨合时间/min
5号	55 70 85 100	1 993 2 061 2 075 2 053	3	—	30~40	490

通过各个元素浓度变化可知，C3A型综合传动装置3挡负载磨合120 min

后基本达到磨合效果。综合传动装置负载磨合过程光谱分析结果显示，各台综合传动装置磨损元素浓度变化规律性较强，不同试验对象相同元素浓度值变化规律一致，其结果为综合传动装置负载磨损状态监测提供了判定依据。

（二）试验设计

磨合试验遵循负载扭矩从小到大，挡位由高到低的原则，首先开展 25% 负载磨合试验，依次为最高挡、次高挡直到倒挡；然后进行 50% 负载磨合试验，仍按照上面的挡位循序开展；最后进行 75% 和 100% 负载磨合试验。对于各个挡位磨合转速一般选择 6~8 个点，每个点稳定运行 5 min 左右。

（三）试验数据分析（过于简单）

传动装置整机台架磨合试验需要记录的原始数据主要包括输入转速（n_I）、左输出转速（n_L）、右输出转速（n_R）、涡轮转速（n_T）、变速一排框架转速（n_B）、车速（n_V）、油门开度、输入扭矩（M_I）、左侧输出扭矩（M_L）、右侧输出扭矩（M_R）等。

3.2.5　耐久性试验

耐久性试验对应传动装置评价指标体系中的可靠性和耐久性评价指标。我国综合传动装置台架试验研究仍然处于探索阶段，虽然以大量的产品研发为基础，但是总体来说，目前的试验台以性能验证为主，可靠性试验与实车考核之间映射关系不明确。突出表现是，通过台架试验的产品在实车上经常无法通过试验；部分台架试验过程中暴露出的故障在实车上没有出现。分析其根本原因有 3 个：一是在于台架试验中所采用的载荷条件（设计载荷谱）与实车载荷条件（实车载荷谱）不同，如除了幅值外，不同应力的序列对耐久性的影响结果并不清晰等。二是台架在模拟产生载荷的过程中，由于模拟发动机动态扭矩（扭矩脉动、油门变化率等）、动力传动扭振匹配元件不同、台架支撑方式不同、加载设备模拟地面动态冲击载荷等方面均存在不足，导致动态冲击载荷差异大；当前传动装置的台架试验往往采用电机作为动力，由于发动机油门开度、调速特性、自身惯量等特性很难通过传动试验台上的电机等模拟出来，尤其是发动机由于多缸工作存在的扭转振动特性，往往是引发动力传动耐久性故障的动态载荷来源。三是由于台架试验主要是验证性试验，常常带有"出厂验收"或者"鉴定"性质，导致一些人为简化试验科目与内容、降低试验强度的做法。

耐久性试验的条件是有动力源，可以是发动机或者电机，动力源和综合传动之间需要布置转速转矩传感器，传动和加载单元之间也需要布置转速转矩传

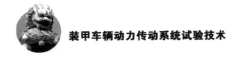

感器。

（一）影响因素分析

如果采用电机作为输入动力，要想达到与实车一致的疲劳损伤效果，必须遵循等效损伤的原则。通过疲劳损伤分析确定所加载的当量载荷对应的损伤值，是载荷谱编制的前提，而传动系载荷谱是车辆传动系及其零部件进行疲劳寿命试验的加载依据，进行载荷谱编制时需要估算载荷谱对被试件产生的损伤情况。根据载荷谱编制理论方法，在进行载荷谱编制时均值幅值的制订必须遵循损伤等效原则。针对齿轮、轴等零部件无论改变加载频率或者改变加载幅值均需遵循损伤不变的原则；针对整机的试验方案制订，无论增加加载频率或者增加加载幅值都应该根据台架加载设备的性能选择合适的加载扭矩特性，可以保证综合传动整机试验遵循齿轮和传动轴的损伤率同时达到的原则。只有基于等效损伤不变的原则，无论对整机还是对零部件所制订的耐久性试验方案才具有可信性。

（二）试验设计

1. 基于试验载荷谱的耐久性试验方案

（1）基于发动机驱动的台架耐久性试验方案。

如果台架试验的动力源是发动机，整机台架试验可以依据实车跑车载荷谱。首先获得被试件传动装置所匹配的履带车辆载荷数据样本，需要把该数据样本放大到相应的总设计里程。假定总设计里程为 10 000 km，根据统计结果的各挡里程占比，将相应的结果进行相应比例的放大即可。某传动装置的试验里程放大如表 3 – 10 所示。

表 3 – 10　设计里程分配

挡位	0	1	2	3	4	5	6
现有数据里程/km				83. 590 28			
各挡位现有实际里程/km	0	0.033 098 1	0. 197 03	1. 394 95	11. 127 7	43. 442 4	27. 395 1
各挡位里程占比/%	0	0.039 6	0. 235 7	1. 668 8	13. 312 2	51. 970 6	32. 773 1
总设计里程/km				10 000			
各挡位设计里程/km	0	3. 96	23. 57	166. 88	1 331. 22	5 197. 06	3 277. 31

各挡位试验谱制订。

根据以上的分析，对各个挡位进行损伤计算和 10 000 km 的设计总里程的试验谱制订，具体的分析结果如下。

①5 挡试验谱。

为获得置信水平为 95%、10 000 km 设计目标的 5 挡位的 $T-n$ 结果（扭矩 – 循环周次），在此基础上，只需在损伤数相等的前提下制订台架试验计划即可。假设 5 挡位涉及的齿轮材料的 SN 曲线 $b=5$，则如上所述，损伤数为

$$\sum_{i=1} n_i T_i^b = 6.545\ 04 \times 10^{23} \qquad (3-22)$$

为了给试验谱选择合适的扭矩，如图 3 – 79、图 3 – 80 所示，通过旋转直方图计数给出了部分代表性样本数据的总累积损伤分布图。可以看到，5 挡位运行时载荷比较平稳，因此，在 2 000 N·m 扭矩水平上进行台架试验，在此基础上，在损伤数等效的约束下，确定在 2 000 N·m 需要旋转 20 453 237 周次，如表 3 – 11 所示。

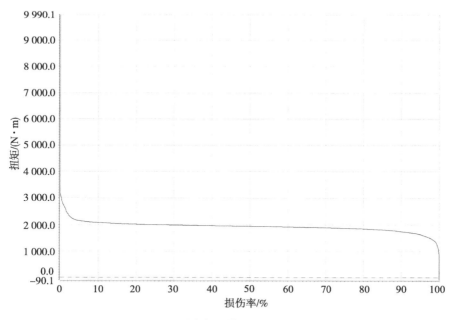

图 3 – 79　样本数据的总累积损伤直方图

对数据样本在 5 挡工作时对应的发动机转速数据进行幅值概率密度分布分析，如图 3 – 80 所示，得到发动机转速的幅值概率密度分布结果。可以看到，5 挡位时发动机转速最有可能出现在 2 200 r/min，因此，确定在 2 000 N·m 需要以 2 200 r/min 的发动机转速将试验持续 154 h 57 min，如表 3 – 11 所示。

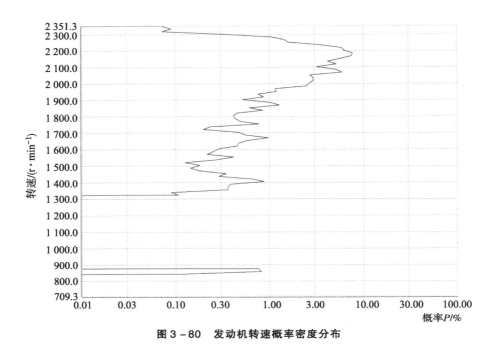

图 3 - 80   发动机转速概率密度分布

表 3 - 11   以 10 000 km 为 5 挡位设计总里程的试验谱

扭矩水平 /(N·m)	占总损伤百分比/%	损伤数	循环周次	试验转速 /(r·min⁻¹)	试验时间
2 000	100	$6.545\,04 \times 10^{23}$	20 453 237	2 200	154 h 57 min

②传动装置试验谱。

经过如上的数据处理，最终试验谱如表 3 - 12 所示，针对传动装置的试验谱，该方案对应轻型车在起伏路面上行驶 10 000 km 的设计里程。

表 3 - 12   某车在沙石路面上行驶 10 000 km 的传动装置试验谱

挡位	扭矩水平/(N·m)	试验转速/(r·min⁻¹)	试验时间
1 挡	1 000	800	58 h 57 min
2 挡	1 400	1 850	272 h 33 min
3 挡	2 000	2 200	193 h 53 min
4 挡	2 000	2 000	144 h 42 min

挡位	扭矩水平/(N·m)	试验转速/(r·min⁻¹)	试验时间
5 挡	2 000	2 200	154 h 57 min
6 挡	2 000	2 100	86 h 8 min

（2）基于电机驱动的台架耐久性试验方案。

实车载荷损伤数和损伤率计算。

首先获得被试件在实车上跑车载荷数据，对于齿轮按照损伤数作为损伤情况的评价指标，对于轴类零件按照雨流计数的原则计算轴的损伤率。以电机作为驱动动力的台架整机耐久性试验必须构造出齿轮的损伤数和轴类零件的损伤率同时达到，才能达到损伤等效的效果。首先获得实车跑车数据，按照下属步骤构造耐久性试验方案。

①各挡位分割。

根据实车载荷数据，将扭矩、发动机转速、车速和油压信息等参数按照挡位进行分割，以便对于每个挡位制订台架试验方案。分割完成后各参数的变化规律如图 3－81、图 3－82 所示。

②按照转速区间分割。

按照挡位对实车载荷分割完成之后，每一个挡位再按照转速进行区间划分。现以 1 挡为例，按照 800～1 200 r/min、1 200～1 600 r/min、1 600～2 000 r/min、2 000～2 200 r/min、2 200～2 500 r/min 划分为 5 个区间，具体的分析结果如图 3－83 所示。

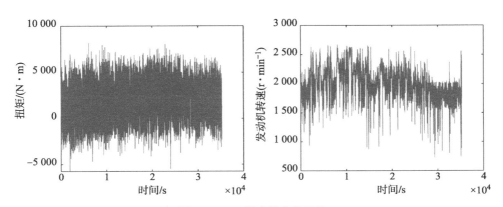

图 3－81　5 挡参数变化规律

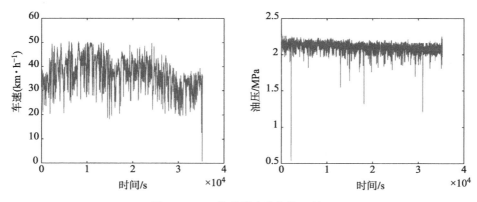

图 3-81　5 挡参数变化规律（续）

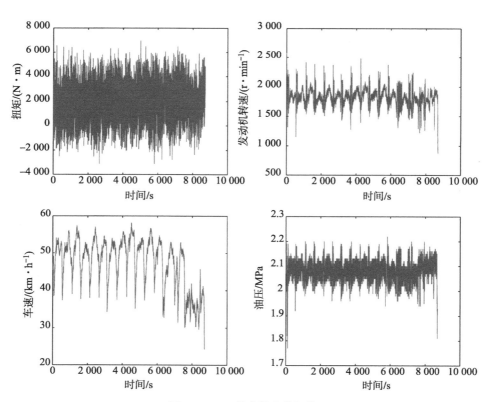

图 3-82　6 挡参数变化规律

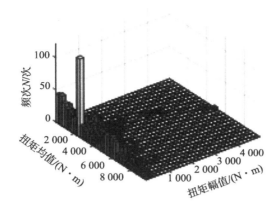

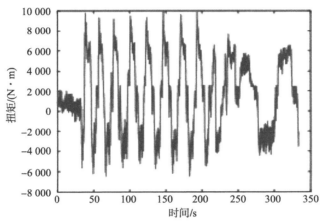

图 3 – 83　1 挡 2 200 ~ 2 500 r/min 区间载荷雨流图和扭矩变化规律图

③轴损伤率和齿轮损伤数计算。

对各挡位的载荷进行分割完成后，按照转速划分区间，对每一个挡位的轴的损伤率和齿轮的损伤数进行计算。如表 3 – 13 为 4 挡损伤计算结果。

表 3 – 13　4 挡损伤计算结果

挡位	转速区间/(r·min⁻¹)	800 ~ 1 200	1 200 ~ 1 600	1 600 ~ 2 000	2 000 ~ 2 200	2 200 ~ 2 600
4 挡	平均输入转速/(r·min⁻¹)	956	1 450	1 827	2 094	2 423
	时间/min	2	9	31	13	31
	扭矩均值/(N·m)	3 005	2 860	2 338	1 914	2 265
	轴损伤率	1.94E – 07	9.90E – 07	3.66E – 06	1.424E – 06	3.05E – 06
	齿轮损伤数	6.31E + 20	4.00E + 21	9.61E + 21	3.05E + 21	1.22E + 22

以各个挡位相应的转速区间的轴损伤率 D_{shaft} 和齿轮损伤数 D_{gear} 为约束条件，设计加载的载荷均值和幅值：

$$D_{shaft} = \sum_{j=1}^{k} \sum_{i=1}^{h} \frac{n_{ij}(s_a, s_m)}{N_{ij}(s_a, s_m)} \qquad (3-23)$$

$$D_{gear} = \sum_{i=1}^{m} n_i T_i^b \qquad (3-24)$$

如果按照前面所述的恒扭矩加载，那么在整机试验上就无法对轴进行有效考核。以下各种加载方案以 1 挡为例进行说明。

④恒扭矩加载试验方案。

方案 1：按照损伤计算的加载输入转速均值、扭矩均值为工况直接进行加载试验，可以计算出其等效加载时间，具体的试验加载数据和实施方案如表 3 - 14 所示。

表 3 - 14　1 挡恒扭矩台架加载试验方案 1

挡位	转速区间/(r·min⁻¹)	800 ~ 1 200	1 200 ~ 1 600	1 600 ~ 2 000	2 000 ~ 2 200
1 挡	加载输入转速/(r·min⁻¹)	978	1 396	1 781	2 114
	时间/min	28	7	4	1
	扭矩均值/(N·m)	1 628	1 584	1 079	512
	旋转周次	75 376	91 357	653 658	11 993 961
	等效加载时间/min	77	65	36	10

方案 2：按照加载输入转速取区间转速的平均值、增大加载输入扭矩工况进行加载试验，可以计算出其等效加载时间较方案 1 减少，具体的试验加载数据和实施方案如表 3 - 15 所示。

表 3 - 15　1 挡恒扭矩台架加载试验方案 2

挡位	转速区间/(r·min⁻¹)	800 ~ 1 200	1 200 ~ 1 600	1 600 ~ 2 000	2 000 ~ 2 200
1 挡	加载输入转速/(r·min⁻¹)	1 100	1 500	1 900	2 200
	时间/min	28	7	4	1
	扭矩均值/(N·m)	1 700	1 600	1 200	600
	旋转周次	60 710	86 880	384 195	5 426 955
	等效加载时间/min	55	58	202	8

方案3：按照加载输入转速取区间转速的平均值、加载输入扭矩增加10%为工况进行加载试验，可以计算出其等效加载时间较方案1和方案2都有所减少，具体的试验加载数据和实施方案如表3-16所示。

表3-16　1挡恒扭矩台架加载试验方案3

挡位	转速区间/(r·min⁻¹)	800~1 200	1 200~1 600	1 600~2 000	2 000~2 200
1挡	加载输入转速/(r·min⁻¹)	1 200	1 600	2 000	2 100
	时间/min	28	7	4	1
	扭矩均值/(N·m)	1 800	1 700	1 300	500
	旋转周次	45 619	64 161	257 479	13 504 000
	等效加载时间/min	38	40	20	10

⑤变幅值加载试验方案。

变幅值加载方案主要针对加载转速、加载扭矩的均值、幅值、频率等相关参数的变化及其组合开展研究，分别计算齿轮和轴的损伤情况，得到相关加载方案的规律。

方案1：按照损伤计算的加载输入转速、计算得到的载荷为基准，幅值变化为±100 N·m，频率为10 Hz的合成变幅值扭矩为工况进行加载试验，可以计算出其等效加载时间为75 min，所以增加加载幅值，齿轮损伤等效加载时间基本不变，轴损伤率大幅减小。具体的试验加载数据和实施方案如图3-84、表3-17所示。

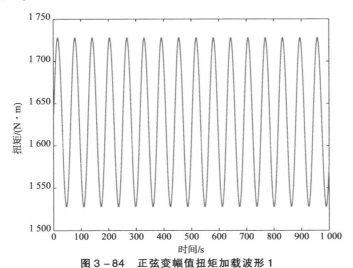

图3-84　正弦变幅值扭矩加载波形1

表 3 – 17   1 挡变幅值台架加载试验方案 1

挡位	转速区间/(r·min⁻¹)	800~1 200
1 挡	加载输入转速/(r·min⁻¹)	978
	时间/min	28
	扭矩均值/(N·m)	1 628 + 100sin (0.1t)
	旋转周次	75 376
	等效加载时间/min	75

方案 2：按照损伤计算的加载输入转速、计算得到的载荷为基准，幅值变化为 ±100 N·m，频率为 100 Hz 的合成变幅值扭矩为工况进行加载试验，可以计算出其等效加载时间为 75 min，所以增加加载频率，齿轮损伤等效加载时间基本不变，轴损伤率大幅减小。具体的试验加载数据和实施方案如图 3 – 85、表 3 – 18 所示。

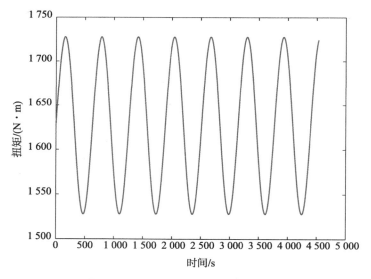

图 3 – 85   正弦变幅值扭矩加载波形 2

方案 3：按照损伤计算的加载输入转速、计算得到的载荷为基准，幅值变化为 ±200 N·m，频率为 10 Hz 的合成变幅值扭矩为工况进行加载试验，可以计算出其等效加载时间为 71 min，所以增加加载幅值，齿轮损伤等效加载时间基本不变，轴损伤率大幅减小。具体的试验加载数据和实施方案如图 3 – 86、表 3 – 19 所示。

表 3 - 18　1 挡变幅值台架加载试验方案 2

挡位	转速区间/(r · min⁻¹)	800 ~ 1 200
1 挡	加载输入转速/(r · min⁻¹)	978
	时间/min	28
	扭矩均值/(N · m)	$1\ 628 + 100\sin(0.01t)$
	旋转周次	75 376
	等效加载时间/min	75

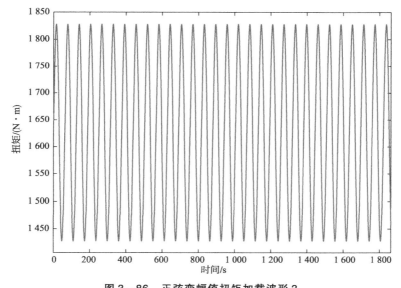

图 3 - 86　正弦变幅值扭矩加载波形 3

表 3 - 19　1 挡变幅值台架加载试验方案 3

挡位	转速区间/(r · min⁻¹)	800 ~ 1 200
1 挡	加载输入转速/(r · min⁻¹)	978
	时间/min	28
	扭矩均值/(N · m)	$1\ 628 + 200\sin(0.1t)$
	旋转周次	70 090
	等效加载时间/min	71
	轴损伤率	$1.92\text{E} - 06$
	等效轴损伤率	$7.51157\text{E} - 06$

方案 4：按照损伤计算的加载输入转速、计算得到的基准载荷增加 200 N·m，幅值变化为 ±200 N·m，频率为 10 Hz 的合成变幅值扭矩为工况进行加载试验，可以计算出其等效加载时间为 31 min，所以增加加载均值，齿轮损伤等效加载时间大幅减小，轴损伤率基本不变。具体的试验加载数据和实施方案如图 3−87、表 3−20 所示。

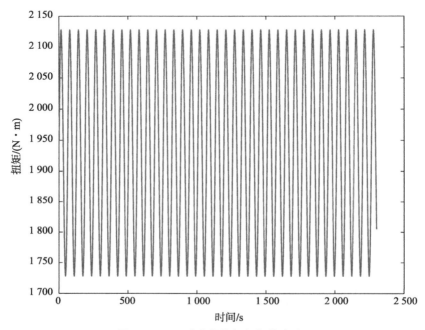

图 3−87　正弦变幅值扭矩加载波形 4

表 3−20　1 挡变幅值台架加载试验方案 4

挡位	转速区间/(r·min⁻¹)	800 ~ 1 200
1 挡	加载输入转速/(r·min⁻¹)	978
	时间/min	28
	扭矩均值/(N·m)	$1\,928 + 200\sin(0.1t)$
	旋转周次	30 155
	等效加载时间/min	31
	轴损伤率	1.92E − 06
	等效轴损伤率	7.68274E − 06

方案 5：按照损伤计算的加载输入转速为基准，幅值变化为 ± 200 r/min，频率 10 Hz、计算得到的均值扭矩为工况进行加载试验，可以计算得到等效加载时间为 33 min，所以加载输入转速为变工况循环条件，加载扭矩保持恒定，齿轮损伤等效加载时间变化较小，轴的等效损伤率为 0。具体的试验加载数据和实施方案如图 3 – 88、表 3 – 21 所示。

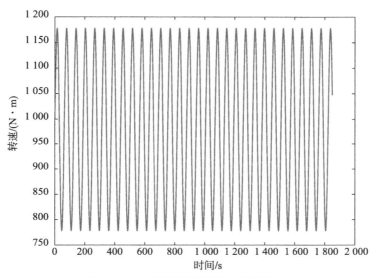

图 3 – 88 正弦变幅值转速加载波形 5

表 3 – 21 1 挡变幅值台架加载试验方案 5

挡位	转速区间/(r·min⁻¹)	800 ~ 1 200
1 挡	加载输入转速/(r·min⁻¹)	$978 + 200\sin(0.1t)$
	时间/min	28
	扭矩均值/(N·m)	1 928
	旋转周次	32 341
	等效加载时间/min	33
	轴损伤率	$1.92E - 06$
	等效轴损伤率	0

方案 6：按照损伤计算的加载输入转速、计算得到的基准载荷增加 200 N·m，幅值变化为 ± 185 N·m，频率为 10 Hz 的合成变幅值扭矩为工况进行加载试验，可以计算出其等效加载时间为 31 min，所以增加加载幅值，轴

损伤率增加，齿轮损伤等效加载时间可以保证齿轮和轴损伤同时达到。具体的试验加载数据和实施方案如表 3 – 22 所示。

表 3 – 22 1 挡变幅值台架加载试验方案 6

挡位	转速区间/(r·min^{-1})	800 ~ 1 200
1 挡	加载输入转速/(r·min^{-1})	978
	时间/min	28
	扭矩均值/(N·m)	$1\,928 + 185\sin(0.1t)$
	旋转周次	30 155
	等效加载时间/min	31
	轴损伤率	1.92E – 06
	等效轴损伤率	1.92E – 06

方案 7：按照损伤计算的加载输入转速、计算得到的基准载荷增加 200 N·m，幅值变化为 ± 100 N·m，频率为 0.111 Hz 的合成变幅值扭矩为工况进行加载试验，可以计算出其等效加载时间为 32 min，所以增加加载频率，轴损伤率增加，齿轮损伤等效加载时间也可以保证齿轮和轴损伤同时达到。具体的试验加载数据和实施方案如表 3 – 23 所示。

表 3 – 23 1 挡变幅值台架加载试验方案 7

挡位	转速区间/(r·min^{-1})	800 ~ 1 200
1 挡	加载输入转速/(r·min^{-1})	978
	时间/min	28
	扭矩均值/(N·m)	$1\,928 + 100\sin(9t)$
	旋转周次	31 296
	等效加载时间/min	32
	轴损伤率	1.92E – 06
	等效轴损伤率	1.92E – 06

对齿轮损伤而言，改变加载频率或者改变加载幅值均对齿轮总的损伤数影响较小。增加加载频率或者增加加载幅值会提高轴的损伤率，根据台架加载设备的性能选择合适的加载扭矩特性，可以保证综合传动整机试验，齿轮和传动轴的损伤率同时达到，为耐久性试验方案的合力制订奠定了基础。

从上述研究发现，等效加载时间主要是由齿轮的当量损伤数为约束条件决定的，加载的均值越大，等效时间越短。在相同的加载时间内，通过改变加载的幅值和频率可以改变轴的损伤率，加载幅值越大，加载频率越高，轴的损伤率就越大。

2．基于试验工况统计的耐久性试验方案

耐久性试验按照 GJB 5386—2005《装甲车辆传动装置通用规范》《综合传动装置制造与验收规范》对综合传动装置的耐久性指标进行试验验证。

（1）直线行驶载荷工况设计。

根据 GJB 59.62—1996 的要求，履带车辆要求完成沙石路 3 690 km 和起伏路 2 310 km 的行驶试验，根据沙石路和起伏路负荷进行计算，并结合试车数据进行统计分析，车辆工作在 75% 负荷以下，以此为标准，分为 50%、75% 和 100%，根据试车的统计情况按照 32%、48% 和 20% 分配时间比例，试验时间为 361.25 h，试验里程统计为 10 028.76 km。如图 3-89 所示为试验负荷和试车统计负荷对比情况。

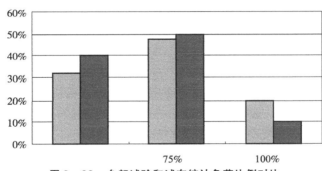

图 3-89　台架试验和试车统计负荷比例对比

（2）循环工况设计。

加载试验（包含直驶和中心转向）操纵流程分为 A、B 两个循环过程。A 循环主要完成二、三、四、五、六挡的加载试验；B 循环主要完成一、倒一、倒二、中心转向挡的加载试验。

（3）转向工况设计。

按照每天行驶 100 km、每天出车两次、每次各中心转向 2 次，计算需时间 100 min。考虑到性能测试以及大半径转向需要，试验时间设置为 12.5 h（750 min），可以满足强度要求。

（4）自动控制工况设计。

采用自动换挡策略，设定路面载荷，按照自动加载和减载、自动变换挡位的方法进行试验，试验时间为 20 h。此项试验验证自动换挡策略的稳定性和软件可靠性。

试验全部完成后，直驶加载和换挡考核试验累计车辆当量总里程为 10 828.76 km。

（三）试验数据分析

传动装置整机台架耐久性试验原始数据记录表如表 3-24 所示。通过对耐久性试验运行过程的温度、压力、扭矩变化等参量进行分析，判断传动装置的运行状态，从而对试验效果进行评价。

表 3-24　传动装置整机台架耐久性试验原始数据记录表

序号	参数名称	代号	单位
1	传动输入转速 1（输入电机）	n_1	r/min
2	传动输入转速 2（辅助传动 Z45 处转速）	n_2	r/min
3	传动输出转速（左侧）	n_L	r/min
4	传动输出转速（右侧）	n_R	r/min
5	变矩器涡轮转速	n_T	r/min
6	行星变速机构一排框架转速	n_B	r/min
7	车速（行星变速机构输出转速）	n_V	r/min
8	风扇转速	n_F	r/min
9	传动输入扭矩	M_1	N·m
10	传动输出扭矩（左侧）	M_L	N·m
11	传动输出扭矩（右侧）	M_R	N·m
12	操纵主压	P_Z	MPa
13	润滑压力	P_{ZR}	MPa
14	操纵件 C1 压力	P_{C1}	MPa
15	操纵件 C2 压力	P_{C2}	MPa
16	操纵件 C3 结合压力	P_{C3}	MPa
17	操纵件 C3 分离压力	P_{C3L}	MPa
18	操纵件 CL 压力	P_{CL}	MPa
19	操纵件 CH 结合压力	P_{CH}	MPa

序号	参数名称	代号	单位
20	操纵件 CH 分离压力	P_{CHL}	MPa
21	操纵件 CR 压力	P_{CR}	MPa
22	液力变矩器补偿压力	P_{TC}	MPa
23	液力变矩器闭锁压力	P_b	MPa
24	转向高压 1	P_{HSU1}	MPa
25	转向高压 2	P_{HSU2}	MPa
26	转向伺服压力	P_{PS}	MPa
27	转向补油压力	P_{PB}	MPa
28	散热器入口油温	T_{HE1}	℃
29	散热器出口油温	T_{HE2}	℃
30	散热流量	Q_{HE}	L/min

3.2.6　振动试验

振动试验对应传动装置评价指标体系中的适应性评价指标。通过开展传动装置在各种工况下各个测点的振动测试达到如下目的：

①典型工况下，获得相应测量位置的振动烈度、频谱等信息。

②典型工况下，获得输出端的扭振参数。

振动试验要具备振动测试传感器、线缆、振动数据处理软件。LMS 或者西门子的振动数据采集和处理装置具有较多的应用。振动传感器量程有 50 g、100 g、500 g 等多个量程，根据需要布置到不同的位置。

（一）影响因素分析

坦克传动装置机械本体主要由传动轴、轴承、直齿轮、锥齿轮、行星齿轮等多种齿轮传动形式及支架、壳体等支撑结构共同组成，啮合齿轮对与传动轴传递运动和动力，并通过轴承支撑在支架、壳体等支撑结构上。

传动系统在传递功率过程中，由于受载荷的作用，各零部件都会产生不同程度的变形，齿轮传动由于受系统变形、制造和安装误差、齿轮弹性变形及热变形等因素的影响，使实际齿轮传动在啮合过程中偏离理想啮合状态，产生冲击、振动和偏载，严重影响齿轮的接触强度、使用寿命，并使齿轮啮合的振动和噪声加剧。坦克车辆传动齿轮载荷域宽、载荷工况复杂、振动冲击频繁、散热环境差，齿轮实际工作环境更加恶劣，系统变形、制造和安装误差、齿轮弹性变形及热变形等因素导致的后果更加严重。

（二）试验设计

目前对于传动装置振动测试并没有行业标准。振动测点位置的确定可根据同类系统的经验，预测振动最激烈的位置或关键点作为本次试验的测点位置，如图 3 – 90 所示。

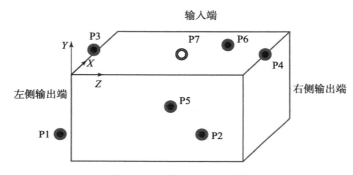

图 3 – 90　测点布置示意图

振动测试要求在结构轴承座或表面安装三向加速度传感器。振动测试工况一般选用机械和液力工况，针对各个挡位设定一定转速和负载进行测试，转速从怠速到发动机额定转速分为若干点，按传动装置所匹配发动机的净功率分为 50%、75%、100% 三个负荷组分别进行试验。特征工况振动试验采样频率设置为 12 800 Hz，每组数据采样长度约 30 s。

（三）试验数据分析

传动装置整机台架振动试验需要记录的原始数据主要包括挡位、解闭锁状态以及在该挡位下试验时所设定的转速和负载值。

振动数据一般处理成振动信号时域全程波形，如图 3 – 91 所示，得到 RMS 值、峰峰值等；绘制频谱图，如图 3 – 92 所示，得到特征频率；处理振动数据得到各个转速下不同测点的振动能量分布，如图 3 – 93 所示；开展不同转速下各测点频谱、包络、倒频谱分析，如图 3 – 94 所示；开展典型转速下典型测点谱平均分析，如图 3 – 95 所示。

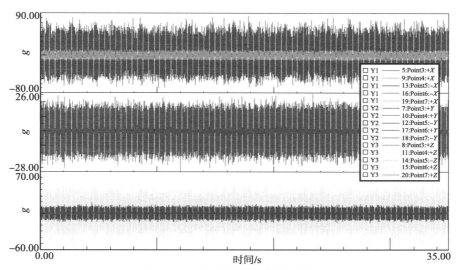

图 3 – 91　振动信号时域全程波形

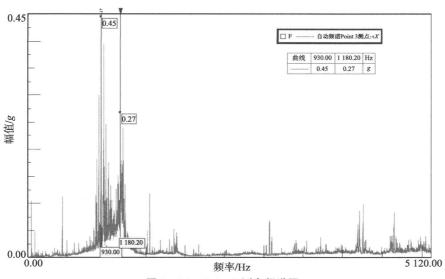

图 3 – 92　Point 3 测点频谱图

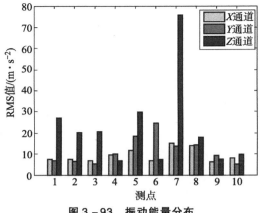

图 3-93 振动能量分布

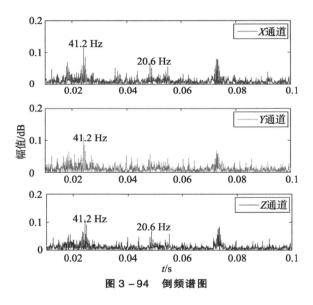

图 3-94 倒频谱图

3.2.7 噪声试验

噪声试验对应传动装置评价指标体系中的适应性评价指标。车内噪声的量级反应相关部件的振动水平，强烈的振动会降低零部件的可靠性及寿命，而且大量研究表明，车内过高的噪声会损害乘员的听力，使乘员产生头痛、脑涨、耳鸣等一系列疾病，从而使驾驶员反应迟钝、面对危险不能完成正确的操作和射击任务，在战场上面临很大的危险。因此，为了提高坦克装甲车辆的作战效能，必须为乘员提供一个比较舒适的环境，使乘员保持充沛的精力，反应灵敏。但是目前我国生产和装备的坦克装甲车辆内部噪声污染严重，车内的噪声

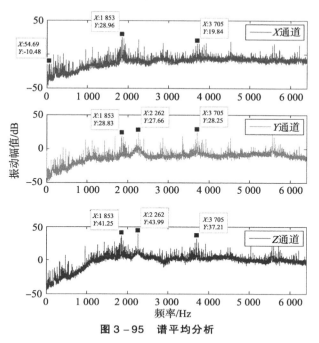

图 3 – 95　谱平均分析

高达 114.4 dB。各型车辆在土质路面上行驶时，不同挡位下驾驶员位置的噪声声级见表 3 – 25。

表 3 –25　不同车型不同挡位匀速行驶驾驶员位置噪声级　　　　dB

车型	挡位				
	1 挡	2 挡	3 挡	4 挡	5 挡
80 式主战坦克	103.3	105.0	107.3	109.2	112.3
59 式中型坦克	104.8	107.0	113.0	116.0	120.0
62 式轻型坦克	—	106.0	109.0	114.0	120.0
63 式水陆坦克	—	—	109.0	104.0	108.0
63 式履带装甲车	106.5	108.4	112.0	116.0	119.5

　　在没有人员直接语音交流时，美国装甲车辆的噪声量级限制在 108 dB。可以看出我国坦克装甲车辆在噪声控制上与美国还有很大差距。因此，研究传动装置的振动和噪声对于降低我国装甲车辆噪声量级具有非常重要的意义。传动噪声试验研究一般借助先进的测试手段，包括声强测量法、激光测振法、近场声全息和波束成形等方法。其中声强测试技术是目前在变速箱噪声研究中应用最为广泛的声学测量新技术。声强是矢量，具有很强的方向性，因此测量环境

对声强测量影响不大。与声压测量相比，声强测量的适用范围更广，被广泛地应用到声功率测量、声源定位、隔声量测量等方面。

通过开展传动装置噪声试验得到典型工况下传动系统的噪声声压级，得到典型工况下一个测量表面的噪声源定位和该功率级。

开展噪声试验需要具备噪声测试传感器、噪声处理软件。背景噪声尽量小，最好具有专门的噪声测试试验室。

（一）影响因素分析

声波是一种在弹性介质中以一定特征速度传播的机械波，它是运动能量在介质中的传递。这种波动存在的必要性是：介质必须具备一定的惯性和弹性。噪声是声波的一种，具有声波的一切特征。从声学的观点看，噪声是指声强和频率的变化都无规律、杂乱无章的声音。传动装置作为坦克装甲车辆的关键部件，结构组成复杂，除了包含箱体、轴承、齿轮、轴等结构部件，内部还存在大量的润滑油。传动装置在工作时既产生结构噪声，又产生流动诱导噪声，其中以结构噪声为主。由于传动装置工作时所受的激励形式多种多样，从而增加了它辐射噪声产生机理的复杂性。噪声的级别一方面与激励形式密切相关，另一方面与传动装置的结构设计、加工精度、使用方式等密切相关。

（二）试验设计

对于噪声测试试验，首先进行测点布置。选取 2 个噪声测点，位于距传动装置 1 m 处，分别靠近左、右输出端，如图 3 – 96 所示。噪声测试的工况，包含挡位、变矩器状态、负载状态、输入转速等都与振动测试工况一样，噪声测试随着振动测试同时进行。

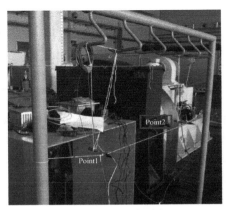

图 3 – 96　噪声测点

（三）试验数据分析

试验中需要记录噪声信号时域全程波形，如图 3 - 97 所示。

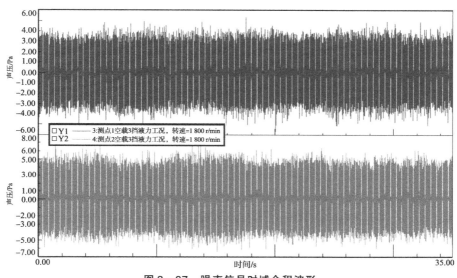

图 3 - 97　噪声信号时域全程波形

对测点的噪声信号进行 1/3 倍频程分析，如图 3 - 98 所示。对应上述两个测点的时域振动信号，A 计权声压级分别为 95. 68 dB（A）、98. 41 dB（A）。

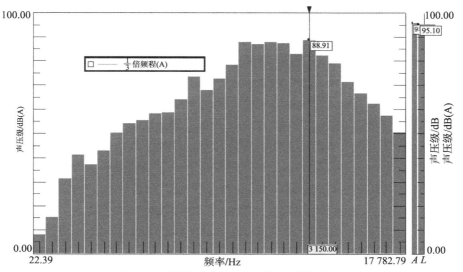

图 3 - 98　噪声测点 Point 1 的 1/3 倍频程谱

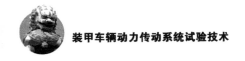

|3.3 动力传动系统试验设计|

动力传动试验可视为动力舱试验，也可以将整车作为搭载平台，在履带车辆综合性能试验平台上进行模拟行驶工况下整车性能等各项试验，代替实车在热区、寒区、高原等极限环境工况下的耐久性行驶试验，以节约试验时间和成本。动力舱试验可以模拟整车在水泥铺面路、起伏土路、砂石路等各种路面条件下（当量地面阻力系数为0.01~0.24）行驶。

相比单个系统的试验，动力舱试验的主要目的如下。

（1）准确模拟载荷条件，全面验证分系统设计。

虽然各单元可以通过各自的台架试验来验证设计的合理性，暴露产品的潜在缺陷，提高产品的可靠性水平，但是台架试验模拟的环境应力条件有限，不能准确模拟实际应力环境，与产品的实际工作环境还有一定的偏差。统计数据表明，故障隐患和产品的薄弱环节往往在系统集成和应用过程中才能被激发和暴露出来。特别是动力传动装置，动力和传动装置需要在一起工作，对各自来说才能是真实的环境。对于发动机，传动装置换挡过程中的动态载荷很难在发动机试验台上准确模拟出来；对于传动装置，发动机油门开度、调速特性、自身惯量等特性很难通过传动试验台上的电机等模拟出来，尤其是发动机由于多缸工作存在的扭转振动特性，往往是诱发动力传动故障的动态载荷来源。通过动力舱进行集成验证，能够很好地模拟系统工作条件下的各种动态激励、动力传动相互作用下的动态载荷，应力环境更加真实。再比如盖斯林格联轴器，单纯通过台架试验也无法准确模拟传动链路中的扭振情况，通过动力传动装置集成试验，可以确保传动装置中的关键零部件得到准确的验证，也是进行盖斯林格联轴器方案准确性验证的唯一途径。对于动力传动整体吊装总成，通过动力舱系统级试验，也可以模拟动力传动支承对振动、共振动态载荷的衰减性能。

（2）验证动力传动及辅助系统性能匹配设计的正确性及合理性。

通过动力舱试验系统地验证动力传动的性能和匹配设计。包括车辆自动换挡、动力传动协同控制、散热系统性能匹配和参数优化等。

①自动换挡。

以电机为动力的台架试验很难准确模拟自动换挡工况，需要在动力舱中进行试验。自动换挡是根据发动机转速、油门、车速以及载荷大小等参数进行自动控制的过程。其中，发动机调速特性、动力和传动信号响应（包含时延等）

都需要进行系统集成加以测试和验证。

　　除此之外，发动机惯量也是对自动换挡过程影响较大的参数，在传动试验台上，电机的惯量一般是实际发动机惯量的 2 倍以上，因此，需要在实际动力舱内准确模拟自动换挡过程的惯量和由此引起的动态冲击载荷等。

　　②动力传动协同控制。

　　为了降低换挡、油门突变等动力和传动装置过渡过程中引起的动态冲击，动力和传动之间需通过控制策略实现冲击载荷的柔性"缓冲"，从而抑制动态载荷。利用动力舱试验，可以验证动力传动控制策略的有效性和合理性。

　　③散热系统性能匹配和参数优化。

　　通过对散热系统的强化考核，为散热系统的参数优化匹配提供试验数据。此外，通过对散热器进行不同比例遮挡，以模拟在恶劣环境条件下散热器被石子、树枝、泥土等覆盖时，考核散热系统的极限工作情况。

　　（3）代替整车行驶试验，节约时间和成本。

　　如动力、传动装置及辅助系统分别通过各自的台架试验进行验证，则需要各自的台架模拟动力、模拟载荷，试验台架在耐久性试验过程中的可靠性也难以保证，台架损耗折旧和消耗的水、电、气等成本较大。各个单元一般仅具备一个试验台架，多台待试的产品需要串行安排试验，试验周期较长。

　　动力传动试验主要有：动力特性试验、扭振试验、联合制动试验、失速点试验及发动机和变矩器匹配试验。

　　动力传动系统试验，将动力装置、传动装置和辅助系统放在一起，充分检验各个分系统之间的匹配情况，尽早发现设计薄弱环节，进行改进。主要试验内容包括动力传动性能试验、环境适应性试验、动力传动热平衡试验和可靠性试验等。

3.3.1　动力传动性能试验

一、动力特性试验

　　装甲车辆整车动力性能的优劣，除了受发动机性能影响外，还和传动比、传动效率、整车质量、行驶阻力、换挡规律等参数有密切的关系，它们对车辆动力性能的影响程度各不相同，研究车辆结构参数、环境参数和换挡规律对车辆动力性能的影响，可以明确哪些参数对动力性影响较为显著，这样在新型号设计时，就可以较快地改善那些灵敏度较大的参数，以便提出一个动力性改进的最佳方案。同时，对于一些影响较小的参数，设计时可以有较灵活的安排。

　　动力特性试验的主要目的是测试动力传动装置在不同油门开度和不同挡位

条件下，动力传动输出的动力因数和动态特性，获得最大车速、加速时间和最大爬坡度等。

动力特性试验的条件是传动输出能够进行加载，能够测量传动输出的转速、扭矩等信号。

（一）影响因素分析

动力传动输出动力的大小与整车的方案密切相关。

1. 整车质量对动力性参数的影响

在一定范围内改变整车质量，从原质量30 t上下浮动（变化范围是2.9 ~ 3.9 t），得到动力性指标的变化规律，如图3 - 99所示。

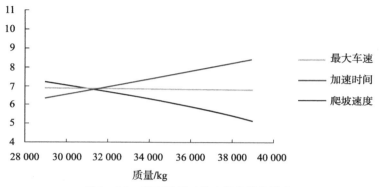

图3 - 99　整车质量对动力性参数的影响

改变整车质量对最大车速影响不显著，最大车速只随着质量的增加有少量下降。造成这个结果的原因在于地面阻力随着整车质量的增加而增加，使得最高挡的动力曲线与阻力曲线交点左移，而最高挡动力曲线和阻力曲线的交点在发动机的调速特性曲线上，所以当阻力增大时转速下降很少，故最大车速仅仅随着整车质量的增加有少量变化，实际上此时车辆的负荷率增加显著。最大车速可以认为是对质量不敏感的性能指标，质量增加10 t之后，最大车速仅从68.8 km/h变为67.9 km/h。如果继续增加车重，到40 t以上，则最大车速下降较为明显，因为动力曲线和阻力曲线的交点已经不在发动机的调速特性曲线上，但是此时车辆后备功率较小，不利于行驶，故在进行车辆设计时，不会设置较小的发动机带动较大的车重。

改变整车质量对0 ~ 32 km/h加速时间影响较为显著，车辆质量从29 t增加到39 t，加速时间从6.315 s增加到8.45 s，基本上为线性变化，相关系数为0.999 0。实际上，车辆在加速过程中克服的主要阻力为加速阻力和滚动阻力，其中滚动阻力与整车质量成正比；加速阻力中的旋转质量与整车质量无关。平移质量即为整车质量，故整车质量的增加直接影响了加速时间。

改变整车质量对爬60%坡的速度影响较为显著，且基本上可以认为爬坡速度随整车质量的增加线性下降，相关系数为0.992 8。爬坡时车辆阻力主要是重力在坡度方向的分力，与整车质量成正比，故随着质量增加，爬坡速度单调下降。

综上，整车质量对动力性影响很大，爬坡速度和加速时间随质量的增加线性变化，最大车速变化较小。在设计车辆的过程中，要充分控制车辆的整车质量，不然车辆将不能达到预期的动力性指标。

2. 传动效率对动力性参数的影响

将原有的车辆传动系效率乘以一个0.9～1.1的系数，称为效率增加系数，即令传动效率在减小10%到增加10%的范围内变化。动力性指标随传动效率的变化规律如图3－100所示。传动效率的增加意味着动力的增加，传动效率对动力性参数的影响也呈线性变化。

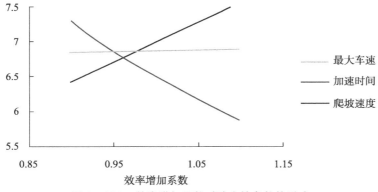

图3－100　效率增加系数对动力性参数的影响

传动效率对最大车速的影响可以忽略，动力特性线与阻力特性线的交点在发动机的调速段，效率对这条线的影响很小，而对阻力特性线无影响，故最大车速只从68.5 km/h增加到68.9 km/h，可认为无明显变化。

传动效率对加速时间的影响较为显著，随效率的增加，加速时间从7.300 s降低到5.885 s。加速时间随效率的增加而线性减小，相关系数为0.997 7。传动效率的增加使得动力增加，于是加速时间得以减小。

传动效率的增加对爬坡速度的影响也较大，随着效率的增加，爬坡速度从6.43 km/h增加到7.58 km/h。爬坡速度随效率的增加而线性增加，相关系数为0.999 7。传动效率的增加使得动力增加，于是爬坡速度得以增大。

3. 侧传动比对动力性参数的影响

在一定范围内改变车辆侧传动比，从原侧传动比4上下浮动（变化范围是

3～4.1），得到动力性指标的变化规律如图 3－101 所示。

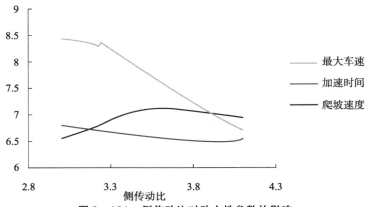

图 3－101　侧传动比对动力性参数的影响

　　侧传动比对最大车速的影响很大，随着侧传动比的增大，最大车速从 84.4 km/h 减小到 55.3 km/h。最大车速基本随着侧传动比的增大线性减小，相关系数为 0.996 0。侧传动比可以改变车辆速度范围，也即改变了最大车速。

　　侧传动比对加速时间的影响不呈线性规律，在侧传动比较小时，车辆传动比较小，加速时间略长，但是时间的增长是不明显的，从侧传动比为 4 到侧传动比为 3，加速时间只增加了 0.3 s，主要原因是车辆加速过程中液力变矩器作用非常明显，加速时如果变速箱的传动比不够大，液力变矩器的自适应性会使得系统的传动比保持较大值，加速度值变化不明显，从而使得加速时间增加不明显。但是如果车辆质量增加一个较大的值，由前面的分析可知，车辆的加速时间会有非常明显的变化，增加不超过 2 000 kg 的车重，车辆加速时间即增加 0.3 s。

　　侧传动比对爬坡速度的影响没有明显的规律。

　　4. 地面滚动阻力系数对动力性参数的影响

　　在一定范围内改变地面滚动阻力系数，从原滚动阻力系数 0.05 上下浮动（变化范围是 0.03～0.07），得到动力性指标的变化规律如图 3－102 所示。

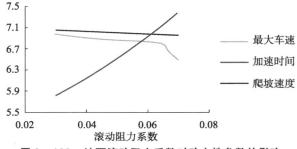

图 3－102　地面滚动阻力系数对动力性参数的影响

改变地面滚动阻力系数对最大车速影响较为显著。地面滚动阻力系数小于 0.065 时，最大车速基本呈线性变化，相关系数为 0.989 7，且变化较平缓；地面滚动阻力系数大于 0.065 时，最大车速也基本呈线性变化，相关系数为 0.992 2，但是变化较为剧烈。造成变化曲线分成两段的原因是：滚动阻力系数较小时，最高挡动力曲线和阻力曲线的交点在外特性曲线的调速段，最高车速随着滚动阻力系数的增加而有少量降低；滚动阻力系数较大时，最高挡动力曲线和阻力曲线的交点在外特性曲线的非调速段上，最高车速随着滚动阻力系数的增加而有较显著的降低。从路面数据来看，普通路面的滚动阻力系数没有超过 0.06 的，所以平路上车辆的最高车速受滚动阻力系数的影响总体可认为呈线性变化，且变化不大，如滚动阻力系数从 0.03 增大到 0.065，最高车速仅仅从 69.7 km/h 变为 67.9 km/h。

改变地面滚动阻力系数对加速时间影响较为显著，因为在加速过程中，滚动阻力是一项主要的阻力，它的大小直接影响加速时间。加速时间基本随地面滚动阻力的增加而线性增加，相关系数为 0.997 8，随着滚动阻力系数的变化，加速时间从 5.82 s 增加到 7.375 s。

地面滚动阻力系数对爬 60% 坡速度的影响较小，因为在爬坡时主要克服的阻力是车辆重力在坡的方向的分力，地面阻力在总阻力中所占比例较小，故对爬坡速度的影响不大。

地面滚动阻力系数是一个环境和车辆共同决定的参数。已有的数据表明，车辆地面滚动阻力系数与履带特性有关，也与路面条件和车速有关，不同路面以及是否挂胶对滚动阻力系数的影响不同。车辆行动部件的好坏对动力性的影响不单表现在滚动阻力系数方面，实际上车辆悬挂的性能好坏不仅影响车辆的平顺性，还直接影响车辆的越野速度等动力性参数。

5. 空气阻力系数对动力性参数的影响

在一定范围内改变空气阻力系数，从原空气阻力系数 0.4 上下浮动（变化范围是 0.2 ~ 0.6），得到动力性指标的变化规律如图 3 - 103 所示。

空气阻力系数对 3 个动力性指标的影响都不大，原因是履带车辆的车速较低，空气阻力比起滚动阻力等其他阻力可以忽略不计，对车辆动力性产生的影响也可以忽略不计。

6. 车辆换挡规律对动力性的影响

换挡规律对最高车速和爬坡速度无影响。

换挡规律对加速时间有较大影响。对于 6 挡车辆，以 2 挡起步，加速到 32 km/h 要经历两次换挡过程。以下分析两次换挡过程的换挡时机对车辆动力性的影响。

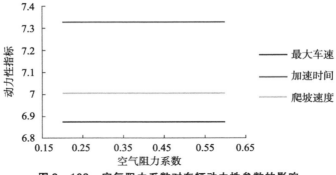

图 3 – 103　空气阻力系数对车辆动力性参数的影响

　　求解换挡点的方法如图 3 – 104 所示，计算车辆在液力工况的各挡加速度特性曲线，求得 2 挡和 3 挡加速曲线的交点即为 2 挡换 3 挡的换挡点，求得 3 挡和 4 挡加速曲线的交点即为 3 挡换 4 挡的换挡点（图中标出的点）。为了研究不同换挡点对加速时间的影响，对两个换挡点做正交试验设计，各取 11 个点，共取 121 个点，得到换挡点对加速时间的影响曲面如图 3 – 105 所示。将换挡点提前得到的加速时间与通过加速度交点得到的加速时间基本相同；但是如果将换挡点延后，加速时间则增加了约 0.6 s，原因是如果换挡速度较大，发动机工作点将接近调速段，输出功率减小，所以加速时间有较大幅度的增加。

　　由以上分析可知，换挡规律对加速过程有较为明显的影响。

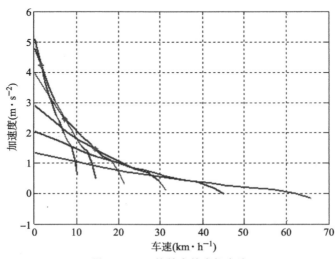

图 3 – 104　换挡点的求解方法

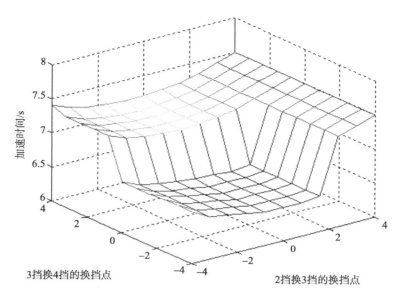

图 3－105　换挡规律对加速时间的影响

通过研究车辆结构参数、环境参数和换挡规律对车辆动力性能的影响规律，可知：整车质量对动力性影响很大，爬坡速度和加速时间随质量的增加线性变化，最大车速变化较小。传动效率对最大车速的影响较小，对加速时间影响较为显著，对爬坡速度影响也较大。侧传动比对最大车速的影响很大，对加速时间和爬坡速度的影响规律性不强；改变地面滚动阻力系数对最大车速和加速时间影响较为显著，对爬 60% 坡速度的影响较小；空气阻力系数对 3 个动力性指标的影响都不大。换挡规律对加速过程有较为明显的影响。

（二）试验设计

对于动力特性试验，可进行加速特性、最大车速、爬坡或者牵引特性试验，可以在台架试验上进行测试。传动输出配置整车惯量，传动两侧加载不同扭矩，模拟不同的路面阻力，通过设定各个挡位、发动机油门开度，达到平衡之后记录转速、扭矩、油门开度等数据可以得到动力传动系统输出动力特性曲线，得到最大车速、爬坡度、牵引特性等。对于加速特性，可以在模拟水泥路面阻力的条件下，按照自动换挡，通过控制发动机油门，得到加速特性数据。

（三）试验数据分析

动力传动装置整机台架动力特性试验需要记录的原始数据主要包括挡位

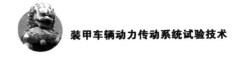
（G）、发动机转速（n_1）、油门开度、左输出转速（n_L）、左侧输出扭矩（M_L）、右输出转速（n_R）、右侧输出扭矩（M_R）、传动油温（T）、变矩器状态等。

二、动力传动扭振试验

动力传动扭振直接影响动力传动系统零部件的寿命，间接影响动力传动系统的可靠性评价指标。在车辆动力传动系统中，由于内燃式发动机燃气压力和惯性力矩呈周期性变化，这些力矩作用在发动机曲轴上形成激励力矩，这是产生扭振的外因；内因是动力传动轴系本身不但有惯性，而且有弹性，从而决定了其固有的扭振特性。因此，对于车辆动力传动系统而言，扭振是普遍存在的，只是轴系的差别和激励的不同，扭振的强弱程度不同而已。

动力传动扭振试验的主要目的是测试传动装置在不同发动机转速和不同负载条件下，传动各个测点的扭转角度幅值和动载的幅值。

动力传动扭振试验的条件是具有扭振测试装置，一般采用基于转速信号的非接触式测量。还需要旋转部件无线测扭装置，可以获得传递的扭矩。

（一）影响因素分析

扭振是以内燃机为动力的动力传动系统的固有属性，相比道路不平度、主动轮和履带的啮合、齿轮传递误差等激励，发动机带给传动系统的扭转振动相对较大，对传动系统相关零部件带来的影响也大。如果发动机和传动装置之间选择的弹性联轴器不合适，那么发动机激励就会给传动系统带来较大的动载荷，甚至发生共振，产生很大的附加扭振载荷，严重影响零件寿命。

试验前理论计算。

坦克的动力传动系统，包括发动机、液力机械综合传动装置和侧传动，该综合传动装置包括前传动、液力变矩器、变速机构、汇流排等。由于该动力传动系统的质量和弹性分布很不均匀，可将其简化成多自由度集中质量 – 弹性的离散化振动模型。建立模型时假设：扭振系统是线性的；忽略系统间隙；齿轮啮合为刚性连接；相互啮合的齿轮按传动比合并为一个质量，并以该啮合副的主动齿的中心线为质量集中点；转化遵循能量守恒的原则，转化前后系统的势能、动能和耗散能保持不变。扭振模型的建立分两步，先将实际系统按动力传递路线简化；然后按上述当量转换原则，将实际系统转化为当量系统模型。本实例的扭振计算模型如图 3 – 106 所示。

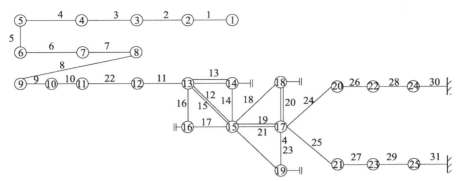

图 3 – 106　某坦克动力传动系统扭振计算模型

液力机械综合传动装置主轴在有无盖斯林格联轴器时所有谐次的动载荷曲线对比图如表 3 – 26 所示。

表 3 – 26　主轴动载荷幅值对比图

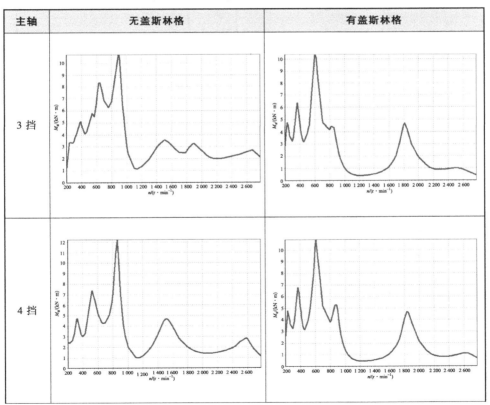

续表

主轴	无盖斯林格	有盖斯林格
5 挡		
6 挡		

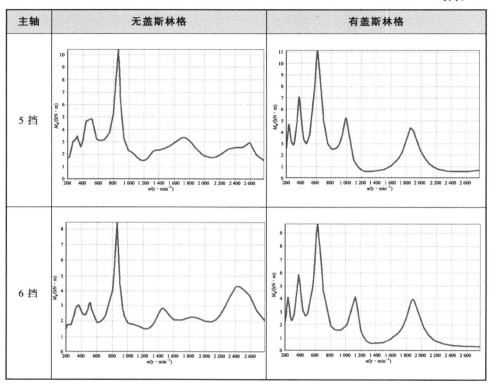

（二）试验设计

动力传动扭振试验目前没有行业标准参考，当前开展扭振试验最主要的目的是验证扭振模型的计算准确度，为传动装置的弹性联轴器选型提供依据，为传动装置各个零部件动载荷计算提供依据。扭振试验一般是利用传动装置的转速信号，如盖斯林格输入转速、前传动输入转速、变速主轴转速、涡轮轴转速等信号，通过对信号进行分析可以得到传动系统的扭振信息。扭振工况包含在手动模式下，以非常低的发动机转速变化率，在每个挡位下开展试验，目的是记录液力变矩器失速点工况、正常工作或一个气缸发生故障、斜坡（上、下坡）、中心转向、倒车、应急操作下行驶工况等。某动力传动系统振动试验测量示意图如图 3 - 107 所示。

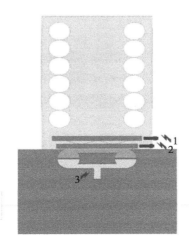

图 3 - 107　某动力传动系统振动试验测量示意图

1—联轴器输入转速；2—联轴器输出速度；3—变矩器输出扭矩

（三）试验数据分析

通过记录各种工况下的测点扭转角数据和扭矩数据，可以获得各种数据的时域曲线，得到最大值和稳态特征值。

图 3 - 108 和图 3 - 109 给出了联轴器在失速点时的正常扭转角和异常扭转角，对正常点火（图 3 - 108）和气缸 A1 缺火（图 3 - 109）两种情况进行了比较。

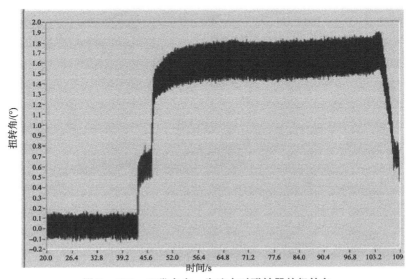

图 3 - 108　正常点火、失速点时联轴器的扭转角

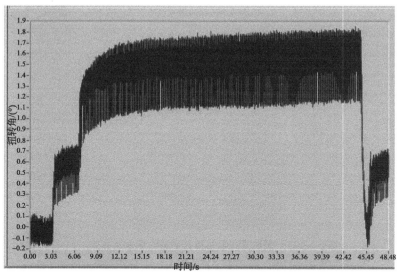

图 3 – 109　缺火、失速点时联轴器的扭转角

上述两图表明，在正常点火和缺火时，静负载是相同的。缺火时的振动扭转角约为正常点火时的 2 倍。但是，振动扭转角和静态扭转角的总和远没有达到联轴器的临界点。允许的持续扭转极限为 5.3°，而测量显示最大为 1.8°。

图 3 – 110 给出了车辆进行 540°中心转向时，扭矩和联轴器扭转角之间的对比关系。

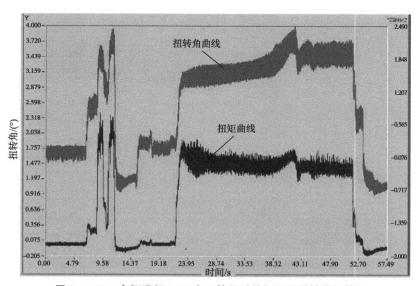

图 3 – 110　车辆进行 540°中心转向时的扭矩和联轴器扭转角

三、动力传动联合制动试验

动力传动联合制动性能与动力传动动力性评价指标相对应。重型高速履带车辆，其车重较大、行驶速度较高和特殊的安装使用环境，使得其制动系统的设计、使用具有很强的特殊性。

首先，需要承受较高的制动功率和相关热负荷。如主战坦克的质量一般会达到 50 ~ 70 t，最大行驶速度超过 70 km/h，制动的峰值功率甚至达到 7 000 kW，一次紧急制动的能量可达到 12 MJ。其次，主战坦克的制动装置安装在动力舱内，即需要制动装置工作在环境温度可能高达 120 ℃ 的动力舱中，而且需要在频繁制动产生较高热量累积后仍能正常工作。装甲车辆制动器还应满足在不小于 60% 以上坡度可靠驻车的要求。

为了满足以上要求，在采用液力机械综合传动装置的动力舱中，一般采用双侧高速机械制动＋液力缓速的液力机械联合制动的方式来满足行车制动、驻车制动和应急制动等需求，液力缓速器往往集成在液力机械综合传动装置内，而机械制动器可以与液力机械综合传动装置集成，也可以分立。

液力机械联合制动系统采用机械制动的比例控制，匹配液力缓速的恒扭矩控制，响应车辆制动指令的比例控制要求。两个分系统的扭矩匹配结果和液力缓速分系统试验扭矩特性如图 3 - 111（机械制动及机液联合）和图 3 - 112（液力缓速试验特性）所示，从图中可以看出，液力机械联合制动系统充分利用了机械制动和液力缓速制动扭矩的互补特性，液力缓速适时补充机械制动在制动过程中的有限扭矩衰退。

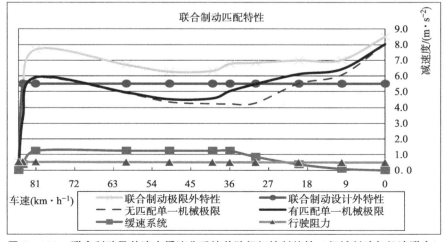

图 3 - 111　联合制动及其液力缓速分系统单独扭矩控制特性（机械制动与机液联合）

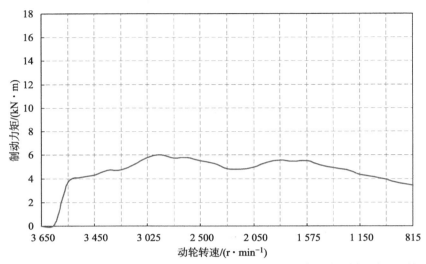

图 3-112 联合制动及其液力缓速分系统单独扭矩控制特性（液力缓速试验特性）

动力传动联合制动试验的主要目的是测试车辆在高速工况下制动，液力制动和机械制动匹配策略的合理性，得到不同车速制动时最大制动减速度、制动距离等。

动力传动联合制动试验需要传动输出和测功机之间加装机械制动装置，模拟车上机械制动器的工作，传动输出能够连接机械惯量模拟整车惯量。

（一）影响因素分析

驾驶员在接收了紧急制动信号后，制动踏板力、车辆制动减速度与制动时间的关系曲线如图 3-113 所示。

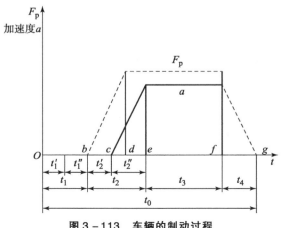

图 3-113 车辆的制动过程

驾驶员接到紧急停车信号时，并没有立即行动，而要经过 t_1' 后才意识到应进行紧急制动，并移动右脚，再经过 t_1'' 后才踩住制动踏板。从 O 点 b 点所经过的时间 $t_1 = t_1' + t_1''$ 称为驾驶员反应时间。这段时间一般为 $0.3 \sim 1$ s。在 b 点以后，随着驾驶员踩踏板的动作，踏板力迅速增大，至 d 点时达到最大值。不过由于制动系统产生制动力要经过 t_2' 即至 c 点，地面制动力才起作用使车辆开始产生减速度。由 c 点到 e 点是制动系统制动力增长过程，所需的时间为 t_2''，$t_2 = t_2' + t_2''$ 称为制动系统的作用时间。制动系统作用时间一方面取决于驾驶员踩踏板的速度，但主要受制动系统结构形式的影响。t_2 一般在 $0.2 \sim 0.9$ s 之间。由 e 到 f 为持续制动时间 t_3，其减速度基本不变。到 f 点时驾驶员松开踏板，但制动力的消除还需要一段时间，t_4 一般在 $0.2 \sim 1$ s 之间。这段时间过长会影响随后起步行驶的时间。

从制动的全过程来看，总共包括驾驶员见到信号后作出行动反应、制动系统起作用、持续制动和放松制动四个阶段。制动距离一般指从驾驶员开始踩着制动踏板到完全停车的距离。它包括制动系统起作用和持续制动两个阶段中车辆驶过的距离 s_2 和 s_3。

在制动系统起作用阶段，车辆驶过的距离 s_2 估算如下：

在 t_2' 时间内

$$s_2' = v_0 t_2' \tag{3-25}$$

式中，v_0 为起始制动车速。

在 t_2'' 时间内，制动减速度线性增长，即

$$\frac{\mathrm{d}v}{\mathrm{d}t} = kt \tag{3-26}$$

式中，$k = -\dfrac{a_{\max}}{t_2''}$，$a_{\max}$ 为最大制动减速度。

则 t_2'' 时间内，车辆行驶过的距离为

$$s_2'' = v_0 t_2'' - \frac{1}{6} a_{\max} t_2''^2 \tag{3-27}$$

因此，在 t_2 时间内的制动距离为

$$s_2 = s_2' + s_2'' = v_0 t_2' + v_0 t_2'' - \frac{1}{6} a_{\max} t_2''^2 \tag{3-28}$$

在持续制动阶段，车辆以 $a_{\max}$ 做匀减速运动，其初速度为：

$$v' = v_0 - \frac{1}{2} a_{\max} t_2'' \tag{3-29}$$

令车速为零，可求得车速从 v' 减为零的时间为 $t_3 = \dfrac{v_0}{a_{\max}} - \dfrac{t_2''}{2}$，故持续制动

阶段制动距离为：

$$s_3 = \frac{v_0^2}{2a_{max}} - \frac{v_0 t_2''}{2} + \frac{a_{max} t_2''^2}{8} \tag{3-30}$$

故总的制动距离为

$$s = s_2 + s_3 = \left(t_2' + \frac{t_2''}{2}\right)v_0 + \frac{v_0^2}{2a_{max}} - \frac{a_{max} t_2''^2}{24} \tag{3-31}$$

针对某动力传动系统，图 3 – 114 显示了液力缓速器和机械制动器共同工作的特性曲线。制动特性为恒扭矩输出，按照制动强度为 – 5 m/s² 作用到变速主轴上的制动扭矩恒为 15 500 N·m。在车辆低速阶段，液力缓速器制动效果较差，必须让机械制动器参与工作才能维持恒扭矩输出。而在车速大于 32.9 km/h 后，液力缓速器制动效果明显，可以通过改变液力缓速器的充油油量，从而保持恒扭矩输出。

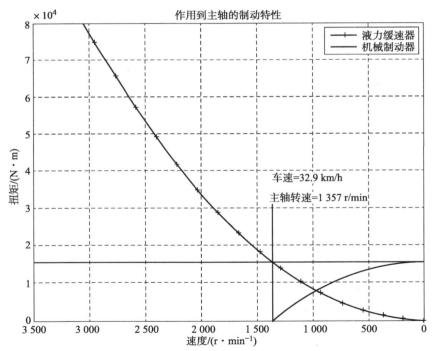

图 3 – 114　机液联合制动特性

图 3 – 115 为机械制动器输出特性。按照机液联合制动的策略，在制动强度为 – 5 m/s² 时，制动器必须能够提供 1.95 × 10⁴ N·m 的制动力矩。随着转速的升高，可以通过改变制动液压系统的油压，从而保证上述制动特性的实现。

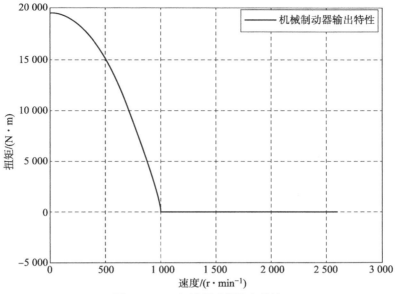

图3-115　机械制动器输出特性

图3-116 显示了制动减速度和制动器扭矩的关系。对于5种路面（水稻田、农村松软路、农村公路、水泥路、柏油路），制动减速度随着制动扭矩的增加而增加。对于水泥路面，当制动减速度为 5 m/s² 时的制动扭矩需求为 63.1 kN·m。

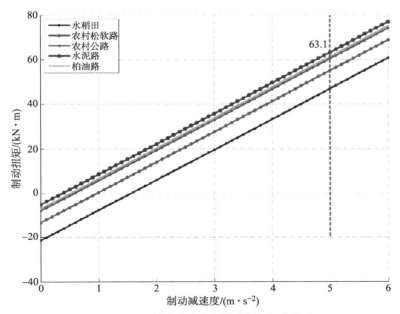

图3-116　制动减速度和制动器扭矩的关系

图 3 – 117 显示了驻车坡度和制动器扭矩的关系。对于 4 种路面（农村松软路、农村公路、水泥路、柏油路），制动扭矩随着驻车坡度的增加而增加。对于水泥路面，当驻车坡度分别为 32° 和 35° 时，对应的制动扭矩需求为 66.6 kN·m 和 72.6 kN·m。

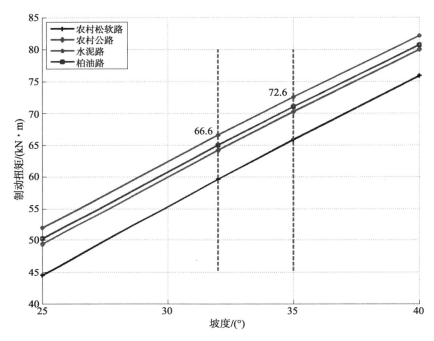

图 3 – 117　坡度和制动器扭矩的关系

图 3 – 118 显示了制动减速度为 5 m/s² 的紧急制动，制动时间和车速的关系。对于 3 种制动初速度（32 km/h、45 km/h、70 km/h），制动时间分别为 1.77 s、2.5 s、3.88 s。

图 3 – 119 显示了制动减速度为 5 m/s² 的紧急制动，制动距离和制动时间的关系。对于 3 种制动初速度（32 km/h、45 km/h、70 km/h），制动距离分别为 7.9 m、15.5 m、37.8 m。

图 3 – 120 显示了制动减速度为 5 m/s² 的紧急制动，制动车速和制动距离的关系。对于 3 种制动初速度（32 km/h、45 km/h、70 km/h），制动距离随着车速的减小逐渐增加，车速为 0 时的制动距离分别为 7.9 m、15.5 m、37.8 m。

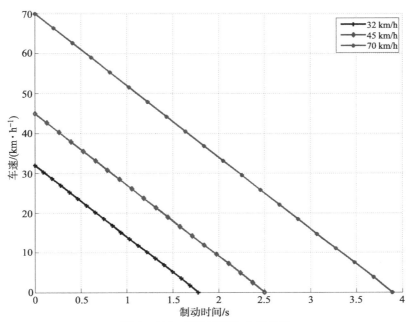

图 3 - 118　制动时间和车速关系

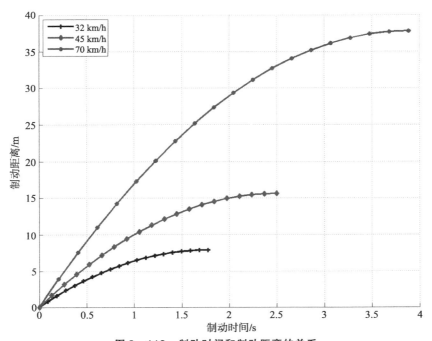

图 3 - 119　制动时间和制动距离的关系

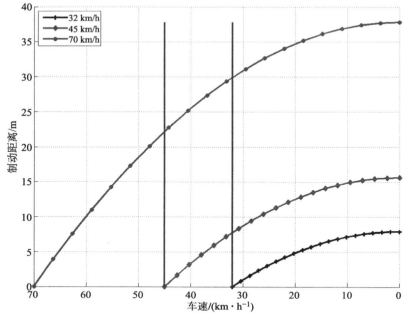

图 3 - 120　制动车速和制动距离的关系

（二）试验设计

对于联合制动试验，传动输出配置整车惯量，调节传动输出两侧空载。动力传动输出的当量车速分别设置若干点，然后控制制动踏板的行程快慢，得到两侧输出转速、扭矩等动态变化过程。

（三）试验数据分析

制动装置整机台架动力传动联合制动试验需要记录的原始数据主要包括制动扭矩、制动压力、液力减速器油压、制动器支撑体温度、制动初始车速、制动终车速、制动时间、制动距离等。

通过记录的数据绘制行车制动特性，如图 3 - 121 所示。绘制机液联合制动特性、制动减速度与制动器扭矩的关系、制动时间与车速的关系、制动时间与制动距离的关系、制动车速与制动距离的关系曲线。

四、动力传动失速点试验

动力传动失速点的匹配影响动力传动输出的最大力矩和起步性能，与动力传动动力性评价指标相对应。失速工况也称为制动工况，车辆可利用低速时大

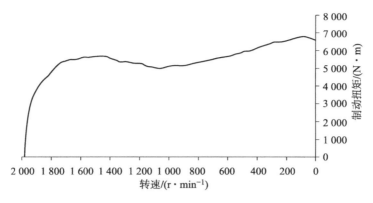

图 3 - 121　行车制动特性

变矩比获得大的输出转矩，进行爬坡。失速工况通常用来评价动力传动扭矩特性匹配的好坏。

动力传动失速点试验的主要目的是模拟车辆掉弹坑等极端工况下，传动输出的最大扭矩。

动力传动输出装置需要可靠制动，传动输出和制动装置之间具有转速转矩传感器。

（一）影响因素分析

动力传动失速点就是发动机外特性和液力变矩器传动比为 0 的力矩曲线的交点，影响因素与传动装置的前传动比、变矩器的循环圆直径 D、变矩器泵轮力矩系数密切相关。在这些影响因素中，液力变矩器的有效直径 D 和前传动比 I_q 对系统性能的影响相对显著，属于结构性因素；有效直径 D 与变矩器液力扭矩之间是 5 次方关系，它直接决定了所选择的系列化变矩器的型号。

（二）试验设计

对于失速点试验，传动输出制动，传动装置挂 1 挡，变矩器置于液力工况，缓慢踩下油门到最大，直到系统稳定，记录传动输出的扭矩、油温、传动输入转速、输入扭矩等信号。

（三）试验数据分析

在试验过程中记录发动机油门开度、发动机转速、输出扭矩曲线、发动机转速、油温等。通过对试验数据进行处理可有效评估变矩器失速工况对传动装置的影响，试验结果如果不满足爬坡等动力输出的需求，可以改变变矩器循环圆直径或者前传动比，重新开展试验，直到满足要求。

试验结果一般应注意以下要求：发动机怠速转速不能低于设计要求；通过传动比计算输出液力变矩器扭矩不小于发动机对应扭矩的 k 倍（变矩比）；发动机最大转速不低于最大扭矩转速点。

五、发动机和液力变矩器匹配试验

发动机和液力变矩器匹配试验与动力传动动力性评价指标相对应。发动机和液力变矩器匹配试验的主要目的是测试不同转速和油门开度的匹配特性。

装有液力变矩器的综合传动装置因有液力变矩器的自动适应性，使得综合传动装置具有低速大扭和自动适应地面阻力变化的能力。当变矩器涡轮负载过大时，变矩器从泵轮获得的转矩不足以克服阻力矩，涡轮会停止旋转，此时变矩器的变矩比最大。由于此时涡轮没有转速输出，变矩器的输入功率全部转化为热量，工作油温会急剧升高。

（一）影响因素分析

前传动比 I_q 可以调节柴油机输出特性在涡轮轴转速上的对应范围。当有效直径增大时，如 $D > D'$ 时，整个工作范围向左移动，反之向右移动，如图 3 - 122（a）所示，当柴油机与液力变矩器之间安装中间传动比以后，柴油机输出给变矩器的转速和扭矩都发生变化，当 $I_q > 1$ 时，柴油机输出扭矩增大，转速降低，当 $I_q < 1$ 时，输出扭矩降低，转速增加，如图 3 - 122（b）所示。

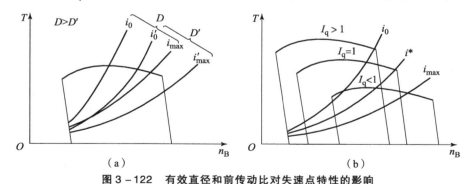

图 3 - 122 有效直径和前传动比对失速点特性的影响

（二）试验设计

对于发动机和变矩器匹配试验，采用油门/转速控制方式，调节柴油机油门，设定泵轮转速从 1 000 r/min 到 2 100 r/min 共计 9 个点，调节涡轮转速，每个设定工况稳定后记录 10 s 的数据，并取平均值，记录动力传动输出的扭矩、油温、泵轮转速、涡轮转速、发动机输出的转速和扭矩等信号。

（三）试验数据分析

根据试验数据绘制发动机和变矩器共同输出扭矩曲线。

其中最低稳定怠速为 $n_{h0}=0$，最大扭矩为 $T_{hmax}=T_{h0}$。其最高转速为 n_{hmax}，最低扭矩为 $T_{hmin}\approx0$。其额定功率点为 (n_{hP}, T_{hP})。从 (n_{h0}, T_{h0}) 到 (n_{hmax}, T_{hmin}) 的一条加载与卸载的扭矩平均值曲线相当于其外特性曲线，如图 3 – 123 所示。

绘制变矩器变矩比随泵轮转速和涡轮转速的变化规律和变矩器泵轮力矩系数随泵轮转速和涡轮转速的变化规律如图 3 – 124、图 3 – 125 所示。

3.3.2　环境适应性试验

环境适应性试验对应动力传动系统适应性评价指标。对于动力传动系统环境适应性试验，主要开展低温冷起动试验和高原起步模拟。

一、低温冷起动试验

起动性能是车辆的一项非常重要的评价指标，常用来评价整车的动力性能。由于液力机械综合传动装置目前已广泛应用于军用车辆，研究其对车辆低温起动性能的影响，并提出有针对性的试验方法，对评价车辆起动性能十分重要。

低温冷起动试验的主要目的是获得不同温度条件下，传动装置的起动扭矩峰值以及动态变化曲线。

低温冷起动试验在环境试验室进行，验证其在 – 35 ℃、– 39 ℃和 – 43 ℃下的起动性能；同时通过监测传动装置油温变化，验证传动装置加温板加温能力；通过监测起动时电流、电压及发动机转速变化，验证起动电机起动能力。

（一）影响因素分析

就车辆起动过程而言，综合传动装置具有两个特点。一是动力换挡。车辆起动过程中处于空挡状态，方向盘置于零位，变速和转向分路无功率输出。但由于传动系统为自动变速，没有主离合器将动力中断，属于动力换挡。因此，在车辆起动过程中无法将发动机输出的功率流分隔，发动机需要带动液力变矩器泵轮工作。二是其他直连部件存在功率消耗。设计中为了保证系统的正常工作，一般将与挡位无关、影响系统性能的部件和发动机直连，如综合传动装置的液压系统油泵、转向机构用的液压泵、风扇传动主动部分等，因此，当发动机起动、运转过程中，与其直连的部件均同步工作。

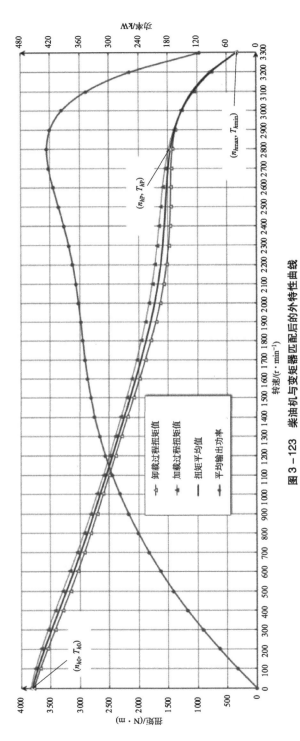

图 3 -123　柴油机与变矩器匹配后的外特性曲线

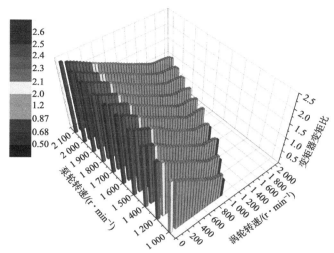

图 3-124　变矩器变矩比随泵轮转速和涡轮转速的变化规律

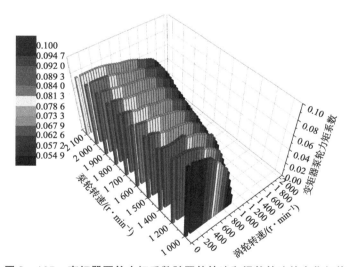

图 3-125　变矩器泵轮力矩系数随泵轮转速和涡轮转速的变化规律

综上所述，与传统机械挡变速车辆相比，装有液力机械综合传动装置的车辆在起动过程中，发动机除了需带动自身辅助系统工作外，还需要带动传动系统的一系列部件同步工作，增加了起动难度。因此，需要系统梳理综合传动装置内部影响车辆起动过程的相关部件，对其起动扭矩进行测试，以确定采取相应改进措施。为了确保动力传动系统低温起动的成功率，有以下影响因素：蓄电池电量是否足够；传动装置是否有水加温装置和泄荷阀；是否有空气燃油加温装置；冷起动时电源分配策略是否可行；冷起动操作规范是否能落实到使用维护说明书中。

（二）试验设计

台架试验方案如图 3 – 126 所示。试验分为稳态试验和动态试验两种。两种试验均在台架上进行。稳态试验主要是以传动部件为测试对象，测试发动机稳态工作条件下传动系统各直连部件的功率消耗值，实际操作时通过测试传动部件输入扭矩将其换算为发动机输出端的扭矩值。动态试验主要是以整个综合传动装置为试验对象，通过模拟发动机起动过程中的转速变化情况，测试传动系统输入扭矩的变化历程，而后读取其瞬态峰值和稳态均值。

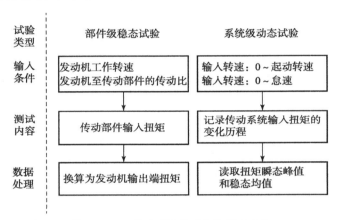

图 3 – 126　传动系统起动扭矩试验方案

1. 稳态试验方案

对综合传动装置各部件起动扭矩进行稳态测试，要从以下两个方面入手：

第一，确定发动机起动时被试部件的工作状态。

对于风扇传动机构而言，需要确定液黏离合器的工作状态。发动机工作过程中，液黏离合器分为分离、滑摩和结合三种工作状态。按照预定控制策略，当发动机冷却液温度较低时，风扇处于停止状态，液黏离合器为分离状态；当发动机冷却液温度上升到一定程度后，液黏离合器进入滑摩状态，风扇以中速运行；当发动机冷却液温度继续上升到另一设定温度后，风扇进入高速运转工况，液黏离合器处于完全结合状态。显然，液黏离合器的后两种工作状态与风扇负载相关，仅第一种状态与负载无关。一般情况下，发动机起动是指其冷态起动，这时冷却液温度一般达不到风扇工作的温度下限，因此研究液黏离合器对发动机起动的影响程度主要是测试其分离状态下的工作扭矩，即带排扭矩。

对于液力变矩器而言，其工作状态分为两种。第一种是带载状态，由于输出端的载荷作用，变矩器处于调速过程，速比不同其扭矩不同。第二种是空转状态，即后端变速机构空挡，液力变矩器涡轮轴无功率输出，仅为克服自身功率损失的空转扭矩。在发动机起动过程中，液力变矩器处于第二种工作状态，但是由于空转状态下液力变矩器内油量不确定，此时扭矩测量难度较大。为此，在台架上对其全充油状态进行扭矩测定试验。

对于辅助油泵和转向泵而言，其工作方式比较单一，均通过齿轮对与发动机直连。

第二，确定发动机起动时被试部件的工作转速。

发动机完成起动并稳态工作时，其转速一般为 800 r/min。但由于发动机输出端与被试部件之间通过一组或多组齿轮对进行功率传递，需根据传动比计算出被试部件的工作转速。

2. 动态试验方案

（1）发动机起动过程描述。

发动机起动过程分为两个阶段，第一阶段是起动电机带动发动机飞轮旋转并达到一定转速，使得在压缩终点缸内达到燃油自燃发火的温度，这个转速称为发动机的起动转速。第二阶段是发动机转速达到起动转速后，发动机各缸开始燃烧做功，通过克服发动机辅助系统和传动系统阻力，其转速持续上升，并在怠速状态达到平衡。发动机起动过程示意图如图 3-127 所示。以此为依据，结合试验条件，确定起动过程中传动系统扭矩测定试验方案。

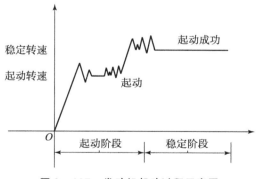

图 3-127　发动机起动过程示意图

（2）动态试验方案确定。

动力传动设备试验一般采用交流电机作为驱动装置，负载可选用水力测功机、电涡流测功机、磁粉制动器、液压加载器、机械加载器、直流电机或交流电机。本次试验采用交流电机为动力源和加载设备，并根据整车重量配置相应的转动惯量。试验分两种工况进行：第一种是电机提速工况，即空挡状态下起动电机输入转速由 0 匀速上升至 200 r/min，持续时间为 5 s；第二种是发动机自行起动工况，即空挡状态下输入转速由 0 匀速上升至 800 r/min，持续时间为 5 s。在台架试验条件下，分别进行传动油温在 17 ℃、30 ℃、50 ℃、100 ℃四种状态下的综合传动装置起动扭矩测试。

（三）试验数据分析

低温起动试验一般需要记录在传动油温为 17 ℃、30 ℃、50 ℃、100 ℃四种状态时电机提速工况和发动机自行起动工况下的起动扭矩的瞬态峰值和稳态均值。

二、高原环境起步性能试验

对于全域机动车辆而言，高海拔环境下的使用条件和环境状况相对于平原地区有很大差异，对车辆的机动性会产生较大影响。作为影响车辆快速机动能力的一项重要指标，车辆起步性能与车辆所处的环境条件有直接关系。科学分析高海拔环境车辆起步性能的影响因素，制定有针对性的高原环境条件下的起步性能试验方法，对于车辆论证、研制、试验和使用具有重要意义。

在装备试验中多次发现，不同型号车辆在平原地区起步性能良好，但在 4 500 m 以上的高海拔环境下存在起步困难问题，针对这一现状，在系统开展车辆起步性能分析的基础上，从现有的试验标准方法入手，提出高原起步性能试验方法。

高原环境起步性能试验的主要目的是测试高原试验环境条件下，动力传动系统起步动态过程的特性，包含起步时间、加速度等，检验发动机功率满足车辆起步的能力，考核车辆在发动机功率下降和变矩系数减小双重条件下的起步性能。

高原环境起步性能试验需要具有专门的环境试验室，能够模拟高原状态空气压力和成分含量，动力传动系统起步的路面阻力通过制动器的摩擦力矩进行模拟。

（一）影响因素分析

1. 车辆起步过程动力学分析

高海拔环境下车辆的起步性能是指车辆在高海拔环境下起步的难易程度，也就是车辆迅速安全地起步的能力。下面通过对液力机械传动车辆起步过程动力学分析来研究高海拔环境车辆起步性能的影响因素。

（1）车辆起步模型。

对于液力机械传动车辆而言，一般来说，发动机动力传递路线如图 3 -

128 所示。其中，一部分功率由冷却风扇、进排气装置等损耗，另一部分由油泵等辅助系统损耗，剩余功率经液力变矩器最终传递至两侧主动轮，这部分功率称为净功率，对应的扭矩称为净扭矩。

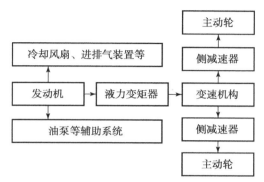

图 3 - 128　液力机械传动车辆动力传递路线

（2）车辆完成起步的条件。

根据地面车辆直线行驶理论，车辆完成起步应满足以下两个条件：

第一，车辆在行驶方向上所具有的牵引力不小于其所受起步阻力，即

$$F_q \geqslant F_r$$

第二，车辆在行驶方向上所具有的牵引力不大于其附着力，即

$$F_q \leqslant F_\varphi$$

2. 高海拔环境车辆起步性能影响因素分析

基于车辆动力的起步性能影响因素分析。

从动力传递路线可以看出，影响车辆起步性能的因素有发动机净扭矩、液力变矩器的变矩系数、传动和行动系统总效率、主动轮工作半径等，各参数对车辆牵引力及起步性能的影响如表 3 - 27 所示。

表 3 - 27　车辆牵引力影响因素

序号	参数名称	变化趋势	对牵引力的影响	对起步性能的影响
1	发动机净扭矩	↓	↓	↓
2	变矩系数	↓	↓	↓
3	传动和行动系统总效率	↓	↓	↓
4	传动系统总传动比	↓	↓	↓
5	主动轮工作半径	↑	↓	↓

与平原相比，在高海拔环境下上述 5 个参数中发动机净扭矩和变矩系数容

易发生显著变化。同时，在一定条件下，可通过对传动系统局部结构的调整来改变传动和行动系统总效率或传动系统总传动比，以改善车辆的起步性能。

（1）发动机净扭矩。

在高原地区，大气压力和含氧量随海拔高度增大而减小的程度比较明显。据试验统计，海拔高度每增加1 000 m，大气压力约下降11.5%，空气密度约减少9%，不同海拔高度的气压和空气密度变化情况如表3-28所示。

表3-28 不同海拔高度条件下气压和空气密度变化情况

序号	海拔高度/m	空气密度/（kg·m⁻³）	气压/kPa
1	0	1.225	1 013.0
2	1 000	1.112	896.6
3	2 000	1.006	793.0
4	3 000	0.909	699.3
5	4 000	0.819	614.9
6	5 000	0.763	538.8

高海拔地区气压和空气密度的下降，使得压燃式柴油机的气缸充气密度降低，过量空气系数减小，从而导致燃烧不充分，后燃性严重，工作粗暴，燃油消耗量增大，排气黑烟严重，废气有害物质排放量大大增加，功率下降。图3-129为某型柴油机平原和海拔4 500 m高海拔环境下的外特性。

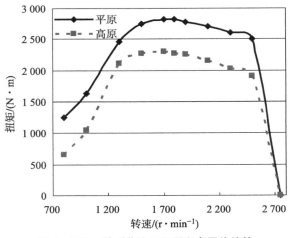

图3-129 某型柴油机平原和高原外特性

可以看出，与平原工况相比，高海拔环境下发动机在怠速、最大扭矩转速、标定功率点的扭矩分别下降 47.9%、18.4%、24.0%。从下降趋势看，两头下降多，中间下降少，即以最大扭矩点为起点向两侧延伸，发动机扭矩下降率逐渐增大。同样，发动机净扭矩的变化情况与之相似。而车辆起步性能的好坏，在很大程度上取决于发动机的低速特性，即低转速区域的扭矩输出情况，因此，发动机低转速区域扭矩的下降程度直接影响车辆的起步性能。

（2）液力变矩器变矩系数。

液力变矩器的变矩系数 K 用以表征液力变矩器的变矩能力，即变矩器在一定范围内无级地改变泵轮向涡轮传递功率的能力。对于固定型号的变矩器，一般认为其与速比呈确定的线性关系，即

$$K = f(i) \qquad (3-32)$$

式中，i 为液力变矩器涡轮与泵轮的转速之比。

这是基于液力变矩器效率特性不变的前提得出的。事实上，液力变矩器在不同温度条件下传动效率会发生相应改变。

液力变矩器泵轮负荷特性按下式计算：

$$M_B = \rho g \lambda_B D_y 5 n_B^2 \qquad (3-33)$$

式中　ρ——液力变矩器用油密度；

λ_B——泵轮力矩系数；

D_y——变矩器循环圆直径；

n_B——泵轮转速。

由上式知，变矩器泵轮负荷与其用油密度直接相关。那么，随着传动油温的下降，油的黏度和密度相应增大，发动机带动变矩器泵轮的负荷也随之增大，变矩器的传动效率相应下降。

根据变矩器传动效率 η_B 与变矩系数的关系 $\eta_B = K_i$，在变矩器速比范围不变的条件下，随着其传动效率的下降，变矩系数也相应减小。因此，传动油温的下降会使得变矩器变矩系数减小，从而降低车辆的起步性能。

3. 基于车辆阻力的起步性能影响因素分析

影响车辆起步阻力的因素有车辆总质量、地面摩擦系数、车辆行驶的坡度角、空气阻力系数、车辆迎风面积、车速、车辆行驶加速度、质量增加系数。车辆平稳起步时，车速相对较低，车辆接近于静止状态，空气阻力和加速阻力可忽略不计，因此车辆起步时行驶阻力的影响因素主要是车辆总质量、地面摩擦系数、车辆行驶坡度角。

（二）试验设计

为验证不同因素对高海拔环境车辆起步性能的影响效果，进行了不同条件

下的起步性能试验。试验模拟海拔高度为 4 500 m。试验按先单一因素后综合因素的原则进行，分别进行了高海拔常温条件下平坦路面起步性能试验、高海拔低气温条件下平坦路面起步性能试验、高海拔低气温条件下复杂工况起步性能试验。

（1）高海拔常温条件下平坦路面起步性能试验。

该项试验的目的是考核高原正常条件下发动机功率满足车辆起步的能力。为保证起步性能试验不受发动机自身低温供油限制、传动油温较低、路面坡度、车重变化、地面附着系数等条件的影响，试验前车辆经行驶预热，发动机水温为 72 ℃，机油温度为 74 ℃，传动油温为 75 ℃，动力传动系统处于良好的工作状态。试验路面模拟平坦的土质路面。试验时，车辆以怠速状态挂 1 挡起步。

（2）高海拔低气温条件下平坦路面起步性能试验。

与高海拔常温条件相比，高海拔低气温条件下液力变矩器的变矩系数会减小，最终会导致车辆牵引力减小。对于高海拔常温条件下起步性能较好的车辆，在高海拔低气温条件下，由于牵引力的减小可能会造成车辆起步困难的现象。该试验项目主要考核车辆在发动机功率下降和变矩系数减小双重条件下的起步性能。为保证起步性能试验不受发动机自身低温供油限制，以及路面坡度、车重变化、地面附着系数等条件的影响，试验样车配至战斗全重，试验路面为平坦的土质路面。

试验期间，环境气温范围为 −23 ~ 12 ℃，试验前动力传动系统经 24 h 自然条件冷冻。当发动机水温达到使用说明书规定的 60 ℃ 使用条件后，开始起步性能试验，试验进行 4 次。

（3）高海拔低气温条件下复杂工况起步性能试验。

前述两项试验均模拟平坦的自然土质路面进行，且均为直驶起步工况。实际上，在车辆使用过程中经常会出现以下两种情况，即坡道起步和转向起步。当停车场地不平坦时，可能会遇到坡道起步的现象，此时车辆行驶阻力会相应增大，对车辆起步完成情况会造成一定影响。试验模拟坡度为 5° 的自然土质路面，坡道起步试验主要针对停车场地出现小幅度起伏的情况进行，因此模拟坡度为 5° 的自然土质路面。

（三）试验数据分析

通过记录发动机转速、传动两侧输出转速和转矩值、制动器油压、挡位等值，获得起步过程中，发动机转速、车速及挡位关系如图 3 – 130 所示。

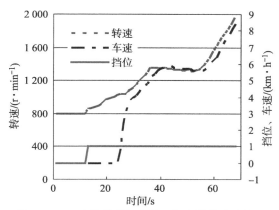

图 3 – 130　高海拔常温条件下起步性能试验结果

高海拔低气温条件下平坦路面起步试验需要记录的原始数据主要包括时间、发动机水温、传动油温和试验结果情况；高海拔低气温条件下复杂工况起步性能试验需要记录的原始数据主要包括时间、发动机水温、传动油温和坡道起步情况。

通过数据分析可得到当传动油温上升至多少温度时，车辆可完成坡道起步。因此，在进行复杂工况起步时，将传动油温提升至最佳工作范围，有利于车辆动力性能的发挥，车辆起步效果更佳。

3.3.3　动力传动热平衡试验

动力传动热平衡性能对应动力传动系统适应性评价指标。地面机动车辆热负荷是热源（发动机、变速箱等）与冷却系统（水散热器、油散热器、风扇等）共同作用的产物，热源造成的热负荷必须经过冷却系统加以控制调节，其控制效果的好坏用热平衡性能进行评价，因此，装甲车辆热负荷问题与热平衡性能密不可分，对热负荷状况的研究实际上就是对热平衡性能的研究。随着装甲车辆吨位、发动机功率、机动性能的不断提高，其动力系统和传动系统的热负荷问题也日渐突出，对主要部件承受热应力能力和冷却系统热平衡性能也提出了更高的要求，如何在装甲车辆设计定型试验阶段对装甲车辆热负荷进行科学试验并作出准确评价，为车辆设计定型和部队使用提供科学依据，是今后试验工作中必须着力解决的重要问题。

一、平原地区动力传动系统热平衡试验

在平原地区，装甲车辆动力传动系统热平衡试验，主要参照 GJB 59.44—1992《装甲车辆试验规程　动力传动系统热平衡性能试验》进行，通过传动

装置两侧进行加载模拟地面负荷。获得各种车速和负载组合条件下，传动油温、发动机水温等平衡值，获得 ATB 特性指标、发动机热适应率、稳定温度曲线和最高可使用环境温度。

平原地区动力传动系统热平衡试验的条件是动力源和综合传动之间需要布置转速转矩传感器，传动和加载单元之间也需要布置转速转矩传感器。发动机水温、油温等信号能够通过数据采集设备获取。

（一）影响因素分析

热平衡试验不同测点的稳定温度取决于传动系统的效率、辅助系统的散热能力、发动机的散热量、环境温度等多种因素。

（二）试验设计

在建立热平衡性能试验系统的基础上，提出以下两种试验方法。

（1）动力系统满负荷热平衡试验。

动力系统满负荷冷却试验的方法是：在标准的平直试验跑道上，被试车辆拖拽负荷测功车，试验时，被试车辆发动机油门全开，由负荷测功车施加并控制载荷，使车辆速度达到该挡外特性上的最大速度，待速度稳定后，以设定的时间间隔记录所需测量的数据，同时监视发动机水温、油温以及其他相关参数，连续行驶直到所测各温度参数稳定或有一温度参数超出规定的适用范围为止，并分别在最大扭矩车速、最低稳定车速重复上述试验。

（2）传动系统热平衡试验。

传动系统热平衡试验方法是：在标准的平直试验跑道上，被试车辆以道路条件和车辆性能允许的最高排挡、最大速度行驶，待速度稳定后，以设定的时间间隔记录试验数据，同时监视变速箱、传动箱、各传动桥油池温度和发动机油水温度等，连续行驶直到所测各温度参数稳定或有一温度参数超出规定的使用范围时停止试验。

装甲车辆热负荷试验主要基于以下考虑：发动机在满负荷时，其发热量最大，对热平衡系统的考核也最充分，在满负荷时，发动机能够达到热平衡状态，水温保持在正常范围内，说明冷却系统满足使用要求；而传动装置各热源在车辆以最高挡最高速度行驶时，其发热量最大，因此，必须在此工况下考核传动装置的热平衡性能，两部分试验互为补充，其温度参数的测量是一致的，在两种工况试验中，任何一个温度参数的超限都将被纳入评定范围。

（三）试验数据分析

动力传动装置试验数据处理包括：参数筛选、数据奇异点剔除、数据区石化分析、各参数相互影响分析、多元拟和回归等，获得各种车速和负载组合条件下，传动油温、发动机水温、变速箱油温、排气温度最大值（涡后）、发动机油温等平衡值和平衡时间，获得 ATB 特性指标、发动机热适应率、稳定温度曲线和最高可使用环境温度。

二、高原环境条件下动力传动系统热平衡试验

装甲车辆在高原地区进行环境适应性试验时，由于受路面条件、场地条件限制，负荷测功车无法在高原使用，因此不能参照军标对动力传动系统热平衡进行试验考核，而高原特殊的地理气候环境，对装甲车辆热平衡有较大影响，如部分车辆在高原环境条件下，发动机无法达到热平衡状态，车辆只能降挡或降低性能使用，严重制约了装甲车辆在高原环境条件下性能的发挥。

通过模拟高原环境，在传动装置两侧进行加载模拟地面负荷，获得各种车速和负载组合条件下，传动油温、发动机水温等平衡值，获得 ATB 特性指标、发动机热适应率、稳定温度曲线和最高可使用环境温度。

高原地区动力传动系统热平衡试验的条件是动力源和综合传动之间需要布置转速转矩传感器，传动和加载单元之间也需要布置转速转矩传感器。发动机水温、油温等信号能够通过数据采集设备获取。试验舱能够模拟高原环境。

（一）影响因素分析

热平衡试验不同测点的稳定温度取决于传动系统的效率、辅助系统的散热能力、发动机的散热量、环境温度等多种因素。

（1）高原环境对发动机动力性的影响。

装甲装备配置的发动机分为非增压（自然吸气）发动机和增压发动机。

对于涡轮增压发动机，采用增压器后发动机充气系数大幅增加，混合气比例趋于正常，燃烧状况大为改善，当海拔升高，大气压力下降，涡轮的膨胀比将增大，增压器转速上升，使压气机压比升高，因此部分补偿了因海拔高度升高引起的进气密度下降的问题，起到高原恢复功率的作用，但涡轮增压器也存在局限，在发动机起动或低转速区，发动机排气能量较小，增压器转速较低，进气量不足，影响发动机扭矩上升；在高转速区，由于排气背压降低，增压器转速上升，从而引发可靠性问题。所以，涡轮增压器的应用，虽然提高了发动机的高原适应性，但仍需对发动机供油系统进行调整，以优化低转速区和高转

速区的性能。

（2）高原环境对柴油机热负荷的影响。

当功率不变时，随着海拔高度的升高，增压空气温度也随着增压压比的升高而升高。这就导致柴油机整个工作循环温度水平的提高。另外，柴油机在高原地区工作时由于进气量减少，过量空气系数变小，燃烧不良，因而柴油机排气温度升高。试验结果表明，海拔高度每升高 1 000 m，涡轮增压柴油机在等喷油量的情况下，排气温度升高 20～30 ℃。

（3）高原环境对冷却性能的影响。

冷却水的沸点随大气压力的降低而降低，使冷却水带走的热量减少，同时，大气密度的下降，流经散热器的空气流量下降，使气侧带走的热量减少，而大气温度升高或降低，将影响空气的密度和流经散热器进出口的压差，也将影响冷却系统性能。

在高原环境条件下，大气压力降低、空气密度下降，使发动机功率下降、燃烧恶化、排温升高、热负荷增加，这就要求冷却系统能充分发挥效能，保证发动机正常工作。但在实际使用过程中，经常出现由于发动机水温过高，车辆不得不停车降温或降低行驶速度，以保证发动机水温在正常工作范围内的情况，说明冷却系统效能不能满足发动机高原冷却需要，一是由于发动机热负荷升高，在相同条件下增加了冷却系统的工作负荷，二是由于高原环境对冷却系统本身的影响，降低了冷却系统的效率，高原环境对冷却系统的影响主要表现在以下几个方面：

①冷却液沸点降低。

随海拔高度升高，大气压力下降，水的沸点降低，如在海拔 4 000 m 下，水的沸点大概是 87 ℃。在膨胀水箱蒸汽活门开启压力不变的情况下，大气压力降低导致闭式冷却系的压力降低，冷却系统内的冷却沸点降低，冷却水容易沸腾，造成"开锅"现象，也容易形成气阻，进一步影响冷却效率。

②进气温度升高。

在高原环境下，使用涡轮增压可以在一定程度上恢复发动机功率，但大气压力的降低，使涡轮增压器转速升高，压比上升，造成发动机进气温度升高，使发动机热负荷进一步加重，采用涡轮增压中冷技术可以缓解这一问题。

③冷却空气质量流量下降。

在海拔 3 500～5 000 m 的地区，空气密度只有平原的 58%～70%，当风扇转速不变时，空气的体积流量不变，因此空气密度的下降大大降低了冷却空气的质量流量。而冷却空气质量流量的降低使从散热器传递的热量大大减少，降低了冷却系统的散热效率。

通过对散热系统的分析计算可知，海拔高度为 3 000 m、4 000 m 和 5 000 m时，冷却系统总的散热能力需提高到平原地区的 1.3 倍、1.5 倍和 1.6 倍。

综合以上分析，在高原环境下，发动机以相同的工作转速工作时，冷却系统的散热能力大大降低，发动机传递到冷却水的热量不能够通过散热器及时地散失到空气中，造成热量在发动机和冷却系统中进一步聚集，形成发动机热负荷增加的恶性循环。

（二）试验设计

开展高原环境动力传动系统热平衡试验，模拟车辆在海拔 4 500 m 进行高原发动机热平衡试验，将发动机水温控制在 95 ℃，当以试验挡位和发动机转速行驶时，发动机水温超过 95 ℃ 且持续上升，不能达到平衡状态时，说明发动机冷却系统已不能满足发动机工作要求，试验停止。

（三）试验数据分析

根据试验结果，可以分析得到不同挡位行驶，在发动机什么转速范围内，发动机水温能够达到平衡状态，以及平衡后的水温值；发动机转速超过多少，发动机水温超过设计阈值且持续上升，不能达到平衡状态。

|3.4　整车匹配特性试验设计|

如前所述，整车匹配特性试验是动力传动系统与车辆结合后综合性能体现程度的检验过程，因此，整车匹配特性试验本身是装甲车辆试验鉴定中的一部分，其试验过程结合实车试验完成，具体的试验设计依托整车试验设计完成。

3.4.1　基本设计要素

一、样本量

承试单位开展试验设计时，首先需要确定试验样本量。在研制阶段，性能试验的主要目的是技术方案或原理验证，或进行可靠性摸底和强化试验，样本量一般为 1～2 个。对于整车状态鉴定性能试验，GJB 848—1990《装甲车辆设计定型试验规程》对不同类型的装甲车辆样本量做出了明确规定，新研型号车辆一般为 2~3 辆。多数部件和分系统每辆车上只装配一个，仅有很少部件装配多于一个，如座椅、负重轮、轮胎等。整车样本量确定后，在进行单项性能试验时，可选取其中一个或多个样本进行试验。对于关键性能试验，可选多个样本进行试验，在验证指标是否满足的同时，也可检验装备关键性能的一致性。其他性能试验可只选一个样本进行测试。

二、试验时间和地点

整车的鉴定定型试验总案和试验大纲中已明确了各个阶段和地区的试验时间安排。由于各部件和分系统的性能试验需要穿插在整车可靠性行驶试验中进行，因此在试验方案编制时，应统筹考虑各项性能试验的时间安排。

一般而言，涉及整车关键战技性能指标的试验项目应安排在交接车后进行，以便于在试验前期验证关键性能。若关键战术技术性能达标，可继续后续试验。若未达标，也能在较短时间内发现问题，为问题整改和技术措施的充分验证留有足够的试验时间和验证里程。关键战术技术性能主要包括整车质量、最大速度、加速性能、热平衡、转向性能以及外形特征参数等。关键战术技术性能试验项目还应在整个试验的后期重复进行一次，以验证装甲车辆在试验后期的性能是否有明显下降。其他性能试验可根据试验进度统筹安排。

由于装甲车辆的全域作战要求，因此试验地点需要覆盖我国各地区的环境特点，包括常温、严寒、湿热、高原等地区。目前我国在装备性能试验时采用串行试验流程，且试验样本量有限，不具备在每个典型地区进行全里程可靠性考核的条件，因此每个地区均分配一定比例的试验里程，试验时机为每个地区最典型的气候季节：北方严寒地区在 12 月和 1 月份；南方湿热地区在 7、8 月份；西部高原地区为避免大雪封路对试验的影响，一般安排在 6—9 月份。除了严寒、湿热和高原地区环境适应性试验外，其余时间则安排在常温平原地区进行试验。

对部分自然环境条件未达到要求的试验项目，如低温起动性能试验等，可安排在环境试验室内进行补充试验。

三、试验条件

（一）车辆条件

车辆条件主要是指被试车辆各个分系统和部件的技术状态，包括各分系统和部件的型号、技术参数及各种油液的品号和加注量等。不同的车辆条件下，所测的性能参数可能会有较大差异，因此，在性能试验时，需要严格控制被试车辆的条件。装甲车辆性能试验中，车辆条件一般要求如下：

①用实物或模拟的载荷物，在原位置将被试车辆配至战斗全重。

②检查调整车辆的动力传动系统、行动系统、操纵装置等各主要系统和部件，使其达到规定的技术状态要求。

③将燃油、润滑油、冷却液及有关的工作液加至规定标准。

④固定好随车的备件或附件，如弹药、隔板、门窗等。

（二）环境条件

环境条件主要包括环境温度、湿度、大气压力（海拔高度）、风力、风向、雨雪冰雹、背景噪声以及电磁辐射环境因素等。不同的性能试验，对环境条件的要求也各有不同，如采暖或制冷性能试验对温度非常敏感，噪声测量试验则对环境的背景噪声要求较高；再比如高原环境下，车辆的机动性能明显降低，散热性能显著下降。在性能试验设计时，应充分考虑试验特点和被测物理量的敏感环境因素，制定规范、合理、可操作性强的环境条件要求。

装甲车辆工作环境温度一般要求为 $-43 \sim +46$ ℃，贮存环境温度为 $-43 \sim +70$ ℃。在地区适应性试验时，受天气和试验时间窗口的限制，自然环境温度有时达不到要求的温度限值。为严格控制试验环境条件，对于在地区环境试验中温度未达到要求的被试车辆，可安排在高低温环境试验室补充极限温度的适应性试验。

（三）道路条件

试验道路条件是影响试验考核结果的重要因素，若试验路面良好，则被试装备暴露的故障少，试验路面恶劣，则暴露的故障必然增多，因此试验道路条件控制是提高装备试验鉴定质量的一项重要内容。

在 GJB 848—1990《装甲车辆设计定型试验规程》中，规定了不同类型车辆在定型试验中的可靠性行驶路面和分配比例，主要包括砂碎石路、起伏土路、铺面路、冰雪土路等。由于未给出各种路面的具体定量指标，因此在装甲车辆的鉴定试验中，路面条件的控制只限于定性的界定，通常以道路表层的介质或材质来定义砂碎石路、土路、铺面路及冰雪路等。

（四）被试品条件

被试品条件是指装甲车辆或被试部件、分系统等试验对象的技术状态，在试验前应保证被试品技术状态良好，以免影响试验结果。测试测量设备条件是指测试测量设备的技术指标和技术状态，试验中所用的测试测量设备，其技术指标应满足试验所需，并且应在检定有效期内，技术状态完好。

每个单项性能试验均应依据研制总要求中的指标，结合单项性能试验的特点，对各试验条件进行详细规定，以保证试验结果的客观性和可重复性。

四、试验方法和数据处理方法

GJB 59 系列试验规程对各个单项性能试验的试验条件、试验内容、试验方法及数据处理方法等都做出了详细规定，可基本满足当前我国装甲车辆的状态鉴定性能试验内容。除此之外，个别没有涉及的性能试验可依据相对应的国标规定的方法执行。

3.4.2　通用质量特性试验方案设计

由于通用质量特性试验的复杂性和针对性，对于不同被试对象所选用的方案的差别较大。这里针对装甲车辆通用质量特性试验方案的设计进行阐述。

一、可靠性试验

为了验证装甲车辆设计是否符合规定的可靠性要求，应用能代表具有批准的技术状态的车（机）在规定的综合环境试验条件下进行可靠性鉴定试验。若无其他规定，则至少要用两台装甲车辆样车进行可靠性鉴定试验。试验中采用的统计试验方案应是订购方规定或同意的方案。

（一）试验方案选择原则

可靠性试验中所采用的统计试验方案应在合同或设备规范中规定，并在可靠性试验方案中详细规定。对于试验方案的选择，一般应遵循以下原则：

①若合同或设备规范要求进行可靠性试验，提供 MTBF 的验证值，并且有固定的截止试验时间时，必须选用定时截尾试验方案。

②如果仅需以预定的判决风险率（α、β）对假设的 MTBF 值（θ_l、θ_u）做出判决，不需要事先确定总试验时间时，则可选用序贯试验方案。因此一般可靠性验收试验选用此种方案。

③如果由于试验时间（或经费）限制，且生产方和使用方都愿意接受较高的风险率，可采用高风险率定时截尾或序贯截尾试验方案；一般部件鉴定试验及模拟器、维修检测设备等的试验多采用此类试验方案。

④当必须对每台产品进行判决时，可采用全数试验方案，如航空母舰、核潜艇、运载火箭等产品。

⑤对以可靠度或成功率为指标的产品，可采用成功率试验方案。该方案不

受产品寿命分布的限制。如激光测距仪、装弹机等产品多用成功率试验方案。

同时，统计试验方案的选择是研制方和使用方共同关心的问题，因此，无论选择哪种统计试验方案，均必须由双方协商确定。为具体设备的可靠性试验选择统计试验方案时，应综合考虑下列因素：

①设备的成熟程度及预期的寿命；

②经费；

③设备的进度要求及可做试验的时间；

④试验设施的准备程度；

⑤决策风险；

⑥鉴别比对 MTBF 检验上限 θ_0 的影响；

⑦类似设备的 MTBF 预计值或验证值；

⑧费用 – 时间的权衡。

针对复杂系统的现场可靠性鉴定试验，一般与性能试验、环境适应性试验等工程试验结合进行，使得在选择试验方案时，必须考虑工程试验样本、进度、经费等制约条件的影响，应综合考虑产品研制任务书中有关可靠性定量要求、任务剖面和上述影响因素，以确定合理、可行的统计试验方案。

（二）试验方案步骤

装甲车辆定型试验是将可靠性、维修性以及性能试验、地区适应性试验等综合在一起进行的，目前最适用的是定时截尾与定数截尾相结合的试验方案。

部件系统通常随整车一起进行试验，采用的是定时截尾试验方案。对于进行定时截尾试验的整车或部件，定时试验方案分为标准型试验方案和短时高风险试验方案两种。标准型试验方案采用的生产方风险和使用方风险为 10% ~ 20%，短时高风险试验方案采用的生产方风险和使用方风险为 30%。

用 GJB 899—1990 选定试验方案时的步骤如下：

①研制方根据自己产品的可靠性质量与使用方希望的极限质量进行磋商，参考试验时间，定下 θ_1、d、α、β 值（θ_1 为最低可接收值，$d = \theta_0/\theta_1$ 为鉴别比，α 为研制方风险，β 为使用方风险）。

②根据 θ_1、d、α、β 值查表，得到相应的试验时间 θ_1（的倍数）、接收数 Ac 以及拒收数 $Re = Ac + 1$ 值。

③根据使用方规定的 MTBF 的验证区间或置信区间（θ_l、θ_u）的置信度 γ（一般取 $\gamma = 1 - 2\beta$），由试验数据或现场数据估出（θ_l、θ_u）和点估计值。当试验结果做出接收判决时（该试验停止前出现的责任故障数一定小于或等于接收判决的故障数 Ac，试验必定是在达到规定的试验时间而停止的），此时根

据定时截尾公式进行估计。

试验过程中若故障数达到拒收的判决故障数 *Re* 时即可停止试验，并做出拒收判决，这实质上是根据预定的 *Re* 定数截尾判决，此时根据定数截尾公式进行估计。

（三）试验条件的控制

1. 地区环境及道路的关系

根据 GJB 848—1990《装甲车辆设计定型试验规程》中要求，整车的自然环境包含常温、湿热、高寒、高原沙漠地区，路面包含铺面路、沙碎石路、起伏土路、冰雪路、沙漠、高原公路及其他路面，其关系如图 3–131 所示。

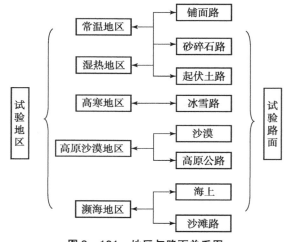

图 3–131　地区与路面关系图

试验地区条件控制依据主要军标有 GJB 59.22—1989《装甲车辆试验规程严寒地区适应性试验总则》、GJB 59.26—1991《装甲车辆试验规程湿热地区适应性试验总则》、GJB 59.30—1991《装甲车辆试验规程沙漠地区适应性试验总则》、GJB 59.58—1995《装甲车辆试验规程高原地区适应性试验总则》、GJB 59.67—2004《装甲车辆试验规程第 67 部分：海上适应性试验》。

2. 车辆使用状态

车辆使用状态包括行驶速度、系统运行状态等。对于整车及系统部件，车辆的行驶速度对其可靠性的影响均很大，行驶速度快，道路振动频率高，故障率就高，可靠性下降；行驶速度慢，所受振动影响小，故障率低，可靠性提高。但是可靠性试验不是随意的，行驶速度应该达到部队使用的常用使用状态，那么根据任务的不同，行驶速度也有变化，但为了方便在可靠性鉴定试验中执行，行驶速度应同时满足两个要求：

①不小于道路安全行驶的最低要求行驶。

②不小于合同中平均速度要求行驶。

3. 试验室环境条件

整车试验包含高温、低温、电磁兼容等试验，系统部件试验除随整车的试验条件外，还可能处于盐雾、浸渍、高湿、低气压、霉菌、砂尘、冲击振动、淋雨、太阳辐射等环境中。试验室环境条件相对整车地区试验，应力加载单纯、周期短，但强度大，属于一定程度的强化试验，其试验条件依据为GJB 150《军用设备环境试验方法》系列25项军标。

（四）试验剖面的选择

可靠性试验的过程一般贯穿产品的全寿命。而在产品寿命期间内，所经历的不同过程，称为剖面。对于装甲车辆，剖面分寿命剖面（Life Profile）和任务剖面（Mission Profile）两种，其中寿命剖面定义见 GJB 451A—2005《可靠性维修性保障性术语》2.1.6.4 项，是指产品从交付到寿命终结或退役这段时间内所经历的全部事件和环境的时序描述；任务剖面定义见 GJB 451A—2005《可靠性维修性保障性术语》2.1.6.5 项，产品在完成规定任务这段时间内所经历的事件和环境的时序描述，其中包括任务成功或致命故障的判断准则。一个寿命剖面包括一个或几个任务剖面。不同的试验也面对不同的试验剖面要求。

装甲车辆整车可靠性试验以及同整车寿命相同的系统部件如车体的可靠性试验，可以直接按照 GJB 848—1990《装甲车辆设计定型试验规程》的方法进行即可。但各地区、路面的先后顺序未做严格要求，一般根据接车时间而定。上半年接车的即先展开热区试验，下半年接车的就先展开寒区试验，但是故障的出现有时不是瞬发的，故障的机理甚至也是综合因素的积累，所以在不同地区试验出现的故障的统计分析就显得尤为重要，有的时候故障不能及时暴露出来，在后期的其他地区才积累显现，这就需要在故障出现时特别是不同地区之间衔接的一段时间里，特别关注一些部件的检查。对于整车来说，有些故障的爆发需要排查相当长的时间，甚至试验剖面的先后顺序也决定着故障是否出现及出现的程度，这也是整车试验的难点。

二、维修性试验

维修性试验无论是与产品功能试验、可靠性试验结合进行，还是单独进

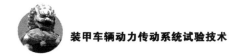

行，其工作的一般程序是一样的。

（一） 制订维修性试验计划

试验之前应根据国军标的要求，结合装备的类型，试验与评价的时机、种类及合同的规定，制订试验计划。维修性试验计划一般包括如下内容：

①试验的目的要求。包括试验与评价的依据、目的、类别和要评价的项目。若维修性试验是与其他工程试验结合进行，应说明结合的方法。

②试验与评价的组织。包括领导、参试单位、参试人员分工及人员技术水平和数量的要求，参试人员的来源及培训等。

③受试品及试验场、资源的要求。包括对受试品的来源、数量、质量要求；试验场及环境条件的要求；试验用的保障资源的数量和质量要求。

④试验方法。包括选定的试验方法及判决标准、风险率或置信度等。

⑤试验实施的程序和进度。包括采用模拟故障时，故障模拟的要求及选择维修作业的程序；数据获取的方法和数据分析的方法与分析的程序；特殊试验、重新试验和加试的规定；试验进度的日程安排等。

⑥评价的内容和方法。包括对装备满足维修性定性要求程度的评价、定量要求程度的评价以及维修保障资源的定性评价等。

⑦试验经费的预算和管理。

⑧订购方参加试验的有关规定和要求。

⑨试验过程监督与管理的要求。

⑩试验及评价报告的编写内容、图表、文字格式、完成日期等要求。

（二） 选择试验方法

维修性定量指标的试验验证，在 GJB 2072—1994《维修性试验与评定》中规定了 11 种方法（表 3 – 29）可供选择，表中的自然故障是指装备在功能试验、可靠性试验、环境试验或其他试验及使用中发生的故障。选择时，应根据合同中要求的维修性参数、风险率、维修时间分布的假设以及试验经费和进度要求等诸多因素综合考虑，在保证满足不超过订购方风险的条件下，尽量选择样本量小、试验费用省、试验时间短的方法。由订购方和承制方商定，或由承制方提出经订购方同意。

表 3 - 29　维修性试验方法汇总表

试验方法编号	检验参数	分布假设	推荐样本量	作业选择
1 - A	维修时间平均值	对数正态，方差已知	不小于 30	自然故障或模拟故障
1 - B		分布未知，方差已知		
2	规定维修度的最大维修时间检验	对数正态，方差未知		
3 - A	规定时间维修度的检验	对数正态		
3 - B		分布未知		
4	装备修复时间中值检验	对数正态	20	
5	每次运行应计入的维修停机时间的检验	分布未知	50	自然故障
6	每百公里维修工时的检验	分布未知		
7	地面电子系统的工时率检验	分布未知	不小于 30	自然故障或模拟故障
8	维修时间平均值与最大修复时间的组合序贯试验	对数正态		自然故障或随机（序贯）抽样
9	维修时间平均值、最大修复时间的检验	分布未知	不小于 30	自然故障或模拟故障
		对数正态		
10	最大维修时间和维修时间中值的检验	分布未知	不小于 30	
11	预防性维修时间的专门试验	分布未知		

（三）确定被试品

维修性试验所用的被试品，应直接利用定型样机或从提交的所有被试品中随机抽取，并进行单独试验。也可以同其他试验结合用同一样机进行试验。

为了减少延误时间，保证试验顺利进行，允许有主试品和备试品。但被试品的数量不宜过多，因维修性试验的特征量是维修时间，样本量是维修作业次数，而不是被试品（产品）的数量，且它与被试品数量无明显关系。当为模拟故障时，在一个被试品上进行多次或多样维修作业就产生了多个样本，这和在多个被试品上进行多次或多样维修作业具有同样的代表性。但在同一个被试

品上也不宜多次重复同样的维修作业，否则会因多次拆卸使连接松弛，而丧失代表性。

（四）培训试验人员

参试人员的构成要按核查、验证和评价的不同要求分别确定。参试人员应达到相应维修级别维修人员的中等技术水平。选择和培训参加维修性试验的人员一般要注意以下几点：

①应尽量选用使用单位的维修技术人员、操作手，由承制方按试验计划要求进行短期培训，使其达到预期的工作能力，经考核合格方能参试。

②承制方的人员，经培训后也可参加试验，但不宜单独编组，一般应和使用单位人员混合编组使用，避免因心理因素和熟练程度不同而造成实测维修时间的较大偏差。

③参试人员的数量，应根据装备使用与维修人员的编制或维修计划中规定的人数严格规定。

（五）确定和准备试验环境及保障资源

维修性试验应在具备装备实际使用条件的试验场所或试验基地进行，并按维修计划所规定的维修级别及相应的维修环境条件下分别准备好试验保障资源，包括试验室、检测设备、环境控制设备、专用仪表、运输与贮存设备以及水、气、动力、照明、成套备件、附属品和工具等。

（六）确定样本量

维修作业样本量按所选取的试验方法中的公式计算确定，也可参考表3－29中所推荐的样本量。某些试验方案，在计算样本量时还应对维修时间分布的方差做出估计。

（1）表3－29对不同试验方法列有推荐的最小样本量，这是经验值。如果样本量过小，会失去统计意义，导致错判，这会使订购方和承制方的风险都增大。

（2）维修时间随机变量的分布一般取对数正态分布。当在实际工作中不能肯定维修时间服从对数正态分布时，可以先将试验数据用对数正态概率进行检验。若不是对数正态分布时可采用表中无假设的非参数法确定样本量，以保证不超过规定的风险。对于对数正态分布的参量要取对数进行标准化处理。

（3）一些方法要求时间对数标准差 σ 或时间标准差 d 为已知或取适当精度的估计值 $\hat{\sigma}$ 或 $\hat{d}$（σ 法）。其已知值 σ（或 d）或适当精度的估计值 $\hat{\sigma}$（或

$\hat{d}$）是利用近期 10～20 组一批数据的标准差或极差进行估计求得的。即算出每组数据的样本标准差 S，再计算出这批样本标准差的平均值 $\bar{S}$，那么，批标准差 σ 可由 $\sigma = \bar{S}/C$ 计算得出，其中 C 为依赖于每组样本大小的系统。

当样本 $n > 30$ 时，$C = 1$，即 $\sigma = \bar{S}$（可参见 GB/T 8054—1995《平均值的计量标准型一次抽样检查程序及样表》）。这样求得的 σ 或 d 就已满足统计学上对 σ 或 d 为已知的要求。

（4）当 σ 或 d 未知时，根据计量或计数标准型一次抽检方案计算可知，样本量要比已知时大。若新研制产品确实无数据可查时（甚至连研制中的维修资料也缺乏时），也可选用 σ 未知的（S 法）检验方案进行。此方案可分为两种情况：

①未知 σ 或 d，可由订购方与各承制方根据以往经验商定出双方可接受的 σ 或 d 值求出样本量，然后用 S 进行判决（如试验方法 2）。当然，也可根据类似产品的数据，确定该产品维修时间方差的事前估计值。但是，这两种产品的维修性设计、维修人员的技术水平、试验设备、维修手册和维修环境方面也应是类似的。

②未知 σ 或 d，可由订购方和承制方先商定一个合适的试抽样本量 n_1（一般取所用试验方法要求的最小样本量，如用试验方法 1，则先取 $n_1 = 30$）进行试验，求出样本标准差 S，作为批标准差的估计值，再计算所需的样本量 n，这时可能有两种情况：

a. 当 $n < n_1$ 时，再随机抽取差额 $\Delta n = n_1 - n$ 个样本予以补足，之后再计算均值和标准差进行判决；

b. 当 $n > n_1$ 时，不再抽样，即以试抽样本量进行试验、计算判决。

若小于试验方法要求的最小样本量时，则应以要求的最小样本量进行计算判决。

（七）选择与分配维修作业样本

1. 维修作业样本的选择

对于修复性维修的试验可使用以下两种方法产生的维修作业：一是优先选用自然故障所产生的维修作业；二是选用模拟故障产生的维修作业。选用自然故障产生的维修作业，如果次数足以满足所采用的试验方法中的样本量要求时，则应优先采用这些维修作业作为样本，如果对上述自然故障产生的维修作业在实施时是符合试验条件要求的，当时所记录的维修时间也可以作为有效的数据用于维修性验证时的数据分析和判决，否则这些数据只能在核查中使用，而在进行正式维修性验证时应重复进行自然故障产生的那些维修作业，严格按规定操作并准确记录维修时间，供分析判决和评估时使用。当自然故障所进行的维修作业次数不足时，可以通过对模拟故障所进行的维修作业次数补足。

预防性维修应按维修大纲规定的项目、工作类型及其间隔期确定试验样本。

为了缩短试验时间，经承制方和订购方商定也可采用全部由模拟故障所进行的维修作业作为样本。

2. 维修作业样本的分配方法

当采用自然故障所进行的维修作业次数满足规定的试验样本量时，就不需要进行分配了。当采用模拟故障时，在什么部位，排除什么故障，需合理地分配到各有关零部件上，以保证能够尽可能客观地验证其维修性。

维修作业样本的分配属于统计抽样的应用范围，是以装备的复杂性、可靠性为基础的。如果采用固定样本量试验法检验维修性指标，可运用按比例分层抽样法进行维修作业分配。如果采用可变样本量的序贯试验法进行检验，则应采用按比例的简单随机抽样法。

（八）故障模拟与排除

1. 故障的模拟

一般采用人为方法进行故障的模拟。常用的模拟故障的方法有：

①用故障件代替正常件，模拟零件的失效或损坏；

②接入附加的或拆除不易察觉的零、元件，模拟安装错误和零、元件丢失；

③通过故障造成零、元件失调变位。

对于电器和电子设备的故障可用下列方法模拟：

①人为制造断路或短路；

②接入失效元件；

③使部、组件失调；

④接入折断的连接件、插脚或弹簧等。

对于机械的和电动机械的设备故障可用下列方法模拟；

①接入折断的弹簧；

②使用已磨损的轴承、失效的密封装置、损坏的继电器和断路、短路的线圈等；

③使部、组件失调；

④使用失效的指标器、损坏或磨损的齿轮，拆除紧固件或使紧固件连接松

动等；

⑤使用失效或磨损的零件等。

对于光学系统的故障可用下列方法模拟：

①使用脏的反射镜或有霉雾的透镜；

②使零、元件失调变位；

③引入损坏的零件或元件；

④使用有故障的传感器或指标器等。

总之，模拟故障应尽可能真实、接近自然故障。基层级维修以常见的故障模式为主。参加试验的维修人员应在事先不了解所模拟故障的情况下去排除故障，但可能危害人员和产品安全的故障不得模拟（必要时应经过批准，并采取有效的防护措施）。

2. 故障的排除

由经过训练的维修人员排除上述自然的或模拟的故障，并记录维修时间。完成故障检测、隔离、拆卸、换件或修复原件、安装、调试及检验等一系列维修活动，称为完成一次维修作业。在排除的过程中必须注意：

①只能使用试验规定的维修级别所配备的备件、附件、工具、检测仪器和设备。不能使用超过规定范围的或使用上一维修级别所专有的设备。

②按照本维修级别技术文件规定的修理程序和方法。

③应由专职记录人员按规定的记录表格准确记录时间。

④人工或利用外部测试仪器查寻故障及其他作业所花费的时间均应记入维修时间中。

⑤对于用不同诊断技术或方式（如人工、外部测试设备或机内测试系统）所花费的检测和隔离故障的时间应分别记录，以便判定哪种诊断技术更有利。

（九）预防性维修试验

预防性维修时间常被作为维修性指标进行专门试验。产品在验证试验间隔期间也有必要进行预防性维修，其频率和项目应按预防性维修大纲的规定进行。为节约试验费用和时间可采用以下办法：

①在验证试验的间隔时间内，按规定的频率和时间所进行的一般性维护（保养），应进行记录，供评定时使用。

②在使用和贮存期间内，间隔时间较长的预防性维修，其维修频率和维修时间以及非维修的停机时间，都应记录，以便验证评价预防维修性指标时作为原始数据使用。

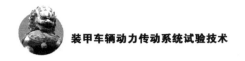

（十）维修性数据的收集、分析与处理

收集试验数据是维修性试验中的一项关键工作。试验方应建立数据收集系统，包括成立专门的数据资料管理组，制订各种试验表格和记录卡，并规定专职人员负责记录和收集维修性试验数据。此外，还应收集包括在功能试验、可靠性试验、使用试验等各种试验中的故障、维修与保障的原始数据，建立数据库供数据分析和处理时使用。

在试验中需要收集的数据，应由试验目的决定。维修性试验的数据收集不仅是为了评定产品的维修性，而且还要为维修工作的组织和管理（如维修人员配备、备件储备等）提供数据。在试验中必须系统地收集反映下列情况的数据：总体的、工作条件的、产品故障的、维修工作的。

此外还应把不属于设计特性所引起的延误时间（如行政管理时间、工具设备零（元）件供应的延误时间、工具仪器设备因故障所引起的维修延误时间等）记录下来，作为研究产品或系统的使用可用度时，计算总停机时间的原始资料。一些用于观察数据的辅助手段，如高速摄影、静物照相、录像、秒表的精度和型号也要记录，以供分析时参考。试验所积累的历次维修数据，可供该产品维修技术资料的汇编、修改和补充之用。

收集的维修性数据要加以鉴别区分，保留有用的、有效的数据，剔除无用的、无效的数据。原则上所有的直接维修停机时间或工时，只要是记录准确有效的，都是有用数据，供统计计算时使用。但由于以下几种情况引起的维修时间，不能作为统计计算使用：

①不是承制方提供的或同意使用的技术文件规定的维修方法造成差错所增加的维修时间；

②试验中意外损伤的修复时间；

③不是承制方责任的供应与管理延误的时间；

④使用了超出规定配置的测试仪器引起的维修时间；

⑤在维修作业实施过程中安装非规定配置的测试仪器的时间；

⑥产品改进的时间；

⑦在试验中有争议的问题，经试验专家组裁定认为不应计入的时间。

三、保障性试验

（一）研制阶段的保障性试验

研制阶段的保障性试验是装备研制过程的组成部分，用以验证是否达到了保障性要求中所规定的门限值。在一般情况下，研制阶段的保障性试验条件并不能完全代表装备在现场的使用情况。

这类试验中包括许多利用各种工程模型、试验模型等进行的非正式试验，可将试验中测定的性能参数、拆换活动数据和保养需求等结果用作保障性综合评价的输入。到了工程研制后期或定型阶段，通常要利用样机或试生产产品进行正式的演示试验，内容包括维修活动演示、保障设备相容性试验、人员的操作与评价、技术资料的验证及软件相容性试验等。此时，应尽可能地利用具有最终技术状态的测试与保障设备、初步的技术手册和按照正式的工程更改程序完成改进。

在生产阶段后期，可由用户利用正式的测试与保障设备、备件、正式的使用与维修程序，首次进行综合性的试验与评价，以验证装备、软件和保障系统间的相容性及各种综合保障要素间的相容性。通过这样的试验可以测定诸如再次出动准备时间、供应保障时间、人员效率因素及使用可用度等参数值。

（二）使用阶段的保障性试验

使用试验与评价是为了评估装备的使用（作战）效能和适用性，包括对装备所提供保障的充分性。初始的使用试验与评价是在尽可能接近实际条件的环境中进行的。进行使用试验与评价时，应该在实际的使用环境中，由经过正式培训的具有代表性的装备使用方的使用与维修人员，利用正式的技术手册（或其草案）和供实际应用的保障设备，以有代表性的生产型装备为对象来完成试验。

四、测试性试验

（一）测试性试验一般流程

测试性试验一般分为确定试验方案、试验技术准备、试验实施、数据分析与评估、撰写试验报告 5 个阶段，其工作流程如图 3 - 132 所示。

第一阶段，确定试验方案。即明确试验要求、可靠性试验计划、维修性试验计划和性能试验计划。试验要求包括被试装备技术特点、测试性技术指标要求、试验场地选择、试验时间节点等内容，可靠性试验计划、维修性试验计划和性能试验计划的提供则是为制订测试性试验计划提供参考和借鉴，尽可能实现不同类型试验的有机衔接。

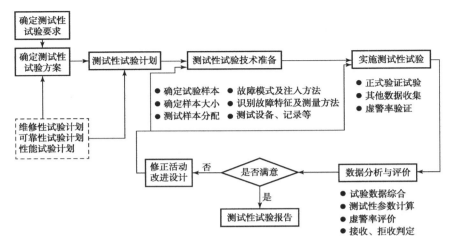

图3-132　测试性试验一般流程

第二阶段，试验技术准备。主要包括被试装备故障模式分析、故障样本选取、故障注入方法确定、试验记录方式确定、试验评价方法确定。确定被试验产品需要明确被试装备数量和质量要求，以及交接装备时应具备的相应条件。故障模式分析主要是对装备进行FMECA（故障模式、影响和危害性分析）分析，为后续可能的抽样工作做准备。故障样本选取包括试验用故障样本量确定，不同系统、分系统、设备或部件故障样本量的分配和抽样。故障注入方法的确定是在试验前就明确所需注入的不同故障应当采取什么方式注入被试装备，对于无法注入的故障采取什么方法解决。试验记录方式主要是完成对故障记录表格的设计。试验评价方法主要是解决试验结束后对于装备测试性水平的科学评价问题。

第三阶段，试验实施。在完成前期试验技术准备的基础上，进入试验实施阶段。这一阶段的工作主要是客观、真实、准确地记录试验过程中不同故障的数量、现象、检测/隔离情况、维修人员数量、维修手段等内容，为后续进行数据分析与评估提供基础数据。

第四阶段，数据分析与评价。首先要对试验中取得的故障数据进行合理取舍、科学分类。例如，对于考核装备BIT检测率的试验，应当舍弃试验过程中记录的非BIT设备检测到的故障。对于各系统单独计算测试性水平的试验，还应当将所记录的故障按照系统归属准确地进行分类。完成数据整理后，根据整理得到的有效故障数、检测故障数、按规定模糊度隔离故障数、虚警故障数，按照技术准备阶段确定的评价方法对装备故障检测率、故障隔离率、虚警率等测试性指标进行计算，并做出试验结果是否合格的判定。

第五阶段，撰写试验报告。这一步是对前述各阶段工作的总结，主要包括试验概况介绍、试验内容与结果分析、试验中出现的主要问题以及处理情况、试验结论和建议，对于需要补充说明的事项，还可以在附件中加以说明。

测试性与维修性、可靠性、性能等密切相关，测试性试验与评价应尽量与其他试验结合起来进行。

与维修性试验相结合——可以把故障检测率、隔离率，检测时间与隔离时间的验证纳入维修性试验计划之中，作为它的一部分。但要考虑测试性特点，如检测率与隔离率的合格判据等，故障注入（模拟）方法、测试作业样本分配方法、故障模式的随机抽取方法等。

与可靠性试验相结合——可靠性试验中发生了故障就要用 BIT、ATE 或人工进行检测和隔离，这些数据如果符合测试性试验要求，则可以作为测试性试验数据的一部分。虚警率的验证需要较长的试验时间，可结合可靠性试验来进行，虚警作为关联故障来处理。

与性能、使用操作试验相结合——BIT 的性能监控与检测功能等与装备性能、使用操作、余度管理、自修复功能等密切相关，装备的很多试验都包括 BIT 的功能试验。所以，试验中有关自然发生的故障或人为模拟（注入）故障数据，符合要求的均可作为测试性试验数据的一部分。

但是，测试性试验也有自己的特点，应单独确定试验要求、制订实施计划。当不能从其他试验中获得足够数据且条件又允许时，也可单独组织测试性试验。

（二）装甲车辆测试性试验设计

装甲车辆测试性试验需要根据装备自身特点确定相应的试验方法，由于其外场试验自然故障数量大，应当确立以外场试验为基础，试验室试验和分析评价为辅助的综合试验方法。总的思路是：装甲车辆测试性综合试验包括外场试验、试验室试验和分析评价 3 部分，试验室试验主要解决外场试验数据不满足样本量要求时的补充样本试验验证问题，分析评价主要解决试验室试验无法注入故障的验证问题。当外场试验故障样本不满足要求时，以外场故障数据为基础确定各分系统的故障模式危害度，在此基础上进行补充样本的分配。

装甲车辆测试性试验流程如图 3 – 133 所示。

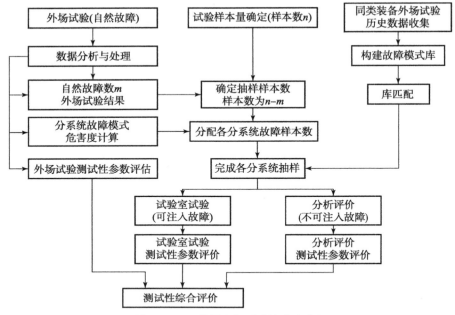

图 3 – 133   装甲车辆测试性试验流程

1. 实施外场试验

装甲车辆外场试验是测试性验证综合试验的基础，其目的是通过装备在真实试验环境、典型试验剖面下的运行和使用，充分暴露其存在的缺陷，检验BIT设备的检测/隔离能力。试验实施要严格按照试验大纲规定的路面、地区和内容操作，如实记录试验过程中出现的故障。

2. 数据分析与处理

数据分析与处理主要是在外场试验的基础上，通过数据整理、加工、完善保留可作为外场测试性试验故障样本的数据信息，同时通过对故障原始记录确定故障模式的发生概率等级、严酷度等级、诊断难度等级、维修等级、纠正难度等级，从而为后续的补充故障样本计算、各分系统故障模式危害度计算以及外场测试性参数评估提供基础数据。

3. 试验样本量确定

由于装甲车辆外场试验一般采用有替换的定时截尾试验方案，其测试性外场试验选择定数试验方案或最低可接受值方案。若技术指标要求规定了目标值、最低可接受值、研制方风险和订购方风险，则采用定数试验方案；若技术指标要求只规定了最低可接受值和订购方风险，则采用最低可接受值方案。根据试验方案计算出相应的试验样本量 n 后，将外场试验得到的故障样本数据 m

与 n 做比较。若 $m \geq n$，说明外场试验故障样本数满足规定的试验样本量需求，可直接进入测试性参数评估环节；若 $m < n$，则需要通过从故障模式库中抽样的方式进一步补充（$n - m$）个故障样本，并进行试验室试验或测试性分析评价。

4. 各系统故障样本分配

根据计算得到的补充故障样本数（$n - m$），按照分系统故障模式危害度计算值进行样本数量分配，当计算结果为小数时，向上取整。

5. 完成各分系统补充样本抽样

抽样前需收集同类装备外场试验的历史数据，构建故障模式库，在此基础上根据被试装备结构和功能特点进行库匹配工作，实现故障模式库故障模式与被试装备结构功能的匹配，尔后根据各系统样本量分配结果进行抽样。

6. 进行试验室试验和分析评价

对各分系统抽得的故障样本按照可注入和不可注入两种情况进行分类，凡是可注入的故障作为试验室试验的试验样本，凡是不可注入的故障作为分析评价的试验样本。对于试验室试验而言，要编写制定试验方案，准备相应的注入手段和器材；对于分析评价而言，要收集设计、预计、仿真和其他定性评价信息及试验中的故障检测/隔离信息；最终完成测试性试验室试验和分析评价。

7. 分别进行装备测试性外场试验、试验室试验和分析评价的参数评估

根据 3 种试验方式得到的装备 BIT 设备的故障检测/隔离数据，分别计算各自对应的检测率和隔离率的点估计值、单侧置信下限和置信区间。

8. 测试性综合评价

测试性综合评价就是以外场试验、试验室试验和分析评价的参数评估结果为基础，根据不同试验验证方式的特点，采用合理方法综合评价装备的测试性。

（三）测试性试验数据分析

试验数据分析是测试性试验中的一项基础工作，直接关系到样本量的准确性和试验结果的有效性，其主要内容是如何界定测试性试验的检测样本、隔离样本。下面从基本原则、判别标准和分析流程 3 个方面进行分析。

1. 基本原则

确定检测样本和隔离样本的判别标准，首先应当确定故障判别的基本原则。装甲车辆测试性试验故障判别应坚持以下原则。

（1）测试性试验故障统计对象为可以通过 BIT 设备进行故障指示的系统或分系统。

对于外场试验来说，不是所有故障样本均可作为 BIT 设备测试性试验的故障样本，只有那些可以通过 BIT 设备进行故障指示的系统或分系统所发生的故

障才能作为测试性试验故障样本，不能通过 BIT 设备进行故障指示的系统或分系统的故障计入测试性试验故障样本没有实际意义。对于补充试验样本来说，抽样时首先要确定从哪些系统或分系统抽取故障样本，应当将可以通过 BIT 设备进行故障指示的系统或分系统作为抽样对象。

（2）对影响任务完成构成影响的事件均作为测试性试验的故障样本。

从装备测试性设计的目的来看，主要是通过对故障的检测/隔离提高装备的维修性，从而最终提高装备的任务可靠性。因此，凡是影响任务完成的事件均应作为测试性试验的故障样本，与该故障是否是责任故障或关联故障没有关系。基于此，按照装甲车辆故障判别准则规定，记为故障的事件均作为测试性试验的故障样本。也就是说，测试性试验的故障样本应当为在规定的任务剖面内发生的全部影响任务完成的事件，包括关联故障和非关联故障。

（3）同一故障件的多个相同故障模式一般计为 1 个故障样本，但应当考虑 BIT 设备自身的可靠性。

在外场试验中，经常会出现同一故障件发生多个相同故障的情况，考虑到重复检测/隔离同一故障对于评价装备 BIT 设备的检测/隔离能力没有太大现实意义，这种情况下一般应将故障样本个数计为 1。但是，随着装备使用时间的不断延长，BIT 设备自身也会暴露出其可靠性问题，当其自身出现故障时，即使设计时具有检测能力，实际也无法实现。因此，同一故障件如果在不同里程状态下发生了多个相同故障，BIT 设备每次的检测/隔离结果可能会因其可靠性出现结果上的差异，这种情况下故障次数不能计为 1。

（4）不同样车的同一故障模式一般计为 1 个故障样本。

不同样本发生的同一故障一般认为属于规律性故障或重复性故障，从设计角度来说，BIT 设备对于同一故障能否实现检测/隔离是固定的，加上不同样本的 BIT 设备工作状态无法横向比较，因此这类故障计为 1 个样本。

（5）测试性试验的故障样本为故障检测的样本，只有能够正确指示的故障样本才能作为故障隔离的样本。

按照故障检测率的定义，测试性试验的故障样本就是故障检测的样本。而故障隔离率是指将检测到的故障正确隔离到规定范围的故障数与检测到的故障数之比，所以只有正确指示的故障样本才能作为故障隔离的样本。

2. 判别标准

试验数据分析中的判别标准主要包括：故障检测样本判别标准、故障检测成功判别标准、故障隔离样本判别标准、故障隔离成功判别标准、检测/隔离统计计数原则。

（1）故障检测样本判别标准。

故障检测样本是指用于计算装备故障检测率的故障样本。确定故障检测样本判别标准就是要明确哪些事件可以作为故障检测的试验样本。

对于测试性外场试验而言，除了不记为故障的事件或状态，其余事件或状态均作为测试性试验的故障检测样本，这包括 BIT 设备指示出的报警信息和人工发现的故障。以下为不计入测试性试验故障检测样本的判别标准。

①所属系统或分系统不能通过 BIT 设备进行故障指示。

②所属系统或分系统可以通过 BIT 设备进行故障指示，但属于装甲车辆故障判断准则中规定的不记为故障的事件，主要包括：感觉不到的漏气现象；未形成滴落的渗液现象；乘员凭借随车工具和备品在 20 min 内通过简单的维修工作能排除，且从后果衡量是无关紧要的事件或状态；预防性维修中发现的维修范围内的潜在故障。

③由于非关联因素引起 BIT 设备故障，最终导致 BIT 设备无法实施检测/隔离。

对于测试性试验室试验而言，故障检测的样本首先包括全部经抽样得到的用于注入的故障样本，同时试验室试验中发生的自然故障也要按外场试验故障检测样本的判别标准进行判定，符合外场试验中故障检测样本判别标准的事件或状态也作为试验室试验的故障检测样本。

对于测试性分析评价而言，故障检测的样本就是拟评价的全部故障样本。需要指出，测试性试验中 BIT 设备自身故障应作为故障检测样本。

（2）故障检测成功判别标准。

确定故障检测成功判别标准是指，对于全部故障检测样本而言，采用什么标准来判定 BIT 设备对故障检测样本进行了成功检测。故障检测成功的判别标准应当满足两条：一是 BIT 设备对装备做出了故障指示；二是针对所指示的事件，经后续的维修活动证实故障确实存在。

（3）故障隔离样本判别标准。

故障隔离样本是指用于计算装备故障隔离率的故障样本。确定故障隔离样本判别标准就是要明确哪些事件可以作为故障隔离的试验样本。由于故障隔离是在 BIT 设备对故障实现成功检测的基础上进行的，因此故障检测成功的样本均作为故障隔离样本。

（4）故障隔离成功判别标准。

确定故障隔离成功判别标准是指，对于全部故障检测成功样本而言，采用什么标准来判定 BIT 设备对其进行了成功隔离。故障隔离的定义是，排除与故障无关的因素，确定故障模式、故障机理、故障原因和必须进行修理范围的过程。可以看出，隔离的实质就是 BIT 设备对故障源进行成功定位，而这种定位的目的在于指导装备使用人员针对存在的故障进行现场排除故障、检修或特修等修复性维修工作。因此，故障隔离成功的判别标准为 BIT 设备对故障检测成功样本进行了准确的故障定位，定位结果至少应为外场可更换单元（LRU）。

（5）检测/隔离统计计数原则。

确定检测/隔离统计计数原则主要是解决表现相同的故障模式如何计数的问题，表现不同的故障模式据实计数即可。根据前一节确定的相关原则，检测/隔离统计计数原则如下：

①同一样车在不同里程状态下发生的两次相同故障，测试性故障次数计为 2 次。

②不同样本发生的两次相同故障，测试性故障次数计为 1 次。

3. 分析流程

装甲车辆测试性试验数据分析主要是针对测试性外场试验和试验室期间的故障事件，根据前述故障判别标准确定故障检测样本、检测成功样本、故障隔离样本、隔离成功样本。对于测试性分析评价而言，所有待分析的故障样本都作为故障检测样本，直接按上一节的故障判别标准确定检测成功样本、故障隔离样本和隔离成功样本。测试性外场试验和试验室数据分析流程如图 3 - 134 所示。

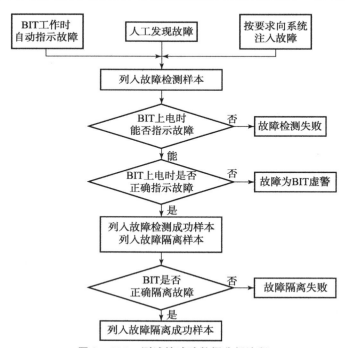

图 3 - 134　测试性试验数据分析流程

（1）确定故障检测样本。

对于外场试验而言，故障检测样本的来源有两类，一是 BIT 工作时自动指示故障，二是人工发现故障。这两类故障均应计为故障检测样本。其中，人工发现故障的情形有两种，一种是 BIT 未工作时，另一种是 BIT 工作但未指示故障。

对于试验室试验而言，所有需注入的故障样本均作为故障检测样本。试验期间发生的自然故障，按外场试验数据处理方法执行。

（2）确定检测成功样本。

对于列入故障检测样本的故障，按其类型分两步确定其是否属于检测成功样本。

第一步，确定是否检测到故障。在外场试验中，BIT 指示故障均属于检测到故障（不论是否真实存在），BIT 未工作时人工发现的故障要通过 BIT 开机工作确定是否能够指示出故障信息。在试验室试验中，在 BIT 未上电时实施故障注入，注入完成后也要通过 BIT 开机工作确定是否能够指示出故障信息。BIT 开机后，若无任何指示信息，则断定 BIT 检测失败。这类故障首先不能作为检测成功的样本。

第二步，确定能否正确指示故障。在外场试验中，对于所有 BIT 指示到的故障，经过现场维修检查，确定指示的故障是否真实存在。在试验室试验中，故障已真实注入后，需核实指示信息是否与真实故障一致。经检查核实，未真实发生故障或故障指示错误的事件，均判定为虚警。这类故障也不能作为检测成功的样本。

经过这两步的检查和分析，最终得到全部 BIT 指示出故障且故障真实存在的事件，这些事件均列入故障检测成功样本。

（3）确定故障隔离样本。

所有故障检测成功样本均作为故障隔离样本。

（4）确定隔离成功样本。

在外场试验中，对于已正确检测到的故障样本，经过现场维修确认，BIT 能够将故障源正确定位到可更换单元的事件，均计入隔离成功样本。在试验室试验中，故障部位已明确，无须现场维修，直接进行判别，BIT 能够将故障源正确定位到可更换单元的事件，均计入隔离成功样本。

五、安全性试验

（一）确定试验对象的基本原则

确定装备（含系统、设备）安全性试验对象应遵循以下原则：

①在研制总要求中确定的可能导致灾难性或严重影响的安全性关键项目；

②在研制总要求中有安全性要求的新研或改进的且未经过验证的产品；

③研制总要求中有安全性要求且未经过验证的选用产品；

④通过了安全性要求验证，但安全性要求发生了重大变化的选用产品；

⑤技术状态发生较大变化，对装备运行安全与任务完成有重大影响且未经过验证的产品。

（二）确定试验方法的基本原则

确定装备安全性试验方法应遵循以下原则：

①装备安全性试验首选试验验证，并优先在试验室进行；

②装备安全性试验应在尽可能高的产品层次上进行；

③安全性试验应采用试验验证和其他方式相结合进行；

④特殊安全性要求应开展安全性专项试验。

六、环境适应性试验

GJB 4239—2001《装备环境工程通用要求》中对于装备全寿命周期各阶段中的环境工程管理、环境分析、环境适应性设计和环境试验与评价等方面的工作项目及要求都做出了规定。

环境分析的主要任务是明确装备进行环境适应性设计和验证时所考虑的环境，提出环境适应性要求。根据 GJB 4239—2001，环境分析主要包括以下5项工作内容。

（一）确定装备的寿命周期环境剖面

确定装备的寿命周期环境剖面，主要是根据军方提供的装备使用方案和保障方案，以及相同或类似装备的环境特性数据进行。

装备的寿命周期剖面一般包括装备的运输、贮存/后勤供应、执行任务/作战使用3种状态事件。应根据3种状态事件预计的地点及状态特点，结合环境应力产生的机理，确定各种事件可能遇到或产生的自然环境和诱发环境的类型，并按时序给出寿命周期环境剖面。在给出时，应当尽可能用文字或图表说明寿命周期环境剖面中各种环境应力的大小。

在确定环境剖面时，应考虑装备暴露于某种环境下的相对和绝对持续时间、相关的地理位置和气候特性、包装状态、相关的运输平台、接口等。

（二）　编制使用环境文件

从现有环境数据库、模型和仿真中，获取有关的环境数据。当难以从现有资料或模型得到数据时，应制订环境数据实测计划，进行使用环境实测。

（三）　确定环境类型及其量值

对环境剖面和使用环境文件中的数据进行分析，确定影响装备的各种主要环境因素及其综合作用，作为装备研制中全面考虑各种环境影响的基本依据。

明确对装备的环境适应性要求。应明确进行环境适应性设计和环境试验所用的具体环境类型、应力值，并且包括量值确定的原则、关键问题与假设、环境适应性设计采用的风险率水平等。

（四）　确定实际产品试验的替代方案

这一工作项目主要是明确对于有环境适应性要求但可不用实际产品进行试验的产品及其试验替代方案，以降低试验费用。可以考虑用建模与仿真、试样、相似法分析等减少或免去实际产品的试验，但必须注意建模与仿真的有效性。

（五）　环境适应性要求

环境适应性要求是研制装备应达到的环境适应性目标的描述。装备在其寿命周期内贮存、运输和使用过程中将暴露在各种自然环境和诱发环境中，由于不同环境对装备影响的机理与作用不同，表达装备的环境适应能力也十分复杂，使环境适应性要求成为十分复杂的战技指标。

环境适应性要求应当在装备研制要求及合同文件中予以明确。通常只能对每一类环境提出定量与定性要求。环境适应性要求可以分两个方面表述，一是要求装备能在其作用下不受损坏或能正常工作的环境因素强度；二是装备的定量与定性合格判据。

第 4 章

试验资源条件

通常意义上，试验条件是指为保障各项试验顺利实施的保障资源条件，包括组织指挥、测试测量、环境构设、综合评估等方面。完善的试验条件是保证各项试验按试验设计提出的理论方法或指定的标准规范开展的基础。本书中的试验条件主要是指为保障各项试验顺利实施所需的技术理论、支持系统、仪器设备以及相关的环境条件构设等。

本章重点从装甲车辆动力传动系统试验所需要的试验系统、常用仪器和设备、驱动及阻力模拟及其他辅助装置等方面，阐述装甲车辆动力传动系统试验的相关条件。

|4.1　试验系统|

4.1.1　试验系统的概述

一、试验系统的概念

装甲车辆动力传动系统综合试验系统是主要以发动机、传动系统、辅助系统为真实对象，根据典型军车驱动循环工况以及高精度车辆模型仿真系统的实时运算，通过高性能变频驱动和加载控制系统的力矩和转速控制，实现对动力传动系统的动静态测试和验证的一整套系统和平台。试验系统组成总体构架如图4-1所示。

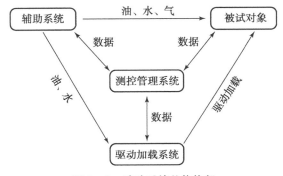

图 4-1　试验系统总体构架

其中，辅助系统用于对发动机和传动系统提供冷却、供油以及供气等作用，被测对象主要指动力传动系统部件，驱动加载系统主要指大功率变频系统及电机系统，测控管理系统主要收集整个系统的数据并进行集中处理和记录。

二、试验系统的构成要素

（一）驱动加载系统

驱动加载系统是试验系统的核心，其直接决定了试验过程中对预期工况模拟的接近程度，同时，也决定了整个系统的动态和静态性能。驱动加载系统大多采用交流变频调速拖动测功电机作为主动力装置，通过四象限运行的变频装置实现测功电机四象限运行，即测功电机既可做驱动装置用，也可做加载装置进行使用。如图 4-2 所示，驱动加载系统主要由测功电机、变频器和控制系统组成。

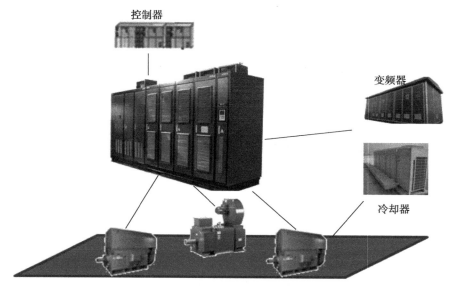

图 4-2　驱动加载系统组成

变频器大多采用西门子或 ABB 专门设计用于三相交流电机的矢量控制变频驱动器，如图 4-3 所示为该变频驱动器，其由模块化的供电单元和逆变单元组成，这些部件可以根据要求组合成为能够迅速连接的 IP20 防护等级的电柜。

主控系统主要是对加载系统实施实时监控，以使测功电机按照设定的工况运行，达到试验驱动和加载的目的，主要功能包括：

图 4-3　西门子矢量控制变频驱动器

①根据系统输入，对变频器实施控制从而实现对相应电机进行转速或转矩控制，输入包括来自操作台上按钮/开关的模拟量、工控机测控软件参数设定以及仿真系统仿真数据。

②根据变频驱动加载系统各部位传感器采集的参数，对系统运行状态进行实时监控，判断工作是否满足设定要求并进行故障报警。

③根据系统运行状态，对电机水冷系统等辅助设施进行控制。

（二）测控管理系统

测控管理系统的主要功能为根据试验任务向驱动加载系统、辅助系统和被测对象发送控制指令，并采集驱动加载系统、辅助系统和被测对象的状态参数，进行试验过程的测控及试验相关的数据管理。系统主要由参数测量采集、执行控制和测控管理软件三部分组成，测控管理软件的功能主要包括任务管理、试验控制、试验评价、安全控制、远程监控、被测对象控制与故障注入、载荷生成、数据管理等功能。

参数测量采集部分主要由传感器和数据采集模块组成，主要参数测量采集任务包括被试对象试验参数测量与采集，如输入/输出转矩、转速、温度、压力、流量、噪声等。这些参数除个别参数（如发动机进、排气温度，油、水温度）通过辅助系统间接读取外，其余均需在试验时安装传感器进行测量和采集。辅助系统相关状态参数主要包括温度、压力、流量、监控视频、红外护栏感应信号等，主要从辅助系统相关模块中通过数字通信获取。实车载荷测量与采集主要包括油门、挡位、转向角、制动行程、传动轴转矩和转速等，需通过在实车上安装相应传感器后进行实车测量和采集。

执行控制部分的作用主要是根据试验目的，经测控管理软件运算后控制相应执行装置，对驱动加载系统、辅助系统、被试件实施控制，包括对驱动和加载电机的转矩、转速进行控制，以及必要时的紧急停车，除按下操作台上的急停和快停按钮是直接指示驱动加载系统实施停车外，其余情况均由测控管理系统发送控制指令，由驱动加载系统实施控制；对被试对象的油门、挡位、转向、制动进行控制；对辅助系统，如冷却水流量、温度，空调温度、风量等参数进行控制，由测控管理系统发送控制指令，各辅助系统自带控制模块实施控制。

测控管理软件是整个试验平台的"大脑"，主要包括任务管理、试验控制、安全控制、被测对象控制、远程监控、载荷生成、试验评价、数据管理等功能。

（1）任务管理。

任务管理的主要功能是依据试验室管理体系进行与试验任务相关的管理，包括计划管理、文档管理、设备管理和人员管理。

计划管理，主要是根据新接收的试验任务及试验计划，将试验任务计划输入试验计划管理系统，并与已有计划进行对比，避免计划冲突；对已编入计划并录入系统的试验任务时间、人员、设备等进行调整；对试验计划中的试验项目进行进度查询，显示进展情况。

文档管理，主要是将与试验相关的批文、合同、标准、试验大纲等需纳入归档的文件资料，以电子档的形式录入系统，便于管理和查询、调用。

设备管理，主要是对设备的基本信息和有效状态进行管理，便于试验时确保设备的有效性，试验报告自动生成时自动调用设备信息。

人员管理，主要是对试验人员的基本信息和工作情况进行记录，便于试验报告自动生成时可选附操作人员资质信息，并对试验人员的试验任务进行统计管理。

（2）试验控制。

试验控制的主要功能一是根据国军标、国标或其他试验规范规定的试验方法和流程，利用标准化的试验程序，实施自动化试验，对被试对象进行性能检测、鉴定；二是提供用户试验定制界面，并根据用户定制的试验流程控制加载、驱动以及对被试对象油门、换挡、制动等执行元件进行自动操作，实现试验台联合控制试验；三是对试验设备和被试对象运行参数进行监控，并可编辑设定报警阈值，根据报警情况实施应急处置。

（3）安全控制。

安全控制主要用于人员和设备的安全防护，重点针对误操作、被试对象故障、设备故障、配套设施故障等紧急情况实施安全控制。

（4）被测对象控制。

被测对象控制主要是对被试对象实施控制，包括油门、挡位、制动、转向等，以实现试验台架系统的联合控制。

（5）远程监控。

远程监控的主要功能是通过计算机上的远程终端软件同步显示试验现场数据（如图表、曲线、数字仪表等），通过权限可查询、调阅试验数据和试验文件资料，并可设定、分发试验参数。

（6）载荷生成。

载荷生成由实车载荷采集单元和载荷谱处理单元组成，其主要功能一是通过在实车上加装传感器，采集实车载荷形成对应车型工况的载荷谱；二是基于"使用想定"工况重构载荷谱。目的是获取更加贴近实际工况的负载，使动力传动系统试验更加接近实际使用工况。

（7）试验评价。

试验评价的主要功能一是对性能鉴定试验，根据试验数据分析计算试验结果，对试验数据进行处理，生成试验报表；二是综合实车测试数据和台架测试数据开展可靠性、维修性、保障性、测试性分析评价。

（8）数据管理。

数据管理用于试验数据和试验信息存储、监控视频存储、车载数据存储以及数据分类管理和快速查询，且各系统通过网络可调用数据库数据。

（三）辅助系统

辅助系统主要为试验台架搭设，试验设备散热、除湿，被试件油、水冷却，发动机进、排气等提供保障，包括变电站设施、循环冷却水设施、循环冷冻水设施、高压空气设施、地面基础设施、降噪隔音设施、吊装转运设施、发动机排气处理设施、内部配电设施、燃油温控及油耗测量设备、发动机进气温度控制设备、发动机机油恒温控制设备、发动机冷却液恒温控制设备、变速箱润滑油恒温设备、电机冷却液恒温设备。

（1）机械系统。

机械系统包括铸铁平台、惯量箱组、电机基座、叠片挠性联轴器、扭矩仪支架、防护罩及防护网、紧固件等。

铸铁平台是各个支架与基座稳固安装的基础，平台内设计有 T 形槽，各类支架与基座均通过压板和大螺栓紧固在铸铁平台上。铸铁平台呈长方形。

惯量箱组主要用于传动装置和动力传动系统换挡、制动等试验时模拟整车惯量，实现惯量加载。惯量箱组采用国内成熟产品，主要由箱体、惯量飞轮、传动轴及连接法兰等组成。

电机基座主要用于支撑固定电机，并保证电机中心高以及与其他同轴设备的同轴度。

防护罩及防护网，主要用于旋转件的防护。

（2）电机冷却液恒温系统。

电机冷却液恒温系统主要为电机提供可控的冷却液，并根据电机的发热情况自动控制冷却液的温度或流量，保证电机稳定运行。

（3）动力传动试验辅助系统。

动力传动试验辅助系统主要包括燃油温控及油耗测量系统、发动机进气温度控制系统、发动机机油恒温控制系统、发动机冷却液恒温控制系统、变速箱润滑油恒温系统、高压空气设备及消防设施等。各试验辅助系统最大工作容量按照 1 100 kW 动力传动系统联合试验需求设计。采用集中的冷冻水和冷却水系统实施散热，并设置全室空调用于动力传动联合试验（带辅助系统）时的试验大厅和周边空间的室温控制。

三、试验系统功能简介

动力传动系统试验台与单一传动试验台相比，可以进行液压机械双功率流传动的变速器试验；实现发动机、变速器或转向装置多台架的整体协调，利用 CAN 总线进行诸多信息的综合采集和控制，专业技术含量高，机械、液压、计算机和自动控制多专业集成，难度很大，其测控系统应具备以下主要功能。

（一）起动控制功能

主控计算机发出发动机准备起动命令，首先检查是否满足起动条件（如主离合器是否处于分离状态、变速器是否在空挡位置、旋转装置限位开关是否到位等），若满足，则指令油门执行器将发动机油门调到最大位置，吸合起动继电器，等发动机转速高于某转速时，断开起动继电器，同时将油门调到某一较小位置，主离合器接合，完成发动机的自动起动。若不满足起动条件，系统将给出起动失败原因提示。

（二）暖机控制功能

发动机起动后，系统判定发动机冷却水温、润滑油温、变速器油温、减速升速器油温，当温度达到设定值时，暖机结束，同时给出提示。系统要能灵活设定暖机结束条件，如暖机时间，水温、油温最低限值等，也要能设定暖机时发动机转速。在暖机阶段，以主控机检测发动机转速，控制油门执行器，改变油门位置，使发动机转速维持在指定转速上。

（三）发动机油门位置控制功能

在任何工况下，发动机油门都应该能按主控机要求自动稳定到指定开度，并能将位置信息反馈至主控机。

（四）试验台主离合器控制功能

主离合器应能在发动机起动、变速器换挡、系统出现紧急情况时自动分离。

（五）HMCVT 控制功能

根据发动机的供油拉杆位置和发动机的最佳经济性或最佳动力性曲线，自动变换传动比，使发动机维持在最佳工况下，将各种状态信息反馈至主控计算机。

（六）转向盘控制功能

为了研究转向特性，需要具有控制方向盘按指定的角速度转到指定角度的功能，且具备与主控计算机的通信控制功能。

（七）测功机控制功能

系统能按照给定的控制模式（恒转速、恒转矩、恒功率）维持或连续改变（随动）测功机的负荷或转速。并具备转矩限制、转速限制、电流限制等功能。为了使系统有高的动态品质，需保证测控单元与主控计算机的通信速度。为了实现转向装置性能，系统应具备两台测功机联合控制功能，且能实现从正转到反转的无扰转换。鉴于不同的试验工况，升速比是不同的，应采用合理的算法（如多套 PID 参数），保证在不同的升速比下，测功机系统都具备良好的动态品质和控制精度。

（八）试验室辅助支持系统控制功能

主要指发动机冷却水温控制、发动机润滑油温控制、变速器油温控制和升速/减速器油温控制。以上目标温度应能独立设定，并能控制在规定的范围内。液压站、冷却水泵能在主控机的控制下自动启停，并具备与其他设备的联锁功能。

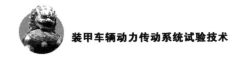

（九）系统保护和报警功能

各被测参数都应设定报警限值和停车保护限值，此外，还应设置手动紧急停车功能。在测试现场的旋转部件附近设置警告指示灯，应在现场多处设置由电器直接实现的急停按钮。

（十）显示功能

对主要的测控参数（如转速、扭矩、温度、压力、流量等），除了在计算机上显示外，还应能在具备显示功能的仪表上显示。

（十一）自诊断功能

系统应该可以根据传感器的信号范围、信号变化情况及各执行器的反馈信息，自动判定故障原因，并能给出维修提示。

（十二）良好的可重组性与可扩展性

作为科研用研究性试验台，其可重组性与可扩展性非常重要，体现在硬件与软件两个方面。

4.1.2 常用仪器设备

一、加载系统

根据加载系统设备不同主要可分为电力测功机、电涡流测功机、磁滞测功机、磁粉测功机、水力测功机等。现在常用的是电力测功机和电涡流测功机两种。

（一）电力测功机

电力测功机为利用电机测量各种动力机械轴上输出的转矩，并结合转速、转矩测量以确定功率的设备（图4-4）。因为被测量的动力机械可能有不同转速，所以用作电力测功机的电机必须是可以平滑调速的电机。电力测功机分直流电力测功机和交流电力测功机，目前用得较多的是交流电力测功机。

直流电回馈加载器是利用直流发电机作为负载并将发出的电能通过其加载及回馈控制器（逆变器）回馈给输入端的一种先进的加载设备，它和扭矩传感器配接，即组成性能优良的直流电力测功机。

交流变频电回馈加载器是利用交流变频电机作为负载电机，通过一台专门

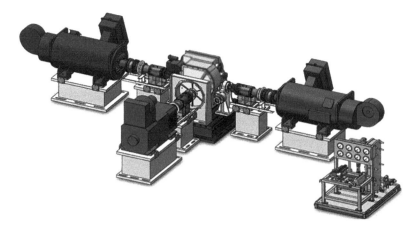

图 4 - 4　测功机系统

的矢量工程变频装置调节负载并进行能量回馈，它和扭矩传感器配接，即组成性能优良的交流电力测功机。

电力测功机加载能量可回馈利用，特别是在大功率加载试验和寿命老化试验时，其节能效果非常可观（节能效果取决于试验台的传动效率，一般都在70％左右），从而使得试验台运行成本大大降低。而且采用共母线回馈方式时电能可内循环回馈使用，因此试验室的配电容量也可以大大减少，从而使试验台投资成本也大大节约。

电力测功机加载特性较好，无论是高转速还是低转速（极低转速甚至是零转速下）都能进行稳定加载，而且其加载稳定性是以往任何加载设备所不能比拟的。注意：额定转速以下进行恒扭矩加载，额定转速以上进行恒功率加载。

（二）电涡流测功机

电涡流测功机是利用涡流损耗的原理来吸收功率的。当直流电通过与转子同轴装配的励磁线圈时生成的磁通经过涡流环、气隙和转子形成闭合回路。由于转子和摆动部分都是由磁性材料制成，磁阻很小，所以磁通密度主要取决于气隙的大小。外面是均匀的齿和槽，磁场将在气隙和电枢体或涡流环内表面上由任意一点的磁感应发生变化时产生，从而感应产生出涡流电动势，并得到涡流电。同时，经过涡流和磁场的涡合，转子上产生了制动力矩，而在摆动体上则产生与拖动力矩相同的力矩，此力矩数值可由传感器检测出来。发动机输出的功率被转化成摆动体上满流产生的等值热量，该热量由进入电枢体内表面或涡流环冷却水槽中持续不断的冷却水带走。为保证测功机能长期正常工作，防止测功机冷却室内结垢影响冷却效果，造成测功机损坏，冷却水的净化处理极为重要。电涡流测功机的结构组成如图4-5所示。

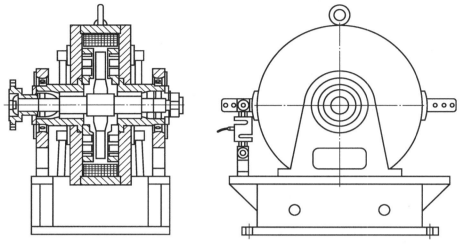

图4-5　电涡流测功机

电涡流测功机适用于中高转速，功率范围适用更大一些的加载测试，如电机、减速机、发动机等，所以用于发动机试验。

主要特点包括：结构简单、运行稳定、价格低廉、使用维护方便；采用水冷却，噪声低、振动小；输入转速范围宽，可用于变频调速等各类电动机及动力机械的型式试验；控制器采用直流电源，控制功率小；转矩的测量可以采用电子磅秤、压力传感器或者高精度转矩转速测量仪等，适合用于不同测量精度的场合；可用作制动器，制动力矩大；电涡流测功机根据结构可分为鼓式、盘式等类型。

（三）磁滞测功机

磁滞测功机（图4-6）由带齿极定子、空心磁滞杯转子、激磁线圈、支架、底板等组成（图4-7），当磁滞测功机内部线圈通过电流时则产生磁力线，并形成磁回路而产生转矩，改变励磁电流即可改变负载力矩。

其主要适用于中小力矩而转速较高的电机测试，如起动电机恒力矩带载起动、异步电动机、小功率直流电机、串激电机及电动工具等，尤其适合于测试各种电机的动态特性曲线，被广泛应用于家用电器、分马力电动机和电动工具等行业。

图 4 - 6 磁滞测功机

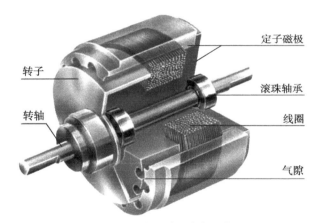

图 4 - 7 磁滞测功机内部结构图

其主要特点为：测功机转子为空心杯形结构，惯性小，适用于低速和中高速电机测试；测试精度高，整机灵敏度高，负载转矩稳定性和测试重复性好；无电刷滑环结构，气隙中无磁粉摩擦，使用寿命长；结构简单、辅助设备少，使用维修方便；操作方便，调整励磁电流即可改变电机负载转矩，能做电机的制动及温升试验；不受转速影响，可提供精确气力负载；电机测试可提供从空载到堵转的全程测试。

（四）磁粉测功机

磁粉测功机是根据磁粉力矩技术原理设计制造的制动式测功机（转矩机），是对被试电机施加转矩负载并吸收其功率的转矩机，也是旋转力矩 – 静止力矩变换器，如图4-8所示。转速传感器及转矩传感器都安装在磁粉测功机上，通过测功机将被试电机的转速和转矩转换成脉冲信号和模拟信号，送至测功机控制器显示，被试电机拖动磁粉测功机旋转时，电机输出的全部功率都被磁粉测功机吸收并转化为热能，借助散热器及外设冷却风扇或水冷将其散热。

磁粉测功机是由定子、实心转子、激磁线圈、磁粉介质、支架、底板等组成（图4-9），当磁粉测功机内部线圈通过电流时产生磁场，使内部磁粉按磁力线排成磁链，由磁粉链产生的拉力变为阻止

图4-8　磁粉测功机

转子旋转的阻力，该力即为负载力矩。改变激磁电流即可改变负载力矩。

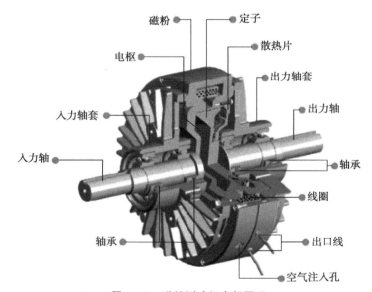

图4-9　磁粉测功机内部原理

当工作时，通过控制器提供励磁电流给磁粉测功机，磁粉测功机内部线圈通电时则产生磁场，使内部磁粉按磁力线排成磁链，由磁粉链产生的拉力变为阻止转子旋转的阻力，该力即为负载力矩，该力矩的大小只与控制器加在测功机线圈上的电流大小有关，而与被试电机拖动测功机旋转的速度基本无关。

其主要适用于大力矩而转速较低的场合。如起动电机恒力矩带载起动、异步电动机、直流减速电机及造纸、纺织等行业使用的恒张力控制等。

其主要特点包括：转子为空心鼓形转子，惯性小，承受离心力大；测功机的力矩是由磁粉链的拉力形成，力矩变化具有缓冲性；静态转矩力矩平滑，没有齿槽波动转矩，无剩磁转矩；无摩擦结构，使用寿命长；操作方便，只需要调节激磁电流即可改变测功机的力矩大小。

（五）水力测功机

水力测功机是利用水对旋转的转子形成的摩擦力矩吸收并传递动力机械的输出功率的装置，如图 4 – 10 所示。水力测功机的主体为水力制动器，它由转子和外壳组成，外壳由滚动轴承支撑，因而可以自由摆动。固定在外壳上的力臂将作用在外壳上的力矩传递给测力装置。制动器的转子被封闭在外壳内，其间充以水。测功机工作时，圆盘高速旋转，在摩擦力和离心力的作用下，把水抛向外壳的内腔，形成一个旋转水环，在这个过程中转子将输出轴的扭矩传递给水，水环的转动受到外壳内壁摩擦力的阻碍，它的旋转速度降低下来，这就是外壳对水环的制动力矩。此时外壳本身也受到一个与制动力矩大小相等方向相反的反力矩，实际就是水环将扭矩传递给了外壳。当测功机工作平衡时，转子传递给水的扭矩与外壳所受的反力矩的方向相同，大小相等。在这个力矩的作用下，外壳沿动力轴转动的方向旋转，在转过一定角度以后为测力机构所平衡，测力机构指针所指示的扭矩值即等于输出轴的扭矩。这样，动力机械加给转子的转矩以同样大小作用于外壳上。动力机械的输出功率则通过水分子间的相互摩擦而变成热能。

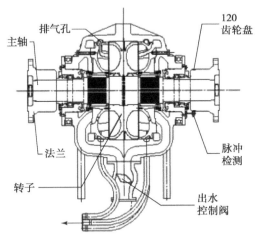

图 4 – 10　水力测功机

圆盘式水力测功机与涡流室式水力测功机是两种常见的水力测功机。

圆盘式水力测功机通过改变水层厚度来调节制动转矩。涡流室式水力测功机是通过改变水压或作用面积来调节制动转矩的，前者通过控制排水阀的开度改变内腔水压及水量来调节制动转矩的大小；后者靠闸套的位置移动调节转矩，而内腔始终充满着水。圆盘式水力测功机可以实现正反向旋转，工作稳定，结构简单，维护方便，但是体积较大，占用空间大。

涡流室式水力测功机比圆盘式平稳、操作方便，供水压力的微小波动并不影响制动力矩，其缺点是结构比较复杂，不能反转。由于其低负荷时工作平稳，对低转速适应性强，故特别适用于低速大功率柴油机的试验。

（六）加载系统结构

根据被测件特点，加载系统结构分为单负载加载系统、双负载加载系统、三负载加载系统及四负载加载系统，从而实现对应前置前驱系统、前置后驱系统、后置后驱系统、四驱系统等各种动力系统进行测试，如图 4 - 11 所示。

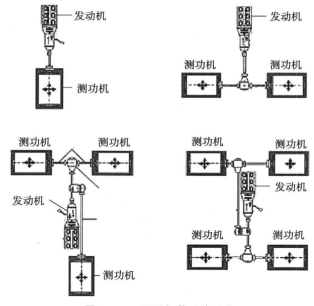

图 4 - 11　不同加载系统形式

用电机模拟发动机进行传动装置测试的加载系统，如图 4 - 12 所示。

二、电气驱动系统

根据加载系统的不同，电气驱动系统需要与不同的测功机对应配套使用。

（一）直流励磁驱动系统

直流励磁主要针对电涡流测功机、磁滞测功机、磁粉测功机的励磁驱动，

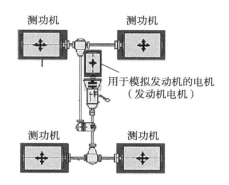

图 4 – 12　具有发动机模拟功能的加载系统

可采用直流调节电源进行控制，其主要由功率变压器、可控硅控制模块、桥式整流电路、电容滤波电路、稳压电路、稳流电路、保护电路、外接采样电路组成，如图 4 – 13 所示。

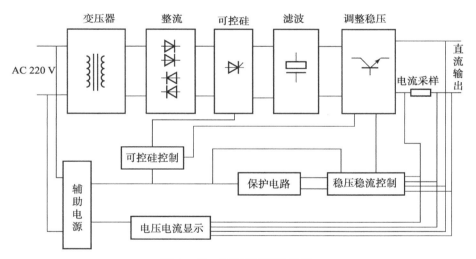

图 4 – 13　直流励磁驱动系统

（二）直流电机驱动系统

直流电机驱动系统是主要针对直流电力测功机的驱动系统，可用直流调速器通过改变输出方波的占空比使负载上的平均电流功率从 0 ~ 100% 变化，从而改变电机速度。其大多采用脉宽调制（PWM）方式、实现调光/调速，它的优点是电源的能量功率能得到充分利用，电路的效率高。

（三）交流电机驱动系统

交流电机驱动系统是主要针对交流电力测功机的驱动系统，可采用变频器和伺服控制器，应用变频技术与微电子技术的原理，通过改变电机工作电源频率的方式来控制交流电动机的电力控制设备。使用的电源分为交流电源和直流电源，一般的直流电源大多是由交流电源通过变压器变压，整流滤波后得到的，交流电源占总使用电源的95%左右。

交流变频回馈有电源回馈和母线回馈两种形式。电源回馈直接将加载系统发电电能回馈给电源；母线回馈形式统一考虑驱动和加载，加载能量通过内部母线驱动逆变器的输入端，而不回馈电源，对电源不产生任何影响，电源提供的只是试验台损耗部分能量而已。母线回馈形式最适合于类似齿轮箱试验台、车桥试验台等传感机械试验。

四象限变频器应用于电力测功机，作为加载（扭矩）控制和能量回馈的控制器具有以下无可比拟的优点：

①加载特性好。由于采用四象限变频器作为加载控制器，于是测功机成了一种主动型、有源型负载（而非类似电涡流测功机等那样的被动型无源型），从而使得测功机在高低转速，甚至在极低的转速下都能稳定地进行加载（额定转速以下为恒扭矩加载特性，额定转速以上为恒功率特性），如图 4－14 所示。

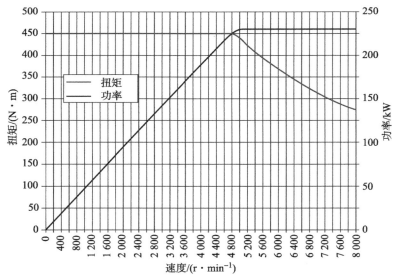

图 4－14　交流电机驱动系统加载特性

②四象限运行特性。测功机可以在电动机、发电机，正转、反转，正向加载、反向加载之间任意切换，从而使得我们可以在试验台上模拟任意的实际工况运行，如前进、后退，上坡、下坡，加速、制动等。

（四）技术优点及特性对比

电涡流测功机、磁滞测功机、磁粉测功机采用的直流励磁系统相对结构简单，节省建设成本，但由于无电源回馈功能，被测试件输出的全部功率都被转化为热能排放，能量损耗大，且无倒拖驱动功能。

直流电力测功机由于直流电机整流需要专业维护，无法高速运转，而且逆变器回馈质量不好，功率因数较低，容易引起颠覆故障，特别是在较大功率时，因此现在我们一般不建议采用。

交流电力测功机即交流变频回馈加载，由于是采用了标准的变频（或伺服）电机和四象限变频器设计制造，高低转速均可使用，而且其可靠性（免维护性）非常好；回馈质量好（波形畸变好于5%甚至可以做得更好），功率因数在98%～100%。加载能量回馈利用，电源只是提供试验台传感系统的损耗而已，这对寿命试验、老化试验来说，有非常大的节能效果。特别是采用母线回馈加载的形式，在运行成本和配电投资成本方面都有无可比拟的优势。无须采用类似电涡流那样的水冷却系统，从而使得试验台的辅助配置系统大大简化。因此，交流变频回馈加载的交流测功机近年来由于四象限变频技术的成熟得到了非常广泛的应用。

三、测控系统

测控系统是指既"测"又"控"的系统。依据被控对象、被控参数的检测结果，按照人们预期的目标对被控对象实施控制，是以检测为基础，以传输为途径，以处理为手段，以控制为目的的闭环系统。测控系统原理图如图 4 - 15 所示。

测控系统主要由以下四个部分构成：

①传感检测部分：感知信息（传感技术、检测技术）。

②信息处理部分：处理信息（人工智能、模式识别）。

③信息传输部分：传输信息（有线、无线通信及网络技术）。

④信息控制部分：控制信息（现代控制技术）。

测控系统的功能主要可分为测量、执行机构驱动、控制、人机交互、通信等，以下主要对各部分功能原理进行概述。

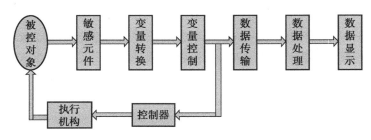

图 4 – 15　测控系统原理图

（1）测量。

在生产过程中，被测参量分为非电量与电量。常见的非电量参数有位移、液位、压力、转速、扭矩、流量、温度等，常见的电量参数有电压、电流、功率、电阻、电容、电感等。非电量参数可以通过各种类型的传感器转换成电量输出。

测量过程通过传感器获取被测物理量的电信号或控制过程的状态信息，通过串行或并行接口接收数字信息。在测量过程中，计算机周期性地对被测信号进行采集，把电信号通过 A/D 转换器转换成等效的数字量。有时，对输入信号还必须进行线性化处理、平方根处理等。如果在测量信号上叠加有噪声，还应当通过数字滤波进行平滑处理，以保证信号的正确性；例如在试验平台中，就需要通过转速传感器、转矩传感器、振动传感器以及温度传感器等把系统运行过程中的转速数据、转矩数据、振动数据和温度数据采集后上传给控制器，以对系统的运行状况进行实时监测和参数控制等。

为了检查生产装置是否处于安全工作状态，对大多数测量值还必须检查是否超过上、下限值，如转速上、下限报警值，振动上限报警值等；如果超过，则应发出报警信号，超限报警是过程控制计算机的一项重要任务。

（2）执行机构的驱动。

对生产装置的控制通常是通过对执行机构进行调节、控制来达到目的的。计算机可以直接产生信号去驱动执行机构达到所需要的位置，也可通过 A/D 转换产生一个正比于某设定值的电压或电流去驱动执行机构，执行机构在收到控制信号之后，通常还要反馈一个测量信号给计算机，以便检查控制命令是否已被执行；例如在试验平台中，上位机发送电机运行命令和固定转速命令，通过控制器进行信号处理后来对电机进行驱动，电机运行后会将运行状态信号及实时转速信息反馈给控制器。

（3）控制。

利用计算机控制系统可以方便地实现各种控制方案。在工业过程控制系统中常用的控制方案有三种类型：直接数字控制（DDC）、顺序控制和监督控制（SPC）。大多数生产过程的控制需要其中一种或几种控制方案的组合。

（4）人机交互。

控制系统必须为操作员提供关于被控过程和控制系统本身运行情况的全部信息，为操作员直观地进行操作提供各种手段，如改变设定值、手动调节各种执行机构、在发生报警的情况下进行处理等。因此，它应当能显示各种信息和画面，打印各种记录，通过专用鼠标、键盘对被控过程进行操作等。

此外，控制系统还必须为管理人员和工程师提供各种信息，如运行装置每天的工作记录以及历史情况的记录、各种分析报表等，以便掌握运行过程的状况和做出改进运行状况的各种决策。

（5）通信。

现今的工业过程控制系统一般都采用分组分散式结构，即由多台计算机组成计算机网络，共同完成上述的各种任务。各级计算机之间可以通过以太网、CAN、RS485 等通信方式实时地交换信息。此外，有时生产过程控制系统还需要与其他计算机系统进行数据通信。

随着计算机技术和芯片技术的迅猛发展，测控系统未来发展逐渐呈现出以下特点：

①测控设备软件化。

通过计算机的测控软件，实现测控系统的安全检测、自动报警、过载保护、多功能测试等功能；设备资源管理、模型管理及执行、运行状态监视和手动操作等；软件化可以简化硬件、缩小体积、降低功耗、提高可靠性。

②测控过程智能化。

在测控系统中，各种计算机成为测控系统的核心，同时介入各种运算复杂但易于计算机处理的智能测控理论方法；系统能自动进行测试、对测试工艺进行编辑并能进行测试流程调度、报表生成等。

③高度的灵活性。

能够集成 CAN、LIN 等通信数据库，并对报文的收发进行快速配置，可以对 XLS 格式的表格进行配置导入；可以给系统输入实时激励信号（包括常值输入、斜坡输入、锯齿波输入、脉冲输入、Sine 输入、指数输入、噪声输入、试验结果数据输入等），并可按照预定的顺序执行一系列自动测试逻辑，同时可以记录运行过程中的信号数值。

④实时性强。

测控系统基于实时系统运行，可以实时监控系统变量、记录实时数据（CSV、TXT 或 TDMS 等格式）、能够对系统中需要调整的参数进行实时在线修改。

⑤可视性好。

测控系统根据功能将界面进行分页显示，如控制界面、检测界面、图表界面等，方便用户进行数据分析、查找及操作等。

⑥测控一体化。

测控系统对测试项目中样件、需求、用例、计划、报告和缺陷等基本信息进行统一管理及数据记录和统计。

四、传感器系统

（一）转速传感器

转速传感器是将旋转物体的转速转换为电量输出的传感器。转速传感器属于间接式测量装置，可用机械、电气、磁、光和混合式等方法制造。常用的转速传感器有光电式、变磁阻式和霍尔式等。

光电式转速传感器对转速的测量，主要是通过将光线的发射与被测物体的转动相关联，再以光敏元件对光线进行感应来完成的，主要可分为透射式、漫反射式和遮光式等光电转速传感器。

透射式光电转速传感器设有指示盘和标尺盘，两者之间存在间隔相同的缝隙。透射式光电转速传感器在测量物体转速时，标尺盘会随着被测物体转动，光线则随标尺盘转动不断经过各条缝隙，并透过缝隙投射到光敏元件上。透射式光电转速传感器的光敏元件在接收光线并感知其明暗变化后，即输出电流脉冲信号。透射式光电转速传感器的脉冲信号，通过在一段时间内的计数和计算，就可以获得被测量对象的转速状态。其主要特点为：采用光学原理，非接触测量不会对测量轴带来额外的负载，所以误差小，精度高，结构紧凑简单，抗干扰性好。

变磁阻式转速传感器利用磁通变化而产生感应电动势，其电动势大小取决于磁通变化的速率。这类传感器按磁路形式不同又分为开磁路式和闭磁路式两种。开磁路式转速传感器的磁场之磁路呈开启状态，其最大的优点是便于采用分离式安装方式，实现非接触测量，但电动势灵敏度比较低。闭磁路式转速传感器的磁场之磁路呈闭合状态，其最大的优点是抗外接电磁干扰能力强，电动势灵敏度高。一般闭磁路式转速传感器都采用整体式安装形式，用于接触测量。

霍尔式转速传感器的主要工作原理是霍尔效应，也就是当转动的金属部件通过霍尔式转速传感器的磁场时会引起电动势的变化，通过对电动势的测量就可以得到被测量对象的转速值。霍尔式转速传感器的主要组成部分是传感头和齿圈，而传感头又是由霍尔元件、永磁体和电子电路组成的。霍尔式转速传感器在测量机械设备的转速时，被测量机械的金属齿轮、齿条等运动部件会经过传感器的前端，引起磁场的相应变化，当运动部件穿过霍尔元件产生磁力线较为分散的区域时，磁场相对较弱，而穿过产生磁力线较为密集的区域时，磁场就相对较强。霍尔式转速传感器就是通过磁力线密度的变化，在磁力线穿过传感器上的感应元件时，产生霍尔电动势。霍尔式转速传感器的霍尔元件在产生霍尔电动势后，会将其转换为交变电信号，最后传感器的内置电路会将信号调整和放大，输出矩形脉冲信号。霍尔式转速传感器的特点：①霍尔式转速传感器的测量必须存在磁场，若测量非铁磁材质的设备时，需要在转动的物体上安装磁铁物质来改变传感器周围的磁场。②霍尔式转速传感器的集成电路具有体积较小、灵敏度高、输出幅度较大、温漂小、对电源的稳定性要求较低等优点。

光电式转速传感器采用光学检测原理，一般检测精度相对较高，但在户外及恶劣环境下需要使用较高的防护要求，并且不适宜在凝露的环境中使用、不耐撞击，价格较低；适用于试验平台工作环境较好的条件下。

相比之下，磁电式转速传感器的性价比要高一些，磁电式转速传感器不易受尘埃和结露的影响、耐高低温、抗振动、寿命长等；但磁电式转速传感器测量低转速时精度会降低，不适于试验平台做低转速测试试验。

霍尔式转速传感器适合用于低速或超低速非接触检测中，其弥补了磁电式转速传感器的不足，多应用在控制系统的转速检测中，稳定性好，测量频率范围远远高于磁电式转速传感器，可以在温度较高的环境、油性环境及潮湿环境下应用，适用于试验平台工作环境较恶劣的环境下。

（二）扭矩传感器

扭矩传感器主要用来测量各种扭矩、转速及机械效率，它将扭力的变化转化成电信号，主要可分为非接触式扭矩传感器、应变片扭矩传感器和相位差式扭矩传感器。

非接触式扭矩传感器也是动态扭矩传感器，又叫转矩传感器、转矩转速传感器、旋转扭矩传感器等，如图 4 – 16 所示。它的输入轴和输出轴由扭杆连接，输入轴上有花键，输出轴上则是键槽，当扭杆受到转动力矩作用发生扭转的时候，花键与键槽的相对位置则被改变，它们的相对位移改变量就是扭转杆的扭转量。这样的过程使得花键上的磁感强度变化，通过线圈转化为电压信号。非接触式扭矩传感器的特点是寿命长、可靠性高、不易受到磨损、有更小的延时、受轴的影响更小，应用较为广泛。

图4-16 非接触式扭矩传感器

应变片扭矩传感器（图4-17）使用的是应变电测技术，其原理是利用弹性轴，粘贴应变计，组成了测量电桥，当弹性轴受扭矩作用发生微小形变时，电桥的电阻值就会发生变化，进而电信号发生变化，实现扭矩的测量。应变片扭矩传感器的特点是分辨能力高、误差较小、测量范围大、价格低廉，便于选择和大量使用。

图4-17 应变片扭矩传感器

相位差式扭矩传感器（图4-18）就是扭转角相位差式传感器，它的原理就是根据磁电相位差式转矩测量技术，在弹性轴的两端安装两组齿数、形状及安装角完全相同的齿轮，齿轮外侧安装接近传感器。当弹性轴旋转时，两组传感器的波形产生相位差，据此计算出扭矩。相位差式扭矩传感器的特点主要是实现了转矩信号的非接触传递，检测的信号是数字信号，转速较高。但是这种扭矩传感器体积较大，低转速时的性能不理想，因此应用已不是很广泛。

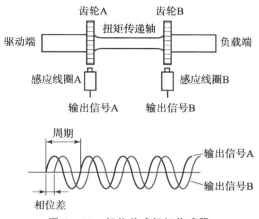

图4-18 相位差式扭矩传感器

由于非接触式扭矩传感器、应变片扭矩传感器具有体积小、测量精度高（非接触式最高可达0.02；接触式最高可达0.05）、测量范围大等优点，在电动机、发动机、内燃机等旋转动力设备输出扭矩的检测中得到广泛应用；而相位差式扭矩传感器由于其体积大、不宜低速测量等已不再广泛应用。使用人员可根据试验平台的测试需求来选择非接触式扭矩传感器或应变片扭矩传感器各个等级的量程以及测量精度。

（三）振动传感器

振动传感器是一种能感受机械运动振动的参量（振动速度、频率、加速度等）并转换成输出信号的传感器。主要有电涡流式振动传感器、电感式振动传感器、电容式振动传感器、压电式振动传感器和电阻应变式振动传感器等。

电涡流式振动传感器是以涡流效应为工作原理的振动式传感器，它属于非接触式传感器。电涡流式振动传感器是通过传感器的端部和被测对象之间距离上的变化，来测量物体振动参数的。电涡流式振动传感器主要用于振动位移的测量。

电感式振动传感器是依据电磁感应原理设计的一种振动传感器。电感式振动传感器设置有磁铁和导磁体，对物体进行振动测量时，能将机械振动参数转化为电参量信号。电感式振动传感器能应用于振动速度、加速度等参数的测量。

电容式振动传感器是通过间隙或公共面积的改变来获得可变电容，再对电容量进行测定而后得到机械振动参数的。电容式振动传感器可以分为可变间隙式和可变公共面积式两种，前者可以用来测量直线振动位移，后者可用于扭转振动的角位移测定。

压电式振动传感器是利用晶体的压电效应来完成振动测量的，当被测物体的振动对压电式振动传感器形成压力后，晶体元件就会产生相应的电荷，电荷数即可换算为振动参数。压电式振动传感器应用于加速度的测量。

电阻应变式振动传感器是以电阻变化量来表达被测物体机械振动量的一种振动传感器。电阻应变式振动传感器的实现方式很多，可以应用各种传感元件，其中较为常见的是电阻应变式的传感器。

一般认为，在低频范围内，振动强度与位移成正比；在中频范围内，振动强度与速度成正比；在高频范围内，振动强度与加速度成正比；振动位移具体地反映了间隙的大小，振动速度反映了能量的大小，振动加速度反映了冲击力的大小。

试验平台可根据测试需求来对振动传感器进行选型，如需测量系统的振动位移，可选用电涡流式传感器；测试系统的振动速度，可选用电感式振动传感器；测试系统的振动加速度，可选用压电式振动传感器。

（四）温度传感器

温度传感器是指能感受温度并转换成可用输出信号的传感器。工业上常用热电阻或热电偶来进行温度测量。

热电阻温度传感器是利用导体或半导体的电阻率随温度的变化而变化的原理制成的，通过温度的变化与元件电阻的变化的关系，获得温度值。热电阻温度传感器如图 4-19 所示。热电阻有金属（铂、铜和镍）热电阻及半导体热电阻（称为热敏电阻）。

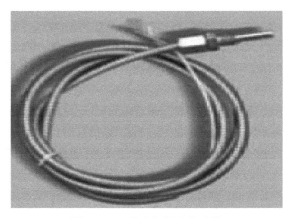

图 4-19　热电阻温度传感器

目前应用最广泛的热电阻材料是铂和铜：铂电阻精度高，适用于中性和氧化性介质，稳定性好，具有一定的非线性，温度越高电阻变化率越小；铜电阻在测温范围内电阻值和温度呈线性关系，温度线数大，适用于无腐蚀介质，但超过 150 易被氧化。Pt100、Pt1000 及 Cu50 和 Cu100 应用最为广泛。热电阻一般适用于 −200～500 ℃的温度测量，采用压簧式感温元件，抗震性好，测量精度高，机械强度大，耐高温耐压性能好，性能可靠、稳定。

热电偶由两种不同成分的导体两端接合成回路，当两接合点温度不同时，就会在回路内产生热电流。如果热电偶的工作端与参比端存有温差，显示仪表将会指示出热电偶产生的热电动势所对应的温度值。热电偶的特点为：测温范围宽，性能比拟稳定；热响应时间快，对温度变化反响灵活；从 −40～1 600 ℃均可连续测温；性能牢靠，机械强度好。

热电偶虽然测量温度范围宽，但价格相对来说较高；而热电阻适用于中低温范围内的测量，且性价比高而被广泛应用，由于电机工作时的温度一般在 200 ℃以下，所以常用热电阻来对其温度进行测量。

五、机械系统

在台架试验系统中，机械系统是主要的执行部分，如图 4−20 所示。机械系统通过不同形式的连接组合来实现对被测设备设想工况的测试，起到对被测件的支持、防振、连接和保护的作用，其属于台架试验系统的核心部分之一。

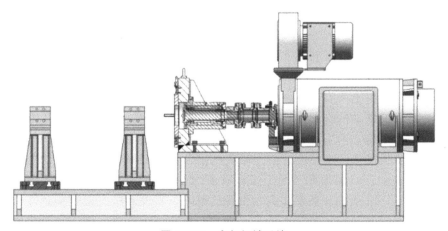

图 4−20　台架机械系统

台架机械系统主要由铸铁底板、安装底座、联轴器、轴系、保护罩等组成。铸铁底板（图 4−21）在试验过程中起到支撑测功机、安装底座、轴系、发动机和其他测试设备的作用，不同试验室铸铁底板的布置方式不同，现在应用比较广泛的是将测功机、安装底座、发动机、联轴器整体安装到铸铁底板上，铸铁底板下面采用刚性弹簧或空气弹簧，空气弹簧可以通过改变压缩空气的压力去调节铸铁底板的高度，这种控制更精确，传动轴不受影响。

图 4 - 21　铸铁底板

平板一般采用不低于 GB/T 9439—2010 中 250 级的优质、结构细密的普通铸铁或合金铸铁，制作材料外部应无缺陷，内部应无气孔和疏松。准确度等级为 2 级和 3 级，平板工作面上的细微缺陷允许用与平板成分相同的材料来填充。平板应具有适宜的筋条，其工作面的厚度和边框的高度均应满足在平板工作区域中央区域施加载荷时，该承载区域相对于其他区域的变形量不大于 1 μm/200 N。准确度等级为 0 级和 1 级平板的工作面应采用刮研法（或效果与刮研法类似的其他工艺方法）进行精加工，准确度等级为 2 级和 3 级平板的工作面允许采用机械加工法进行精加工。

发动机安装底座在发动机试验中主要起到支撑发动机，安放数据采集模块，缓冲发动机振动的作用。在设计发动机安装底座时，要保证支架在发动机工作的过程中平稳、可靠。要保证底座的刚度，保证在使用的过程中不能发生变形，因为支架发生了变形会影响发动机的摆放位置，影响发动机的对中。要保证一定的强度，如果强度不足，发动机在大负荷强振动时会对支架造成破坏，甚至有损坏发动机、轴系和测功机轴的危险。将发动机支架安装到铸铁底板之前，确保安装底座和铸铁底板表面平整、干净、无杂物，使用轻量化的材料，受热变形小。

被测件安装底座形式多样，一般根据被测件结构和测试项目来决定安装底座结构形式，被测件安装底座要求有足够的强度和硬度。

　　整体式底座（图4 – 22）在设计过程中通过静态载荷及整体模态分析，保证其足够的强度和刚度，使之工作时运行稳定，无共振和影响动平衡的变形等现象。整体式底座为坚固的焊接结构，选用优质钢板焊接而成。焊件焊接后经去应力处理后加工，可确保长期使用无变形。

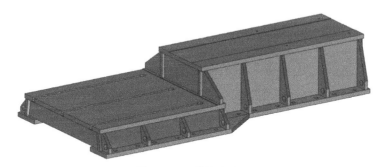

图4 – 22　整体式底座

　　试验台架联轴器主要选用膜片联轴器（图4 – 23）和万向联轴器（图4 – 24），一些特殊场合也会选用其他形式的联轴器。膜片联轴器的膜片形式分为连杆式和整体式，膜片的厚度应符合 GB/T 708—2019 的规定。对于整体式膜片的形状，连杆式膜片可分别组成四边形、六边形、八边形等偶数形状。联轴器最大允许安装角向偏差应不超过 ±5′的范围；膜片表面应光滑、平整，不得有裂纹等缺陷；在高速工况下使用的联轴器应和主机轴系一起进行机械平衡试验；联轴器在包装前应清洗干净，接合面应涂防锈剂，非接合面应涂油漆或做其他防锈处理。

图4 – 23　膜片联轴器

　　万向联轴器利用其机构特点，使两轴不在同一轴线，在存在轴线夹角的情况下能实现所连接的两轴连续回转，并可靠地传递转矩和运动。万向联轴器最大的特点是：其结构有较大的角向补偿能力，结构紧凑，传动效率高。不同结构形式的万向联轴器两轴线夹角不相同，一般在 5°～45°之间。

图 4 - 24　万向联轴器

　　轴系由轴、轴承和安装于轴上的传动体、密封件及定位组件组成。其主要功能是支撑旋转零件，传递转矩和运动。轴系按其在传动链中所处的地位不同可分为传动轴系和主轴轴系，一般对传动轴的要求不高，而作为执行件的主轴对保证机械功能，完成机械主要运动有着直接的影响，因此对主轴有较高的要求。

　　传动轴是整个台架比较脆弱的部件，传动轴传递来自发动机的转矩，试验传动轴旋转较快，冲击载荷大，工作环境恶劣，因此应分析整个传动系统的扭转振动频率，防止发动机在正常转速范围内出现共振等现象。此外还应分析传动轴最大转速与发动机最大转速之间的关系，合理选择连接轴的材料，从而满足强度要求。传动轴强度校核计算流程如图 4 - 25 所示。

　　轴承是在机械传动过程中起固定和减小载荷摩擦系数作用的部件。也可以说是，当其他机件在轴上彼此产生相对运动时，用来降低动力传递过程中的摩擦系数和保持轴中心位置固定的机件。轴承是当代机械设备中一种举足轻重的零部件，它的主要功能是支撑机械旋转体，用以降低设备在传动过程中的机械载荷摩擦系数。按运动元件摩擦性质的不同，轴承可分为滚动轴承和滑动轴承两类，在试验台架系统中主要应用滚动轴承。

4.1.3　驱动及阻力模拟

　　为了实现对动力系统以及传动系统动静态性能的台架测试，需对试验平台驱动及阻力模拟系统进行全面分析及综合设计。动力系统主要指军用柴油发动机，传动系统主要包括动液力变矩器、变速箱、离合器和传动箱等组件。试验平台驱动力模拟主要涉及发动机输出力矩模拟，从而在没有真实发动机介入的情况下实现对传动系统的性能和功能测试。阻力模拟系统主要是对地面车辆行驶阻力及传动系统阻力进行模拟，从而在没有真实车轮和路面介入的情况下实现对路面行驶及传动系统阻力的模拟。

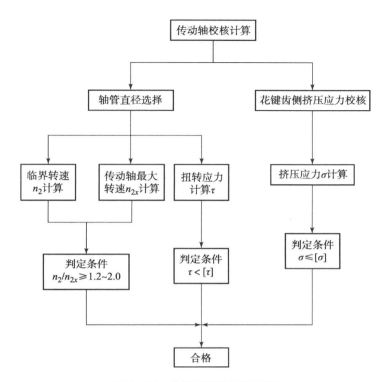

图 4 – 25 传动轴强度校核过程

一、驱动力模拟系统

（一）发动机模拟背景介绍

随着地面车辆产品生命周期的缩短，相应的研发周期压缩，加之自动变速箱的广泛应用，对传动系统的特性、控制策略可靠性都提出了更高的要求。各车型完成开发后，在前期开发阶段动力系统的台架试验和路试过程中的优化需求突出。提高台架试验效率是缩短动力总成开发周期的有效途径，能够为传动系统提供真实工况环境的传动系统试验台显得尤为重要。

传统的传动系统台架试验往往需要真实发动机介入，因为开发阶段发动机和传动系统均有可能存在设计缺陷，如系统扭振和 NVH 等问题，无法将发动机缺陷与传动系统缺陷进行拆分，因此必须要有稳定的发动机作为试验支撑。如果能够通过对驱动电机的控制实现对发动机输出特性的模拟，则可以将发动机与传动系统的测试进行解耦。

电机驱动模拟发动机的优点主要包括：

①适合进行传动系统动态耐久试验，而无须考虑发动机本身寿命问题。

②无须燃油、尾气排放、循环风、发动机冷却供水等多系统的建设。

③消防设施要求比带发动机的试验室要求低，可节约大量的建设、运营、维修及保养成本。

④工装设计只需根据传动系统自有图纸设计过渡板、输入轴联轴器、输出半轴的连接法兰等，设计、加工成本低，周期短。

⑤无须真实的发动机，只需提供发动机模型与相关参数，在台架上对变速器换挡曲线、扭矩响应等进行全方位的标定和试验。

⑥可在没有真实发动机的情况下进行试验，能够实现发动机和变速器的同步开发，有着很强的灵活性，对缩短研发周期有着重要的作用。

发动机扭矩的周期性波动会引起传动系统的扭转振动，从而产生噪声，降低零部件的使用寿命。如果变速器齿轮设计不当，发动机怠速工况下的周期扭矩脉动也会引起变速器的敲击声，因此如果要在室内台架上复现因发动机周期扭转振动引起的 NVH 问题，就需要一个高精度的扭振模型（模拟活塞连杆的惯量扭矩及各缸的燃烧扭矩）和高性能的模拟器。这就对发动机模型、发动机模拟电机驱动控制提出了较高的要求。

（二）发动机力矩模型分析

发动机扭矩周期脉动频率很高，如一个 4 缸 2 冲程发动机怠速转速为 900 r/min，则其点火频率为 30 Hz。经测试发现，一个完整的周期扭振波形至少需要 12 个点才能完整地再现出来，所以要对转速为 900 r/min 的发动机周期扭矩振动进行模拟，其通信频率或控制周期至少要达到 30 × 12 = 360 Hz，如果发动机转速为 6 000 r/min，则其通信频率或控制周期应达到 2 400 Hz，发动机模型的计算速度应满足实时控制要求。

忽略摩擦扭矩，发动机扭矩即曲轴的转动扭矩，包括曲轴、连杆、活塞等机械系统产生的惯性扭矩和化学燃烧产生的燃烧扭矩。为使台架具有高动态的模拟效果，首先利用发动机"转速 - 扭矩"外特性图为控制器提供平均扭矩给定信号，同时利用数学推导和经验公式来获得发动机惯性扭矩和燃烧扭矩，即在对发动机进行模拟过程中，把扭矩信号分离为平均扭矩信号和扭振信号，而扭振信号又分解为发动机往复惯量引起的激振和燃烧压力引起的激振。这里的平均扭矩是各缸曲轴、连杆、活塞等机械系统产生的惯性扭矩和化学燃烧产生的燃烧扭矩相互叠加平均后的扭矩，以下提到的惯性扭矩和燃烧扭矩为实际发动机扭矩去除平均扭矩后的波形，其叠加后的值为零。这种发动机模型与传统的发动机模型相比，数学计算量小，能够较好地满足高动态控制响应的要求。由于发动机平均扭矩信号可以通过传统方法获得，叠加在平均扭矩信号上的扭矩脉动信号的平均值应为零，如图 4 - 26 所示。

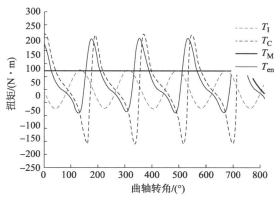

图 4 - 26　发动机扭矩组成

总的发动机扭矩可以用下式表示：

$$T_{en} = T_M + T_I + T_C \qquad (4-1)$$

式中　T_{en}——总的发动机扭矩；

　　　T_M——平均扭矩；

　　　T_I——往复惯量引起的扭矩；

　　　T_C——燃烧压力引起的扭矩。

1. 发动机平均扭矩模拟

发动机平均扭矩可由多种方法得到，包括经验公式法、曲线拟合法和查表法，它是以油门开度和发动机转速为输入，以发动机输出转矩为输出的模型，图 4 - 27 为发动机外特性曲线图。

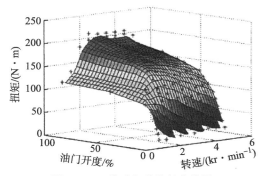

图 4 - 27　发动机外特性曲线图

2. 往复惯量引起的扭矩 T_I

发动机运动部件的离心惯性力，在一定转速下其值大小不变，而且作用方向始终通过回转中心，因此它不会引起扭转振动。往复惯性力如同气缸内气体压力一样，通过连杆作用在曲柄销上，亦即在曲轴上产生周期性变化的力矩，从而引起轴系的扭振，发动机活塞结构如图4-28所示。

由往复运动部件所产生的往复惯性力为：

$$P_I = -m\ddot{x} \qquad (4-2)$$

式中　m——活塞和连杆的总质量；

　　　x——活塞行程。

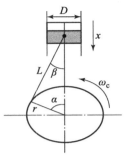

图4-28　发动机
活塞结构图

x 可由下式来表示：

$$x = (L+r) - (L\cos\beta + r\cos\alpha)$$
$$= r(1-\cos\alpha) + L(1 - \sqrt{1 - \lambda^2\sin^2\alpha}) \qquad (4-3)$$

式中　L——连杆长度；

　　　r——曲柄半径；

　　　α——曲柄转角；

　　　β——连杆与曲柄销中心的连线与曲轴旋转中心线的夹角；

　　　λ——曲柄半径与连杆长度比。根据运动学可知，活塞加速度近似公式为：

$$\ddot{x} = r\omega_c^2(\cos\alpha + \lambda\cos2\alpha) \qquad (4-4)$$

其中，ω_c 为曲柄旋转角速度。因此，往复惯性力为

$$P_I = -mr\omega_c^2(\cos\alpha + \lambda\cos2\alpha) \qquad (4-5)$$

由往复惯性力产生的力矩为：

$$M_I = P_I\frac{\sin(\alpha+\beta)}{\cos\beta} \cdot r$$

$$\approx mr^2\omega_c^2\left(\frac{\lambda}{4}\sin\alpha - \frac{1}{2}\sin2\alpha - \frac{3\lambda}{4}\sin3\alpha - \frac{\lambda^2}{4}\sin4\alpha\right) \qquad (4-6)$$

3. 燃烧压力引起的扭矩 T_C

燃烧扭矩是气缸内气体燃烧膨胀对活塞引起的力传递到曲轴和飞轮上的燃烧压力，表示为：

$$P(\alpha) = \frac{P_{comp}(\alpha_i) \times V_d(\alpha_i)^k}{V(\alpha)^k} \qquad (4-7)$$

式中　$P_{comp}(\alpha_i)$——进气歧管压力；

　　　$V_d(\alpha_i)$——气缸容积；

　　　$V(\alpha)$——压缩过程中气缸容积（瞬时容积）；

　　　k——膨胀系数。

瞬时气缸工作容积为：

$$V(\alpha) = \frac{\pi D^2}{4}\left\{\frac{x}{\varepsilon - 1} + \frac{x}{2}\left[\left(1 + \frac{1}{\lambda}\right) - \cos\left(\frac{\pi}{180}\alpha\right) - \frac{1}{\lambda}\sqrt{1 - \lambda^2\sin^2\left(\frac{\pi}{180}\alpha\right)}\right]\right\}$$

$$(4-8)$$

式中　$\varepsilon = \dfrac{V_{c} + V(\alpha)}{V(\alpha)}$ ——压缩比；

　　　V_{c} ——燃烧室容积；

　　　D ——气缸直径。

曲柄受到的单缸燃烧扭矩为活塞受到的燃烧力乘以活塞行程随曲柄转角的变化率，可以由下式得出：

$$T_{gas}(\alpha) = \left[P(\alpha) - P_{atm}\right]A_{p}\frac{dx}{d\alpha} = \left[P(\alpha) - P_{atm}\right]\pi\frac{D^2}{4}\left[r\sin(\alpha) + \frac{r^2}{2L}\sin(2\alpha)\right]$$

$$(4-9)$$

式中　$P(\alpha)$ ——燃烧压力；

　　　P_{atm} ——大气压力；

　　　A_{p} ——气缸活塞面积；

　　　$\dfrac{dx}{d\alpha}$ ——活塞运动速度。

上述单缸状态下发动机的往复惯性力和燃烧压力引起的扭矩算法模型，对于多缸发动机，求取出单缸的扭矩后，根据缸数和发火顺序进行叠加即可获得发动机运行时总的信号输出，4 缸发动机的燃烧扭矩信号叠加如图 4 – 29 所示。

（三）　发动机模拟控制系统

模拟系统采用低惯量永磁同步电机（Permanent Magnet Synchronous Motor，PMSM）作为模拟执行器件（图 4 – 30），基于电流解耦的矢量控制，构建电流、速度双内环。为了提高系统内环的抗干扰能力，采用前馈补偿的方式。直接将模拟系统计算的发动机扭矩作为车辆模型及传动系统模型的输入，对负载部分的转速进行闭环控制。

对永磁同步电机数学模型做如下处理：a. 假设转子永磁磁场在气隙空间分布为正弦波，定子电枢绕组中的感应电动势也为正弦波；b. 忽略电子铁芯饱和，认为磁路为线性，电感参数不变；c. 不计铁芯涡流与磁滞损耗；d. 转子上无阻尼绕组。采用 $i_d = 0$ 的 PMSM 转子磁场定向控制，电压方程如下：

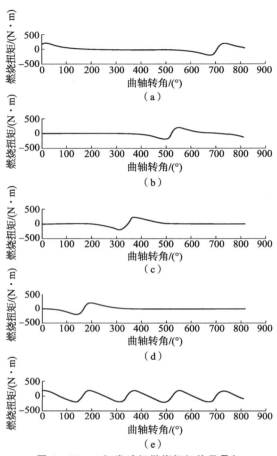

图 4 - 29　4 缸发动机燃烧扭矩信号叠加

（a）1 缸燃烧扭矩曲线；（b）3 缸燃烧扭矩曲线；（c）4 缸燃烧扭矩曲线；

（d）2 缸燃烧扭矩曲线；（e）4 缸燃烧扭矩叠加

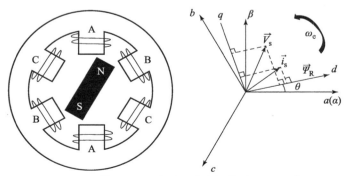

图 4 - 30　永磁同步电机模型

$$
\begin{cases}
u_d = \dfrac{\mathrm{d}\psi_d}{\mathrm{d}t} - \omega_e \psi_q + R_d i_d \\[2mm]
u_q = \dfrac{\mathrm{d}\psi_q}{\mathrm{d}t} + \omega_e \psi_d + R_q i_q \\[2mm]
\psi_d = L_d i_d + L_{\mathrm{md}} i_{\mathrm{f}} \\[2mm]
\psi_q = L_q i_q
\end{cases}
\qquad (4-10)
$$

$$
T_{\mathrm{em}} = p(\psi_d i_q - \psi_q i_d) = p\left[L_{\mathrm{md}} i_{\mathrm{f}} i_q + (L_d - L_q) i_q i_d \right] \qquad (4-11)
$$

其中，u_d 和 u_q 分别代表定子电压在 d 轴和 q 轴的分量；R_d 和 R_q 分别代表定子电阻经坐标变换后在 d 轴和 q 轴的分量；L_d 和 L_q 分别代表定子电感经坐标变换后在 d 轴和 q 轴的分量；ψ_d 和 ψ_q 分别代表空间磁场在 d 轴和 q 轴的分量；L_{md} 代表定子绕组与转子永磁体之间的互感；i_{f} 为永磁体在 d 轴磁场强度的等效电流；p 为转子的磁极对数；T_{em} 为转子侧的电磁转矩。

常用的电机电磁转矩控制策略为：对 i_d 进行闭环控制使其维持在 0，这样电机电磁转矩将正比于定子绕组的 q 轴电流 i_q。图 4 – 31 为 PMSM 矢量控制系统的原理框图，通过对 i_q 的闭环控制即可实现对电机电磁转矩的闭环控制。

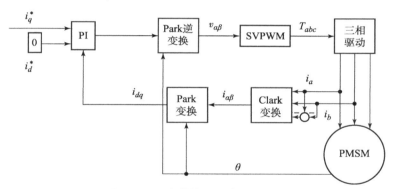

图 4 –31　矢量控制系统原理框图

（四）　发动机模拟台架构造及电机性能要求

典型传动系统测试台架系统构架如图 4 – 32 所示，具有发动机模拟功能的台架与传统台架相比主要区别体现在以下几个方面：

所用模拟电机为高性能永磁同步电机，其电机扭矩响应速度、带宽和控制精度均要优于传统交流异步电机。

发动机模拟电机与被测传动系统之间的传动轴刚度较强，从而保证发动机模拟扭振可无衰减地传递至被测传动系统，对于有些台架，其省略发动机模拟电机与被测传动系统之间的扭矩传感器，从而进一步提高传动轴刚度。

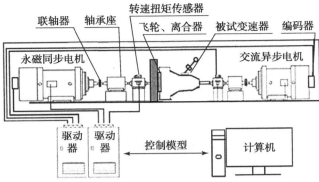

图 4-32　传动系统测试台架构架图

驱动器部分采用先进矢量电机控制算法，通过开环方式实现电机扭矩的高频高精度控制。

计算机模型部分，对发动机扭振模型进行高速实时运算，从而得到发动机实时目标输出扭矩，实现发动机扭振模拟。

如表 4-1 所示，为某发动机模拟台架所模拟发动机参数及所选取 PMSM 电机相关参数。

表 4-1　某发动机模拟台架参数

目标模拟发动机参数	
输出功率	90 kW
缸数	4
最高转速	6 000 r/min
连杆长度	0.189 3 m
活塞和连杆总质量	0.975 kg
压缩比	9.8
曲柄半径	0.118 9 m
发动机转动惯量	0.108 385 kg·m²
高性能永磁同步电机参数	
输出功率	132 kW
额定转速	4 200 r/min
最高转速	7 000 r/min
额定转矩	360 N·m
转动惯量	0.032 kg·m²
转矩上升速率	<2 ms

二、阻力模拟系统

(一) 电惯量模拟背景介绍

传动系统台架试验是传动系统研发的重要环节之一，通过台架试验模拟传动系统的实际工况，进行性能测试、换挡规律研究以及与发动机的匹配试验。惯量模拟是实际工况模拟的关键项之一，国内目前常用机械惯性飞轮组模拟，但这种方法存在调整困难、模拟级差、设备自动化程度低等问题，严重影响了动态过程的模拟精度。电模拟即减小或取消了机械惯量飞轮，利用电机及计算机控制进行补偿，使试验系统的动态特性与大惯量飞轮系统一致，在设备尺寸、控制灵活性和惯量模拟精度等方面有更大的优势。国内对电惯量模拟的研究已取得初步成果，有文献研究了电惯量模拟的实现方法并应用于同步器试验台，还有文献介绍了电惯量模拟在制动器试验台上的应用，其设计思想是动态速度跟踪控制，所以不适用于变速器试验台。

国内外学者在传动系统试验台的设计、制造上已取得较好的成绩，特别是对负载电机的控制，已从传统的用机械式惯量模拟整车惯量，发展到电模拟整车机械惯量，来控制加减速过程的加速度。

电机系统及相应附件作为惯量模拟设备时，由于受到环境（包括温度、湿度、润滑油清洁度）、装配误差、结构损伤和机械热变形等的影响，设备的附加阻力总是不断变化。由于电机控制的滞后性，这种变化引起的误差很难被完全消除。因此无论采用什么控制方式，惯量模拟的误差总是难以避免的。即使如此，考虑到电惯量模拟具有灵活可调、降低风险和成本、缩短开发周期等优势，其仍然得到了项目的大量使用和广泛研究。

(二) 电惯量模拟原理介绍

以下主要以变速箱（变速器）试验台为例，对惯量模拟原理及基本数学模型进行介绍。

变速器试验台的实际工况复杂且与诸多因素有关，针对电惯量模拟研究，建立如图 4-33 所示的结构简图。变速器试验台主要由调速电机及驱动器、变速器被试件等组成，驱动电机工作在电动状态，模拟发动机提供动力驱动变速器，加载电机工作在发电状态，为变速器加载模拟行驶阻力。工作过程中，控制计算机根据变速器的输出转速和行驶阻力特性实时计算加载转矩，加载电机以转矩为被控量，与驱动器组成一个具有良好动态特性的转矩闭环控制系统。

由于加载电机的转动惯量远小于汽车的等效转动惯量，且变速器的换挡过程是在切断动力条件下完成的，变速器输出轴转速会在阻力转矩的作用下迅速下降，传统的试验台通常采用机械惯性飞轮组模拟汽车的等效转动惯量。采用电模拟的试验台取消图 4 – 33 中的机械惯性飞轮，通过改变驱动器来控制加载电机的电磁转矩以补偿实际转动惯量与目标转动惯量的差异，使得在动态过程中变速器输出轴的转速变化与机械模拟系统基本一致。

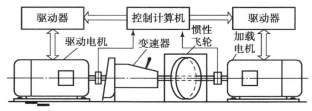

图 4 – 33　变速箱（器）试验台结构简图

考虑加载电机，忽略系统的静摩擦和库仑摩擦，根据牛顿运动定理可得：

$$J_m \dot{\omega}_m = T_d - T_l \qquad (4-12)$$

式中，J_m 为加载电机的转动惯量，T_d 为驱动转矩，T_l 为加载转矩，ω_m 为电机转动角速度。

目标系统的动力学方程为：

$$J_f \dot{\omega}_f = T_d - T_l \qquad (4-13)$$

式中，J_f 为车辆折算的等效转动惯量，即试验台用机械飞轮模拟的惯量，$\dot{\omega}_f$ 为飞轮转动角速度。

电惯量模拟的目标是使电惯量系统具有与机械惯量系统一致的转速响应，即 $\omega_f = \omega_m$，比较式（4 – 12）和式（4 – 13）可知，在相同的驱动转矩和加载转矩作用下，为了使二者的转速变化一致，电机系统需要模拟转动惯量 J_e，即：

$$J_e = J_f - J_m \qquad (4-14)$$

将式（4 – 14）移项后代入式（4 – 13），得：

$$J_f \dot{\omega}_f = J_m \dot{\omega}_f + J_e \dot{\omega}_f = T_d - T_l \qquad (4-15)$$

如果将惯量差异导致的附加惯性转矩并入电机的电磁转矩，则得到电惯量模拟的电机系统动力学方程为：

$$J_m \dot{\omega}_m = T_d - (T_l + T_e) \qquad (4-16)$$

其中，$T_e = J_e \dot{\omega}_m$，其物理意义即为电惯量模拟需要补偿的动态惯性转矩。

以上分析表明，如果在动态过程中根据角加速度的变化规律来补偿电机的电磁转矩，则可以实现与机械模拟一样的效果。然而，在具体实现中还要考虑电惯量模拟的性能受电流环带宽的限制和角加速度信号检测的困难。

惯量模拟电机系统的动态结构框图如图 4 – 34 所示，设角加速度由转速通过理想微分环节得到，根据需要补偿的惯量计算出对应的惯性转矩，进一步计算出电枢电流的给定值，从而对电机电枢电流进行闭环控制。

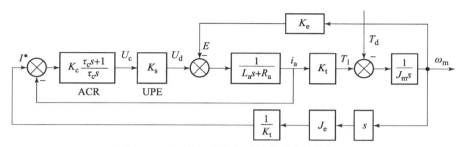

图 4 – 34　惯量模拟电机系统的动态结构框图

电机转速响应和驱动转矩之间的传递函数为：

$$\frac{\omega_{\mathrm{m}}(s)}{T_{\mathrm{d}}(s)} = \frac{b_2 s^2 + b_1 s + b_0}{a_3 s^3 + a_2 s^2 + a_1 s} \tag{4 – 17}$$

其中，

$$a_3 = L_{\mathrm{a}} J_{\mathrm{m}} \tau_{\mathrm{c}}$$
$$a_2 = R_{\mathrm{a}} J_{\mathrm{m}} \tau_{\mathrm{c}} + K_{\mathrm{s}} K_{\mathrm{c}} J_{\mathrm{m}} \tau_{\mathrm{c}} + K_{\mathrm{s}} K_{\mathrm{c}} J_{\mathrm{e}} \tau_{\mathrm{c}}$$
$$a_1 = K_{\mathrm{s}} K_{\mathrm{c}} J_{\mathrm{m}} + K_{\mathrm{s}} K_{\mathrm{c}} J_{\mathrm{e}} - K_{\mathrm{t}} K_{\mathrm{e}} \tau_{\mathrm{c}}$$
$$b_2 = L_{\mathrm{a}} \tau_{\mathrm{c}}, \qquad b_1 = R_{\mathrm{a}} \tau_{\mathrm{c}} + K_{\mathrm{s}} K_{\mathrm{c}} \tau_{\mathrm{c}}, \qquad b_0 = K_{\mathrm{s}} K_{\mathrm{c}}$$

式中，L_{a} 和 R_{a} 分别为电枢回路的电感和总电阻；K_{t} 为转矩系数；K_{e} 为反电动势系数；K_{s} 为电力电子装置的放大倍数。电机驱动器的响应频率远远高于系统的带宽，可以忽略其时间常数。

若忽略高次项，式（4 – 17）可降阶近似为：

$$\frac{\omega_{\mathrm{m}}(s)}{T_{\mathrm{d}}(s)} \approx \frac{1}{\left(J_{\mathrm{m}} + J_{\mathrm{e}} - \dfrac{K_{\mathrm{t}} K_{\mathrm{e}} \tau_{\mathrm{c}}}{K_{\mathrm{s}} K_{\mathrm{c}}}\right) s} \tag{4 – 18}$$

采用机械飞轮模拟惯量时，忽略摩擦因素，飞轮转速与驱动转矩之间的传递函数为：

$$\frac{\omega_{\mathrm{f}}(s)}{T_{\mathrm{d}}(s)} \approx \frac{1}{J_{\mathrm{f}} s} \tag{4 – 19}$$

对比式（4 – 18）和式（4 – 19）可以看出，如果电机系统根据角加速度信号动态调节电流环的给定信号并选择恰当的控制参数，那么在同样的驱动转矩作用下,机械惯量与电惯量的转速响应基本一致。因此,电惯量模拟的关键在于角加速度的实时检测,但对于工程实现而言,角加速度的直接测量成本较高,并且受传感器精度和响应速度的影响较大。目前常用的方法是利用能由传感器直接测得的转速信号通过数值微分来估计角加速度信号。由于微分运算对噪声有放大作用,因此需要与低通滤波相结合,但在抑制高频噪声的同时又会带来相位延迟,将影响角加速度控制的响应频带,甚至破坏闭环系统的稳定性。

因此,从控制论的角度出发,电惯量模拟问题的本质是解决传感器噪声抑制、系统响应速度与系统稳定性之间的多因素耦合的优化工程问题。

Luenberger(龙贝格)观测器根据实际系统数学模型并综合实际系统的输出对观测系统校正来重构系统的状态,对线性系统具有很好的观测性能,与卡尔曼滤波器相比更易实现,并能避免滑模观测器的颤震问题,在控制工程中有广泛应用,因此,以下介绍如何使用 Luenberger 观测器来解决角加速度信号的估计问题。

(三) 角加速度观测器及仿真试验

根据 Luenberger 观测器理论,选择实际转速和电枢电流作为观测器的输入,以角加速度作为观测器的输出,角加速度观测器的动态结构图如图 4 – 35 所示。图中观测器的前向通道部分为电机系统的数学模型,反馈校正器 G_{co} 根据转速误差及时调整补偿量,使观测转速 ω_{mo} 快速地跟踪电机的实际转速 ω_m,确保在参数不精确和干扰情况下获得高精度的加速度估计值。

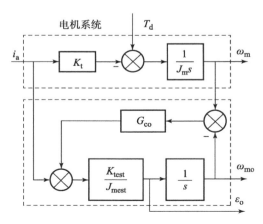

图 4 – 35　系统观测器原理

为了使 ω_{mo} 快速地跟踪 ω_m,通常选择较大的反馈增益,由于角加速度观测器需要的转速信号通常含有量测噪声，观测器的反馈增益越大，观测器响应也越快，但是对噪声也就越敏感。基础观测器没有考虑在转速量测环节所存在的噪声干扰。噪声经过高增益的转速回路后会被放大，导致观测的角加速度信号具有很大的噪声存在，使电机产生震动，因此，选择合适的反馈增益是角加速度观测器设计的关键。

实际系统中通常采用低通滤波器来处理转速信号中的噪声，考虑到滤波后的转速与实际转速在幅值和相位上有较大差别，因此在观测器中加入滤波器模型来平衡滤波环节对观测器的影响。引入滤波环节的观测器可以显著降低噪声对角加速度观测的影响，但由于反馈增益较大，又会放大噪声，因此，观测器反馈增益需根据转速的变化而自适应变化。在动态过程中，为了获得良好的跟踪性能，需提高观测器的带宽以缩短响应时间，即选择较大的增益。而在稳态工况，则降低观测器的增益来抑制噪声。综合低通滤波器和增益自适应环节的角加速度观测器如图 4 – 36 所示。

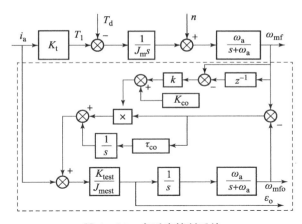

图 4 – 36　自适应控制系统

在 Matlab/Simulink 环境下对变速器在惯量电模拟试验台上的升挡过程进行了仿真试验。设仿真中试验需要模拟的目标惯量为 $20\ \text{kg} \cdot \text{m}^2$，行驶阻力折算到变速器输出轴的负载转矩近似与转速成平方关系（$T_1 = f\omega^2$，$f = 0.1$），其他参数取值如表 4 – 2 所示。电惯量模拟与机械模拟的仿真对比结果如图 4 – 37 所示。

试验台从静止以低挡加速，30 s 后驱动电机扭矩给定复位同时离合器分离，31 s 挂入高挡，同时离合器缓慢接合，并逐渐增大到驱动电机给定值，动作时序如图 4 – 37（a）所示。输入轴和输出轴转速变化如图 4 – 37（b）所示。从图中可以看出，升挡过程中，由于变速器输出端具有较大的惯量，输出

表 4 - 2　仿真中试验需要的其他参数

参数	取值	参数	取值
L_a/H	0.016	$K_t/(\text{N} \cdot \text{m} \cdot \text{A}^{-1})$	2.0
R_a/Ω	0.78	$K_e/(\text{V} \cdot \text{s} \cdot \text{rad}^{-1})$	2.0
$J_m/(\text{kg} \cdot \text{m}^2)$	2	K_s	40
低挡速比	5.0	高挡速比	2.0

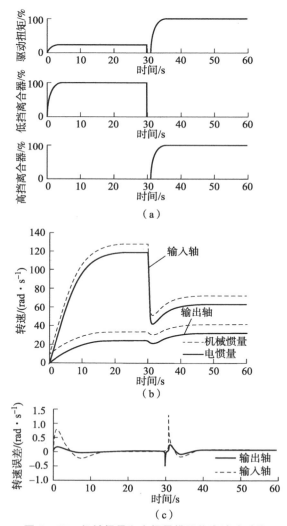

图 4 - 37　机械惯量和电惯量模拟仿真试验对比

（a）驱动电机及离合器控制信号；（b）输入、输出轴转速响应；（c）输入、输出轴转速误差

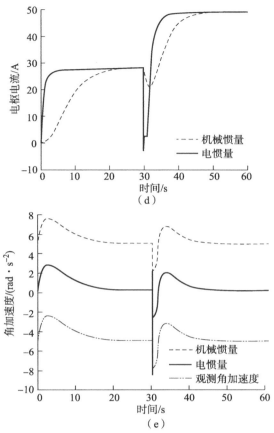

图 4 - 37 机械惯量和电惯量模拟仿真试验对比（续）

（d）加载电机电枢电流；（e）角加速度观测

轴动态速降不大。输入轴由于速比瞬时变小很多，从而导致变速器输入轴转速降低。全过程中机械惯量系统与电惯量系统的转速变化过程基本一致（为便于比较，机械惯量系统响应曲线平移了 10 个单位），输入、输出轴动态绝对误差的峰值不超过 1 rad/s（约 10 r/min），如图 4 - 37（c）所示。若考虑传动系统主减速比及车轮半径的折算，则可以忽略此误差。加载电机的电流变化如图 4 - 37（d）所示，电惯量系统加载电机的电枢电流在动态过程中明显大于机械惯量系统，而稳态过程则基本一致。说明在动态过程中加载电机在模拟负载力矩同时模拟惯性力矩，通过补偿转矩来补偿机械惯量的不足，实现电惯量模拟；电惯量系统的电流急剧下降是电惯量模拟和负载模拟共同作用的结果。这是因为电惯量系统的实际机械惯量比较小，输出轴会在负载力矩作用下迅速减速，电惯量模拟系统则通过提供与负载力矩方向相反的惯性力矩，迫使输出轴在两者共同作用下实现与机械惯量系统基本一致的转速变化。图 4 - 37 （e）是角加速度的变化历程，为了便于比较，机械惯量系统的角加速度曲线和观测角加速度曲线分别平移了 5 个单位，实际上三者基本吻合。仿真结果表明，采用此种电惯量模拟方法对加载电机系统进行动态控制，可以较好地达到机械模拟的目的。

三、发动机模拟及电惯量模拟系统控制构架设计

综上，对发动机的驱动力模拟以及对负载力矩惯量的模拟是整个台架试验平台测试系统的难点，其模拟本质是对系统的高速实时控制问题，且模拟系统精度依赖于所搭建的模型系统，主要包括发动机模型、车辆模型以及传动系统模型等，并且控制系统稳定性受到控制器设计方法的约束和影响较大。

发动机模拟及电惯量模拟系统控制构架如图 4 - 38 所示。其中，操作人员将其操作指令通过操作台进行输入，并对车辆模型参数进行确认和修改，操作台将测试操作人员的操作指令转化为总线指令信号下发到下位实时主机，下位实时主机主要用于对驾驶员模型、发动机模型以及车辆模型和惯量模拟模型进行高速实时运算，驾驶员模型接收到总线目标车速后，通过油门、刹车执行机构实现对车辆模型车速的实时控制，发动机模型主要是对发动机平均转矩以及波动扭矩进行实时运算，一方面其将计算结果发送到驱动电机的变频控制系统，对发动机模拟电机进行高性能矢量控制，另一方面，其将发动机平均扭矩发送到车辆纵向动力学模型及惯量模拟模型，车辆模型计算出的车轮转速作为指令信息发送到加载电机的变频控制系统，实现对加载电机的转速闭环控制及惯量负载模拟。

为控制系统稳定性、惯量模拟效果及发动机力矩波动模拟效果，对控制系统的实时性和动态特性提出了较高要求。发动机模型运行速率应当大于所模拟波动力矩周期的 10 倍，以 12 缸发动机最高转速 3 000 r/min 进行计算，单个脉冲频率为：

$$f_e = \frac{3\ 000\ \text{r/min}}{60\ \text{s}} \times 12\,(\text{缸}) \times \frac{360°}{720°} = 300\ \text{Hz} \qquad (4-20)$$

则发动机模型运行频率应至少在 3 kHz，此部分模型使用传统实时主机已无法满足实时性要求，则可通过 FPGA 对发动机模型进行高速实时运行，并通过变频控制系统实现发动机模拟电机的高速实时控制。FPGA 系统推荐使用 NI - 7846R 系列板卡，其可在 μs 级实现复杂逻辑的扩速运算，并可在线实现对模型参数的修改及变量的在线监测。

PXIe - 7846 具有用户可编程 FPGA，可用于高性能板载处理和对 I/O 信号

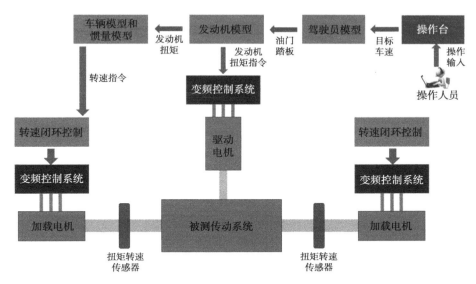

图 4 - 38　发动机模拟及电惯量模拟系统控制构架总体示意图

进行直接控制，以确保系统定时和同步的完全灵活性，内核采用 Kintex - 7160T，逻辑门有 202 800 个，LUT 有 101 400 个，片上 RAM 为 11 700 Kbit，DSP48 共有 600 个，主频最高可达 200 MHz，具有 DMA 通道，具有 8 路模拟量输出接口（差分和单端模式可选），最大转换速率为 2 μs，精度为 16 bit，具有 8 路模拟量输出通道，最大转换速率为 1 μs，精度为 16 bit。

对于惯量模拟系统，其本质是在检测到驱动电机动作意图之后，迅速通过内部逻辑实现对负载电机惯量负载的施加，从而在一定程度上实现对电机加速过程的延缓，达到对惯量模拟的外在表现效果。但是，由于加载电机天然存在扭矩响应的滞后，且其实际上并非实际惯量的被动量效果，控制周期或带宽较低时，将引起系统的振荡甚至发散。因此，使用基于负载模型的转速闭环策略，结合惯量负载的前馈补偿控制，从而在保证系统动态响应速度的前提下，最大限度地实现对惯量负载的动态模拟。

4.1.4　试验辅助系统

辅助系统部分主要是用于辅助、保障试验平台的正常工作，辅助系统主要由冷却散热系统、通风系统、进排气系统、供油系统、隔音降噪系统等组成，辅助系统的设计会因试验平台的不同而有所不同，具体设计应按测试种类、发动机和传动系统型号等进行。

一、冷却散热系统

（一）冷却散热系统简述

试验平台的动力系统在工作时都会产生大量的热，热量的堆积会严重影响到整个系统的安全和稳定，因此为保证动力系统的正常工作，需要设计冷却散热系统来控制动力系统的温度。根据冷却介质的不同，冷却系统分为风冷式和水冷式两种。

其中风冷式冷却系统是利用空气作为冷却介质，通过高温零件与空气的交互，将零件上的热量直接散入大气中，如图 4 – 39 所示。

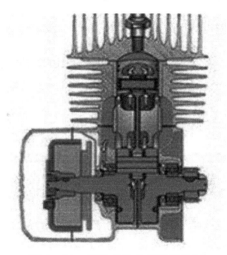

图 4 – 39　风冷式冷却系统示意图

风冷式散热系统是在发动机燃烧室外部设置较多的散热片，利用空气流动或增加散热风扇的方式让较冷的空气通过散热片，从而达到将热量散发出来的目的，该方法适用于功率较小、发热量较小的发动机使用，现阶段军用车辆动力系统已不常用。

水冷式冷却系统是以水或冷却液作为冷却介质，通过水或冷却液将零件上的热量带走，同时在动力系统温度较低时还可以利用较高的水温对动力系统进行预热，便于起动等。水冷式冷却系统根据冷却对象的不同，可分为冷却液温度控制系统和机油温度控制系统，这两个系统实现对试验台架温度的控制。

（二）冷却液温度控制系统的原理和组成

冷却液的温度对于发动机和电动机而言都是影响运转的一个重要参数。对发动机而言，当温度过低时容易引起废气排放变差、零部件磨损加剧、功率输出减小等，同时发动机的温度过低也会引起点火困难、燃油雾化差、燃烧后的水蒸气易冷凝成水等问题。而当发动机温度过高时会降低充气效率，使发动机功率降低；早燃和爆燃倾向加大，使零部件遭受额外的冲击，以及运动部件正常间隙的变化，造成磨损加剧等。

对于电机而言，当温度过高时会影响电机内部绕组的散热，加速绝缘层的老化，甚至导致电机的烧毁，而当温度过低时可能造成润滑处润滑脂黏性增大，增大了起动负载，当电机温度低于环境温度时也可能在内部产生冷凝水，影响电机的运行安全。因此需要设计相应的冷却液温度辅助系统来控制温度。

冷却液温度控制系统主要是利用外部的冷却塔提供温度较低的冷却水，通过换热器来冷却系统中的冷却液，同时利用加热器加热部分冷却液，通过控制器和温度传感器经 PID 算法计算比例调节阀的开度来混合两种温度的冷却液，从而控制输出恒定温度的水温，以保障动力系统的温度。影响冷却系统进行散热的主要因素为冷却液的循环量和水温，其中水温可利用控制器对其进行调控，可实现较大范围内的水温设定，满足冷却和预热的功能。

冷却液的循环量是影响散热的另一重要原因，其冷却系统的散热量与冷却水的循环量存在以下关系：

$$V_{\mathrm{w}} = \frac{Q_{\mathrm{w}}}{\Delta t_{\mathrm{w}} \gamma_{\mathrm{w}} C_{\mathrm{w}}} \tag{4-21}$$

式中　V_{w}——冷却水的循环量（$\mathrm{m^3/s}$）；

　　　Q_{w}——冷却系统的散热量（$\mathrm{kJ/s}$）；

　　　Δt_{w}——冷却水在发动机内循环时所容许的温升，通常取 $6 \sim 12 \ ℃$；

　　　γ_{w}——水的密度，可近似取 $1\ 000 \ \mathrm{kg/m^3}$；

　　　C_{w}——水的比热，可近似取 $4.187 \ \mathrm{kJ/(kg \cdot ℃)}$。

因此，在水温设定好后需要提高冷却系统的散热量，可通过增加冷却液的循环量来实现，而冷却液的循环量与循环泵压力有关，由于系统的散热量与发动机的发热量相同，其公式如下：

$$Q_{\mathrm{w}} = P_{\max} \times g_{\mathrm{s}} \times H \tag{4-22}$$

式中　$P_{\max}$——发动机最大功率（kW）；

　　　g_{s}——发动机燃料消耗率，额定工况可取 $0.210 \sim 0.270 \ \mathrm{kg/(kW \cdot h)}$；

　　　H——燃料的热值，汽油取 $43\ 070 \ \mathrm{kJ/kg}$。

因此根据公式可计算出冷却系统需要的设计散热量，然后利用散热量计算出需要的循环流量。

（三）机油温度控制系统

机油温度控制系统是用于控制发动机机油温度的设备，其可用于防止机油温度过高影响润滑，在进行测试时为保证发动机性能和测试数据，要求发动机处于热机状态，机油温度需要控制在 85 ℃ ±5 ℃范围内。此时需要机油温度控制系统来降低机油温度，通常的机油温度控制系统分以下两种。

（1）喷淋式冷却系统：喷淋式冷却系统是在发动机油底壳下端水平放置一组冷却水管，水管上部布满喷孔，喷孔正对油底壳底部，当机油温度达到规定值时打开冷却水阀门进行喷淋，对油底壳内的机油进行冷却。该方式冷却强度不足，大功率运行时机油不能及时降温，另外，喷淋冷却水的飞溅不仅影响试验室内的环境，而且喷淋的液体容易飞溅出来弄湿线路影响安全。

（2）机油外循环强制冷却系统：外循环强制冷却即在发动机外部设置一个机油温度控制系统，利用该系统实现对机油温度的控制，可选择冷却功率，达到对机油温度更好的控制。

机油温度控制系统在安装时需要与发动机的机油箱进行连接，因此需要在发动机下方开孔，从而将发动机内部的机油与温控系统连接，通过热交换器将发动机内温度较高的机油经冷却水降温，实现对机油温度的控制。机油温度控制系统的原理与冷却液温度控制系统基本相同，也是需要外接冷却水来实现温度控制。

根据发动机原理，发动机工作时传入机油中的热量 Q_c 约为气缸中总放热量的 1.5% ~2.0%，即

$$Q_c = (0.015 \sim 0.02) Q_f (\text{kJ/h}) \qquad (4-23)$$

式中，Q_f 为每小时加入发动机的热量，其计算公式为：

$$Q_f = \frac{3\,600 P_e}{\eta_e} (\text{kJ/h}) \qquad (4-24)$$

式中　P_e——发动机功率（kW）；

η_e——发动机有效效率，汽油机约为 0.25，柴油机约为 0.35。

根据计算出的热量值可选择相应的机油温度控制系统的功率，以满足机油的散热要求。

二、通风系统

（一）通风系统简述

通风系统是为台架试验室设计的，其可为试验室内提供较稳定的气压和较

好的空气流通，满足试验的精度和测试人员的安全。对于发动机试验台而言，因其会产生有害的废气，燃油也会挥发出有危害的气体，更需要通风系统来保证安全，防止人员中毒和挥发燃油爆炸，同时通风系统还可以将部分发动机辐射出来的热量排到室外，保持室内的温度等。

常用的试验室内通风系统分为两种方式，即上送下排式和下送上排式，其特点如下。

（1）上送下排式：外部空气由试验室上部进入室内，由试验室下部排出室外，该方式的通风系统有利于将发动机泄漏的废气和烟尘等直接排出室外，减少对室内环境的影响。

（2）下送上排式：外部空气由试验室的下部进入室内，由试验室的上部排出室外，该方式的通风系统有利于外部的冷空气直接接触发动机，可对发动机有部分冷却效果，且系统设计简单，费用低，但废气和烟尘排出效果较上送下排式差。

（二）通风系统的组成和原理

通风系统主要由多个向内排风的排风扇、向外排风的排风扇和风管组成，部分要求严格的上送下排式通风系统还会在试验室顶部安装风扇，用于更好地将有害气体排出，其原理如下：

对于通风系统而言，通风换气量是系统的主要技术参数，换气量可将有害废气浓度和室内温度控制在合理范围内，换气量 S 计算公式如下：

$$S = \frac{P_{max} \cdot \eta \cdot g_s \cdot H \cdot q \cdot A_f}{C_p \cdot P_1 \cdot (T_{max} - t_{max}) \cdot d} \qquad (4-25)$$

式中　P_{max}——发动机最大功率（kW）；

　　　η——试验负荷率，为 60% ~ 80%；

　　　g_s——发动机燃料消耗率，额定工况下可取 0.210 ~ 0.270 kg/(kW·h)；

　　　H——燃料的热值，汽油取 43 070 kJ/kg；

　　　q——发动机试验时的散热率，为 0.06 ~ 0.12；

　　　A_f——房屋结构传热率，为 0.85 ~ 0.98；

　　　C_p——空气比热，为 920 ~ 1 088 J/(kg·℃)；

　　　P_1——空气密度，约 1.13 kg/m³；

　　　T_{max}——室内允许最高气温，可取 42 ℃；

　　　t_{max}——试验室所在区域夏季每日最高气温平均值（℃）；

　　　d——室内温度不均匀系数，为 0.65 ~ 0.85。

通过式（4-25）可计算得到通风系统所需的通风量，根据计算出的通风

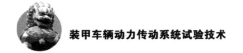

量选择通风设备的型号和数量。

三、进排气系统

进排气系统主要是为动力系统发动机的平台使用的，发动机正常工作需要呼入"新鲜的空气"，并呼出废气，该辅助系统是为保障发动机的正常供、排气，满足平台的相关试验需求而设计的，同时试验中可能需要特定的空气温度、湿度和压力，并需要满足相关标准规定，此时也需要进排气辅助系统。

（一）进气系统

发动机进气状态对发动机性能影响是很重要的，随着温度的上升和进气压力的下降，功率下降而排放则呈上升趋势，因此为了统一比较标准和测试发动机的不同性能，需要提供发动机测试用的进气系统，试验台的发动机进气系统适用于给发动机提供充足洁净的空气源，根据空气提供方式的不同可分为直接采用试验室内部空气和专用空气源供给两种方式。直接采用试验室内部空气的进气方式不需要额外的进气系统；专用空气源供给的方式也分为两种，即管道直取式和进气调节系统式。

管道直取式，该方式是采用直接的管道连接，将发动机的进气口引至室外，直接取得外部新鲜空气，此方式在设计时需考虑设计足够的空气流通截面，同时需要设计空气的过滤和消音功能，该方式结构简单，成本较低，但无法控制进气的温度、湿度、气压等。

进气调节系统式，该方式是采用专用的进气调节设备，在满足进气量的同时还可以对进气的温度、湿度、压力进行调节，在试验时有时需要控制进气的温度在 25 ℃，进气湿度在 55%，进气压力高于大气压 100 Pa，此时需要采用进气调节系统进行调控。

对于进气调节系统而言其可以对进气的温度、压力和湿度进行控制，整个系统采用中央空调（恒温恒湿机组）为核心，配合气压控制系统组合而成，其中压力控制分为两部分：主风道控制和支风道控制。主风道采用变频调速风机来控制主风道压力，支风道采用风阀调节的方法进行调控，为保证控制精度，在支风道采用电加热进行二次控制。

进气调节系统的主要工作原理为恒温恒湿机组根据设定的温度和湿度来控制风道内空气的温度和湿度，风道压力由增压箱提供，增压箱由变频器进行控制，PLC 通过压力传感器采集主风道内压力，通过与设定压力值进行比较得出压力差，压力差经 PID 算法运算后输出相应的信号控制变频器，从而得到主风道期望的压力。支风道采用类似的控制原理，通过风阀执行器来控制风阀的开度，由于风阀位置的不同，其节流损失也就不同，以此来控制支风道内的压力。

（二）排气系统

台架中的排气系统主要用于将发动机的废气排出试验室，同时在设计中需要尽量减小发动机的排气背压，因此试验室中使用的排气管直径应大于发动机的排气管直径。发动机废气的排放会产生噪声和部分危害气体，所以排气系统应具备相应的消音、防爆和废气处理的功能。有时为了模拟整车实际的使用情况，排气系统还应具有可改变排气背压的功能。因此排气系统是由排气管路、背压调节装置、消音坑、尾气处理装置等部分组成。

1．排气管路

发动机废气需排出试验室，因此需要将发动机的排气孔通过管道连接至户外，在进行管路设计时需要使设计的管路直径大于发动机排气管直径。

2．背压调节装置

排气背压是指发动机排气的阻力压力，背压调节系统用于控制排气管路中的背压值。背压值的改变是在发动机排气管中增加一个可控的高温节流阀，通过控制阀门开度改变发动机排气管的空气阻力，从而改变发动机的背压值。

背压值的测量根据国家规定应在离发动机排气管出口或涡轮增压器出口 75 mm 处，在排气连接管里进行测量，测压头与管内壁平齐。背压传感器的安装位置应在一直径不变的直管段，一般遵循前 $3D$ 后 $4D$ 的原则，否则在安装位置后马上进行变径处理时测量点容易出现负压值。

3．消音坑

排气管路中会产生较大的噪声，因此需要设计相关的消音设备，消音坑是最常见的消音设备。其原理为：通过一定组合的数组消音坑，使发动机排出废气的脉动气流变成稳定的气流，以减少对环境空气的扰动作用。

在消减发动机噪声时除了消减噪声的强度外还需要考虑其相应的频率特性，因为发动机目前使用的消音器主要是有声学滤波或消耗声能的装置，它们对不同频率的噪声有不同的消音性能，因此在进行消音设备的设计时需要知道在各个频率成分上所必需的消音量，即所谓的消音量频率特性。

消音坑的选择需要满足消音性能好、消音频率范围宽、空气动力性好、能耐高温、耐废气冲击和腐蚀、结构简单、成本低的特性。

4．尾气处理装置

发动机的尾气处理主要是由三元催化系统来完成的，三元催化是一种氧化剂，在富氧燃烧条件下可将尾气中的一氧化碳、碳氢化合物、氮氧化合物同时去除。

四、供油系统

（一）供油系统简述

供油系统是发动机中的重要系统，其为发动机提供稳定的燃油供给，同时为了测试需求，供油系统还需要具有燃油消耗测量和燃油温度、压力的控制功能，因此供油系统通常由油耗仪和燃油温控系统组成。

（二）油耗仪

油耗仪主要是用来测量发动机在工作时的燃油消耗量，对于军用车辆来说，耗油量是一个重要的指标，各大军用柴油机设计制造厂商也在尽量降低发动机的油耗，因此在设计试验台时需要增加发动机油耗的测量系统，油耗仪的选择就必不可少了。

油耗仪有很多种类型，测量的原理、测量的时间、量程、精度也大不相同，根据测量方法的不同，油耗仪大致可分为定时测量法油耗计、定量测时法油耗计、科式测量法油耗计、碳平衡测量法油耗计等。

（1）定时测量法：即通过测量规定时间内发动机消耗燃油质量的方法测量油耗。

（2）定量测时法：通过测量发动机消耗一定质量（或体积）的燃油所需的时间来计算发动机工作时的油耗。

定时测量法和定量测时法的油耗计都能计算出发动机的平均油耗，但不能确定发动机的实时油耗，因此在发动机性能要求越来越高的现在已无法满足试验的要求，因此出现第三种方法：科里奥利力测量法。

（3）科式测量法：科式测量法是利用科里奥利力来进行质量测量的一种方法，其原理是让被测量的流体通过一个转动或者振动中的测量管，流体在管道中的流动相当于直线运动，测量管的转动或振动会产生一个角速度，由于转动或振动是受到外加电磁场驱动的，有着固定的频率，因而流体在管道中受到的科里奥利力仅与其质量和运动速度有关，而质量和运动速度即流速的乘积就是需要测量的质量流量，因而通过测量流体在管道中受到的科里奥利力，便可以测量其质量流量。

科式测量法油耗计与质量流量计的原理相同，它是可以实时监测出消耗燃油质量的仪器，其与相应的仪表相配合可实时地显示出发动机的油耗等信息，信息可通过通信的方式被试验平台采集，从而实现油耗的测量等。

（4）碳平衡法：碳平衡法是利用质量守恒定律——燃油燃烧后其排气中碳含量的总和与燃油燃烧前其含有的碳质量总和相等的原理测量出油耗。其方法是：利用相关仪表测量出发动机排气中 CO、CO_2 等含碳气体所有碳元素的含量，然后与燃油中所含碳元素的量进行比较，从而间接地得出发动机的相关油耗。

采用碳平衡法进行油耗测试具有不直接测量油耗、测试精度更高、试验稳定性更好的优点，但其制作费用也较高。

（三）燃油温控系统

燃油温控系统是用于为发动机提供流速稳定、温度恒定燃油的系统，其可为试验提供不同温度的燃油，用于完成相应的测试要求。燃油温控系统采用冷热水控制温度，换热器平衡燃油温度的方法实现对燃油温度的控制，其原理如图 4 – 40 所示。

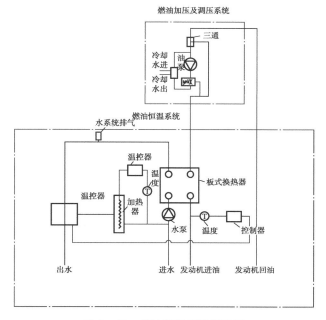

图 4 – 40　燃油温控系统原理图

燃油温控系统和油耗系统共同组成了试验台架中的供油系统，完成对燃油的消耗测量和燃油温度的控制。

燃油系统在进行油耗和温度控制时也需要提供足够的燃油流量，因此在设计系统时还需要进行燃油供应量的计算，从而满足发动机燃油需求。

五、隔音降噪系统

（一）隔音降噪系统简述

试验室在进行相关试验得出相关数据的同时也需要保证良好的环境，噪声是试验室中一项主要的影响环境的因素，同时噪声也是影响人们身体健康的一项因素，因此试验室在建造时应满足《工业企业厂界噪声标准》中的白天低于 65 dB，夜间低于 55 dB 的要求。试验室中的噪声主要来自发动机、风机、变频器等设备，这些设备有很多是直接向大气辐射噪声的，无法在单体设备上进行降噪处理，因此需在试验室的房间中采取相应的措施。

（二）隔音降噪的相应措施

试验室的建造首先采用控制室与测试室隔开的设计，不能将控制台和测功机安置在同一个房间内，这样可保证测试人员是安全的，其结构如图 4 – 41 所示。

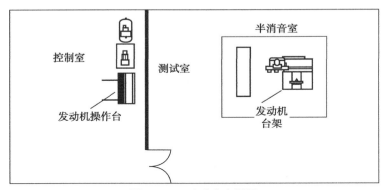

图 4 – 41 试验室布局图

控制室与测试室分开后还需要对测试室进行相关消音措施，进一步降低噪声。

（1）安装吸声墙面（图 4 – 42）和吊顶，墙面是试验室的主体，因此做好墙面的消音工作很重要，可在墙上铺设固定龙骨，在龙骨上固定用于消音的吸音棉，在吸音棉外部铺设喷塑冲孔合金板，这样既降低室内噪声，也起到装饰的效果。

（2）安装隔音门，选用合适的隔音门，减少经过房门传出的噪声量。

（3）安装隔音窗，选用合适的隔音窗，减少经过窗户传出的噪声量。

图 4 - 42　吸声墙面设计

（4）控制台处的观察窗需要选择双层、加厚、高强度的玻璃制作，从而降低噪声的进入。

除了对试验室进行隔音处理外，也需要对台架中的相应震动接触处、风量进出等容易产生噪声的地方进行处理，如在进、排气部分选择合适的消音器，减少空气流动时产生的噪声；在震动部分设置相应的缓冲垫，缓冲直接的冲击，降低碰撞噪声等。

|4.2　匹配性试验中的试验测试 |

4.2.1　常用传感器

在动力传动系统的试验测试中，发动机转速、车速、传动装置输入转速、主动轴输出转速等转速类信号，发动机水温、发动机油温、润滑油温度、传动油温等温度类信号，发动机油压、润滑油压、传动主压、转向压力等压力信号，油门开度、制动踏板等位移类信号，发动机转矩、传动装置输出扭矩等以及一些表示状态的开关类信号等是常见且典型的测量信号。这些信号有非电量的，也有电量的，且非电量的居多。

对非电量的检测远比对电量的检测更加难以实现。在目前的技术手段下，仍然以将待测的非电量转换为与之对应的电量，实现对非电量的间接测量为主要测量方式。实现非电量电测技术的关键是各种传感器的发明。

传感器也称为感应器（Transducer/Sensor），能感受到被测量的信息，并能将感受到的信息按一定规律变换成为电信号或其他所需形式的信息输出，以满足信息的传输、处理、存储、显示、记录和控制等要求。

对传感器的分类方法很多，如按传感器信号变换特征、按传感器输出的信号等为标准进行分类。为讲解方便，这里按工作原理和被测物理量两种方式分类。

按工作原理可分为发电式和电参量式两大类。发电式传感器将非电量转化为电动势，如测速发电机、磁电式传感器、光电式传感器等。其重要特点是传感器就是一个电源，所以不需要外部供电。电参量式传感器将被测量转化为电参量（如电阻、电容、电感等）的变化，如各类电阻（热敏电阻、压敏电阻、光敏电阻等）式传感器、电容式传感器、电感式传感器、霍尔式传感器。

按其用途或被测物理量，可分为位移传感器、压力传感器、温度传感器、转矩传感器、倾角传感器、气体传感器等。

如前所述，为满足装甲车辆动力传动系统试验的需要，获得所达到的技术指标、监控其运转技术状态以及发现故障、定位故障和解决故障等，需要使用各种各样的传感器，但从最常用、最典型的方面来讲，主要有压力传感器、转速传感器、温度传感器、位移传感器、扭矩传感器等。

对压力传感器而言，多选用压敏电阻式压力传感器，在试验中一般采用12 V（DC）供电，输出 1~5 V 对应 0~满量程的类型。

对转速传感器而言，磁电式和霍尔式传感器都有广泛的应用。磁电式传感器不需要外部供电从而具有更高的可靠性，但其具有低速性能的劣势，而霍尔传感器在低速、高速段都有较好的性能，但需要用户供电。因此在实际使用中应根据测量关注点而选用。

对温度传感器而言，主要是热电式传感器。在随车伴随测量中最常用的是热电偶和热电阻传感器，而从仪器研制角度分析，由于目前诸如 AD7711、AD7794 等芯片均能提供稳定的微安级的恒流源，这为选用热电阻传感器提供了方便。目前的试验测量中一般采用 Pt1000 温度传感器。

对位移传感器而言，可选用的类型较多，但主要是电阻式、电容式等。

一、电阻式传感器

常用的电阻式传感器主要有热敏电阻式传感器、电阻应变式传感器、压敏电阻式传感器、滑变电阻式传感器、光敏电阻式传感器等。其中热敏电阻式温度传感器用于温度测量，光敏电阻式传感器属于光敏效应的一种。

二、电容式传感器

电容式传感器具有体积小、功耗低、精度高、性能稳定及所需驱动力小等特点，在装甲车辆试验中被广泛用来测量位置、位移、加速度、压力、振动、噪声和倾角。

三、电感式传感器

电感式传感器是利用电磁感应原理将被测的非电量转换为电感量的变化。电磁感应有自感应和互感应两种，与之对应的分别称为自感式和互感式传感器。

四、电涡流式传感器

电涡流式传感器可测量厚度、位移、振动、温度等物理量，是一种结构简单、工作可靠、灵敏度高、重复性好、精度高的传感器，因此在试验中应用十分广泛。

五、压电式传感器

压电式传感器具有体积小、质量轻、信噪比高、工作可靠、通频带宽、精度高等优点，是测量振动加速度的首选传感器，在试验中应用非常广泛。

六、磁电式传感器

磁电式传感器主要用于转速测量。当被测量的变化缓慢时，动圈式和动铁式磁电传感器输出的感应电动势 E 也很小，因此，它不适用于低转速的测量，也就是说磁电式传感器的低速特性不好。

七、热电式传感器

热电式传感器是利用某些材料或元件的物理性能与温度相关的特性来工作的，主要用于测量物体的温度，因此常将这种传感器称为温度传感器。

温度的测量有两种不同的方式，即接触测量和非接触测量。其中，接触式测量中常用的传感器有两种不同结构：热电偶和热电阻；对于非接触式测量方式，目前在装甲车辆试验中主要是应用红外测温仪。

（一）热电偶式温度传感器

热电偶式温度传感器灵敏度比较低，容易受环境干扰，也容易受前置放大器温度漂移的影响，故不适合测量微小的温度变化。但由于热电偶式温度传感器的灵敏度与材料的粗细无关，用非常细的材料也能够做成温度传感器，这使得热电偶式温度传感器的大小和形状可以按需要进行配置，故使用方便，也由于制作热电偶的金属材料具有很好的延展性，这种细微的测温元件有极高的响应速度，可以测量快速变化的过程；测量数据容易实现远距离传输。另外，热电偶的温度测量范围为 $-270 \sim 800 \ ℃$，这样的测量范围是许多温度传感器不易做到的。

（二）热电阻式温度传感器

热电阻式温度传感器的优点是测量准确、稳定性好、性能可靠，其缺点是测量范围有限，则使用中需要注意其自热效应。

热敏电阻传感器是负温度系数，输出电阻随温度升高而减小，输出非线性，自身有一定的功率消耗，需要在通电条件下，测量输出参数。测量温度范围一般在 $20 \sim 300 \ ℃$，输出电阻值在 $3 \sim 10 \ kΩ$。其优点是成本相对较低，无源，抗干扰能力强；不足之处是非线性不便于信号接收处理，自身功耗较大，输出值受电流大小影响。

（三）红外测温仪

非接触式温度传感器是近些年来发展起来的一种新型温度传感器，它的诞生较好地解决了工程领域一些不易接触、环境恶劣及高温物体表面等温度的测量问题。红外测温仪是其中最常用的一种。

红外探测器传感器有热探测器和光子探测器，热探测器是利用红外辐射引起探测元件的温度变化，如热电偶型、热释电型和气动型；光子探测器基于光电效应，对光谱的响应有选择，灵敏度高，常在低温下工作。

八、光电式传感器

光电式传感器利用光电效应来工作，光电效应按其工作原理的不同可分为外光电效应、内光电效应和光生伏特效应。

九、图像式传感器

图像传感器主要分为电荷耦合器件（Charged Coupled Device，CCD）、互补金属氧化物半导体（Complementary Metal Oxide Semiconductor，CMOS）以及 CIS（Contact Image Sensor）传感器 3 种。

在装甲车辆试验中，这类传感器可以用于速度、转速、位置、位移、灯光等物理量的测量。

十、霍尔式传感器

霍尔式传感器是一种结构十分简单、价格非常低廉、性能可靠、使用方便的传感器，其在试验中得到了广泛应用。该类传感器可以用来测量速度、转速、位置、位移等多种不同的物理量，还可以用来制作各种非接触式行程开关。

由霍尔效应原理可知，霍尔式传感器的输出电压与被测物体的运动速度无关，因此，它的高低速特性都很好，这也是装甲车辆等装备上的车速传感器大多采用霍尔式传感器的原因。

4.2.2　常用测试设备

装甲车辆动力传动系统整车匹配特性试验以随实车整体开展试验获取实际应用的数据为主，作为进行综合性能分析的数据支撑。为获取实车试验的客观数据，试验时的试验环境条件、路面条件、整车工况数据、专项测试数据等均是不可缺少的。在试验过程中获取大量数据，通过数据量化描述被试对象的技术指标，从而为被试对象的科学评价提供依据。试验测试仪器设备需要满足以下要求。

1. 多参数的适应性

试验中需要测试的参数有电量的也有非电量的，而实际上我们面对的参数大部分都是非电量的，如温度、压力、流量、应力和变形、转速、扭矩、噪声等。在目前的技术手段下，仍然以将待测的非电量转换为与之对应的电量，实现对非电量的间接测量为主要测量方式。各种传感器的设计和选择是实现非电量电测技术的关键。

2. 数据记录的实时性和可比性

试验中的试验数据是实时相关的，多个参数之间存在着相互的关联关系。试验仪器设备必须具有多参数连续记录的能力，同时能够实现样本之间数据的对比分析。

3. 良好的环境适应能力

由于装甲车辆本身强大的机动能力以及试验地域的广阔性，试验仪器设备同样需要较好的环境适应性。对于随车进行测试的仪器设备，应具有良好的抗振、抗冲击等性能；对于伴随测试的仪器设备，应具有良好的机动能力，以满足被试对象多地域试验的需要。

4. 可靠性

装甲车辆试验环境的恶劣，也使得试验仪器设备必须能够在恶劣的环境中工作可靠。因此在设计或选择仪器设备时，必须考虑其适应装甲车辆的空间要求、野外供电要求，以及密封性和可靠性等要求。

装甲车辆试验离不开试验仪器设备，其所涉及的试验仪器设备不胜枚举，有通用的基本参数测试仪器，也有专项试验用的测试系统。但概括地讲，其主要功能是调理、采集前端传感器的信号，经处理后存储或实时显示，以方便实时获得试验结果，为决策试验进程提供依据。一般地，试验仪器设备都具有后处理软件，为对试验现场获取的大量数据进行深入分析、统计对比，以获得科学的试验结果。

随着技术的发展，试验仪器设备和所采用的传感器也在不断地更新和发展。高度的智能化、模块化、网络化逐渐成为主流的发展方向。在规范的接口和驱动下，中心控制处理单元控制下的多模块柔性组合，形成以智能前端模块为测试节点，以中心控制处理单元为主控的网络化柔性测试系统。

一、综合自然环境测试系统

综合自然环境测试系统用于获取试验现场的温度、湿度、风力、风向、能见度等气象环境信息，作为开展试验的先决输入，有时关系到某项试验是否能够实施，并且实时的环境数据也是试验数据的必要部分，是开展试验评价不可缺少的部分。

综合自然环境测试系统由车载自动气象站系统、单兵气象站系统、能见度仪、U6 气象信息系统、综合气象数据处理系统、辅助办公系统、综合供电系统等组成。系统组成结构如图 4 - 43 所示。

综合自然环境测试系统主要功能如下：

（1）气象探测：通过车载、单兵自动气象站等设备实时采集温度、湿度、气压、风向、风速、雨量、总辐射、紫外辐射、能见度等现场气象要素。

（2）数据存储：具有存储现场气象探测资料的功能与信息整合能力。

综合自然环境测试系统的主要技术指标见表 4 - 3。

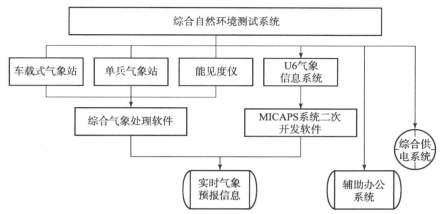

图4-43　综合自然环境测试系统组成结构图

表4-3　综合自然环境测试系统的主要技术指标

设备名称	指标名称	测量范围	测量精度
MAWS601型车载式8要素自动气象站	气温/℃	-50 ~ +50	±0.1
	相对湿度/%	0 ~ 100	±1
	风向/(°)	0 ~ 360	±2.5
	风速/(m·s⁻¹)	0 ~ 75	±0.1
	雨量/mm	0 ~ 999.9	±0.1
	气压/(×100 Pa)	600 ~ 1 100	±0.1
	日晒温度/℃	-50 ~ +50	±0.2
	辐射/nm	0 ~ 4 000	±1
HSC - Parsivel/EF型能见度传感器	能见度/m	10 ~ 5 000	±50%（10 ~ 500 m）；±10%（500 ~ 5 000 m）
HSC - MAWS80型单兵气象站	气温/℃	-52 ~ +60	±0.1
	相对湿度/%	0 ~ 100	±1
	风向/(°)	0 ~ 360	±1
	风速/(m·s⁻¹)	0 ~ 60	±0.1
	雨量/mm	0 ~ 999.9	±0.1
	气压/(×100 Pa)	600 ~ 1 100	±0.1

二、多通道振动、噪声与载荷测试系统

多通道振动、噪声与载荷测试系统能够对装甲车辆主要部件及乘载员

位置振动、噪声、关键部件应力、旋转件扭矩进行测试。系统主要由传感器、振动加速度计、传声器、应变片、数据采集器、数据处理软件以及扭矩测试遥测系统和传感器调试装置振动台组成。系统组成结构如图 4 – 44 所示。

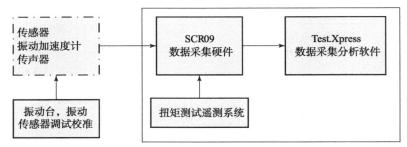

图 4 – 44　多通道振动、噪声与载荷测试系统组成结构图

多通道振动、噪声与载荷测试系统主要技术指标见表 4 – 4。

表 4 – 4　多通道振动、噪声与载荷测试系统的主要技术指标

设备名称	指标名称	范围
数据采集器	工作温度	– 15 ~ + 60 ℃
	通道数	72 通道
	分辨率	24 位
	每通道采样率	≥100 kHz
	供电方式	AC，DC，或者内部电池供电，可供连续采样 4 h 以上
扭矩采集器	工作温度	– 15 ~ + 60 ℃
	通道数	16 通道
	精度	5% （满度）
振动台	激振推力	5 ~ 10 kg
	工作频率	1 ~ 6 kHz
传感器	单轴振动传感器	100 g 量程
	三轴振动传感器	100 g 量程
	坐垫传感器	100 g 量程
	冲击传感器	5 kg 量程
	噪声传感器	146 dB 量程
		196 dB 量程

设备名称	指标名称	范围
软件	振动频谱分析软件	能够对振动数据进行时域、频域处理，具有滤波频带可选择功能
	噪声频谱分析软件	能够生成噪声数据时域曲线、1/1 倍频程、1/3 倍频程曲线，考察主要峰值频率
	冲击响应谱分析软件	能够计算冲击振动加速度响应瞬时峰值、冲击脉冲持续时间，冲击响应持续时间，幅值谱曲线 FFT 描述，考察主要峰值频率范围
	载荷分析软件	能够完成载荷谱时域曲线描述、功率谱密度曲线、三参数威布尔分布、载荷频次图、载荷累计频次图
	平顺性分析软件	能够完成座椅部位 1/3 倍频程谱，包括 1/3 倍频程带宽加速度均方根谱和 1/3 倍频程带宽三方向合成振动加速度均方根谱，能够计算出 "疲劳降低工效暴露时间" 和进行舒适性评价
	数据采集软件	能够进行试验设置，进行数据管理、转速跟踪测试、时域数据的处理分析

三、路面不平度及土壤参数测量系统

路面不平度及土壤参数测量系统是一种多功能、多参数测试系统，如图 4 – 45、图 4 – 46 所示，其主要由双迹道路面测量臂、陀螺基准、采样传感器、仪器和数据处理计算机等部分构成。其可以行驶在铺面路、起伏土路及砂碎石路等多种路面，主要完成装甲车辆道路几何与物理性质时进行测量和标定，诸如路形、路面土壤湿度、土壤硬度和土壤剪切力等参数。

图 4 – 45　双迹轨道测量臂和陀螺基准

图 4 – 46 采样传感器

土壤湿度测量仪用于测试各种试验路面湿度；土壤硬度测量仪用于测试各种路面硬度；土壤剪切测试仪用于测试各种路面土壤剪切力。

路面不平度及土壤参数测量系统的性能指标参数如表 4 – 5 所示。

表 4 – 5 路面不平度及土壤参数测量系统的性能指标参数

双迹路形计			
测量精度	幅值 ±1 mm 相关性 ≥0.96	测量架摆角	±60°
两测量轮中心距	150 mm	测量轮直径	100 mm
测量轮实芯橡胶胎宽	20 mm	测量间距（采样间距）	150 mm
测量臂长（传感器 α_1、α_2 的中心距离）	1 100 mm	测量臂安装高（地面至传感器 α_2 中心的距离）	290 mm
陀螺性能参数			
尺寸	136 mm×132 mm×115 mm	质量	≤2.0 kg
准备时间①	≤5 min	复位时间	≤2 min
交流电流	≤0.5 A	漂移②	≤ ±3
垂直精度	≤ ±0.5°		
注：①准备时间，即从接通电源到陀螺电机满转，工作电流达到稳定所需的时间； ②漂移，即断开修正，5 min 内陀螺的漂移误差。			
土壤湿度测量仪			
测量范围	0～100%（湿度）	测量精度	±3%
土壤硬度测量仪			
测量范围	0～7 000 kPa	测量精度	5 kPa
测量深度	0～450 mm		
土壤剪切测试仪			
测量精度	0.05 kg/cm²		

四、轮式装甲车辆操纵稳定性测试系统

轮式装甲车辆操纵稳定性测试系统主要由 VBOX Ⅲ 数据采集器、模拟量采集模块、频率量输入模块、陀螺仪、测力方向盘、制动触发器、数据显示器、转速传感器、油耗仪等组成。轮式装甲车辆操纵稳定性测试设备系统组成如图 4 - 47 所示。

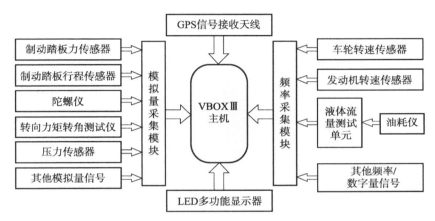

图 4 - 47　轮式装甲车辆操纵稳定性测试设备系统组成

轮式装甲车辆操纵稳定性测试系统能够完成轮式装甲车辆操纵稳定性试验，以及有关机动性能、油耗、前轮定位参数试验等。系统主要性能指标见表 4 - 6。

表 4 - 6　轮式装甲车辆操纵稳定性测试系统的主要技术指标

设备名称	指标名称	范围
主采集器 VBOX Ⅲ	采样频率	100 Hz
	测速范围	0 ~ 500 km/h
	速度精度	0.1 km/h
	距离精度	0.05%（< 50 cm/km）
频率输入模块	宽电压范围	±50 V
	输入频率范围	1 Hz ~ 20 kHz
	定时器分辨率	67 ns
模拟量输入模块	宽电压范围	±50 V
	DC 精度	400 μV

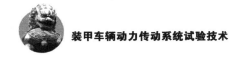
续表

设备名称	指标名称	范围
陀螺仪	动态范围	±180°
	分辨率	<0.1
	姿态静态精度	<0.3°
	姿态动态精度	<1.5°
测力方向盘	测量范围	50 N·m
	精度	0.5 N·m
侧滑角传感器	侧滑角精度	0.5°
	GPS 刷新率	20 Hz
车轮轮速传感器	最大速度	160 km/h
	精度	0.3%/km
油耗仪	测量范围	250 L/h
	测量精度	燃料体积±0.5%的读入误差
	分辨率	燃料体积 4×10^{-3} mL

五、海上试验综合测试系统

海上试验综合测试系统主要完成被测载体位置、速度、姿态的高精度实时测量和显示，并对载体运动轨迹进行回放，计算其转弯半径、运动轨迹上任意两点的直线距离和实际运行距离；以图形形式显示运动目标姿态和速度的变化，对特定时间段内移动目标的速度（平均值、最大值和最小值）、高程和姿态的变化情况进行统计，并可存储、打印图形和统计结果。可以完成的项目主要包括稳态回转性能试验（水上/陆地）、最大航速、加速试验、制动性能试验、滑行试验等。

整个测试系统采用差分 GPS 原理设计，主要由基准站分系统、移动站分系统和系统软件组成，其总体架构如图 4 – 48 所示。移动站设备安装于被测车辆上，完成被测车辆的位置、速度和姿态的高精度测量。基准站分系统安装于岸上或其他合适的地点。

海上试验综合测试系统的主要性能指标参数如表 4 – 7 所示。

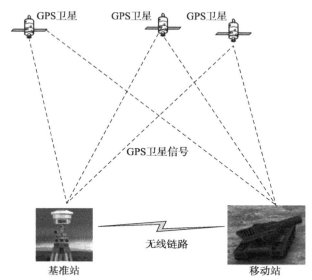

图 4 - 48　海上试验综合测试系统总体架构

表 4 - 7　海上试验综合测试系统的主要性能指标参数

性能			
位置精度	1 cm　1 ppm（RMS）	航速精度	0.02 m/s
姿态（采用 SPAN FSAS）			
俯仰	0.015° RMS	横滚	0.015°RMS
方位	0.041°RMS		
INS 位置、速度和姿态数据更新率			200 Hz
移动站数据回传至基准站的频率			1 Hz
传输距离	不小于 5 km	试验时间	不小于 4 h
环境指标：温度为 - 40 ~ 65 ℃；相对湿度为 95% 无冷凝（25 ℃）；移动站设备要求防水、防潮、防盐雾			

六、车辆技术状态参数记录仪

车辆技术状态参数记录仪（简称"记录仪"）主要用于完成整车技术状态参数的随车实时采集和记录，配合 PC 机软件可实现对仪器功能的重定义，以满足不同测试目的的需要。可以完成持续行驶性能试验、动力传动装置冷却试验、平均速度测定、发动机燃油消耗量测定及最大行程计算、发动机加温性能试验、冷冻试验、整车保温性能试验、采暖性能试验、车内通风制冷性能试验等试验项目。

车辆技术状态参数记录仪的主要性能指标如表4-8所示。

表4-8　车辆技术状态参数记录仪的主要性能指标

性能指标			
采样频率	1 ~ 20 Hz	输出方式	显示、接口、打印
记录参数	转速、里程、排挡、温度、压力、流量、总线上数据等		
环境指标			
温度	−43 ~ 85 ℃	相对湿度	95% 无冷凝（25 ℃）

七、起动性能试验测试仪

起动性能试验测试仪集数据采集、实时显示、数据处理与分析、数据导出等于一体（图4-49），具备电压、电流、温度、转速显示功能以及 CAN 总线和 USB 接口。采用 PC104 总线系统为平台、5B 调理模块为信号调理单元的总体架构。这种架构能够兼容采用 PC104 总线的系列功能模块以及 5B 系列调理模块，使得该测试仪在能够作为专用仪器完成起动性能试验测试的同时，也具有较强的扩展性。能够实现加温、起动、持续行驶、热平衡、保温、采暖等试验项目的测试。

图4-49　起动性能测试仪

4.2.3 网络性能测试

一、总线网络

总线网络是把多种形式计算机终端通过总线方式连接起来，并使其能够进行信息交互的系统。最简单的总线网络只有两个节点和一条总线。为达到动力传动系统的一体化协同以及与整车更好的匹配性能，动力装置、传动装置组成的动力传动系统，动力传动系统、行动系统组成的推进系统，以及推进系统与其他辅助系统之间正实现着从独立操控向联网协同控制的方向发展，而且在当前AT变速器、综合传动装置、大功率动力装置、驾驶员操控等的实现中，使用总线联网协同已在多个装备型号中得到应用，为动力传动系统性能更充分地发挥提供了保障，同时也为系统的可靠性、测试性、保障性、维修性等的提高提供了坚实的支撑。

目前在装甲车辆底盘控制上常用的总线包括1553B、MIC、CAN总线等，随着总线技术的发展，民用CAN总线也逐步运用到军用车辆上，随之衍生了完全针对军用车辆开发的MILCAN总线，详见表4-9。

表4-9 军用总线技术对比

总线	实时性	可靠性	价格	应用场合
1553B	主从结构，由主控端完成消息出发的控制，每个消息有确定的响应时间，实时性好	采用双冗余总线或者多冗余总线单主机工作方式，所以必须保证主机正常工作，对主机采用冗余备份	结构复杂，价格昂贵	军用车辆系统级传输
CAN	多主结构，无主控端，任何节点可在总线空闲时主动向总线发送消息，消息无确定响应时间，不能满足特殊情况下实时性要求	由于采用多主方式，任何一个节点出现了故障，系统还能工作	结构简单，性价比高	军用车辆中的设备级控制领域
MIC	主从结构，由主控端完成消息触发和控制，每个消息有确定的响应时间，实时性好	采用双冗余总线或者多冗余总线单主机工作方式，所以必须保证主机正常工作，对主机采用冗余备份	结构较为复杂，价格较为昂贵	军用车辆电源能量管理系统

总线	实时性	可靠性	价格	应用场合
MILCAN	主从结构，但是主控端只是起同步作用，不完成消息的触发和控制，每个消息有确定的响应时间，实时性好	主从结构，但由于主控端退出工作后，其余节点可以通过"选举"成为主控端，从而保证了系统的可靠性	结构简单，性价比高	军用车辆多级传输网络

1553B 总线主要用于综合电子系统中的数据传输网络总线，传输速率为 1 Mbit/s。该总线在美国 M1A2、英国"挑战者"以及法国勒克莱尔等车型上均得到成功应用。

MIC 总线是专门为解决恶劣的军事环境中电力及数据分配和管理问题而开发的一种简单的高可靠性时间分割多路传输串行现场数据总线。MIC 总线是真正意义上的双冗余串行总线，允许双总线同时传输和监视。最终设计的协议简单实用，不需要系统承担诸如时间控制、恢复确认、总线控制器的交替管理或以上通信信号的开销。

CAN 总线是德国 Bosch 公司开发的一种串行数据通信总线，由于 CAN 总线价格低廉，在民用上得到了广泛应用。传统的 CAN 总线是基于多主结构，信息传输时间的不确定性和优先级反转是它固有的缺陷。当总线上消息密度较小时，这些缺陷对系统的实时性影响较小，但随着在总线上消息密度的增加，实时性会急剧下降。因此传统的 CAN 总线不能适应现代复杂网络大流量、强实时性、高可靠性的要求。所以，在军用车辆上，对 CAN 总线的应用基本处于局部应用范畴。

为能够将 CAN 总线广泛应用到军用车辆上，MILCAN 小组最早于 2001 年提出了以军用车辆应用为目的的 MILCAN 协议，并在欧洲战车上进行了应用尝试。

二、总线网络性能指标

(一) 性能指标

1. 带宽

带宽（Bandwidth）的最初定义是该信号的各种不同频率成分所占据的频率范围。当通信线路传送数字信号时，数据率就应当成为数字信道最重要的指标。习惯上，人们将"带宽"作为数字信道的"数据率"的同义语。

2．传输时延

消息的时延（Delay）是指一个消息从网络的一端传送到另一端所需的时间。数据经历的总时延包括以下 3 种时延之和，即

$$T_{\mathrm{d}} = T_{\mathrm{translate}} + T_{\mathrm{send}} + T_{\mathrm{deal}} \qquad (4-26)$$

式中　T_{d}——传输时延；

$\quad\quad T_{\mathrm{translate}}$——传播时延；

$\quad\quad T_{\mathrm{send}}$——发送时延；

$\quad\quad T_{\mathrm{deal}}$——处理时延。

（1）发送时延：发送时延是节点在发送数据时使数据块从节点进入传输媒体所需要的时间，也就是从数据块的第一个比特开始发送算起，到最后一个比特发送完毕所需的时间。

（2）传播时延：传播时延是电磁波在信道中传播一定的距离而花费的时间。

（3）处理时延：这是数据在交换节点为存储转发而进行一些必要的处理所花费的时间。在节点缓存队列中分组排队所经历的时延是处理时延中的重要组成部分。因此，处理时延的长短往往取决于网络中当时的通信量。当网络的通信量很大时，还会发生队列溢出，使分组丢失，这相当于处理时延为无穷大。有时可用排队时延作为处理时延。

3．总线使用效率

总线使用效率是指在数据传输中，有效数据位传输时间与总传输时间（包括有效数据位传输时间 T_{d}、指令字传输时间 T_{o}、指令响应时间 T_{r} 和状态字间隔时间 T_{g}）的比值，即

$$E = \frac{T_{\mathrm{d}}}{T_{\mathrm{d}} + T_{\mathrm{o}} + T_{\mathrm{r}} + T_{\mathrm{g}}} \qquad (4-27)$$

4．总线负载

总线负载是指信息的实际传输量与最大允许传输量的比值。这个比值包括数据和内部开销两部分，反映系统允许扩充的余地。

5．总线利用率

总线利用率是指总线上信息传输的时间与全部时间的比值，反映总线上信息传输的拥挤程度。与总线负载相同的是，为支持分系统的扩展并防止总线堵塞，系统设计时对总线利用率也必须留有余地。

6．平均等待时间

平均等待时间是指非周期性消息的传送等待的平均时间。一般来说，异步

消息的传送请求不可能立即得到服务，需要按照某种原则排队等待（如按优先级或异步请求到达的次序），平均等待时间一般与系统配置的计算机数量及其排队算法有关，是一个统计平均值。

7. 可靠性

军用车辆综合电子系统对可靠性要求极高，单纯依靠提高部件的质量或装配的工艺质量很难达到目的，常常需要用容错技术提高系统的可靠性，并采用各种冗余措施，实现故障掩蔽以消除故障对系统正常工作的影响。系统可靠性可以用两个基本的参数加以衡量，一是系统的可靠性品质因数 Q，即系统至少允许有 Q 个故障存在而仍能维持正常工作的能力；二是系统的平均无故障时间，这是一个试验统计参数。

8. 准确性

准确性是指接收端未发现的错误位与传送它的全部信息位的比值。

（二）性能分析近似方法

通信网络系统建模有两种方法：一种是基于分析建模方法，另外一种是基于模拟建模技术。随着计算机系统模型越来越复杂，系统模型的计算和求解变得越来越困难，甚至无法解决。所以，通常是将模拟方法和分析方法作为互补。例如，当需要明确模拟的某些特征而导致排队网络没有乘积解时，或者希望减少求解的计算时间时，就必须借助于近似模拟方法。而分解方法是应用最广泛的近似方法之一。分解方法采用的是一种分而治之的思想。其基本步骤为：首先将网络分解为适当子网，并独立求解每个子网，其次聚集子网的解组成整个网络的近似解，最后使用模拟模型验证压缩解。

三、典型总线网络系统性能测试

（一）便携式 1553B 总线测试系统

1553B 总线电缆网络主要由主总线、短截线、耦合器三大部分组成。受原料质量、生产加工条件、现场安装情况、振动、磨损、温度等因素的影响，电缆网络可能会出现线芯短路、线芯开路、线芯与屏蔽网短路、屏蔽网不连续、线芯极性接反等故障，因此，需要对这些方面进行测试。另外，电缆网络接口松动接触不良、耦合器质量差、线圈比例不合格等问题也会引起电缆交流参数变化，造成通信隐患，因此要对数据的完整性及波形参数进行测试。

1553B 总线终端设备功能检测即检测被测终端设备能否正常进行 1553B 总线数据通信、是否符合 1553B 总线协议。1553B 总线终端设备可能会出现发送消息信号波形的峰值、时间间隔、对称性等异常，或接收器无法识别标准 1553B 总线信号，导致消息无法发送、RT 地址无法识别、对接收到的命令字消息无法响应等故障。这些故障都体现在总线网络上传输的数据中，因此，可在总线网络上接入一个工作在 BM 模式下的 1553B 总线终端设备，对总线上的数据进行监听，检测网络上终端设备的数据，发现故障终端后再对其进行具体的故障排除、维修工作。

根据外场远距离测试要求，便携式 1553B 总线测试系统分为两部分：测试主机和信号源，两者通过 WiFi 或 RS485 进行通信，互相配合完成对 1553B 总线终端设备的检测。检测系统如图 4 – 50 所示，以嵌入式平板电脑为主控单元，通过外围接口（USB、WiFi/RS485、RS232）扩展 1553B 总线测试专用主板、数据采集模块，以及 1553B 测试信号源模块，其中，1553B 总线测试信号源通过 WiFi/RS485 跟主机通信，通信距离不小于 50 m（WiFi）/1 000 m（RS485）。

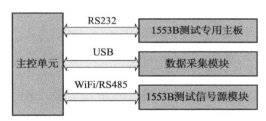

图 4 – 50　便携式 1553B 总线测试系统

（二）CAN 总线测试系统

1. 测试内容

CAN 总线测试从总体上可以分为单节点测试和总线系统集成测试两部分。单节点测试是指在系统集成之前，需要对单个节点设备进行测试，用以确定节点工作是否正确，并且该节点连入总线系统后是否会干扰总线的正常通信。总线系统集成测试则是将各个节点都连接形成完整的 CAN 网络，对集成后的网络进行测试以验证整个网络运行的完整性和正确性、网络的通信鲁棒性、电气鲁棒性以及网络的容错自恢复能力等。CAN 总线系统的测试分为单节点测试、总线系统集成测试和整车试验测试。

（1）单节点测试。

单节点测试中只有一个被测设备（EUT）。单节点的物理层测试主要目的是验证节点在电路设计、物理电平特性等方面的性能，这是保证节点能够正确连接入总线的基础。测试内容主要包括节点的电阻电容特性、节点差分电压、总线终端电阻、CAN 总线上的物理电平特性等方面。单节点的数据链路层测试则包括了位定时测试、采样点测试、SJW 测试等内容，该测试内容主要用以保证各个节点的通信参数能够保持一致性，在组成网络时能够正常有效地工作。

（2）总线系统集成测试。

分系统测试完毕后，需要将其集成到一起进行联合测试。在集成测试阶段，需要测试系统集成之后的整体功能（应用层、数据链路层和物理层），进行环境试验，在线监测试验过程中的通信状况、记录试验数据，以及对试验数据进行后期离线分析等。

（3）整车试验测试。

整车试验测试是总线系统测试的最后一个环节，因为试验室中的测试没有将整个系统放置在真实的运行环境中，此时可能会因为线路的干扰或者电磁兼容的问题给总线系统的稳定性带来不小的冲击。

2. 总线系统测试方法

（1）使用 Vector 产品进行总线测试。

使用 Vector 公司提供的 CAN 总线干扰仪 CANstress 和网络示波器 CANscope 可以很好地实现对物理层和数据链路层的测试。

CANstress 是一个直接插入总线回路上的独立硬件。它包含负载的触发和干扰逻辑。它里面包含有大量的可以通过软件控制的电阻。可以用来改变线间的阻抗以及信号线与电极之间的连接电阻，从而可以编程模拟开路和短路故障。不同的电缆长度可以通过线间可调电容来模拟。同时它还能生成多种触发方式的脉冲干扰。通过其生成干扰之后利用总线测量设备进行测量，观察其抗干扰性能。

CANscope 是一个用来记录和分析 CAN 总线上信号电平的测量仪器。在物理层和数据链路层测试过程中，使用 CANstress 向被测单元制造出测试所需的干扰信号以及总线故障等测试环境，并使用网络示波器 CANscope 捕捉 CAN 总线物理层的电平信号，通过评估来验证和确认节点在电路设计、物理电平特性等方面的性能，确保节点能够正确接入集成后的网络。

Windows COM 口和触发电缆可以自由地控制 CANscope 和 CANstress 进行协同动作，从而对集成网络的物理层、数据链路层和应用层功能实施完全自动化的测试过程，并给出完整的测试报告。CANoe 支持 DBC 格式的总线协议数据库，可以在其提供的跟踪窗口、数据窗口、图形窗口、统计窗口和总线统计窗口中对总线通信和信号值进行符号化访问与分析；可以创建操作和显示面板；能对总线通信实施记录、回放、触发、滤波和离线分析。

但在外场试验或连续自动化测试过程中，使用电脑运行 CANoe 进行数据记录的方式就显得非常不灵活。此时可使用独立运行的 CAN 总线数据记录仪 Multilog（或 GL1000）来代替 CANoe 完成试验数据记录工作。Multilog 和 GL1000 记录的数据可方便地导出，使用 CANoe 和 Excell 等软件进行后期处理。

（2）使用 Kvaser AB 公司产品进行总线测试。

由该公司产品所构成的 CAN 总线分析仪，由基于 USB 的 Kvaser USB CAN Ⅱ总线适配器、软件 Warwick X - Analyser 和笔记本电脑（计算机）组成。

Kvaser USB CAN Ⅱ是基于 USB 的双通道 CAN 总线分析仪，一个通道用于测量高速 CAN 信号，另一个通道用于测量高速 CAN、低速 CAN 或单线 CAN。系统通过 Kvaser USB Can Ⅱ连接计算机，采用 X - Analyser for Kvaser CAN 软件（简称 XA）对系统总线通信报文信息进行监测分析。XA 用于测试、分析、仿真和监测 CAN 总线网络。

（3）自行开发测试工具对总线测试。

自行开发的总线测试工具的基本构架和以上两种方式类似，关键在于自行开发具有针对性，更能开发出适合所需功能的产品，而非通用的、功能冗余的、价格昂贵的成熟产品。

4.2.4　多模式数据采集装置

为达到对被试对象客观准确评价的目的，充分的数据采集是必不可少的。在车辆试验过程中，加装传感器的方法不必赘述，同时车辆综合电子系统共享的数据信息可以通过总线获取。而且，有时由于车辆内部各装备之间通过总线进行数据传输，测试人员很难直接获取各分系统组装活动综合数据信息，同时由于车辆设计的需要，内部加装传感器的方式已不是最佳方案，因此，多模式数据采集装置是实现综合测试的一个发展方向。

多模式数据采集装置，在保留能够直接获取加装的传感器信息的同时，实现了对车辆内部总线上挂接的所有设备之间的通信数据进行记录存储。试验人员可以针对不同的测试项目需求，通过计算机预装的数据处理系统自行定义添加或删除所关注的参数项，从而实现试验数据采集系统记录数据的多用途性，大大减少试验测试人员的重复性劳动。

一、设计原则和思路

（一）设计原则

（1）在保证系统总体功能要求的前提下，对所设计的系统要求实用、可靠，具有合理的费效比，满足"实用、可靠、先进、经济"的总体要求。

（2）设备的正常安装使用，不能对被试品的正常工作产生干扰和不良影响；设备在正常使用过程中，也不应该受被试品和来自其他方面的影响。

（二）设计思路

针对加装传感器和共享车辆综合电子信息系统数据的需求，以分布式设计思想为依托，形成"1 + 1 + N"的设计模式，即 1 个核心，1 个车辆综合电子信息系统接口，N 个总线式外部数据采集盒。

针对数据集中采集器需要存储信息容量大、要求使用 U 盘导出数据等特点，设计采用基于 PC104 控制主板，同时针对车载设备随时断电的特性，控制软件基于嵌入式操作系统 VxWorks 编写，实现其起动快、故障低、可靠性高的要求。单独设计扩展总线接口板，实现同 CAN 总线或 FlexRay 总线等的通信。需要连接不同的总线时，选用相应类型的总线接口板即可实现。

外部数据采集盒基于单片机设计，采用总线接口方式实现同数据集中采集器的数据交换。

二、系统的设计与实现

根据上述设计思想，1 个核心设计为车载信息综合处理盒，1 个车辆综合电子信息系统接口实现共享车辆总线信息，N 个总线式外部数据采集盒以总线的方式与车载信息综合处理盒联通，用以实现对加装的温度、压力、转速、转矩、位移等传感器数据的采集。系统总体组成框图结构如图 4 – 51 所示。

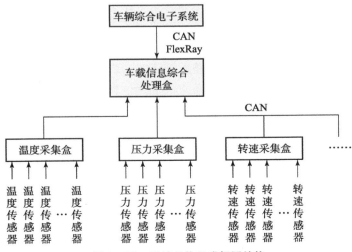

图 4 – 51　系统总体组成框图结构

车载信息综合处理盒一方面与车辆综合电子系统连接，通过总线接口卡和总线协议（CAN、FlexRay 等）接收车辆总线数据，同时，通过 CAN 总线连接温度、压力、转速等外部数据采集盒，获取独立加装的传感器数据。所有的数据在车载信息综合处理盒的统一调度下采集，按照文件存储方式将数据写入 DOM 硬盘。车载信息综合处理盒在接收到总线传输的校时时间后，自动进行时间同步。全系统的原理框图如图 4 - 52 所示。

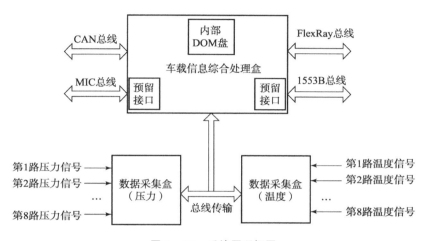

图 4 - 52　系统原理框图

DOM 硬盘通过转接线连接至笔记本电脑或外部台式机，直接对硬盘数据进行拷贝，从而实现对大容量数据的快速导出。系统内部数据信息来源及流向，如图 4 - 53 所示。

车载信息综合处理盒作为多模式数据采集装置的核心存在，其设计具有较强的特殊性。温度采集盒、压力采集盒以及转速采集盒、转矩采集盒等总线式外部数据采集盒的设计与实现的思想基本是一致的，只是内部数据处理的具体技术不同。这里主要介绍车载信息综合处理盒，并以温度采集盒、压力采集盒为例介绍总线式外部数据采集盒的设计与实现。

（一）车载信息综合处理盒

车载信息综合处理盒由电源板、PC104 控制主板、CAN 总线接口板、FlexRay 总线接口板组成，预留 MIC 和 1553B 总线接口板。

PC104 主板与总线接口板之间通过控制总线、16 路地址/数据总线实现各接口连接。主板直接控制 CAN 总线接口板、FlexRay 总线接口板，实现总线数据的接收与发送。

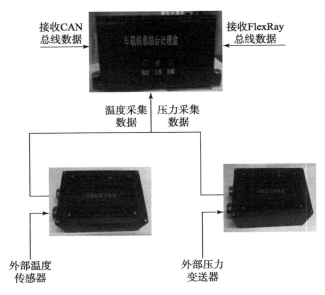

图 4 – 53　系统数据信息来源及流向

（1）电源板。

电源板负责为整个系统提供工作电源，将外部输入的 DC 24 V 变换为内部工作电压 5 V，最大输出功率为 50 W。电源板外接 EMI 电源滤波器，对输入的外部干扰噪声进行抑制；同时减小由设备产生，影响电源或其他设备的噪声，确保设备通过国军标 EMC 传导发射标准。

电源板具有电流过流保护和电压过压保护功能，确保设备在短时过流和过压的情况下，不会造成设备损坏。

（2）PC104 控制主板。

PC104 控制主板是系统核心模块，负责实现同车辆内部总线、外部数据采集盒之间的通信，并存储采集接收数据，协调控制各模块正常工作。设计外引接口有 3 路串行通信接口、2 路 USB 接口、2 路网络接口。

初步设计采用 X86 架构的 PC104 主板，使用 Intel 公司的新一代凌动系列 Atom N455/ D525 处理器，支持多种操作系统，如 Linux、Windows 等。主板板载 DDR3 1GB/2GB 内存，并提供 SATA 接口、USB 接口、10/100/1000Base – T 以太网接口、Audio 接口、6 路串口、PS/2 键盘鼠标等接口。

（3）CAN 总线接口板。

内置 2 路 CAN 总线接口，实现同车辆内部 CAN 总线的通信。

CAN 总线控制器采用 NXP 的 SJA1000T、总线驱动器采用 NXP 的 TJA1040

实现，并根据 CAN 设计规范，在控制器与驱动器之间采用光电隔离信号。为防止外界电磁场信号的干扰，设计隔离驱动电路，同时在总线出线端采用共模滤波器进行滤波后再输出至外部总线。实现原理图如图 4 - 54 所示。

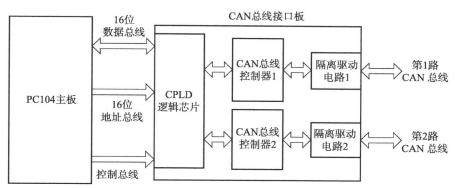

图 4 - 54　CAN 总线接口板实现原理图

（4）FlexRay 总线接口板。

内置 A、B 通道 FlexRay 总线接口，实现同车辆内部 FlexRay 总线的通信。

FlexRay 总线控制器采用飞思卡尔 MFR4310、总线驱动器采用 NXP 公司的 TJA1080 实现，并根据 FlexRay 设计规范，在控制器与驱动器之间采用光电隔离信号。为防止外界电磁场信号的干扰，设计隔离驱动电路，同时在总线出线端采用共模滤波器进行滤波后再输出至外部总线。

FlexRay 总线接口板实现功能框图如图 4 - 55 所示。

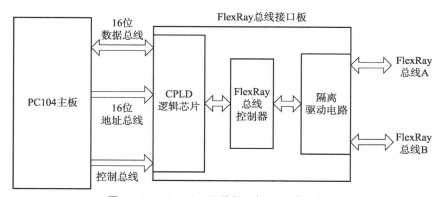

图 4 - 55　FlexRay 总线接口板实现功能框图

（5）MIC 总线接口板（预留）。

内置 A、B 通道 MIC 总线接口，实现同车辆内部 MIC 总线的通信。

（6）1553B 总线接口板（预留）。

内置 A、B 通道 1553B 总线接口，实现同车辆内部 1553B 总线的通信。

（二）温度采集盒

温度采集盒负责采集外部加装的温度传感器测量信号，并将采集数据发送至数据集中采集器；其内部主要由温度主控电路板和温度信号调理板两部分组成，其功能实现原理图如图 4 – 56 所示。温度传感器的微信号经温度信号调理板后，转成 0 ~ 5 V 信号输出至温度主控电路板，经单片机 A/D 采集后，根据当前转换结果计算对应温度值。通过 RS485 总线或 CAN 总线回传采集数据至车载信息综合处理盒。

温度采集盒的主要性能指标：

①最大采集路数：8 路；

②温度范围：– 50 ~ 150 ℃；

③精度：±0.2 ℃。

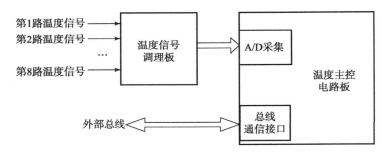

图 4 – 56　温度采集盒功能实现原理图

（三）压力采集盒

压力采集盒负责采集外部加装的压力传感器测量信息，并将采集数据发送至数据集中采集器；其内部主要由压力主控电路板和压力信号调理板两部分组成，其功能实现框图如图 4 – 57 所示。压力信号经压力信号调理板后，转成 0 ~ 5 V 信号输出至压力主控电路板，经单片机 A/D 采集后，根据当前转换结果计算对应压力值。通过 RS485 总线或 CAN 总线回传采集数据至车载信息综合处理盒。

压力采集盒的主要性能指标：

①最大采集路数：8 路；

②范围：1 ~ 5 V；

③精度：1% FS。

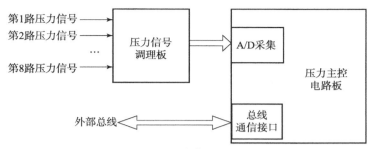

图 4 - 57　压力采集盒功能实现原理图

三、关键技术及设计特点

多模式数据采集装置为装甲车辆动力传动系统以及整车试验的数据获取方法提供一种较为理想的设计思路，实现了以下功能：

①记录车辆内部总线通信数据，实现 CAN 总线、FlexRay 总线数据存储，并预留接口，以便后续扩展 1553B 总线和 MIC 总线。

②记录车辆关键部位加装的传感器采集数据，实现温度、压力参数的采集，并预留对环境参数、振动冲击等参数的采集接口。

③将采集数据记录于内部存储单元，由硬盘导出数据。

（一）关键技术

①计算机 16 位总线接口技术。

FlexRay 总线通信控制器采用 16 位总线接口，因此在通信板设计时必须采用计算机的 16 位总线设计与之匹配。16 位总线接口控制逻辑较为复杂，在初样设计阶段，发现与计算机接口的 16 位总线在外部出现干扰（如电源干扰）时会出现逻辑错误，导致通信板中断，后经反复调试 CPLD 内的逻辑设计，成功实现了对 16 位总线的可靠读写。

②FlexRay 控制器缓冲区配置方法。

本设计中，需要接收挂接在 FlexRay 总线上的所有设备的收发数据，针对通信信息量大、节点多的特点，必须使用专用的 FlexRay 通信控制芯片 MFR4310。MFR4310 控制器的缓冲区控制，不同于其他常规总线控制器，需要进行自定义设置。若配置错误，可能会导致某些节点的数据无法接收。

（二）设计特点

①采用电路板层叠结构及基于计算机的 16 位总线通用设计，便于实现各种总线接口板的互换。后期使用预留的 MIC 通信板或 1553B 通信板时，只需

将原有板卡拔出，替换即可，从而实现了一个平台，可以兼容多种总线的设计需求。

②使用体积小巧、容量大的 DOM 硬盘，有效解决了大容量数据存储问题，并大大减少存储设备占用空间。

③对于现有装甲车辆内的各种存储记录设备，大多采用串口、USB 口或网络接口导出数据，数据导出速度较慢；尤其在寒冷地区，更是存在笔记本电脑无法使用等现实问题。本设计采用拔插硬盘的快捷方式，解决了大容量数据导出的难题。

|4.3　试验场地保障|

4.3.1　国内外试验场区介绍

从试验地区环境方面来讲，一般应当包括常温试验场、严寒冰雪试验场、干热沙漠试验场等；从试验设施方面来讲，不同试验地区环境的试验建设针对的试验设施，应当包括试验道路、试验台架、专项试验室或试验场地以及先进的试验测试设备。

一、国外试验场介绍

国外陆军装备试验与鉴定执行机构从总体水平上看，美国陆军武器装备试验场不仅数量多，规模大，设施设备先进，试验手段多，而且综合试验能力强，俄罗斯、德国也处于世界先进水平。另外，澳大利亚、加拿大等国的试验场也都具有一定的规模和试验能力。

（一）美军试验场介绍

美国是试验场建设较早且全面的国家，包括可完成常温试验的阿伯丁（Abadeen）试验场、可完成干热沙漠试验的尤马试验场、可完成严寒冰雪试验的阿拉斯加北极试验中心以及可完成湿热濒海试验的夏威夷试验站等。其中以美国陆军部门的阿伯丁试验场最为著名。

阿伯丁试验场位于美国东部马里兰州，如图 4 - 58 所示，占地总面积 290 km^2。阿伯丁试验场建于 1917 年，其负责各种中、近程火炮和弹药、装甲战车、装甲运输车、火控系统、光学设备、探雷器和扫雷系统、特种军用器材等多种武器装备的研制试验和其他试验，是美国最早建立的常规武器试验场，也是美陆军最重要的试验场之一。

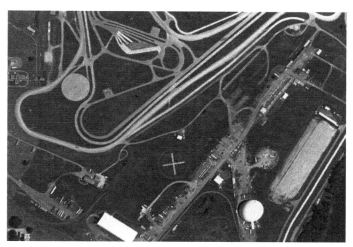

图 4 - 58　阿伯丁试验场

具体而言，阿伯丁试验场下辖的试验场区和试验设施主要包括射击靶场、机动车辆野外试验设施、环境试验设施、特殊试验设施等。

机动车辆野外试验设施具有 10 个主试验区、63 km 长的试验道路。其中有芒森试验道路、佩里曼试验路、丘奇威尔试验区及车辆其他试验的设施。利用这些试验道路和设施可以进行车辆的越野、爬坡、转弯、涉水、跨越障碍等试验。

阿伯丁的环境试验设施可进行实弹和战斗部高低温下的振动试验、武器霉菌试验、盐雾试验、潮湿试验、太阳辐射试验、颤振试验、电磁干扰试验、淋雨试验、高低温试验、噪声和冲击波试验及毒气试验等。

（二）俄军试验场介绍

俄罗斯的主要科研试验靶场有库宾卡坦克装甲车辆试验场、阿拉比诺训练场、通古兹防空武器靶场和彼得堡炮兵靶场等。

俄罗斯库宾卡坦克装甲车辆试验场是隶属于国防部的军方试验场，是陆军地面车辆的主要科研试验场之一。它是代表军方和用户，按国家标准实施"验收试验"，试验的目的是在接近实战条件（部队使用条件）下，检验和认定多研制样品在作战技术性能和使用性能方面是否符合战术技术任务书所提出的要求，并对其能否投入批量生产或装备部队提出鉴定意见。

阿拉比诺训练场是"坦克两项"竞赛的赛场，位于莫斯科市郊，占地约

12 km², 是俄西部军区第 20 军第 2 摩步师的训练靶场, 在 2013 年成功举办了首届坦克两项赛, 2014 年对场地进行了改进, 其总体建设情况如图 4 - 59 所示。

图 4 - 59 阿拉比诺训练场总体建设情况

目前阿拉比诺训练场主要包括观礼台、准备区、机动障碍(碎石路段临时增加路桩)、车辙桥、模拟雷场通过道路(碎石路段临时增加标记)、反坦克壕、土岭、搓板路、涉水场、断崖、火障、壕沟、静静射击区(机枪)、动静射击区(火炮)、碎石跑道、泥泞跑道、模拟直升机靶、枪靶、坦克靶等设施。

此外, 为了保证比赛顺利进行, 该训练场地还配置了库房、修理车间、停车场、饮食配送等, 为各参赛队伍提供车辆存放、维修保养、生活服务、安全保障等综合保障服务, 能够满足 20 个队伍每次 4 台坦克同时进行比赛。各项设施的基本规格如表 4 - 10 所示。

表 4 - 10 场地设施需求表

序号	项目	规格	数量	备注
1	蛇形机动区	4.5 m × 80 m	4	
2	涉水场	30 m × 40 m × 1.2 m	1	
3	反坦克壕	18 m × 5 m × 1.5 m	4	
4	土岭	100 m × 40 m × 10 m	1	
5	车辙桥	20 m × 4 m × 0.3 m	4	

序号	项目	规格	数量	备注
6	崖壁	15 m×6 m×0.85 m	4	
7	壕沟	25 m×6 m×1.5 m	4	
8	侧倾坡	40 m×15 m×15 m（8°~12°）	4	
9	搓板路	40 m×8 m×0.25 m	4	
10	雷场通路	6 m×60 m	4	
11	连贯纵坡	100 m×8 m×1.5 m	4	
12	并列机枪静静射击区	100 m²	4	
13	火炮静静射击区	100 m²	4	
14	火炮动静射击区	10 m×200 m	1	
15	模拟直升机靶	距离900 m、高度12 m	8	
16	模拟坦克靶	2.37 m×3.42 m（距离1 600 m~1 800 m）	8	
17	模拟榴弹发射手靶	高度0.85 m	8	
18	碎石路道	40 m 宽	7 km	
19	体能障碍区			
20	简易停车区	3 500 m²		
21	修理车间厂房	6 500 m²	1	
22	修车地坑		20	
23	库房	2 500 m²		
24	供水供电设施		1	
25	观礼台	40 m×15 m×3 m	1	
26	观摩区停车场	3 000 m²	1	简易

（三）德军试验场介绍

德军试验场区主要包括用于完成常温地区道路试验的德国陆军第41号试验场，其干热沙漠地区试验主要利用美国和澳大利亚的沙漠地域完成，其严寒冰雪地区试验主要到北欧挪威进行。

在德国陆军第41号试验场内，建设有整车环境试验室、发动机试验台、传动转向装置试验台、轮胎试验台、人体工程试验台、轮式车辆振动试验台等，以及室外总长达 24 ~ 30 km 的标准试验跑道和试验设施，并配有现代化的机动测试设备，可完成车辆的总体与底盘部分的机动性能试验、可靠性与耐久性试验。

（四）加拿大地面工程试验中心

加拿大地面工程试验中心位于渥太华加拿大部队基地，其主要任务包括工程试验任务；陆军设备、机场支持设备以及海上和地面航空支持系统的电气和电子设备鉴定任务；研究和验证新概念和新原理；设计和制造组合式通信系统的电路、组件、接口和辅助设备等；调查现役装备的故障和事故；制造少量的、不宜工业部门生产的设备；采办试验、鉴定和技术研究所需的设备等。

加拿大地面工程试验中心建有的试验设施包括涉水/航渡池，用于各种车辆的涉水能力及有限的漂浮和航渡试验；各种试验路及车辆的冲击和振动试验设施，如比利时路、花岗岩路、混凝土正弦波路、混凝土阶梯斜坡、混凝土障碍沟和障碍物；室内设施，包括 1 个液压操作的 55 t 斜台，可进行车辆侧向稳定性、系统操作、液体容器和水箱溢出限值等试验；在机械试验室里有 224 kW 的发动机测力计、绞车试验装置、斜面装载装置等；具有计算机辅助设计和建模能力的工程工作站。

该中心还配有计算机控制的三轴电动振动台，计算机控制的单向液压振动台，各种规格的温度试验室、高度试验室、湿度试验室，用以进行各种武器装备的各种环境试验，如冲击、振动、温度、压力、湿度等。

二、国内试验场介绍

我国的常规武器装备的试验鉴定场区主要包括白城试验靶场、华阴兵器试验中心、装甲试验场、工程装备试验场、汽车试验场等，涵盖了装甲车辆整车、火力火控系统、弹药、雷达等各类武器装备的试验。其中，装甲试验场是承担装甲车辆定型试验的单位，建设有相对完善的设施，具有相对完善的试验体系和理论。

装甲试验场的前身为装甲车辆试验场，也称为特种车辆试验场，是我国指定的坦克装甲装备设计定型单位，是对坦克装甲装备及分系统进行鉴定、定型试验的权威性机构。该试验场总体来讲包括用于完成常温地区试验的 1# 试验区和 2# 试验区、完成严寒地区试验的 3# 试验区以及完成湿热地区试验、濒海地区试验和高原地区试验的试验场区等。

1. 装甲车辆试验 1# 试验区

装甲车辆试验 1# 试验区占地约 333 000 m²，建有 15 000 m² 综合试验楼、指挥楼和技术保障用房。试验设施包括 1.7 km 高速环形跑道、1.0 km 性能测试路、直径 100 m 的转向场、3 km 环形砂石路以及比利时路、大小搓板路、摄影路、高低凸条路、长短正弦波路、扭曲路等特种路和部分标准障碍设施。标准障碍设施包括垂直墙、壕沟、侧坡、导航定位标准点等，具体的规格和参数如表 4 – 11 所示。

表 4 – 11　装甲车辆试验 1# 试验区试验设施规格及参数表

序号	试验设施名称	路面	规格及参数
1	直线跑道	混凝土	1 030 m×7（10）m，纵波 <1‰
2	砂石环道	石屑	1 030 m×10 m，纵波 <4‰
3	碎石环道	碎石、砾石	3 000 m×8（10）m，纵波为 1%、7%、15%
4	起伏土路	砂土	8 000 m×10 m，最大纵波 ≤15°
5	快速环形测功路	混凝土	1 650 m×17.5（21）m，纵波 <1‰，超高横波为 36%，转弯半径 >90 m
6	制动路	混凝土	250 m×25 m，纵波 <4‰
7	转向场	混凝土	直径 100 m，径向波 <8‰
8	石块路	花岗岩条石块	400 m×6 m，路面平度均方差 $\sigma = 24$ mm，条石尺寸 $L×B = 260$ m×150 mm
9	5 cm 搓板路	混凝土	400 m×6 m，凸高 50 mm，间距 0.61 m
10	15 cm 搓板路	混凝土	400 m×6 m，凸高 150 mm，间距 1.84 m
11	沥青路	沥青混凝土	400 m×5（7）m
12	长波正弦路	混凝土	200 m×6 m，波幅为 ±100 mm，高差（谷 – 峰值）为 200 mm，波长 7 m
13	短波正弦路	混凝土	200 m×6 m，波幅为 ±150 mm，高差（谷 – 峰值）为 300 mm，波长 4 m
14	5 cm 交错凸条路	混凝土	200 m×6 m，凸条高 50 mm，凸条尺寸为（1.4×2，交错）m×0.3 m×0.05 m，凸条间距为 1 m、1.5 m 两种

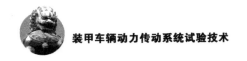
续表

序号	试验设施名称	路面	规格及参数
15	15 cm 交错凸条路	混凝土	200 m×6 m，凸条高 50 mm，凸条尺寸为（1.4×2，交错）m×0.4 m×0.15 m，凸条间距随机在 0.8～1.2 m 之间变化
16	双向扭曲路	混凝土	400 m×6 m，波幅为 ±0.6 m，最大高差（谷－峰值）为 1.2 m，波长 8.6 m，交错反向锥面连接组成
17	直坡	三合土	30°、32°、35°、38°、40°各一个，波长 25～36 m，坡宽 6 m
18	侧倾坡	三合土	15°、20°、25°各一个，波长 70 m，坡宽 7 m
19	潜渡池	混凝土	100 m×25 m×5 m
20	可调式壕沟	钢架混凝土	可调间隙为 0.4～2.4 m
21	断崖	混凝土	
22	崖壁	混凝土	
23	土岭		
24	车辙桥	混凝土	
25	垂直墙	混凝土	可调高度为 0.6～1.2 m

装甲车辆试验 1# 试验区配套建设有车辆运动学参数、车辆试验工况参数、电参数、试验路面参数、车辆动力学参数、试验路面参数等 50 余台套试验测试设备，用以完成坦克装甲车辆等武器装备的研制试验和鉴定试验。

2. 装甲车辆试验 2# 试验区

装甲车辆试验 2# 试验区占地 130 000 m²，建有全长 11 km、宽 10～20 m 的河滩路环形跑道，其路面多为大小不等的鹅卵石、细沙等。配套建设有占地面积为 2 000 m² 的试验保障楼和约 690 m² 的修理间、430 m² 的车库，能够同时容纳和接待 100 余人的试验任务。主要用于坦克装甲车辆常温地区沙、碎石路试验项目的试验。

3. 装甲车辆试验 3# 试验区

装甲车辆试验 3# 试验区占地面积 90 亩$\left(1 亩 = \frac{1}{15} \times 10^4 平方米\right)$，野外试验场地占地 498 亩，建有 8 km 环形冰雪跑道、冰雪纵坡和 3 000 m 标准靶场，具体试验设施及参数详见表 4 - 12。配套建设有试验保障楼、办公楼、车库、修理间、食堂等,建筑面积共有 7 000 m²,可保障 400 人左右的大型试验。这里气候寒冷,每年的 12 月至 1 月份平均气温达 - 30 ℃,极端最低气温达 - 48 ℃,是坦克装甲车辆严寒冰雪地区适应性试验的最佳天然场地。

表 4 - 12 装甲车辆试验 3# 试验区试验设施规格及参数表

序号	试验设施名称	路面	规格及参数
1	环形道路	冰雪路面	周长约 7.7 km,宽 8 ~ 12 m,积雪厚度300 ~ 400 mm,路面底部为冻土层,位于人工林内
2	铺面路	水泥混凝土路面	加漠公路,宽 8 m
3	纵坡	冰雪坡	15°、17°、19°、21°
4	射击靶场		射击靶道长 3 000 m,宽约 60 m,具有 3 000 m、2 500 m、1 800 m、1 000 m 水平炮位,2 200 m、1 650 m、1 200 m 综合炮位(倾斜12° ~ 15°),隐蔽所和避弹面等,符合标准靶场试验条件要求

4.3.2 试验设施与场地

装甲车辆的试验设施与试验场地是多样的,并随着装备研制的发展而不断地更新和完善。总的来讲,试验设施与场地大致可以分为专用试验设施和典型试验道路两大类。它是由各种试验室设施、室外设施、多种试验道路以及各种辅助建筑组成的综合性试验设施,可以完成基本性能试验、可靠性试验和各种强化试验。

一、专用试验设施

(一) 通过性试验设施

通过性试验设施用来完成装甲车辆等地面武器装备的地形通过性试验,主要包括以下设施。

1. 垂直障碍

垂直障碍墙如图 4 - 60 所示,用于测定装甲装备爬越障碍的最大高度。垂直障碍墙设在平坦硬实路面上,并垂直于水平路面。垂直障碍墙宽度(横向)不小于 4 m,厚(纵向)不小于车辆的轴距或不小于履带的接地长度。垂直障碍墙高度:轮式后驱车辆,$h = 2/3r$;轮式全驱车辆,$h = (1 ~ 3)r$;履带车辆,

$h = (0.9 \sim 1)H$。式中，h 为垂直障碍墙高；r 为车轮滚动半径；H 为诱导轮中心距地高。

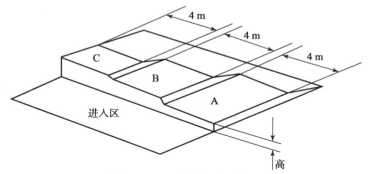

图 4－60 垂直障碍墙立体图

垂直障碍墙的高度可设计为固定式或活动式的。固定式的垂直障碍墙为水泥混凝土勾筑；活动式的垂直障碍墙一般为液压升降机构的钢结构墙。在场地宽裕的情况下，以建设固定式为宜，可以设置适合各种车辆的障碍物，实现车辆随到随试；固定式的可以一墙多用，以满足不同车辆试验的需要。垂直障碍墙的墙头上一般装有枕木块，以利于墙头磨损后的修复。

崖壁、断崖：高度大致可分为 500 mm、600 mm、700 mm、800 mm、900 mm、1 000 mm、1 500 mm 等多级。

2. 水平壕沟

水平壕沟用于测定装甲装备自行跨越壕沟的最大宽度。壕沟前后的平台处于同一水平面上，为平整路面。水平壕沟可设计为固定式和活动式的。固定式水平壕沟为水泥混凝土构筑，壕沟长度不小于 4 m，宽度大致可分为 0.6 m、0.8 m、1.2 m、1.6 m、2.0 m、2.5 m、2.7 m、3 m 等多级。活动式水平壕沟又称架桥装置，如图 4－61 所示，是一种钢结构的活动式桥架机构，沟岸间距离可调整。

图 4－61 架桥装置立体图

3. 涉水池

涉水池分浅水池和深水池两种。浅水池一般水深 100 ~ 150 mm，用来测定装甲装备高速通过时水溅落的情况和水对电气设备的影响情况。深水池一般水深 0.8 ~ 2.5 m，用来测定装甲装备最大涉水深度，研究水对发动机、制动器、密封件等部件和分系统的影响。设施场地条件应符合 GJB 59.56—1995 标准的规定，具备供、排水系统，可调式出入水角试验装置等，水深可调。涉水池为梯形槽结构，池底为硬质花岗岩材料，池长一般不小于 70 m，池宽不小于 6 m，上口宽度不小于 10 m，两侧出入水角一般不大于 20% 。

其他还包括凸峰、路沟、弹坑等设施。

（二）　质量质心试验台

质量质心试验台满足总质量 70 t 以内履带装甲车辆和总质量 40 t 以内轮式装甲车辆质量质心，轮式装甲车辆单轴轴荷 15 t 以内测试需要，能测试各种履带和轮式装甲车辆轴距、转向角、轴荷、全重、质心等。平台尺寸：长 9 m × 宽 3.8 m。称重范围 ≤ 70 t，测量精度 ≤ 0.3% 。水平面内两个方向的质心坐标测量精度 ≤ 0.3% ，垂直水平面的质心坐标测量精度 ≤ 0.5% 。

（三）　高低温、湿热环境试验设施

高低温、湿热环境试验设施是可模拟湿热、严寒、沙漠地区的环境的试验设施，用于在室内测定装甲装备的地区适应性，考核整机或分系统的适应能力。

高低温、湿热环境试验设施一般要求长 16 m × 宽 8 m × 高 6 m，温度调节范围为 −55 ~ +70 ℃，湿度调节范围为 5% ~ 100% 。车辆停放后，室内四周及上方至少留 1 m 空间，以满足高低温、湿热工作和贮存环境极限温度试验。

（四）　淋雨试验设施

淋雨试验设施可模拟多雨地区气象条件，主要用于研究和测定雨淋对车辆驾驶室、各舱室是否漏水，以及漏水对发动机系统等的影响。

淋雨试验设施应满足 GJB 59.70—2004 标准的有关规定。应含 50 t 储水池一座，泵站一座，喷淋装置一套；淋雨面积 4 m × 10 m，调节雨量的淋雨强度范围为 4 ~ 12 mm/min，水泵流量 ≥ 60 m³/h，水泵扬程 ≥ 40 m。

（五）　盐雾腐蚀环境试验设施

长 16 m × 宽 8 m × 高 6 m，盐雾沉降量为 1 ~ 2 mL/80 cm² · h，降雨强度调节范围为 4 ~ 10 mm/min。

（六）导航定位设备性能试验设施

试验场区包括 6 ~ 8 个已知坐标的标准点，两两标准点之间直线距离应不小于 2 km，且任意两个以上标准点不能在一条直线上；标准点坐标的精度应高于被试设备的一个数量级以上；本标准已知的标准点坐标及所测量的定位坐标的参考系均应为我国军用 54 坐标。

二、典型试验道路

（一）环形跑道

环形跑道主要用于持续行驶试验，考核被试装备的行驶性能、可靠性和耐久性等。常见的环形跑道有长椭圆形、圆形、电话听筒形、三角形等，如图 4 – 62 所示。其主要有水泥混凝土路面、沥青混凝土路面和碎石路面三种路面结构。环形跑道一般周长为 4 000 ~ 8 000 m，宽度为 8 ~ 12 m（大于两倍车宽）。环形跑道上不得有沟、桥和土堆等障碍物，并应设有无线通信联络设备。长椭圆形跑道可使车辆保持连续高速行驶，同时可在直线段测取稳定状态下的试验数据。正圆形跑道路基界面形状相同，可简化设计和施工，没有弯道与直线段相连的危险路段，驾驶安全。

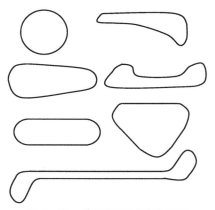

图 4 – 62　高速环形跑道形状图

1. 水泥混凝土高速环形跑道

水泥混凝土高速环形跑道断面如图 4 – 63 所示，在混凝土路基基础上加上厚 50 ~ 100 mm 水泥矿沙混凝土磨损层。跑道承载 50 t 载重车，要求路面平坦，不平度或间隙小于 3 mm，纵坡应小于1/1 000。弯道与直线段相连的平曲线段的圆曲线和缓和曲线两部分设计要求精确，以保证试验时车速平稳和安全。跑道弯道部分采用二次方曲线断面（如考虑高速车辆的通用性，可采用三次方曲线断面），可满足轮式车辆最高时速 70 km 和履带车辆最高时速 50 km 的需要。

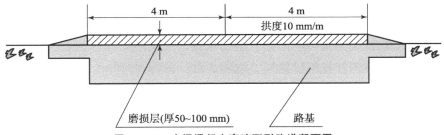

磨损层(厚50~100 mm)　　　路基

图 4 - 63　水泥混凝土高速环形跑道断面图

2. 沥青混凝土高速环形跑道

沥青混凝土高速环形跑道路基结构和要求与水泥混凝土高速环形跑道相同，只是在混凝土路基上加上沥青混凝土路面铺装层，如图 4 - 64 所示。沥青混凝土路面属于柔性路面，适合轮式装甲装备的持续高速性能试验。沥青混凝土路面分为硬沥青路面跑道和软沥青路面跑道。硬沥青路面跑道整个跑道是水平的，有特殊的路基，能承受很大的轮胎压力，不会产生明显的变形，路面有两层磨损层，具有很高的附着系数，可供自行式轮胎车辆进行最大牵引力试验使用。软沥青路面跑道为橡胶沥青黏土跑道，路面厚约 37.5 mm，路面材料中黏土、砂石子共占 88%，熟石灰占 2%，橡胶沥青占 10%，是一条塑性路面跑道，专供履带式车辆使用，能在各种气候条件下保持塑性，使履带脊翅嵌入地面，以提供足够大的附着系数，碾压的印痕用轮式光碾机能够很容易碾平。

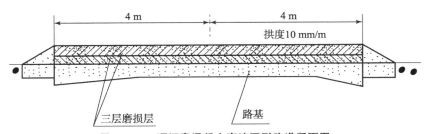

三层磨损层　　　路基

图 4 - 64　硬沥青混凝土高速环形跑道断面图

3. 碎石环形跑道

碎石环形跑道也称为泥结碎石路，路基结构与水泥混凝土高速环形跑道相同，路面由黏土碎石黏结而成，要求压平、压实，纵坡应小于 1/1 000，它是履带式装备主要试验跑道。

（二）高速直线跑道

高速直线跑道主要用于行驶性能、动力性能、制动性能和经济性能等试验。高速直线跑道设有预行驶助跑段、高速段和减速滑行段。考虑风向和风力的影响，设有两条跑道，跑道设计成正交形，如图 4 – 65 所示。路基结构与水泥混凝土高速环形跑道直线部分相同，跑道长度一般为 3 000 m，宽不小于 8 m，路面采用沥青混凝土或水泥混凝土，要求平直，并经过磨压处理，不平度小于 2 mm，纵向坡度接近于零。跑道两端或在跑道中段设有回转平场。

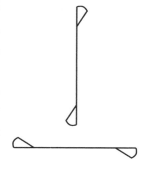

图 4 – 65　高速直线
跑道示意图

（三）越野道路

越野道路为非铺装路面，主要用于可靠性行驶试验，是以强度和耐久性试验为主要目的的。常见的越野道路有自然地形道路（也称为土路）、山丘起伏路和山地路。道路的路基主要是黄土和沙土，土中含有碎石和河卵石。路面粗劣，有凹坑、车辙、泥浆和土丘，有急缓两种弯道。道路一般长 2 000 m 以上，宽 8 m 以上。

1. 自然地形道路

自然地形道路（也称为土路），按地形的自然走向修建成闭合跑道。道路由黏土和沙土构成结实路面，周长约 4 000 m，宽不小于 8 m，有急转弯和慢转弯，路面包括平整、不平、洼坑、小土坡和车辙。洼坑一般深度不超过 100 mm，积水后有稀泥溅射。小土坡高度不超过 120 mm，坡缓，坡度为 10% ~ 16%。

2. 山丘起伏道路

山丘起伏道路是按地形走向修建而成的各种斜坡或波浪形曲线跑道。当车辆在这条道路的上下坡之间交替行驶时，整车会承受急剧的负荷变化。跑道由黏土和碎石压实而成，有急转弯和慢转弯，两端有回转道，以利于往返试验。

3. 山地道路

山地道路又称为山地越野道路，一般利用自然山路修建而成，对动力传动系统、制动系统等的鉴定和考核有显著作用。山地道路由自然山路构成多石路面，某些地段生有林木，有沟壑和相当崎岖的天然土壤。跑道最大坡度达 25%，两端有回转道，以利于往返试验。

（四）特种路面道路

特种路面道路有扭曲路、长波状路、搓板路、比利时石块路和河卵石路等。比利时石块路和河卵石路主要用来进行可靠性强化试验。扭曲路、长波状路、搓板路主要用来进行悬架和行动机构可靠性行驶试验和平顺性试验。道路路基为水泥混凝土结构，全部障碍物和场地都是永久性的，并按标准规格设计，有定期维护保养措施，不受天气和季节的影响。特种路面道路一般较短，可以筑成册字形排列，也可连接成环形跑道，构成一种特种标准试验设施，也称为标准负荷振动试验跑道。

1. 扭曲路

扭曲路如图 4 - 66 所示，是模拟一般道路的各种曲率（包括符合曲线）构筑的。路面左右交替凸凹不平，呈扭曲状，其间距有一个错位，可使车轮随机地做相反偏斜，车架发生扭曲，扭转角度可达 10° 左右；可使前后轴交叉地倾斜，车轴内的差速器频繁地工作。扭曲路一般长 100 ~ 200 m，宽 5 ~ 8 m，由钢筋混凝土筑成，适应车速 20 ~ 50 km/h。

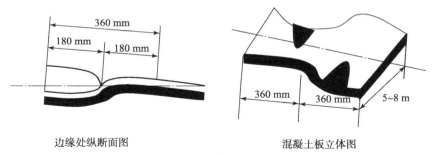

边缘处纵断面图　　　　　　　　混凝土板立体图

图 4 - 66　扭曲路断面图和立体图

2. 长波状路

长波状路多呈正弦曲线，其波长 10 ~ 15 m，波峰高 ±50 ~ ±70 mm。车辆在道路上行驶时，能产生垂直振动、纵向振动和角振动，振动频率为 0.1 ~ 4 Hz。左右两侧波形为相互对称或相互交错的长波状跑道，可用于强度、耐久性和操纵性试验，其对车辆悬挂机构和减振器的研究与测定有重要作用。长波状路长 100 ~ 200 m，宽 5 ~ 8 m，由钢筋混凝土筑成。

3. 搓板路

搓板路多呈波浪形，如图 4 - 67 所示。波峰中心距为 500 ~ 700 mm，峰高约 25 mm，左右突起，相互对称或相互交错地排列。车辆在跑道上行驶时能产生周期性振动，它是分析各种构件共振现象的简便而有效的试验道路。搓板路长 100 ~ 200 m，宽 5 ~ 8 m，由钢筋混凝土构成。

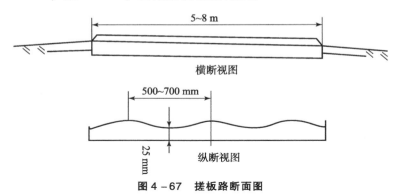

图 4 - 67　搓板路断面图

4．比利时石块路

比利时石块路如图 4 - 68 所示，是用约 125 mm × 200 mm 的花岗岩石块人工砌成。路面凸凹不平，不平度为 ±25 mm，路基为水泥混凝土，比利时石块路长 1 000 ~ 2 000 m，宽 4 ~ 8 m。比利时石块路来源于比利时的石砌路，作为典型坏路（粗糙路）的代表，世界各国均以此种路作为轮式车辆快速试验标准跑道，这种路能给车辆以左右摇摆和前后颠簸的运动。

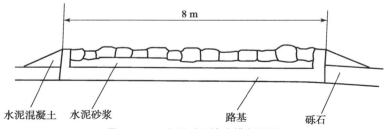

图 4 - 68　比利时石块路横断面图

5．河卵石路

河卵石路如图 4 - 69 所示。采用直径约为 200 mm 的河卵石人工铺砌呈凸起不平的路。河卵石路一般较短，长 100 ~ 200 m，宽 4 ~ 8 m，是一条极粗糙的路面，车辆在跑道上行驶时，能产生强烈的颠簸。此种路面常用于悬挂机构和充气轮胎的强化试验。

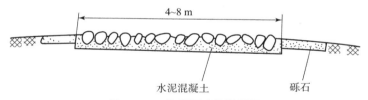

图 4 - 69　河卵石路的横断面

（五）松软路面道路

松软路面道路包括泥泞道路、水稻田、水草地（沼泽地）和沙漠道。用于起步试验、通过性试验等行驶性能试验。通过泥泞道路、水稻田、水草地（沼泽地）试验，可以考核机动能力、密封件和制动器的可靠程度。通过沙漠道可以观察、检查车辆轮胎爆裂、履带脱落、空调能力的失效和零部件磨损增加等现象。泥泞道路一般建在专用试验场内，水稻田、水草地（沼泽地）一般选用沿海一带农田，沙漠道以沙漠和戈壁道为代表，也有专用人造沙漠道。

1. 泥泞道路

泥泞道路如图 4 – 70 所示，使用水泥混凝土构筑路基槽。槽内垫以 50% 的粉质黏土和 50% 的泥炭有机土，总厚度为 1.37 m，长约 60 m，宽约 7 m，用闸门将水引入槽内，并控制泥道的含水量，用以模拟车辆在野外恶劣的工作环境中的机动能力。另一种泥泞道路是利用自然低洼地，垫以沙土和细泥，并设有专用供水设备，控制道路湿度，使道路处在规定的泥泞状态，各季节都能使用。此种道路长约 200 m，宽约 50 m，可设机械翻耕，最大耕深 1.37 m。

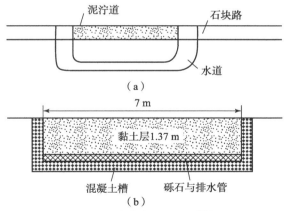

图 4 – 70 泥泞道路平面图和横断面图

（a）泥泞道平面图；（b）泥泞道横断面图

2. 水稻沼泽地

水稻田包括已耕和未耕、有水和无水、平原和丘陵等地的水稻田。以沿海一带的水稻田为典型试验场地。沼泽地是一种水草丛生地带。水稻沼泽地要求平坦，底层土壤软硬不同，常年积水（至少 6 个月以上），土壤泥泞，有些地方泥潭较深，车辆经过时泥水飞溅，对车底各窗口和行走部分的密封和防水性能试验有一定的作用。试验用水稻沼泽地为约 80 m×100 m 的长形地区，设有不同的进出口斜坡和排涝灌溉河渠。

3．沙漠道

沙漠道包括自然沙漠道和人造沙漠道。自然沙漠道以我国西北的沙漠和戈壁滩的平坦地为主，在平坦沙地上标出 5 000 m 以上的环形试验路段，其中包括平直路段、弯道和坡道。路面宽 8 m，要求平坦、干洁、无植被覆盖。人造沙漠道的断面图和平面图如图 4 - 71 所示，使用混凝土构筑路基槽，以防周围泥土混入，槽内垫以 1.5 m 厚的水洗沙子。土槽设有疏松和灌排水装置，可控制沙道的含水量。人造沙漠道要求足够长，以便能测得稳定的数据。一般沙漠道长 60 ~ 200 m，宽约 7 m，一端有直径为 60 m 的转盘，用以鉴定车辆在沙地上的转向能力，也可用来测定履带脱落、偏移和积沙对悬挂系统的影响。自然沙漠道路对空气滤清器的过滤能力、保养周期、驾驶室通风隔热性能、机械磨损等有特殊影响。人造沙漠道供车辆模拟在海滩或河湖滩上机动性试验。

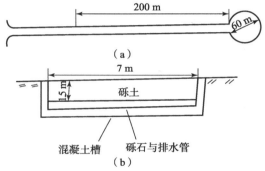

图 4 - 71　人造沙漠道平面和横断面图

（a）平面图；（b）横断面图

（六）坡道

坡道包括纵坡道、横坡道、盘山道（爬长坡道）。坡道用于测定爬坡能力、制动能力、侧倾稳定性和可驾驶性等试验。坡道路面一般有水泥混凝土路面、沥青混凝土路面、碎石路面和实压土路面等。

1．纵坡道

纵坡道如图 4 - 72 所示，一般坡度范围在 5% ~ 60%。纵坡道用于测定坡道起步、最高车速最佳传动比、手制动能力以及合适的接近角和离去角，还能检查润滑油、燃油的流通和燃油汽化情况。纵坡道路面一般有水泥混凝土路面、沥青混凝土路面和泥结碎石路面，坡道长 20 ~ 80 m，宽 5 m。水泥混凝土坡道坡度范围为 30% ~ 60%，沥青混凝土坡道坡度范围为 10% ~ 20%，泥结碎石坡道往往建筑在引道上，坡度范围为 5% ~ 15%。纵坡到坡顶有平地，设有绞盘安全装置。

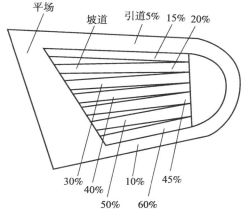

图 4 - 72   纵坡道平面图

2. 横坡道

横坡道又称为侧坡道，如图 4 - 73 所示。横坡道用于横坡行驶稳定性和操纵性能试验，可测量转向力和侧向负荷。横坡道一般是水泥混凝土路面和砾石路面。砾石路面坡道建筑在引道上，坡度范围为 5% ~ 10%；水泥混凝土路面坡道坡度范围为 20% ~ 40%。横坡道外侧有一条足够宽的露肩，以防车辆翻转，同时在路肩上可进行低于实际坡度的操作。横坡道一般长 80 ~ 200 m，宽 5 ~ 8 m。

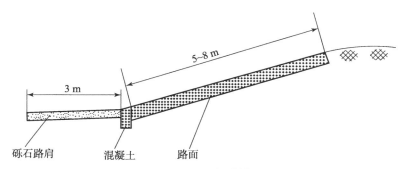

图 4 - 73   30% 侧坡横断面

3. 盘山道

盘山道又称为盘山公路，用于爬长坡试验，考核被试装备能否在短时间内顺利通过坡度为 7% ~ 10%，长约 10 km 以上的连续坡道的能力。同时，对动力系统、供油系统、冷却散热系统、制动系统和操纵系统的性能进行试验考核。道路要求平坦硬实，长 10 km 以上，上坡路段占总爬坡里程的 90% 以上。

（七）回转平场

回转平场又称为转向圆场，断面图和平面图如图 4 – 74 所示，是操纵稳定性试验设施。回转平场一般呈圆形，设在试验跑道的两端或中间，直径为 100 ~ 150 m，场面为水泥混凝土，不平度小于 3 mm。沿平场半径方向有 0.5% ~ 1% 的均匀倾斜度，以便排除积水，平场设有洒水装置，使得做侧滑试验时保持一定厚度的水膜。

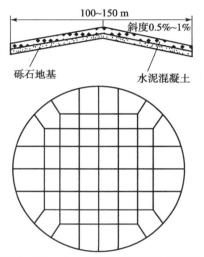

图 4 – 74　转向圆场的断面图和平面图

第 5 章

试验实施

试 验实施是在完成试验设计和试验资源统筹的基础上，以规范化的组织形式对动力传动系统功能性能进行检验验证的综合性活动，其显著特点是试验条件的合理性、试验过程的规范性、试验数据的准确性。从研制历程看，动力传动系统的试验实施大致可分为单体设备的台架性能试验、系统内部的匹配性试验、装车适应性试验三个阶段。本章主要对各阶段的典型试验方法进行论述。

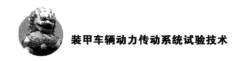

|5.1 动力装置试验实施|

5.1.1 动力装置性能试验

按设计需求制成的发动机，最终要根据性能试验进行检验和评价。性能试验结果中包含着对设计、制造和各零部件功能的综合评价。

根据不同的目的有各种性能试验，如发动机研制过程中进行的性能试验、验证设计的定型试验，以及交货时验证性能试验等。内燃机是由许多零部件组成的，影响发动机性能的因素也多种多样，它们之间的相互关系也比较复杂，所以在设计阶段要完全预测性能是困难的。由此，在研制过程中要进行设计—试验等多次迭代反复，直至完成最终的产品。

定型试验虽然在研制过程中也要进行，但它是了解新设计制造的发动机特性，又是验证发动机正式性能的重要试验，也就是说，新设计制造的发动机要用这种方法检查合格才能被正式承认这种定型的发动机。各种试验标准大都以定型试验为目标制定。验收试验是简化的定型试验，大多进行其中几项试验性能，试验方法根据发动机的用途不同而不同。

发动机的性能依固定因素（气缸工作容积、压缩比、配气定时等在运转中不变的因素）、可变因素（点火定时、节气门开度、转速等在运转中变化的因素）、环境条件（大气压力、温度、湿度等）以及辅助装置（风扇、泵、排气消声器、变速器等辅助机构和附件）的不同而不同。这些因素当中，发动机性能试验时要研究的是可变因素的给定方法、环境条件中标准大气状况的选定和辅助装置的安装状况。

发动机性能试验的主要内容有：起动试验、怠速试验、功率试验、负荷特性试验、外特性试验、万有特性试验、调速特性试验和机械效率试验。

一、起动试验

起动试验用来评定发动机的低温（柴油机 263 K）、中温及热机起动性。起动性的优劣取决于起动发动机所需要的拖动时间。动力装置的起动试验方法可按照 GJB 1822—1993《装甲车辆用柴油机台架试验方法 一般性起动试验》。

评定不同环境温度下动力装置的起动性，一般采用的试验条件也不同：

（1）低温起动试验时，发动机不装特殊起动附件，不与测功机相连。用仪器测量瞬态参数如转速、起动电流、进气管绝对压力等。

对于低温起动试验，柴油机在 263 K 的环境温度下进行，加足防冻液及润滑油的发动机（含变速器）、充足电的蓄电池和燃油一起置入规定的低温环境，待蓄电池电解液、防冻液及润滑油温达到规定的环境温度 ±1 K 时，即可开始低温起动试验。

（2）暖机起动试验前，发动机在 40% ~ 80% 额定转速下运转，待冷却液温度达到 330 K ± 5 K 后，怠速 10 s，停机 120 min，环境温度不限，即可开始中温起动。

（3）热机起动试验前，发动机在 40% ~ 80% 额定转速下运转，待冷却液温度达到 330 K ± 5 K 后，怠速 10 s，停车 10 min，环境温度不限，即可开始热车起动。

在数据处理中，可以通过以下内容来表征发动机的起动性。

（1）分数与评语的对应关系，见表 5 - 1。

表 5 - 1　分数与评语的对应关系

分数	评语	分数	评语
9	优秀	4	不及格
8	很好	3	不太可靠
7	好	2	不可靠
6	尚可	1	很不可靠
5	及格		

（2）按起动质量（即起动成功的拖动时间）的评分情况，见表 5 – 2。

表 5 – 2　拖动时间与分数的关系

拖动时间/s	低温起动评分 （环境温度　柴油机 263 K）	暖机/热机起动评分 （环境温度下限）
0 ~ 1	9	9
2	9	7
3	8	5
4	7	3
5	6	2
6	5	2
7	4	2
8 ~ 9	3	2
10 ~ 15	2	2
15 以上	1	1

（3）起动失败扣分情况。

一次失败扣 2 分，两次失败扣 5 分，三次失败评定为 1 分。

（4）发动机的起动性总分计算。

总分等于起动成功的评分减去起动失败的扣分数。若差值小于 1 时，令总分为 1。

（5）起动试验结果，见表 5 – 3。

表 5 – 3　起动试验结果表

起动试验	评语	拖动速度 /（r · min⁻¹）	起动机 电压/V	环境温度 /℃	加热时间 /min
低温起动					
暖机起动					
热机起动					
备注					

二、怠速试验

进行动力装置怠速试验是为了评定发动机的怠速质量，即发动机处于低温冷机及热机状态下，无负荷时，评定发动机怠速运转的平顺性（如转速波动量）及运转持续性（不熄火）。本试验可参照 QTC 524—1999《汽车发动机性能试验方法　怠速试验》。

本试验分低温冷机怠速试验及热机怠速试验两种。

（1）低温冷机怠速试验。

低温冷机怠速试验按照与起动试验相同的条件。在规定的低温下，起动机停止拖动后，发动机能自行运转，即开始低温冷机怠速试验。

（2）热机怠速试验。

发动机在 40%～80% 的额定转速下运行，待冷却液出口温度达到 353 K ± 5 K 时，油门回到怠速工况的位置，环境温度不限，即开始热机怠速试验。

试验中若遇发动机熄火，应立即起动，进入试验工况再运转 20 s，并且只记录熄火次数，不记录拖动时间。

试验终了时，测量进气管绝对压力、怠速（或高怠速）转速、燃料消耗量、喷油（或供油）提前角及瞬时的怠速的最高、最低及平均转速，并记录熄火次数、怠速质量的分数。

数据处理中主要涉及怠速转速波动率、怠速质量和怠速试验结果的计算或记录。

（1）怠速转速波动率（Ψ_2）按下式计算：

$$\Psi_2 = \frac{|n_{i,\max} - n_{i,m}|}{n_{i,m}} \times 100\% \ \ \text{或} \ \ \Psi_2 = \frac{|n_{i,\min} - n_{i,m}|}{n_{i,m}} \times 100\% \qquad (5-1)$$

式中　$n_{i,\max}$——怠速的最高转速（r/min）；

$n_{i,\min}$——怠速的最低转速（r/min）；

$n_{i,m}$——怠速的平均转速（r/min）。

（2）按怠速质量（即运转的平顺性及怠速持续能力）给出评分及评语，评分标准见表 5-4。

表 5-4　怠速质量评定

评语	分数	怠速质量
优秀	9	不太感觉发动机在怠速运转
很好	8	清晰地感觉到在运转，但运转平顺
好	7	运转略有振动，但无反感
尚可	6	运转略微粗暴，但转速稳定
及格	5	运转中度粗暴
不及格	4	运转粗暴，但能维持运转，不熄火

评语	分数	怠速质量
不太可靠	3	运转严重粗暴、维持运行无把握，可能熄火
不可靠	2	熄火 1 次，在怠速工况持续 20 s 运转难以维持
很不可靠	1	熄火 2 次或 2 次以上，不能维持运转，人为操纵油门才能继续运转

（3）怠速试验结果包括冷机怠速工况、热机怠速工况下的环境温度、压力、怠速质量评分、进气管绝对压力或真空度、（高）怠速转速、燃料消耗量、怠速转速波动率 Ψ_2 等。

三、功率试验

动力装置进行功率试验是为了评定发动机在全负荷工况下的动力性、经济性。本试验可参照 QTC 524—1999《汽车发动机性能试验方法 功率试验》。

该试验由总功率试验及净功率试验组成。在试验中，油门全开，在发动机工作转速范围内，依次改变转速进行测量，适当地分布 8 个以上的测量点。

本试验需要测量或记录进气温度压力、转速、扭矩、燃料消耗量、空燃比、排气温度、喷油/供油提前角、曲轴箱压力及燃油牌号等。根据公式计算并参考 QTC 524—1999 的相关要求绘制总、净功率特性曲线。表 5 – 5 列出了通用计算公式。

表 5 – 5　通用计算公式

计算参数	计算公式
实测有效扭矩	$M_e = W \cdot L$
机械损失扭矩	$M_m = W_m \cdot L$
实测有效功率	$P_e = \dfrac{2\pi \cdot W \cdot L \cdot n}{60 \times 1\,000} = 0.104\,7 \times 10^{-3} \cdot W \cdot L \cdot n = C \cdot W \cdot n$
机械损失功率	$P_m = \dfrac{2\pi \cdot W_m \cdot L \cdot n}{60 \times 1\,000} = 0.104\,7 \times 10^{-3} \cdot W_m \cdot L \cdot n = C \cdot W_m \cdot n$
校正有效扭矩	$M_{eo} = \alpha_d \cdot M_e$
校正有效功率	$P_{eo} = \alpha_d \cdot P_e$
燃料消耗量	$G_f = 3.6 \cdot \Delta V \dfrac{\rho_t}{\Delta t} = 3.6 \cdot \Delta m / \Delta t$
实测平均有效压力	$p_e = 4\pi \cdot \dfrac{M_E}{V_H} = 12.57 \cdot \dfrac{M_E}{V_H}$ $p_e \approx \dfrac{2 \times 60 \times 1\,000 \cdot P_e}{V_H \cdot n} = 120 \times 10^3 \dfrac{P_e}{V_H \cdot n}$

四、负荷特性试验

动力装置进行负荷特性试验的目的是在规定的转速下，测定柴油机的各项性能参数随负荷变化的规律。该试验方法可参照 GJB 1822—1993《装甲车用柴油机台架试验方法 负荷特性试验》。

试验在若干个转速（其中应含常用转速和额定点转速、最大扭矩点转速）下进行。发动机转速不变，从小负荷开始，逐步增大油量进行测量，直至外特性油量，按适当转速间隔分布 8～12 个以上的测量点。

该试验中需要记录所使用的燃油牌号、曲轴箱压力、校正系数，以及不同负荷下的进气温度、进气压力、转速、转矩、燃油消耗量和排气温度等参数。按下列公式计算有效功率、平均有效压力、燃油消耗率等。绘制柴油机在规定转速下的负荷特性曲线：

①燃料消耗量随有效功率或平均有效压力或扭矩的变化曲线 $B = f$（P_r 或 p_{mr} 或 T_r）；

②燃料消耗率随有效功率或平均有效压力或扭矩的变化曲线 $b = f$（P_r 或 p_{mr} 或 T_r）；

③排气温度随有效功率或平均有效压力或扭矩的变化曲线 $t_g = f$（P_r 或 p_{mr} 或 T_r）。

根据 GJB 1822—1993 的相关要求绘制负荷特性曲线。

五、外特性试验

本试验可参照 GJB 1822—1993《装甲车用柴油机台架试验方法 外特性试验》。本试验可与总功率试验结合在一起进行。试验时，先将柴油机调定在标定工况稳定运转。固定油门不变，然后逐步增加负荷，随着负荷增大降低转速，测取有关参数值。自标定转速起向下分布 5 个以上的测点，其中应包括最大扭矩转速。装有两级式调速器的柴油机，可根据需要增做部分负荷的速度特性试验。对于增压柴油机，低速工作点应视具体柴油机的情况确定，以避免喘振和排温超限。

在本试验中，需要记录所使用的燃油牌号、曲轴箱压力、校正系数，测量不同负荷下进气温度、进气压力、转速、扭矩、燃油消耗量、排气烟度及最高燃烧压力和噪声。同时根据测量参数计算有效功率、有效平均压力、燃油消耗率。绘制柴油机扭矩、转速等主要参数随转速变化的特性曲线。

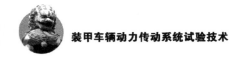
六、万有特性试验

开展万有特性试验是为了测定在规定的转速下柴油机的各项性能参数随负荷、转速变化的规律。本试验可参照 GJB 1822—1993《装甲车用柴油机台架试验方法 万有特性试验》。

在试验中，需要在若干个转速（其中应含常用转速和额定点转速、最大扭矩点转速）下进行试验。发动机转速不变，从小负荷开始，逐步增大油量进行测量，直至外特性油量，按适当转速间隔分布 8 ~ 12 个以上的测量点。在选定的转速下进行负荷特性试验。

本试验中需要记录所使用的燃油牌号、曲轴箱压力、校正系数，测量不同负荷下进气温度、压力、转速、扭矩、燃料消耗量、喷油提前角、空燃比、排气温度、曲轴箱压力和燃料牌号。按需要测量 CO、HC、NO_x 排放量等（压燃机按 GB 17691—2018 标准的规定）。根据 GJB 1822—1993、GB 17691—2018 中的相关要求，绘制万有特性曲线和排放特性曲线。

七、调速特性试验

动力装置的调速特性试验是为了测定柴油机的稳定调速率，并制取调速特性曲线。本试验可参照 QTC 524—1999《汽车发动机性能试验方法 柴油机调速特性试验》。

在试验中首先明确发动机所采用的调速方式，若采用两级或车用调速方式，测功机应选用恒转速控制方式；若采用全程调速方式，测功机则应选用恒扭矩控制方式。

其次在试验中还需要注意：

①卸除全部负荷，油门置于全开位置，使发动机转速达到最高稳定空转转速，然后逐步增加负荷，转速逐步下降，直至当前调速率下的最大扭矩，适当地选取 10 个以上的转速测量点，包括额定转速点，并使较多的点分布在转折处。

②适当选取等间隔的 9 个以上油门位置，保持当前油门位置，然后逐步增加负荷，转速逐步下降，直至当前调速率下的最大扭矩，适当地选取 10 个以上的转速测量点，并使较多的点分布在转折处，分别记录选定油门位置时的试验数据。本试验中需要记录所使用的燃油牌号、曲轴箱压力、校正系数，以及不同转速点时测量的进气温度、进气压力、转速、转矩、燃油消耗量、调速器开始不起作用的转速及最高空载转速。

计算稳定调速率 δ_2。

$$\delta_2 = \frac{n_{\text{omax}} - n_i}{n_r} \times 100\% \qquad\qquad (5-2)$$

式中　δ_2——稳定调速率（%）；

n_{omax}——标定空载转速的数值（r/min）；

n_i——对于全程调试器为柴油机输出标定功率时的转速（r/min）；对于两极调速器为调速器开始不起作用的数值（r/min）；

n_r——标定转速的数值（r/min）。

根据 QTC 524—1999 中的相关要求，绘制柴油机调速特性曲线：

燃油消耗量：$B = f(n)$；

燃油消耗率：$b = f(n)$；

扭矩：$T_{tq} = f(n)$；

有效功率：$P_r = f(n)$。

八、机械效率试验

开展机械效率试验是为了测定柴油机在不同转速时的机械损失功率，本试验可参照 GJB 1822—1993《装甲车用柴油机台架试验方法　机械效率试验》。

在试验中不同类型柴油机可分别采用油耗线法、灭缸法、倒拖法测定不同转速的机械效率，但要说明测定方法。如果采用示功图法，需要注意：

①首先精确测定上止点位置。其准确度为 ±0.2 °CA，然后测量不同工况的高、低压示功图。

②试验时，先将柴油机调定在标定工况稳定运转。固定油门不变，然后逐步增加负荷，降低转速，测取有关参数值。自标定转速起向下分布 5 个以上的测点，其中应包括最大扭矩转速。

在试验中需要记录所使用的燃油牌号、曲轴箱压力、校正系数，在不同工况下测定或记录进气温度、进气压力、转速、扭矩、燃油消耗量、高低压示功图，并根据示功图、扭矩和转速计算出机械损失功率、平均机械损失压力和机械效率。

按下列公式计算机械效率：

（1）由示功图求得平均指示压力，计算出指示效率。

（2）由扭矩、转速求得平均有效压力，计算出有效功率。

（3）计算机械损失功率、平均机械损失压力和机械效率。

$$P_{\mathrm{m}} = P_{\mathrm{i}} - P_{\mathrm{e}} \qquad\qquad (5-3)$$

$$p_{\mathrm{m}} = p_{\mathrm{i}} - p_{\mathrm{me}} \qquad\qquad (5-4)$$

$$\eta_{\mathrm{m}} = \frac{P_{\mathrm{e}}}{P_{\mathrm{i}}} = 1 - \frac{P_{\mathrm{m}}}{P_{\mathrm{i}}} \quad 或 \quad \eta_{\mathrm{m}} = \frac{p_{\mathrm{me}}}{p_{\mathrm{i}}} = 1 - \frac{p_{\mathrm{m}}}{p_{\mathrm{i}}} \qquad (5-5)$$

式中　　P_{m}——机械损失功率（kW）；

$\qquad$ P_{i}——指示功率（kW）；

$\qquad$ P_{e}——有效功率（kW）；

$\qquad$ p_{m}——平均机械损失压力（MPa）；

$\qquad$ p_{i}——平均指示压力（MPa）；

$\qquad$ p_{me}——平均有效压力（MPa）；

$\qquad$ η_{m}——机械效率。

5.1.2　动力装置环境适应性试验

（一）高原起动性试验

开展动力装置高原起动性能试验是通过进行不同条件下的起步性能试验来验证不同因素对高海拔环境车辆起步性能的影响效果。试验按先单一因素后综合因素的原则进行，分别进行高海拔常温条件下平坦路面起步性能试验、高海拔低气温条件下平坦路面起步性能试验、高海拔低气温条件下复杂工况起步性能试验。本试验可参照 GJB 59.58—1995《装甲车辆试验规程高原地区适应性试验总则》。

该试验需要注意的事项同低温起动性试验相同，但还需要以下试验条件：

①车辆条件：将燃油、润滑油（脂）、冷却液及有关的起动加注液加至规定标准；将蓄电池电解液密度调至规定标准并充足电；发动机已工作小时数不大于发动机保险期小时数；使用实物或模拟的荷载物按规定位置将车辆配至战斗全重。

②起动系统准备：检查电起动系统和加温装置是否符合技术条件，必要时加以调整；检查有关辅助起动装置与设备是否符合技术条件，必要时加以调整。

③仪器准备：安装、连接测温仪与测温传感器、电流表与分流器、电压表、转速仪与转速传感器、气压表和记录仪器等试验仪器。同时检查连接是否可靠并进行调试。进行气象测量仪器的准备工作。

④环境条件：试验环境温度一般为 10~46 ℃，海拔为 1 400~4 000 m。

⑤场地条件：纵坡坡度角一般为 15°～25°。

试验中，对每次试验要记录序号、时间、环境温度、环境气压、相对湿度，以及冷却液温度（℃）、润滑油温度（℃）、电解液温度（℃）、电解液密度、电池端电压、起动准备时间（s）、起动拖动时间（s）、总起动时间（s）、发动机初始起动转速（r/min）、平均起动电流（A）、冲击起动电流（A）、平均起动电压（V）、冲击起动电压（V）等。

（二）低温起动性试验

开展动力装置低温起动性试验，是为了对发动机的低温起动性能进行综合性的测试，为柴油机的低温起动评价提供支撑。本试验可参照 GJB 59.3—1987《装甲车辆试验规程 起动性能试验》、GJB 59.22—1989《装甲车辆试验规程 严寒地区适应性试验总则》、GJB 59.38—1991《装甲车辆试验规程 发动机加温性能试验》。

本试验中，需注意：

①若车辆使用说明书无特殊规定，将车辆停放在符合环境条件的环境中冷冻，使发动机润滑油温度、冷却液温度（液冷发动机）或气缸盖温度（风冷发动机）、蓄电池电解液温度稳定在试验环境温度 ±2 ℃范围内。

②按照车辆使用说明书规定的加温装置使用操作程序起动加温装置，对发动机各有关系统实施加温。

③按照车辆使用说明书规定的电起动使用程序起动发动机。若起动失败，允许查明原因后再起动，但累计起动次数不允许超过三次。在每次起动失败后，都应检查蓄电池放电情况，如不符合规定要求，则应更换或补充电。

④记录车辆起步时间、发动机起步转速、动力传动系统起步时的油水温度，驾驶员驾驶感受等。

本试验中需要进行数据处理并完成试验记录的内容包括：试验序号、试验时间、环境温度（℃）、环境气压（kPa）、相对湿度（%）、冷却液温度（℃）、润滑油温度（℃）、电解液温度（℃）、电解液密度、蓄电池端电压、起动准备时间（s）、起动拖动时间（s）、总起动时间（s）、发动机初始起动转速（r/min）、平均起动电流（A）、冲击起动电流（A）、平均起动电压（V）、冲击起动电压（V）、起动结果等。

电起动数据表示包括：

①冲击起动电流：取试验测得的电流的最大值，作为冲击起动电流。

②冲击起动电压：取试验测得的冲击起动电压的最小值（该值通常与冲击起动电流值发生在同一时刻），作为冲击起动电压。

③初始起动转速：取试验测得的冲击起动电流对应的发动机转速，作为初始起动转速。

④平均起动电流：取起动开始至发动机被拖动着火整个过程测得的电流的平均值，作为平均起动电流。

⑤平均起动电压：取起动开始至发动机被拖动着火整个过程测得的电压的平均值，作为平均起动电压。

⑥起动转速：取发动机起动着火时对应的发动机转速值，作为起动转速。

起动时间表示包括：

①起动准备时间：取起动准备开始至起动准备完毕的累计时间。包括起动辅助设备准备时间、发动机加温时间、发动机进气加热预热时间等。

②起动拖动时间：取发动机开始被拖动至起动结束的累计时间，作为起动拖动时间。

③总起动时间：取起动准备时间与起动拖动时间之和，作为总起动时间。

（三） 高温热平衡试验

开展动力装置高温热平衡试验是通过柴油机高温热平衡试验，测试柴油机在高温环境中运行时，冷却系统工作情况以及排气温度的变化情况，综合评价柴油机在高温环境下的热平衡状况。

试验中所使用到的仪器有：高温试验室、加载设备（驱动轴或动力输出轴测功装置）、测温设备、驾驶座标志点测量装置、钢卷尺、转速计、风速计和气压计等。

在该试验中需要注意：

①将车辆移放到试验室内规定位置，连接好加载装置及各种测试设备。

②无风环境下试验。

车辆应按以下挡位进行试验：用驱动轮轴加载，应采用使用说明书规定的相应于发挥标定牵引力的工作挡；如果是用动力输出轴测功装置加载，应采用与测量功率级别相应的标准动力输出轴转速、发动机油门全开，逐渐加载，直至发动机达到标定转速、驱动轮轴（或动力输出轴）功率为最大的工况。待各个温度稳定（隔 5 min 测 1 次，连测 3 次之差异不大于 0.5 ℃），试验应从 30 ℃ 开始，每次提高 5 ℃ 进行试验，记录风速、环境温度、功率、转速、进排气口温度、燃油温度、冷却液温度以及润滑油温度，直到接近允许的最高工作环境温度。最后一个试验温度，应控制到刚出现工厂规定的下列限制工况之一或车辆上的示警器报警，此温度即为最高环境温度。

（a）冷却液温度达到规定上限；

（b）发动机油温达到规定的上限；

（c）排气温度达到进气上限。

③背风环境下试验。

首先试验室温度控制在无风环境下试验所得知的接近限制工况的环境温度。然后，将试验室的送风速度一次控制在 3 km/h、5 km/h、7 km/h、9 km/h 四种状态，在每种状态下按无风环境下试验方法加载试验，以冷却液温度、发动机油温和排气温度最接近限制工况情况，来确定出最不利风速。最后，在此风速下改变试验室温度，重复无风试验。

（四）耐久性试验

动力装置开展耐久性试验是为了测试发动机正样品（含正样的系统、设备、装备、部件、组件装车）在规定条件下，达到其规定使用寿命而不出现耐久性故障的概率，为车辆的使用寿命提供数据支撑。本试验可参照 GJB 59.62—1996《装甲车辆试验规程 耐久性试验》。

耐久性用规定的使用寿命（大修寿命）、耐久度两个参数表示。在试验中需要注意：

①进行一系列参数测量之前，在使用规定的燃油、机油和冷却介质条件下，柴油机应进行预热运转，以保证冷却介质进出口温度、机油进出口温度和燃油温度达到技术文件规定的稳定状态。

②柴油机达到规定工况稳定 1 min 后，方可进行参数测量。在测量过程中，柴油机不得进行任何调整（试验项目要求调整者除外）。

同时耐久性试验应符合下列规定：

①耐久性试验分成若干独立阶段进行，每 50 h 为一个阶段，每 10 h 为一工作循环。

②柴油机每工作循环按表 5 - 6 的规定进行，发电机每工作循环按表 5 - 7 规定进行。

该试验中需要测量或记录转速、扭矩、冷却介质进口和出口温度、机油进口和出口温度、进气和排气温度、机油道压力、燃油压力、进气和排气压力、燃油消耗量和机油消耗量。

试验仪器：高温试验室、加载设备（驱动轴或动力输出轴测功装置）、测温设备、驾驶座标志点测量装置、钢卷尺、转速计、风速计和气压计等。测量单位和精度如表 5 - 8 所示。

表 5-6 发动机台架耐久性试验工作循环表

子循环	标定转速	扭矩/（N·m）	时间/min	要求
1	起动			逐步增加转速、负荷，使冷却介质和机油温度达到规定要求
2	从最低空载转速增至最高空载转速进行三次			
3	100%	按外特性	60	每隔 1 h 减少供油量，进行降速冷却，负荷开关不变，转速降至最低的稳定运转转速，时间为 2～3 min（不计入考核时间内）
4	85%～90%	按外特性	420	
5	80%	按外特性	100	
6	最大扭矩转速	最大扭矩	20	
7	检查最低空载转速		3	
8	冷却停车			将柴油机逐渐冷却至停车规范
9	停车时间不大于 60 min			

表 5-7 发电机台架耐久性试验工作循环表

序号	柴油机标定转速	时间/min	发动机标定负荷
1	100%	60	50%
2	85%～90%	60	100%
3	85%～90%	120	50%
4	85%～90%	60	100%
5	85%～90%	180	50%
6	80%	100	50%
7	最大扭矩转速	20	50%

表 5-8 测量参数表

测量单位	精度
转矩（N·m）	±1.0%
转速（r/min）	±0.5%
时间（s）	±0.2 s
温度（℃）	±0.5 ℃
风速（km/h）	±3.0%
大气压力（kPa）	±0.2 kPa

5.1.3 动力装置人 – 机 – 环境试验

（一）动力装置排放试验

开展动力装置排放试验是通过排放性能试验对发动机的污染物排放性能进行一定的评估，对于不同的污染物排放指标进行针对性试验，以便对其排放性能进行优化。本试验可参照 GB 17691—2005《重型柴油机污染物排放限值及测量方法（中国第五阶段）》和 GB 17691—2018《重型柴油机污染物排放限值及测量方法（中国第六阶段）》。

本试验主要有自由加速法和加载减速法两种测试方法。

在自由加速法中，应注意：

①试验应针对整车进行。试验前车辆发动机不应停机，或长时间怠速运转。不透光烟度计及其安装应符合相关规定。试验应采用符合国家标准的车用燃料。可以直接使用车辆油箱中的燃料进行测试。

②车辆在不进行预处理的情况下也可以进行自由加速烟度试验。但出于安全考虑，试验前应确保发动机处于热状态，并且机械状态良好。发动机应充分预热，如在发动机机油标尺孔位置测得的机油温度至少为 80 ℃。如果由于车辆结构限制无法进行温度测量时，可以通过其他方法判断发动机温度是否处于正常运转温度范围内。在正式进行排放测量前，应采用三次自由加速过程或其他等效方法吹拂排气系统，以清扫排气系统中的残留污染物。

在加载减速法中应注意：

①试验前应该对车辆的技术状况进行检查，以确定待检车辆是否能够进行后续的排放检测，待检车辆放在底盘测功机上，按照规定的加载减速检测程序，检测最大轮边功率和相对应的发动机转速及转鼓表面线速度（VelMaxHP），并检测 VelMaxHP 点和 80% VelMaxHP 点的排气光吸收系数 k 及 80% VelMaxHP 点的氮氧化物。排气光吸收系数检测应采用分流式不透光烟度计。加载减速过程中经修正的轮边功率测量结果不得低于制造厂规定的发动机额定功率的 40%，否则判定为检验结果不合格。

②被测试车辆应采用符合国家标准的市售车用柴油，实际测试时，不应更换油箱中的燃料。

③在进行检查时，如果发现受检车辆的车况太差，不适合进行加载减速法检测，则应对车辆进行维修后才能进行检测。对紧密型多驱动轴车辆，或全时四轮驱动车辆等不能按加载减速法进行试验的车辆可按自由加速法进行检测，

其他装用压燃式发动机的在用汽车应按本标准进行排放检测。检测过程中如果发动机出现故障，使检测工作中止时，必须待排除故障后重新进行排放检测。

在该试验中，需要测量或记录烟度、氮氧化物、光吸收系数等，最后应完成表 5 - 9 的记录。

表 5 - 9　排放试验数据记录表

自由加速法	额定转速 /(r·min^{-1})	实测转速 /(r·min^{-1})	最后三次烟度测量值/m^{-1}			平均值/m^{-1}	限值/m^{-1}
			1	2	3		

加载减速法	转速/(r·min^{-1})		最大轮边功率/kW		光吸收系数/m^{-1}			氮氧化物
						100%点	80%点	80%点
	额定转速	实测转速	实测	限值	实测值			实测值
					指标限值			指标限值

（二）　动力装置振动试验

开展动力装置振动试验是通过动力装置的实车振动试验，测量装甲车辆在野外路面上不同方向上的综合振动水平，进而衡量实车驾驶中的稳定性与舒适性。本试验可参照 GJB 59.84—2011《装甲车辆试验规程 冲击和振动限值试验》。

在该试验中，需要注意：

①车辆在选定的试验道路上按照规定的试验车速逐次进行。

②调整测试仪器的增益，使各通道的振动信号达到额定记录电平。

③在预定的路段内，记录振动信号，每种车速记录信号的时间不短于75 s。

④按所列内容逐项记录试验数据。

试验中，需要记录试验道路情况、试验环境温度、风速以及试验序号和每次试验时的行驶速度、测量位置、通道号、放大器增益、磁带机增益、总增益、磁带记录器号码等数据。

（三）　动力装置噪声试验

开展动力装置的噪声试验是通过动力装置的实车噪声试验，测试在实际行驶中发动机噪声对车内人员以及行车隐蔽性的影响。本试验可参照 GJB 59.2—1986《装甲车辆试验规程 噪声测量》和 GJB 59.82—2011《装甲车辆试验规程 乘员对噪声的防护要求试验》。

在试验中主要测量发动机空转时车内噪声和发动机空转噪声隐蔽性，需要注意以下事项。

①发动机空转时车内噪声测量。

（a）优先选用无规传声器；当使用自由场传声器时，最大灵敏度方向朝上。

（b）在车内至少选择 3 个测点，其中 1 个传声器置于驾驶员右耳一侧水平距离约 15 cm 处，如果驾驶员右耳与声反射面（如车体、仪表板等）的距离小于 30 cm 时，传声器应设在驾驶员右耳与声反射面的中间位置。其余的传声器设在相当于车长、炮长、指挥车首长或者能体现整车噪声分布的其他乘员（或载员）头部位置的中央，其高度为座椅座面以上 80 cm。

（c）车辆停在试验场地上，门窗关闭。发动机分别用额定转速、最低稳定转速以及二者之间的 3~4 个转速稳定地工作。

（d）在每个测点，必须读取 A 声级和总声压级。声级计用"慢"挡，观测 5~10 s；若声级计表头指针不摆动（或显示数字无变化），可直接读取指示（或显示）值；若声级计表头指针（或显示数字）在 ±3 dB 范围内变化，则读取最大声级和最小声级的算术平均值。

（e）做噪声频谱分析时，应按照第 5.1.4 款的读数方法，读取中心频率为 63 Hz、125 Hz、250 Hz、500 Hz、1 000 Hz、2 000 Hz、4 000 Hz、8 000 Hz 时的 8 个倍频带声压级。当使用具有平均时间选择功能的频谱分析仪时，平均时间不得小于 8 s。

②发动机空转噪声隐蔽性测量。

（a）车辆停在试验场地上，门窗关闭。发动机分别用最低稳定转速和额定转速全转。

（b）在车外噪声的最高方位，距车至少 3 个车长的距离，地面以上 1.2 m 处，设置自由场传声器，并使其最大灵敏度方向指向车辆。

（c）声级计用"慢"挡，观测 5~10 s；若声级计表头指针不摆动（或显示数字无变化），可直接读取指示（或显示）值；若声级计表头指针（或显示数字）在 ±3 dB 范围内变化，则读取最大声级和最小声级的算术平均值。读取总声压级和中心频率为 63 Hz、125 Hz、250 Hz、500 Hz、1 000 Hz、2 000 Hz、4 000 Hz、8 000 Hz 时的 8 个倍频带声压级。

（d）计算听觉无感觉距离极限值。

|5.2 传动装置试验实施|

传动装置的试验实施主要包含性能试验和耐久性试验。性能试验内容主要包含空损试验、效率测试试验、自动换挡试验、变矩器解闭锁试验、中心转向试验、转向特性试验等。

5.2.1 传动性能试验

一、空损试验

空损试验主要考察综合传动装置在各种输入转速下的损失功率，它主要影响整机的效率以及散热系统的设计。

空损试验主要考虑输入转速、挡位和温度因素，开展各个挡位下的稳态试验。试验剖面如图 5 – 1 所示。空损试验一般按从 N 挡、Ⅰ挡到Ⅵ挡，然后倒Ⅰ、倒Ⅱ挡的顺序切换挡位；输入转速（r/min）分为 6 个转速点，输入转速允许波动 ± 10 r/min。

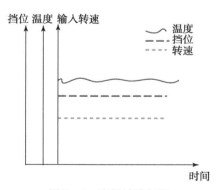

图 5 – 1 空损试验剖面

二、效率测试试验

效率测试试验是测试综合传动装置在不同挡位、不同输入转速和不同负载工况下对应的效率值，从而对整个传动效率进行评价。

效率测试试验主要针对综合传动装置的稳态过程开展试验，对每一个挡位设定转速和对应负荷，稳定运转一段时间后，记录各项性能参数。图 5 – 2 给出了典型的加载剖面示例。

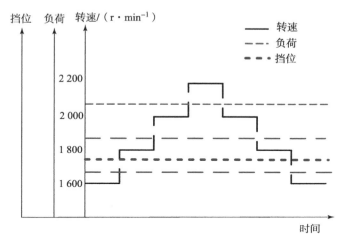

图 5-2 加载试验剖面

一般地，效率测试试验分以下步骤进行：

①将输入转速分为 6 个转速点，输入转速允差为 ±10 r/min。

②试验挡位从空挡到最高挡、最高挡到空挡依次切换，然后倒挡之间顺序切换。

③按传动装置所匹配发动机的净功率分为 50%、75%、100% 三个负荷组分别进行试验，试验首先进行 50% 负荷试验，然后依次进行 75%、100% 负荷试验。

三、自动换挡试验

自动换挡试验主要检验自动换挡控制功能及换挡点是否符合设计要求。一般步骤和要求如下：

①分别模拟油门踏板 50%、60%、70%、80%、90%、100% 电压信号并输入换挡控制器中。

②对操纵件的油压特性和换挡重叠时间进行组合，分别按照组合 1、组合 2 等依次进行试验。

③变矩器采用自动闭解锁，方向盘置于中位，传动输出配置整车惯量，传动两侧输出按照水泥路面阻力进行加载。

④在各油门开度下，平稳提高电机输入转速实现升挡，挡位依次从二挡升到最高挡；平稳降低电机输入转速实现降挡，挡位依次从最高挡降到二挡。

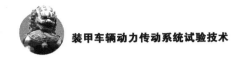
记录换挡过程中转速、扭矩、温度、油压等参数随时间的变化曲线，最后得到滑摩功、冲击度、换挡冲击、换挡时间等值。

四、变矩器解闭锁试验

检查自动解闭锁功能是否正常，得到一定解闭锁策略下的自动解闭锁品质。通常的方法如下：

传动输出配置整车惯量，传动两侧输出按照水泥路面阻力进行加载，操纵件的油压特性分别对特性1、特性2等进行依次试验。试验挡位为Ⅳ挡，调节输入电机转速至（1 200 ± 10）r/min，手动将变矩器闭锁开关分别拨至"强闭"位置，观察闭锁压力变化情况，完成后手动将变矩器闭锁开关分别拨至"强解"位置，观察闭锁压力情况。

试验挡位为Ⅳ挡，将变矩器闭锁开关分别拨至"自动"位置，将换挡手柄置于"D 挡"位置，调节输入电机转速从（1 000 ± 10）r/min 逐步升至（2 200 ± 10）r/min，再从（2 500 ± 10）r/min 逐步降至（1 000 ± 10）r/min，观察闭锁压力变化情况。

变矩器在手动或者自动解闭锁模式下功能正常。变矩器处于闭锁状态时，若闭锁压力值在规定的压力范围内，判定为闭锁功能合格；变矩器处于解锁状态时，若闭锁压力值低于阈值，判定为解锁功能合格。记录解闭锁过程中转速、扭矩、温度、油压等参数随时间的变化曲线，最后得到滑摩功、冲击度、换挡冲击等值。

五、中心转向试验

中心转向试验主要是测定综合传动装置中心转向性能。试验方法如下：

①将输入转速分为 2 个转速点，即发动机最大扭矩点和最大功率点，输入转速允差为 ± 10 r/min。

②将操纵手柄位于中心转向挡，转向拉臂旋转至最大位置，先顺时针，后逆时针。

③缓慢加载传动两侧输出，两侧加载扭矩绝对值相同，直到泵马达转向高压达到 45 MPa。

④记录传动输入/输出转速、扭矩、泵马达压力等信息，得到转向半径、转向时间等参量。

六、转向特性试验

试验中各挡小半径转向按照前进挡从低挡到高挡的顺序进行，输入转速一般分为几个转速点进行，加载扭矩按照匹配几种路面阻力系数进行，按照转向理论计算左右两侧加载的理论扭矩，配置惯量为整车惯量，液力变矩器处于解锁状态，挡位覆盖 1~4 挡，泵马达排量杆分别置于左侧/右侧最大位置处和最大行程一般的位置。直到系统平衡，记录传动输入/输出转速、扭矩、泵马达压力等信息，计算得到各挡转向半径。

5.2.2　电磁兼容性试验

对传动装置的电控单元进行如下试验科目考核。

（1）CE102 10 kHz~10 MHz 电源线传导发射。

按 GJB 151A—1997 图 CE102-1 规定，在 10~500 kHz 频段内，极限值应为 94~60 dBμV，且极限值随频率线性减小，在 500 kHz~10 MHz 频段内，基准极限值保持恒定的 60 dBμV。

（2）RE102 10 kHz~18 GHz 电场辐射发射。

按 GJB 151A—1997 图 RE102-3 规定（陆军地面），在 2~100 MHz 频段内，极限值保持恒定的 24 dBμV/m，在 100 MHz~1 GHz 频段内，极限值为 24~44 dBμV/m，且极限值随频率线性增加，在 30 MHz 以上，水平极化和垂直极化均应满足极限值要求。

（3）CS114 10 kHz~400 MHz 电缆束注入传导敏感度。

按 GJB 151A—1997 图 CS114-1 所示校准电平的试验信号进行试验，按陆军/地面要求，在 10 kHz~2 MHz 频段内按曲线 3 注入，即 10 kHz~1 MHz 频段内注入信号幅度为 49~89 dBμA，且注入信号幅度随频率线性地增加，1~2 MHz 频段内保持恒定的幅度为 89 dBμA；在 2~400 MHz 频段内按曲线 4 注入，即 2~30 MHz 频段内保持恒定的注入信号幅度为 97 dBμA，30~400 MHz 频段内注入信号幅度为 97~85 dBμA，且注入信号幅度随频率线性地减小。

（4）CS115 电缆束注入脉冲激励传导敏感度。

按 GJB 151A—1997 中图 CS115-1 规定的标准试验信号（脉冲宽度≥30 ns，上升时间和下降时间均≤2 ns 的脉冲信号），以 30 Hz 重复频率进行试验 1 min。

（5）CS106 电源线尖峰信号传导敏感度。

按 GJB 151A—1997 图 CS-1 规定的试验信号电平进行试验，按陆军/地面要求，注入信号强度为 100 V，持续时间小于 10 μs。

试验结束后，按照国军标的要求，看对应的测试量是否满足判据的要求。

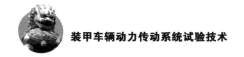

5.2.3　磨合试验

通过对样机进行台架的负载磨合，使样机内部有相对运动的、有配合间隙或者啮合间隙的零部件得到充分和有效的磨合，去除加工和装配过程中产生的锐边或者毛刺，使配合零件达到较好的状态。

磨合试验遵循负载扭矩从小到大，挡位由高到低的原则，首先开展 25% 负载磨合试验，依次为最高挡、次高挡直到倒挡；然后进行 50% 负载磨合试验，仍按照上面的挡位循序开展；最后进行 75% 和 100% 负载磨合试验。

传动装置首先置于空挡，在 6～10 s 时间内，将输入轴转速小于每秒 100 r/min 的加速度平稳地从 0 加速到怠速，运行 120 s。之后将挡位依次换到最高挡，稳定运行 120 s，将变矩器闭锁，再稳定运行 120 s，之后按照 25% 负载进行加载，稳定运行 5 min。然后将输入转速分别调到不同的目标值，分别进行对应转速下扭矩的加载，每个点稳定运行 5 min。其余各个挡位的磨合方法同前面类似。

在各个挡位的 25% 负载试验做完之后，后续进行 50%、75% 和 100% 负载磨合试验。

5.2.4　耐久性试验

耐久性试验主要测定综合传动耐久性指标。

耐久性试验主要包含空损试验，直驶加载试验、中心转向加载试验、换挡考核试验，试验内容分为 9 个阶段，按照图 5－3 所示的总流程进行。

图 5－3 所示的总流程包括三方面的内容。

（1）为便于试验安排和操作，加载试验（包含直驶和中心转向）操纵流程分为 A、B 两个循环过程。A 循环主要完成二、三、四、五挡的加载试验；B 循环主要完成一、倒一、倒二、中心转向挡的加载试验。

（2）换挡次数考核试验过程实际也是直驶加载试验。

（3）对变矩器液力工况的考核实际上由两个部分的内容组成：

①一挡、二挡、倒一挡、倒二挡加载过程全部是液力工况（设计特性）。

②换挡过程中变矩器处于解锁状态（设计特性），换挡试验就是考核变矩器的液力工况。

一、空损试验

输出端不连测功机，记录各试验点的输入转速、输入扭矩、操纵油压、润滑油压、转向伺服压力、各操纵件压力、被试件的出口油温及出口流量。试验方法如下：

①将输入转速分为 6 个转速点，输入转速允差为 ± 10 r/min。

②试验挡位从空挡到最高挡、最高挡到空挡依次切换，然后倒挡之间顺序切换。

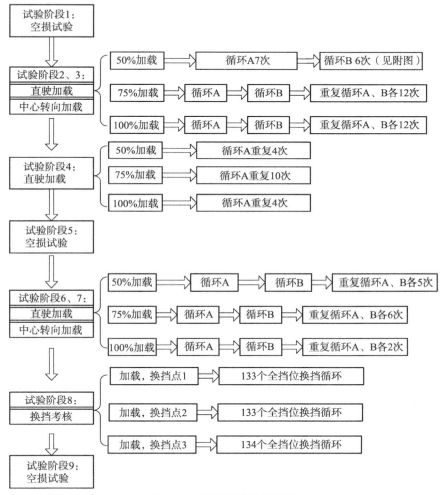

图 5 - 3　耐久性试验总流程

③每个挡由低速到高速再由高速到低速共 17 个转速点，每个点稳定工作 1 min。

④空损试验分 3 次在试验流程中穿插进行，主要目的是检查、比较和验证。

⑤每个空损试验过程中，都要安排变矩器闭解锁功能检查。

二、直驶加载（循环 A）考核试验

试验中挡位按照 2 挡依次升到最高挡，然后从最高挡依次降到 3 挡的顺序进行，完成上述一次试验为一个循环，定为循环 A。

按传动装置所匹配发动机的净功率分为 50%、75%、100% 三个负荷组分别进行试验。试验首先进行 50% 负荷试验，然后依次进行 75%、100% 负荷试验。

直驶加载共分为 3 次进行。

三、中心转向（循环 B）加载试验

中心转向加载试验与直驶加载试验交叉进行，试验中挡位按照 1、（空）、中、（空）、－1、－2、－1、（空）、中、（空）的顺序进行，完成上述一次试验为一个循环，定为循环 B。试验换挡过程中允许经过空挡过渡，但空挡不作为考核内容。

试验中，中心转向挡按照 100% 负荷进行加载。其余挡位按传动装置所匹配发动机的净功率分为 50%、75%、100% 三个负荷组分别进行试验。试验首先进行 50% 负荷试验，然后依次进行 75%、100% 负荷试验。

中心转向加载时，操纵手柄位于中心转向挡，转向拉臂旋转至最大位置，先顺时针，后逆时针（此顺序不严格控制，但应在试验数据中记录清楚）。

转向试验加载由 0 开始逐渐加载到对应的扭矩，稳定 10 s，然后降至 0。加载降到 0 时，转向进行换向。左右转向各加载一次，为一个循环。

四、换挡考核试验

换挡考核试验说明如下：

①在实车应用中，由于具有中心转向功能，倒挡所用频次低。而中心转向挡是在车辆为空挡并静止时换挡，因此其换挡过程相当于无负荷换挡。试验中换挡考核不包含倒挡和中心转向，换挡试验阶段 8 为换挡考核试验。

②试验过程中，根据不同起始挡位、不同转速、不同负荷进行试验。以 6 挡综合传动装置为例进行说明，为方便表述，将 Ⅰ—Ⅱ—Ⅲ—Ⅳ—Ⅲ—Ⅳ—Ⅴ—Ⅳ—Ⅴ—Ⅵ—Ⅴ—Ⅳ—Ⅲ—Ⅱ—Ⅰ 换挡循环总称为全挡位换挡循环。

换挡考核试验程序和方法如下：

①按照三组换挡点进行试验，整个换挡试验共完成 400 个全挡位循环。

②相邻两次换挡间隔不小于 5 s，平均换挡间隔为 12 s。

|5.3 动力传动系统试验实施|

5.3.1 动力传动性能试验

一、动力传动牵引特性

动力特性试验的主要目的是测试动力传动装置在不同油门开度和不同挡位条件下，动力传动输出的动力因数和动态特性，获得最大车速、加速时间和最大爬坡度等。

试验方法如下：

传动输出配置整车惯量，传动两侧加载不同扭矩，模拟不同的路面阻力，通过设定各个挡位、发动机油门开度，达到平衡之后记录转速、扭矩、油门开度等数据可以得到动力传动系统输出动力特性曲线，得到最大车速、爬坡度、牵引特性等。对于加速特性，可以模拟水泥路面阻力条件下，按照自动换挡，通过控制发动机油门，得到加速特性数据。

二、动力传动扭振试验

动力传动扭振试验的试验目的包括：

①检查在车辆使用过程中可能发生的严重的扭振；

②检查发动机缺火（一个气缸不能正常工作）的影响；

③记录在加、减挡和越野情况下的扭矩峰值。

试验方法和测量安排如下：

工况 1：在手动模式下，以非常低的发动机转速变化率，在每个挡位下驾驶车辆，目的是记录发动机最小负载时的数据。

工况 2：液力变矩器失速点。

工况 3：记录发动机在两种情形下的测试结果，即在正常工作和一个气缸发生故障的情形。

工况 4：斜坡（上、下坡），模拟 30°混凝土坡道阻力进行模拟爬坡试验。记录包括 1 挡→低速 1 挡的情况。

工况 5：模拟混凝土跑道阻力上的行驶（0→70 km/h→0），记录两种模式。2 挡和 4 挡之间 A 模式（自动）换挡。1 挡和 4 挡之间 T 模式（越野）

换挡。

工况6：模拟中心转向、倒车、应急操作下行驶。

三、动力传动联合制动试验

动力传动联合制动试验的目的主要是测试车辆在高速行驶工况下连续制动的能力，获取联合制动系统的输出特性，检查联合制动液压系统匹配是否合理，以得到连续制动工况下液力减速器引起的温升对传动装置的影响规律。

对于联合制动试验，将动力传动装置配置整车惯量，加载系统阻力模拟水泥路面，将动力传动系统的车速分别升到 70 km/h、60 km/h、50 km/h、稳定 2 min，踩下制动踏板，制动踏板的行程快慢可以以踩下踏板到行程终了的时间为标准，设置为快、中、慢三种状态，直到车速为零，记录制动反馈压力、车速变化、制动系统等动态变化过程。

四、动力传动失速点试验

动力传动失速点试验的试验目的主要是测量车辆掉弹坑等极端工况时，动力传动系统的力矩变化情况。

试验时，将动力传动输出端制动，将综合传动装置置于变矩器强解工况，踩下发动机油门到最大，系统稳定运行 1 min，记录此过程发动机转速变化、传动轴油温变化、传动输出扭矩变化等数据。

五、发动机和液力变矩器匹配试验

液力变矩器性能试验台构成如图 5 - 4 所示，试验现场如图 5 - 5 所示。试验工况表如表 5 - 10 所示。在每一个工况记录动力传动输出的扭矩、油温、泵轮转速、涡轮转速、发动机输出的转速和扭矩等信息。

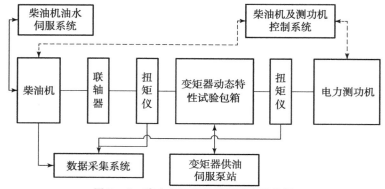

图 5 - 4　液力变矩器性能试验台结构图

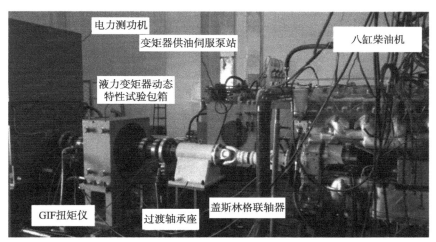

图 5 - 5　液力变矩器性能试验现场

表 5 - 10　发动机和变矩器匹配工况表

涡轮转速/(r·min⁻¹) 速比 \ 泵轮转速/(r·min⁻¹)	1 000	1 200	1 400	1 500	1 600	1 700	1 800	1 900	2 000	2 100
1	1 000	1 200	1 400	1 500	1 600	1 700	1 800	1 900	2 000	2 100
0.98	980	1 176	1 372	1 470	1 568	1 666	1 764	1 862	1 960	2 058
0.95	950	1 140	1 330	1 425	1 520	1 615	1 710	1 805	1 900	1 995
0.9	900	1 080	1 260	1 350	1 440	1 530	1 620	1 710	1 800	1 890
0.85	850	1 020	1 190	1 275	1 360	1 445	1 530	1 615	1 700	1 785
0.8	800	960	1 120	1 200	1 280	1 360	1 440	1 520	1 600	1 680
0.75	750	900	1 050	1 125	1 200	1 275	1 350	1 425	1 500	1 575
0.7	700	840	980	1 050	1 120	1 190	1 260	1 330	1 400	1 470
0.65	650	780	910	975	1 040	1 105	1 170	1 235	1 300	1 365
0.6	600	720	840	900	960	1 020	1 080	1 140	1 200	1 260
0.55	550	660	770	825	880	935	990	1 045	1 100	1 155
0.5	500	600	700	750	800	850	900	950	1 000	1 050
0.4	400	480	560	600	640	680	720	760	800	840
0.3	300	360	420	450	480	510	540	570	600	630
0.2	200	240	280	300	320	340	360	380	400	420
0.1	100	120	140	150	160	170	180	190	200	210
0	0	0	0	0	0	0	0	0	0	0

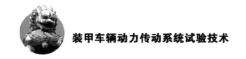

5.3.2 环境适应性试验

一、低温冷起动试验

在车辆环境试验室低温条件下，对冷冻后的车辆进行低温冷起动试验，考核和验证车辆冷起动性能。在低温冷起动过程中，进行蓄电池电应力测试和起动电机输出特性测试。

试验时，将环境温度分别降到 −35 ℃、−39 ℃和 −43 ℃下，传动装置油温不进行加热，起动发动机，看能否顺利起动；将环境温度分别降到 −35 ℃、−39 ℃和 −43 ℃下，传动装置油温分别加温到 17 ℃、30 ℃、50 ℃、100 ℃，起动发动机，看能否顺利起动。记录相关数据，从试验数据中得到传动系统起动扭矩的瞬态峰值和稳态均值随温度变化呈非线性变化趋势，得到不同油温的起动扭矩。

二、风扇驱动带排扭矩试验

风扇驱动带排扭矩试验的目的主要是测试不同温度和输入转速条件下的风扇驱动带排扭矩。

带排转矩是指湿式摩擦离合器，在离合器分离时，摩擦副间由于液体黏性使离合器仍能传递一定的转矩。采用湿式离合器的综合传动装置，在不挂挡时，由于带排转矩的存在，仍然能够输出一定的动力。对于车辆来说，带排转矩的危害是：一是空挡状态下，车辆仍然输出动力，不制动情况下，车辆不能停在原地；二是非工作挡位的换挡离合器由于带排转矩的存在，损失部分功率。风扇驱动带排扭矩试验的目的是检验动力传动带排扭矩特性是否满足设计要求。在试验过程中记录发动机输出扭矩、温度曲线；记录发动机怠速转速。通过对试验数据进行处理可有效评估液黏离合器带排转矩。

三、高海拔环境起步性能台架试验

高海拔环境起步性能台架试验的试验目的主要是测试动力舱模拟高海拔环境条件下的起步性能。

动力舱模拟海拔 4 500 m 的大气环境。试验前，动力舱已经充分预热运行，动力传动系统油水温度均在正常范围内。动力舱测功机分别模拟平坦的土路、5°～10°土坡两种阻力。起动发动机，当发动机、传动系统油水温度达到起步要求时，按照试验说明书要求挂起步挡，起动车辆，在车辆正常起步行驶后，停止试验，在同条件下进行三次起步试验；记录起步时间、发动机起步转速、动力传动系统起步时的油水温度等。分别模拟高海拔常温平坦路面、高海拔低温平坦路面、高海拔低温复杂工况等条件下进行上述步骤。

5.3.3　动力传动热平衡试验

一、高原环境条件下动力传动系统热平衡试验

动力舱模拟高原环境条件下，采用下述方法确定发动机在该海拔高度下的热平衡能力，为试验鉴定和部队使用提供依据。

等速等负荷道路试验方法：

①模拟海拔 4 500 m 高度气候条件，模拟平坦的试验路面道路阻力，选取装甲车辆常用挡位三、四、五挡，每个挡位上选取 3 种发动机转速，即 1 600 r/min、1 900 r/min、2 200 r/min。

②动力传动以规定的试验工况匀速行驶，持续行驶到各测温点的温度稳定且持续 5 ~ 10 min。

③试验从低挡低转速到高挡高转速顺序进行，当发现在某挡某转速下发动机油水温不能达到热平衡状态时，则停止试验。

④绘制同一排挡不同车速、发动机转速相同排挡不同时的温度 – 车速、温度 – 发动机转速变化曲线。

二、平原环境条件下动力传动系统热平衡试验

在综合传动装置不同挡位条件下，通过不同负载变化和发动机转速变化，测试各系统测点的温度和压力，考核和验证整车动力、传动及辅助系统热平衡能力和性能参数匹配状况。

在水散热器和传动油散热器不同遮挡面积比例的工况下进行高温热平衡能力试验，进一步考核和验证整车动力、传动及辅助系统热平衡能力和性能参数匹配状况。

|5.4　整车匹配特性试验实施|

整车匹配特性试验是动力传动系统与车辆结合后综合性能的体现程度的检验过程，因此，匹配特性试验本身是装甲车辆试验鉴定中的一部分，其试验过

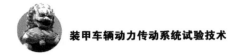

程结合实车试验完成，具体的试验设计依托整车试验设计完成。

一、动力性试验

（一）最大和最小稳定速度测定

最大和最小稳定速度试验方法可参照 GJB 59.1—1985《装甲车辆试验规程 加速特性、最大和最小稳定速度试验》。

试验中，需要记录使用的挡位、行驶方向、行驶速度和发动机转速以及气象环境参数等数据。取每一挡位往返行驶方向上所测得的最大（最小）车速及其对应的发动机转速值，作为该挡的最大（最小）速度和对应的发动机最高转速。取往返行驶方向上的数据，绘制该挡的累计行驶距离、车辆行驶速度、行驶加速度、发动机转速等参数与累计时间的各挡加速特性曲线。对车辆本项试验结果，采用评价指标数据及特性曲线与车辆战术技术性能指标及设计特性曲线的对比分析方法。

（二）加速特性

加速特性试验方法可参照 GJB 59.1—1985《装甲车辆试验规程 加速特性、最大和最小稳定速度试验》。

加速特性包括：

①从每一挡位适于发动机平稳工作的车辆最小稳定速度加速到该挡最大速度。

②车辆从起步挡开始，由静止状态加速到该挡额定车速（发动机达到额定转速时），逐级换入最高挡加速到最大速度。

按照车辆速度增长的快慢（加速度大小）、加速时间多少、加速距离长短对比分析各挡加速特性曲线和换挡加速特性曲线，以评定车辆在两种条件的加速性能。

（三）纵坡与侧坡通过性试验

纵坡与侧坡通过性是指装甲车辆通过纵坡与侧坡的能力，通常以通过坡度来表征。试验中记录通过时使用的挡位、平均速度、驻坡情况等参数。试验方法可参照 GJB 59.10—1987《装甲车辆试验规程 纵坡与侧坡通过性能试验》。

爬坡试验中要求了爬坡速度、驻坡和挡位转换等，在驾驶员的操纵下，车辆从动力装置（如发动机）输出动力开始，经传动装置的动力转换，在整车行动系统、辅助系统的配合下，充分考核了整车动力传动系统与整车相关系统之间的匹配能力。

爬坡试验一般在专门设置的坡道上进行，依次由小到大，在爬最大坡度时，应有安全保护装备。同时，对车辆各部件工况进行仔细观察、测量，如发动机运转特性、怠速特性以及起动性能等。

（四）发动机性能试验

发动机性能主要包括发动机的标定功率、标定功率转速、最大扭矩、最大扭矩转速、振动烈度、噪声等性能指标。

试验方法可参照 GJB 769.2—1994《装甲车辆柴油机台架试验标准环境状况、功率的标准及燃油机油消耗的标定》、GJB 1822—1993《装甲车辆用柴油机台架试验方法》。

（五）拖曳测定

拖曳阻力主要是评定车辆功率损失以及发动机制动效能。在整车匹配特性试验中重点是发动机制动效能的测定，包括发动机制动力、制动功率等参数指标。

试验方法可参照 GJB 59.39—1991《装甲车辆试验规程　拖曳阻力试验》。

（六）硬地拖钩牵引特性测定

硬地拖钩牵引特性主要是评定车辆各挡牵引特性、排挡划分的合理性、车辆全负荷工况的燃油消耗量。包括车辆最大加速度、最高行驶速度，车辆在一定挡位时能克服的极限道路阻力、临界速度、最大爬坡度、燃油消耗量等参数指标。

该试验包括拖钩牵引特性和最大拖钩牵引力测定等，试验方法可参照 GJB 59.25—1991《装甲车辆试验规程　硬地拖钩牵引特性试验》。

（七）发动机加温性能试验

发动机加温性能试验主要考核加温器对装甲车辆动力传动系统进行加温的能力以及加温器的可靠性。试验中主要测量并记录冷却液温度、润滑油温度，测量加温器加温、发动机自行加温、行驶加温时间等参数。

试验方法可参照 GJB 59.38—1991《装甲车辆试验规程　发动机加温性能试验》。

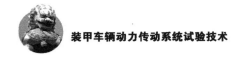

（八）动力传动装置冷却试验

动力传动装置冷却试验主要评定动力装置冷却特性、动力装置冷却系统的冷却能力、传动装置冷却状况、传动装置中各部件的冷却状况。包括发动机冷却液温度、油底壳温度以及车速、发动机转速、冷却风扇转速、燃油消耗量等参数，反映了动力传动装置的冷却特性。

试验方法可参照 GJB 59.44—1992《装甲车辆试验规程　动力传动装置冷却试验》。

（九）平均速度测定

平均速度包括公路平均速度和越野平均速度。公路平均速度是指在规定比例的各类公路路面上及规定的环境条件下，车辆各平均速度的加权平均值。越野平均速度是指在规定比例的各类越野路面上（起伏土路、砂碎石路等）及规定环境条件下，车辆各平均速度的加权平均值。

试验方法可参照 GJB 59.59—1995《装甲车辆试验规程　平均速度测定》。

二、燃油经济性试验

（一）燃油消耗量测定及最大行程计算

试验方法可参照 GJB 59.16—1988《装甲车辆试验规程　发动机燃油、润滑油消耗量测定及最大行程计算》。

燃油消耗量与测定时机、道路和环境以及驾驶员等级都有较大的关系，为保证试验结果的可信度，试验要求驾驶员等级不变、道路环境基本一致的情况下，在以下两个时机进行测定。

（1）初期测定：在车辆磨合期之后，发动机工作小时数不超过 50 h；

（2）末期测定（或保险期测定）：在性能试验结束之前发动机工作小时数据在 50 h 内（或在发动机工作小时数达到保险期期限之前 50 h 内）。

若在性能试验结束之前，车辆的发动机工作小时数已经达到其保险期期限，对这种车辆应用保险期测定代替末期测定。

（二）加速过程累积油耗

如前所述，加速过程累积油耗是指装甲车辆从原地起步加速至最大车速过程的累积油耗，因此对于该参数的测定需要进行多次的试验并进行合适的数据处理（如算术平均）。在实际的试验中，该参数的获得可结合加速特性试验实施。

三、转向性能试验

转向性能是指装甲车辆最小转向空间的要求，通常以转向时间和转向半径（轮式车辆通常采用转向直径）等参数来表征。转向时间是指装甲车辆在规定转向半径（通常是最小转向半径）情况下实施360°转向的时间。转向半径是指车辆稳定转向时，转向中心到两侧履带对称轴线的距离。对于轮式车辆而言，是指车辆低速转向时，前外轮与地面接触点的轨迹圆弧与转向中心点之间的径向距离（通常采用转向直径）。

转向性能试验包括转向比、行驶转向性能、制动和中心转向性能、最大转向角速度、松软路面转向（根据需要）等，用于评定规定转向半径个数、转向轮定位角及转向比、最小转向半径、最大转向角速度、松软路面转向能力。

试验方法可参照 GJB 59.13—1988《装甲车辆试验规程　转向性能试验》。

四、制动性能试验

制动性能是指装甲车辆在规定路面行驶时实施制动的性能。主要测试装甲车辆在规定路面条件下从规定初速到制动停车的制动距离、制动时间和制动偏驶量。制动性能主要评定制动距离，制动减速度，制动器停坡能力，制动时车辆不发生跑偏、侧滑及方向失控的能力等。

试验方法可参照 GJB 59.12—1985《装甲车辆试验规程　制动性能试验》。

五、持续行驶性能试验

持续行驶性能是指装甲车辆在规定路面条件下（包括铺面路、砂石路、起伏土路、冰雪路等）连续行驶 4 h 的能力。试验过程中，测量车辆的油温、水温、油压等状态参数，并记录车辆在行驶中出现的故障。持续行驶性能主要评定平均速度，动力、传动、操纵和行动装置工作状况等。

试验方法可参照 GJB 59.14—1988《装甲车辆试验规程　持续行驶性能试验》。

六、操纵性试验

操纵性主要通过操纵稳定性试验考核操纵轻便性以及操纵装置改变方向、速度的灵敏度。

操纵稳定性是指车辆能按照驾驶员意图进行行驶和转向，并在受到外界干扰时，能抵抗干扰保持稳定行驶的能力。操纵稳定性试验主要是对轮式装甲车辆实施的测试项目，包括在水泥混凝土路面上分别进行蛇行、转向瞬态响应、转向回正、转向轻便性、稳态回转等试验，测量并记录车辆行驶轨迹、行驶速度、加速度、转向盘转角、横摆角速度、车辆侧倾角等。

试验方法可参照 GJB 59.61—1996《装甲车辆试验规程　操纵性能试验》。其中引用了 GB/T 6323.1—1994《汽车操纵稳定性试验方法　蛇行试验》、GB/T 6323.2—1994《汽车操纵稳定性试验方法　转向瞬态响应试验（转向盘转角阶跃输入)》、GB/T 6323.3—1994《汽车操纵稳定性试验方法 转向瞬态响应试验（转向盘转角脉冲输入)》、GB/T 6323.4—1994《汽车操纵稳定性试验方法 转向回正性能试验》、GB/T 6323.5—1994《汽车操纵稳定性试验方法 转向轻便性试验》、GB/T 6323.6—1994《汽车操纵稳定性试验方法 稳态回转试验》等试验标准。

七、战场隐蔽性试验

（一）噪声

这里主要阐述与战场隐蔽性有关的试验实施，主要包括发动机空转噪声隐蔽性测量、匀速行驶噪声隐蔽性测量。

在进行车外噪声测量时，除驾驶员和测试人员外，其他人员应离开现场。被试车辆和传声器之间，不得有人；测试人员应处在声级计后至少1臂长（0.5 m）的位置上。同时，测量时，应考虑背景噪声和其他声源的影响。当被试车辆的噪声比背景噪声高10 dB 以上时，背景噪声可忽略不计；当被试车辆的噪声比背景噪声高3 dB 以下时，应另择时机开展试验。背景噪声的影响按表5–11修正。

表5–11　背景噪声影响修正表

所测噪声级与背景噪声之差/dB	3	4 ~ 5	6 ~ 9	10
应从所测噪声级中减去的修正值/dB	3	2	1	0

关于具体的试验方法和听觉无感觉距离的计算方法可参照 GJB 59.2—1986《装甲车辆试验规程　噪声测量》。

（二）排气烟度

目前常用的烟度测量方法很多，其中以滤纸污染法和透光法较为常用。滤纸污染法是让排气通过一张白色滤纸，其中微粒的沉积使滤纸变污，用滤纸的黑度代表碳烟浓度，这就是滤纸污染法的原理。透光法利用烟气对光的吸收，测定透过烟气后光的衰减程度来确定排气烟度。该方法所用的主要元件是光源、充满排气并有一定长度的光路、放置在光源对面将透射光信号变成电信号的光电器件，光电器件的输出与烟气所造成的光强度衰减成正比。

八、可靠性、耐久性、维修性、测试性和保障性试验

（一）可靠性试验

对于本书所涉及的匹配特性试验的可靠性，主要是通过实车动力传动系统平均故障间隔时间来度量。度量方法为：在规定的试验剖面内，参试的样本或其某一部分的使用寿命单位（h）总数与其发生的关联故障任务故障总数之比。

试验方法可参照 GJB 848—1990《装甲车辆设计定型试验规程》、GJB 899A—2009《可靠性鉴定和验收试验》、GJB 59.230A—2004《装甲车辆试验规程 第 23 部分：故障统计与处理》、GJB 4807—1997（GJBz 20448—1997）《装甲车辆故障判断准则》、GJB 450A—2004《装备可靠性工作通用要求》（工作项目 404、406）、GJBz 20060—1991《装甲车辆可靠性通用要求》（3.5、3.5.5、4.3.3）、GJB 451A—2005《可靠性维修性保障性术语》（2.2.17、2.2.18、2.5.2）、GJBz 20059—1991《装甲车辆可靠性维修性保障性术语》（3.3.2、3.7.5、3.7.6）、GJB 1909.7—1994《装备可靠性维修性参数和指标确定要求 装甲车辆和军用汽车》（A2.1.3.2）等。

（二）耐久性试验

这里的耐久性试验是为考核装甲车辆样品在规定条件下达到的耐久性水平而进行的试验。包括一系列性能测试、技术检查、耐久性故障判断、统计计算等活动。

装甲车辆耐久性试验一般包括性能初试、性能复试、分解鉴定、耐久性故障统计等过程，根据记录的耐久性故障情况，评估样品耐久性。

试验方法可参照 GJB 59.62—1996《装甲车辆试验规程 耐久性试验》。

（三）维修性试验

参照 GJB 2072—1994《维修性试验与评定》中规定，维修性试验与评定一般包括检查、验证、评价三个阶段。维修性检查的目的是检查与修正维修性分析的模型及数据，鉴别设计缺陷及其纠正措施，以实现维修性增长，从而有

助于满足维修性要求和以后的验证。

维修性验证的目的是全面考核产品是否达到规定的维修性要求。验证试验应在尽可能类似于使用维修的环境中进行。验证试验通常在规定试验机构（试验大队、基地）进行，并按规定进行部队维修试验。维修所需的工作条件、工具、保障设备、备件、设施和技术文件等应符合维修方案的要求。

维修性评价的目的是确定装备部署后的实际使用、维修及保障条件下的维修性，验证中所暴露缺陷的纠正情况；重点是评价基层级和中继级维修的维修性，需要时，还应评价基地级维修的维修性。

维修性试验与评定的程序包括制订维修性试验与评定计划、进行试验组织、实施试验、收集与处理数据、评定试验结果、编写试验与评定报告等。

试验方法参照 GJB 2072—1994《维修性试验与评定》。

（四）测试性试验

测试性试验是对装备等产品测试性的验证，故也称为测试性验证试验。其试验目的是确认测试性分析和设计的正确性，以便改进测试性设计，或者判定产品的测试性是否达到了规定的要求。根据试验目的的不同，测试性试验可由研制方组织，也可由产品订购方组织。由研制方组织的测试性试验主要是为了改进测试性设计，由订购方组织的测试性试验主要是为了判定产品的测试性是否达到了研制合同规定的要求。

（五）保障性试验

保障性试验可分为研制阶段的保障性试验和使用阶段的保障性试验两类。研制阶段的保障性试验是装备研制过程的组成部分，用以验证是否达到了保障性要求中所规定的门限值。在一般情况下，研制阶段的保障性试验条件并不能完全代表装备在现场的使用情况。在生产阶段后期，可由用户利用正式的测试与保障设备、备件、正式的使用与维修程序，进行综合性的试验与评价；使用阶段的保障性试验主要是使用试验与评价，目的是为了评估装备的使用（作战）效能和适用性，包括对装备所提供保障的充分性。初始的使用试验与评价是在尽可能接近实际条件的环境中进行的，由经过正式培训的具有代表性的装备使用方的使用与维修人员，利用正式的技术手册（或其草案）和供实际应用的保障设备，以有代表性的生产型装备为对象来完成试验。

九、环境适应性试验

（一）发动机装车试验

发动机装车试验规定了发动机在整车上实施的试验项目和评定内容，包括发动机的动力性、经济性、地区适应性、可靠性、维修性、红外特征等。

试验方法可参照 GJB 59.44—1992《装甲车辆试验规程　发动机装车试验》。

（二）海拔对发动机的影响试验

海拔能力试验方法可参照 GJB 59.44—1992《装甲车辆试验规程　海拔对发动机的影响试验》。

（三）起动性能试验

起动性能主要是指发动机在不同条件和工况下的起动能力，包括电起动和空气起动两种类型，主要是低温环境中使用加温装置和不使用加温装置条件下发动机的电起动和空气起动情况。包括总起动时间、冲击起动电流、冲击起动电压、起动转速以及最低空气起动压力等性能指标。

试验方法可参照 GJB 59.3—1987《装甲车辆试验规程　起动性能试验》。

（四）潜渡性能试验

潜渡性能主要是指车辆以潜渡的形式行驶和水下起动、起步的能力以及应急投入战斗的能力等。对动力传动系统与整车的匹配特性而言，发动机冷却液温度、润滑油和排气温度、水下起动性能、水下起步性能是本项试验中重点关注的参数指标，最终评定动力传动系统等是否满足车辆潜渡性能的要求。

试验方法可参照 GJB 59.8—1987《装甲车辆试验规程　潜渡性能试验》。

（五）涉水性能试验

涉水性能是指装甲车辆通过涉水试验区域的能力。需要记录的数据包括涉水深度、涉水距离、涉水最大安全行驶车速、车内积水量等，主要用于评定装甲车辆的涉水深度和涉水速度。

试验方法可参照 GJB 59.56—1995《装甲车辆试验规程 涉水性能试验》。

第 6 章

动力传动系统性能评价

动力传动系统性能评价的主要目的是，基于试验结果对单体设备或动力传动系统综合性能优劣程度进行量化表征，为被试装备能否通过鉴定或验收提供数据支撑。本章分三部分展开阐述。第一部分，首先分析试验评价主要原则、过程以及评价指标的预处理方法，在此基础上介绍常用试验评价方法和通用质量特性试验评价方法。第二部分，主要介绍试验评价前的试验数据处理和试验后的数据管理方法。第三部分，在前两部分理论基础上，提出动力传动系统综合性能评价总体思路，并介绍不同环节的实现方法，最后通过两个评价实例对评价方法进行验证。

|6.1 评价的基本理论和方法|

6.1.1 主要原则和过程

一、基本概念

（一）评价

评价本质上是一个判断的处理过程，通过运用标准（criteria）对事物的准确性、实效性、经济性以及满意度等方面进行评估。在科学试验活动中，对试验数据进行分析、比较，根据一定的指标体系和评价模型，对被评对象做出结论，以支持装备建设决策的过程。这里的试验数据包括各种试验数据，还有设计审查、软硬件测试、建模仿真、使用（含维修、贮存等）数据以及历史数据等。

试验是根据评价的需要获取数据的过程，但试验不是获取评价数据的唯一途径，有时通过建模仿真、联合数据分析、历史数据价值的挖掘等，也是补充试验评价所需数据的重要途径。

（二）评价指标体系

评价指标体系是由多个相互联系、相互作用的评价指标，按照一定层次结

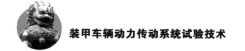

构组成的有机整体。评价指标体系是联系评价专家与评价对象的纽带。只有建立科学合理的评价指标体系，才可能得出科学公正的评价结论。

（三）评价模式

通常，我们所说的评估都是需要通过一定的数学模型将多个指标值"合成"为一个整体性的评价值，这种"合成"方法称为"评价模式"。可用于"合成"的数学方法较多，常用的评价模式主要有现行加权模式、非线性加权模式、混合加权模式等。在装甲车辆的作战试验系统评价过程中，关键是如何根据评价对象的特点来选择较为合适的合成方法。在装甲车辆的作战试验系统评价过程中，一般可采用以下原则选取评价模式。

（1）当各评价指标间重要程度差异不大，且各指标评估值差异不大时，采用线性加权模式。这是因为该模式中权数作用比较明显，可以反映出指标重要程度的差异。另外，当指标评估差异不大时，用哪种模式都差不多，遵循简便原则应采用线性加权模式。

（2）当各评价指标间重要程度差异不大，而各指标评估值差异较大时，采用非线性加权模式为好。这是因为一方面乘法合成中权数作用不太明显，与指标间重要程度差异不大的事实相适应；另一方面，乘法合成时对指标间差异较为敏感，可以更好地反映被评估对象之间的差异。

（3）当各评价指标间重要程度差异较大，且各指标评估值差异也较大时，采用混合线性加权模式为好。

（4）当各评价指标间重要程度差异较小，各指标评估值差异也不大时，采用哪种模式都可以。但根据简便原则应优先采用线性加权评估模式。

二、主要原则

装备试验评价是以被试装备为研究对象，根据装备全寿命周期各个阶段评价的需要，开展试验的统筹规划、总体设计、分段实施，以及装备各阶段的综合评价，从而以最为有效的方式支撑装备全寿命周期各阶段的状态和决策。试验评价的目的是通过对试验鉴定过程中获取的数据资料，按照设计的评价模型和方法进行统计、归纳和处理，并最终获得对被试装备的客观准确的评价。因此，试验鉴定综合评价涉及试验策略、试验设计、试验评价指标体系、试验数据处理方法等方面的内容。

装备试验评价是一个复杂的过程，包括试验信息收集、试验信息分级、试验信息加工以及构建评价指标体系、建立评价模型等，所以在试验评价过程中必须遵照客观信息和无偏见评价的原则来实施，从而为装备使用系统、研制生产系统、论证系统等部门提供解决关键问题所必需的结论和支撑材料。为保证能够更好地评价装备预期的战技性能、作战效能和作战适用性，必须遵守以下原则。

（一）客观性原则

客观性原则要求试验鉴定全过程必须严谨求实。从试验设计、试验信息采集、试验信息处理直到得出最终结论的全过程中，必须严控试验条件，严格依据试验中采集的数据资料，客观地对装备进行评价，更要避免为了满足时间节点、上级机关要求等因素而拼凑评价结论，或随意增删修改试验信息。由于试验评价是一个综合分析的过程，所需信息呈现多源性特征，在保证数据资料可信可靠的前提下，可以现场试验信息为主，辅以其他渠道的数据资料。

（二）独立性原则

独立性原则要求试验评价尤其是作战试验评价，必须有专门的组织和人员，他们的活动独立于装备论证、承研承制、使用、管理等相关利益部门，甚至也独立于试验部队，只对评价结论的使用部门负责，目的是使评价组织和人员能够摆脱外部环境和自身利害关系的影响，按照设定的规划、目的和方法，独立地开展评价活动，保证对被试装备给出公正独立的评价结论。反之，失去评价的独立性，评价的公正性将难以保证，评价结论的可信性也无法保证，所获得的评价结论也就失去了意义。

（三）继承性原则

继承性原则要求试验评价要充分利用之前的或其他渠道的评价信息和结论，实现对被试系统评价的可信性和可靠性的渐进式增长。由于装甲车辆等其他装备系统性能具有层次性，高层次评价要继承低层次评价的信息和结论。例如，体系贡献率评价是在作战效能和作战适用性评价的基础上进行的，作战效能评价是在指标效能、作战适用性和系统效能的基础上进行的，而系统效能评价是在作战效能基础上进行的，指标效能和作战适用性评价是依据对试验信息的统计分析进行的。

三、主要过程

（一）确定评价对象

评价对象通常是同类事物（横向）或同一事物在不同时期（纵向）的表

现。对装甲车辆等类型的装备而言，评价对象可以是整车的指标效能、系统效能或作战效能等，也可以是其在论证、工程研制、鉴定定型等不同寿命阶段某项效能（如作战效能）的评价。

（二） 确定评价目标

评价目标决定了评价过程中所需要考虑的因素。如装甲车辆性能验证阶段指标效能的评价，因为主要是考核战术技术指标是否满足研制总要求中的规定，所需要考虑的因素主要包括试验环境、试验方法、测试参数的精度等。

（三） 构建综合评价指标体系

综合评价指标体系的构建与评价对象、评价目标是紧密相关的。一般地，其构建过程是从总的目标出发，逐级发展子目标，最终获得结果性指标集。

综合评价指标体系的建立，要根据评价目的或者说评估的问题而确定。但一般地，在构建评价指标体系时，应遵循以下原则。

1. 指标宜少不宜多，宜简不宜繁

指标不是越多越好，关键在于指标在评价过程中所起的作用大小。目的性是出发点，指标体系应涵盖为达到评价目的所需的基本内容，能够反映被评对象的全部信息。另外，指标的精简可减少评价的时间和成本，使评价活动更易于开展。

2. 指标应具有独立性

所选择的指标应内涵清晰、相对独立；同一层次的各个指标间应尽量不相互重叠，不存在因果关系。指标体系要层次分明，其构成要紧紧围绕评价目的层层展开，使最后的评价结论能够确实反映评价意图。

3. 指标应具有代表性和差异性

所选择的指标应具有代表性，能很好地反映研究对象某方面的特性。指标间也应具有明显的差异性，也就是具有可比性。

4. 指标可行

指标应可行，符合客观水平，有稳定的数据来源，易于操作，也就是说应具有可测性。指标含义要明确，数据要规范，资料要易于收集。这些原则在实际应用中需要灵活考虑。一般地，指标体系的构建过程如图 6 – 1 所示。

首先明确其约束条件，即评价对象、评价目标、试验关注要点等；然后进行指标分解，指标分解一般由总目标开始，自上而下逐层逐个指标进行分解。指标分解要以其约束条件为基础，充分考虑专家意见，尽可能全面地提出反映

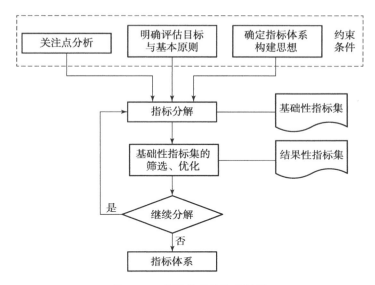

图 6 - 1 指标体系的构建过程

准则（即上一级指标）特性的指标，从而得到基础性指标集。显然，这些指标要能够全面反映其准则的所有特性，并且每个指标都能代表其准则不同方面的属性。

其次，进行基础性指标集的筛选和优化，得到结果性指标集；接着要判断末级指标细化程度和可度量程度，决定是否继续进行指标分解。末级指标细化程度的判断要综合多方面意见，且要尽量保证所有末级指标的细化程度相近。末级指标要求都能运用专家评判法、建模分析法、试验实测法等度量方法进行度量。

需要注意的是，指标体系的确定具有较大的主观随意性。虽然指标体系的确定有经验法、数学法等，但通常多采用经验确定法。虽然采用数学方法能够降低选择指标的主观随意性，但由于所采用的样本集合的不同，也无法保证指标体系的唯一性。另外还要注意对指标类型的一致化处理，保证指标间的可比性。

（四）选择或设计评价方法

评价方法是实现评价目的的技术手段，评价目的与方法的匹配是体现评价科学性的重要方面。正确理解和认识这一匹配关系是正确选择评价方法的基本前提。评价目的和方法之间的匹配关系，并不是说评价的特定目的与评价方法的一一对应，而是指对于特定的评价目的可以选择高效的、相对合理的评价

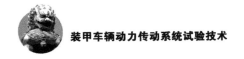
方法。

根据评价对象的具体要求不同，所选择的综合评价方法也有所不同。其选择的基本原则可概括为：

（1）选择评价者最熟悉的评价方法；

（2）所选择的方法必须有坚实的理论基础；

（3）所选择的方法应当简洁明了，尽量减小算法的复杂性；

（4）所选择的方法必须能够正确地反映评价对象和评价目标。

总的来说，选择成熟的、公认的评价方法是最合适的做法。同时，应注意评价方法与评价目标的匹配，注意评价方法的内在约束，注意不同方法的评价角度，掌握不同方法的评价途径。

（五）选择或构建评价模型

选择或构建评价模型是选择评价方法的问题。如何从众多的方法模型中选择一种与评价对象、评价目标、评价指标体系等最适配的一种，是影响试验鉴定综合评价的一个关键问题。其中，任何一种综合评价方法都要依据一定的权重对各单项指标评判结果进行综合，权重比例的改变将直接影响综合评价的结果。综合评价的方法有许多种，而且各种方法不尽相同，但总体思路基本是统一的，其中建立指标体系、确定各指标权重、建立数学模型是综合评价的关键环节。

（六）分析评价结论

由于综合评价的过程中包含定量分析和定性分析，因此试验鉴定综合评价工作具有较强的主观性，在评价过程中必须以客观性为基础，尽量以定量的分析为依据，以提高评价方法的科学性，保证评价结果的有效性。在实际工作中，我们也不能盲从评价结论，因为任何一种评价方法模型都有一定的局限性，其结论不能作为决策的唯一依据，我们还应当结合其他渠道的数据进行融合分析，以提供更客观准确的结论。

6.1.2　评价指标的预处理方法

根据指标值的特征，指标可以分为定性指标和定量指标，定性指标是用定性的语言作为指标描述值，定量指标是用具体数据作为指标值。一般情况下，在综合评价指标中，各指标值可能属于不同类型、不同单位或不同数量级，从而使得各指标之间存在着不可公度性，给综合评价带来诸多不便。为了消除各项指标间的这些差别带来的影响，避免出现不合理的评价结果，就需要对评价指标进行一定的预处理，包括对指标的一致化处理和无量纲化处理。

一般来说，在评价指标体系中，可能会同时存在极大型指标、极小型指标、居中型指标和区间型指标，它们都具有不同的特点：

（1）极大型指标（又称为效益型指标）是指标值越大越好的指标；

（2）极小型指标（又称为成本型指标）是指标值越小越好的指标；

（3）居中型指标是指标值既不是越大越好，也不是越小越好，而是适中为最好的指标；

（4）区间型指标是指标值取在某个区间内为最好的指标。

（一）指标的一致化处理

指标体系中存在不同类型的指标，必须在综合评价之前将评价指标的类型做一致化处理。例如，将各类指标都转化为极大型指标或极小型指标。一般的做法是将非极大型指标转化为极大型指标。但是，在不同的指标权重确定方法和评价模型中，指标一致化处理也有差异。

1. 极小型指标化为极大型指标

对极小型指标 x_j，将其转化为极大型指标 x'_j 时，只需对指标取倒数

$$x'_j = \frac{1}{x_j} \tag{6-1}$$

或做平移变换

$$x'_j = M_j - x_j \tag{6-2}$$

其中 $M_j = \max\limits_{1 \leqslant i \leqslant n} \{x_{ij}\}$，即 n 个评价对象第 j 项指标值 x_{ij} 最大者。

2. 居中型指标化为极大型指标

对居中型指标 x_j，令 $M_j = \max\limits_{1 \leqslant i \leqslant n} \{x_{ij}\}$，$m_j = \max\limits_{1 \leqslant i \leqslant n} \{x_{ij}\}$，取

$$x'_j = \begin{cases} \dfrac{2(x_j - m_j)}{M_j - m_j}, & m_j \leqslant x_j \leqslant \dfrac{M_j + m_j}{2} \\[3mm] \dfrac{2(M_j - x_j)}{M_j - m_j}, & \dfrac{M_j + m_j}{2} \leqslant x_j \leqslant M_j \end{cases} \tag{6-3}$$

就可以将 x_j 转化为极大型指标。

3. 区间型指标化为极大型指标

对区间型指标 x_j，其取值是介于区间 $[a_j, b_j]$ 内时为最好，指标值离该区间越远就越差。

令 $M_j = \max\limits_{1 \leqslant i \leqslant n} \{x_{ij}\}$，$m_j = \min\limits_{1 \leqslant i \leqslant n} \{x_{ij}\}$，$C_j = \max\{a_j - m_j, M_j - b_j\}$，取

$$x'_j = \begin{cases} 1 - \dfrac{a_j - x_j}{C_j}, & x_j < a_j \\ 1, & a_j \leqslant x_j \leqslant b_j \\ 1 - \dfrac{x_j - b_j}{C_j}, & x_j > b_j \end{cases} \qquad (6-4)$$

就可以将区间型指标 x_j 转化为极大型指标。

类似地，通过适当的数学变换，也可以将极大型指标、居中型指标转化为极小型指标。

（二）指标的无量纲化处理

所谓无量纲化，也称为指标的规范化，是通过数学变换来消除原始指标的单位及其数值数量级影响的过程。因此，就有指标的实际值和评价值之分。指标无量纲化处理以后的值一般称为指标评价值，无量纲化过程就是将指标实际值转化为指标评价值的过程。

对于 n 个评价对象 S_1，S_2，$\cdots$，S_n，每个评价对象有 m 个指标，其观测值分别为

$$x_{ij}(i = 1, 2, \cdots, n, j = 1, 2, \cdots, m) \qquad (6-5)$$

1. 标准样本变换法

令

$$x_{ij}^* = \frac{x_{ij} - \bar{x}_j}{s_j}(1 \leqslant i \leqslant n, 1 \leqslant j \leqslant m) \qquad (6-6)$$

其中样本均值 $\bar{x}_j = \dfrac{1}{n}\sum\limits_{i=1}^{n} x_{ij}$，样本均方差 $s_j = \sqrt{\dfrac{1}{n}\sum\limits_{i=1}^{n}(x_{ij} - \bar{x}_j)^2}$，$x_{ij}^*$ 称为标准观测值。

特点：样本均值为 0，方差为 1；区间不确定，处理后各指标的最大值、最小值不相同；对于指标值恒定（$s_j = 0$）的情况不适用；对于要求指标评价值 $x_{ij}^* > 0$ 的评价方法（如熵值法、几何加权平均法等）不适用。

2. 线性比例变换法

对于极大型指标，令

$$x_{ij}^* = \frac{x_{ij}}{\max\limits_{1 \leqslant i \leqslant n}\{x_{ij}\}}(\max\limits_{1 \leqslant i \leqslant n}\{x_{ij}\} \neq 0, 1 \leqslant i \leqslant n, 1 \leqslant j \leqslant m) \qquad (6-7)$$

对极小型指标，令

$$x_{ij}^* = \frac{\min\limits_{1 \leqslant i \leqslant n}\{x_{ij}\}}{x_{ij}}(1 \leqslant i \leqslant n, 1 \leqslant j \leqslant m) \qquad (6-8)$$

或

$$x_{ij}^* = 1 - \frac{x_{ij}}{\max\limits_{1 \leqslant i \leqslant n} \{x_{ij}\}} (\max\limits_{1 \leqslant i \leqslant n} \{x_{ij}\} \neq 0, 1 \leqslant i \leqslant n, 1 \leqslant j \leqslant m) \qquad (6-9)$$

该方法的优点是这些变换方式是线性的，且变化前后的属性值成比例。但对任一指标来说，变换后的 $x_{ij}^* = 1$ 和 $x_{ij}^* = 0$ 不一定同时出现。

特点：当 $x_{ij} \geqslant 0$ 时，$x_{ij}^* \in [0,1]$，计算简便，并保留了相对排序关系。

3. 向量归一化法

对于极大型指标，令

$$x_{ij}^* = \frac{x_{ij}}{\sqrt{\sum\limits_{i=1}^{n} x_{ij}^2}} (1 \leqslant i \leqslant n, 1 \leqslant j \leqslant m) \qquad (6-10)$$

对于极小型指标，令

$$x_{ij}^* = 1 - \frac{x_{ij}}{\sqrt{\sum\limits_{i=1}^{n} x_{ij}^2}} (1 \leqslant i \leqslant n, 1 \leqslant j \leqslant m) \qquad (6-11)$$

优点：当 $x_{ij} \geqslant 0$ 时，$x_{ij}^* \in [0,1]$，即 $\sum\limits_{i=1}^{n} (x_{ij}^*)^2 = 1$。该方法使 $0 \leqslant x_{ij}^* \leqslant 1$，且变换前后正逆方向不变；缺点是它是非线性变换，变换后各指标的最大值和最小值不相同。

4. 极差变换法

对于极大型指标，令

$$x_{ij}^* = \frac{x_{ij} - \min\limits_{1 \leqslant i \leqslant n} \{x_{ij}\}}{\max\limits_{1 \leqslant i \leqslant n} \{x_{ij}\} - \min\limits_{1 \leqslant i \leqslant n} \{x_{ij}\}} (1 \leqslant i \leqslant n, 1 \leqslant j \leqslant m) \qquad (6-12)$$

对于极小型指标，令

$$x_{ij}^* = \frac{\max\limits_{1 \leqslant i \leqslant n} \{x_{ij}\} - x_{ij}}{\max\limits_{1 \leqslant i \leqslant n} \{x_{ij}\} - \min\limits_{1 \leqslant i \leqslant n} \{x_{ij}\}} (1 \leqslant i \leqslant m, 1 \leqslant j \leqslant n) \qquad (6-13)$$

其优点为经过极差变换后，均有 $0 \leqslant x_{ij}^* \leqslant 1$，且最优指标值 $x_{ij}^* = 1$，最劣指标值 $x_{ij}^* = 0$。该方法的缺点是变换前后的各指标值不成比例，对于指标值恒定（$s_j = 0$）的情况不适用。

5. 功效系数法

令

$$x_{ij}^* = c + \frac{x_{ij} - \min\limits_{1 \leqslant i \leqslant n} \{x_{ij}\}}{\max\limits_{1 \leqslant i \leqslant n} \{x_{ij}\} - \min\limits_{1 \leqslant i \leqslant n} \{x_{ij}\}} \times d (1 \leqslant i \leqslant n, 1 \leqslant j \leqslant m) \qquad (6-14)$$

其中，c、d 均为确定的常数。c 表示"平移量"，即指标实际基础值；d 表示

"旋转量"，即"放大"或"缩小"倍数，则 $x_{ij}^* \in [c, c+d]$。

通常取 $c = 60$，$d = 60$，即

$$x_{ij}^* = 60 + \frac{x_{ij} - \min\limits_{1 \leqslant i \leqslant n}\{x_{ij}\}}{\max\limits_{1 \leqslant i \leqslant n}\{x_{ij}\} - \min\limits_{1 \leqslant j \leqslant m}\{x_{ij}\}} \times 40 \, (1 \leqslant i \leqslant n, 1 \leqslant j \leqslant m) \qquad (6-15)$$

则 x_{ij}^* 实际基础值为 60，最大值为 100，即 $x_{ij}^* \in [60, 100]$。

特点：该方法可以看成更普遍意义下的一种极值处理法，取值范围确定，最小值为 c，最大值为 $c + d$。

（三）定性指标的定量化方法

在综合评价工作中，有些评价指标是定性指标，即只给出定性的描述，如质量很好、性能一般、可靠性高、态度恶劣等，对于这些指标，在进行综合评价时，必须先通过适当的方式进行赋值，使其量化。对极大型和极小型定性指标常按以下方式赋值。

1. 极大型定性指标量化方法

对于极大型定性指标而言，如果指标能够分为很低、低、一般、高和很高五个等级，则可以分别取量化值为 1.0、3.0、5.0、7.0 和 9.0，对应关系如图 6-2 所示。介于两个等级之间的可以取两个分值之间的适当数值作为量化值。

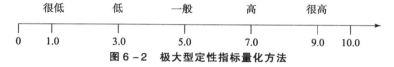

图 6-2　极大型定性指标量化方法

2. 极小型定性指标量化方法

对于极小型定性指标而言，如果指标能够分为很高、高、一般、低和很低五个等级，则可以分别取量化值为 1.0、3.0、5.0、7.0 和 9.0，对应关系如图 6-3 所示。介于两个等级之间的可以取两个分值之间的适当数值作为量化值。

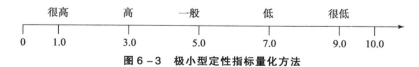

图 6-3　极小型定性指标量化方法

（四）指标阈值确定方法

评价指标的阈值确定方法有很多种，常采用的方法包括需求论证法、同类

装备对比法、标准参照法、数据外推法、专家赋值法等。

需求论证法以装备未来可能担负的作战任务为背景，通过科学的装备需求论证，得出满足任务需求的装备指标，并作为评价的指标阈值。同类装备对比法主要通过与同类装备做比较而实现，当参照物为国内装备时，应依据参照物作战试验数据确定被试装备的基本阈值；当参照物为国际先进装备时，则把参照物作战试验数据作为理想阈值。标准参照法是通过参考军事训练与考核大纲中的课目考核标准，确定评价指标的阈值。数据外推法采用兵棋推演或仿真试验等技术，获取装备在虚拟环境下完成任务的数据并进行反复修正，作为试验评价指标阈值。专家赋值法主要是依靠专家的经验、知识和个人价值观，采用匿名打分的方式确定试验评价指标阈值，当专家意见出现较大分歧时，要进行多轮打分和意见反馈，直到专家意见趋于一致，并将该值作为试验评价指标阈值。

对于指标阈值确定的方法，主要包括以下几个方面：

（1）分析同层指标对上层指标的重要度，可采用德尔菲、层次分析（AHP）或网络层次分析（ANP）等方法确定权重。

（2）分析同层指标与上层指标之间的关系，通常包括 3 种：构成关系（或：并联）、依赖关系（与：串联）和泛化关系（或与并存）。

（3）用层层聚合的方式聚合指标，最终聚合到哪一层为止，需要依据作战试验目的而定。根据同层指标与上层指标间的关系，聚合模型分为加权和模型、加权积模型和综合计算模型。

（五）指标权重确定方法

一个完整的指标体系是由众多指标以层次结构关系聚合构成的，整个指标体系内部相互联系、相互作用。每个指标都反映了指标体系中某个方面的特性，想要综合评估指标体系的效能值，就必须将所有指标综合起来考虑，这就涉及每个指标的重要程度，即指标的权重。

权重是一个相对概念，对一个指标体系而言，权重反映的是这个指标在整个指标体系中的重要程度，换句话说就是指标对整个体系的贡献程度，详细来说可以分为以下几个方面：一是评估决策主体对各指标的重视程度不同，即主观因素导致差异；二是各指标对整个指标体系的影响作用不同，即客观因素导致差异；三是各指标间的相互关联性不同，导致指标独立程度不同。

一般来说，赋权方法可分为主观赋权法和客观赋权法两大类，此外，从这两大类赋权法中又派生出了一类综合集成赋权法。主观赋权法顾名思义就是靠人的主观观念为指标体系赋值，一般来讲主要依靠专家的经验、知识确定权重的方法。主观赋权法主要有德尔菲法、集值迭代法、特征向量法、AHP 方法等。

德尔菲法及集值迭代法为指标权重确定的常用方法。下面介绍一下集值迭代法。采用集值迭代法确定指标权重的过程如下：

（1）选取 l 位专家，让每一位专家在指标集 $X = \{X_j\}$ $(j = 1, 2, \cdots, n)$ 中，任意选取其认为重要的 $s(1 \leqslant s \leqslant n)$ 个指标，即第 $k(1 \leqslant k \leqslant l)$ 位专家选取的结果是指标集 $X^k = \{X_1^k, X_2^k, \cdots, X_s^k\}$ $(k = 1, 2, \cdots, l)$。

（2）作函数 $\mu_i(j)$：

$$\mu_i(j) = \begin{cases} 1, & X_j \in X^k \\ 0, & X_j \notin X^k \end{cases} \tag{6-16}$$

（3）确定各个指标权重 w_j。令 $g_i = \sum_{k=1}^{l} \mu_k(j)$ $(j = 1, 2, \cdots, n)$，则有

$$w_j = \frac{g_j}{\sum_{j=1}^{n} g_j} \tag{6-17}$$

为避免在确定权重系统时受人为因素的干扰，可采取客观赋权法。所谓客观赋权法，就是根据各指标值所包含的信息量的不同，为指标赋予不同大小的权值，这种方法排除了人的主观误差，只根据指标分值对评估方案的分辨作用大小来确定权重的大小。简单来说，当某个指标分值在各评估方案之间的差别越大时，证明该指标的分辨能力越强，包含的信息量越大，在决策中的作用就越大，相应的权重就应该越大。客观赋权法主要有熵值法和离差最大化法。

上述两大类方法各有优缺点。主观赋权法虽然能够反映决策者的主观判断和直觉，但存在较大的主观性；而客观赋权法虽然通常利用比较完善的数学理论与方法，但忽视了决策者的主观要求，而有时这些信息又是非常重要的。由此，也就有专家提出将两类方法结合，使所确定的权重系数同时体现主观信息和客观信息，这就有了综合集成赋权法。指标权重是底层指标对系统影响重要程度的反映。从评价目标来看，各评价指标不是同等重要，合理地确定指标权重对分系统作战能力评价具有重要意义。

6.1.3　常用的试验评价方法

目前评价方法种类繁多，除了发展相对成熟的经典评估，也慢慢衍生出不确定性评估方法。经典评估是指各个数据和信息都假定绝对精确，目标和约束也都假定被严格地定义并且有良好的数学表示。常用的经典评估方法有加权积

分析法、加权和分析法、ADC 分析法、TOPSIS 分析法等。不确定性评估是为了更好地刻画人类对客观事物认识中出现的思维、判断、推理的非量化和不精确性现象而衍生出的评估模型，通常有随机性、模糊性、灰色性等表现形式。常见的不确定性评估方法有灰色白化权函数聚类法、模糊综合评价法等，分类如图 6 − 4 所示。

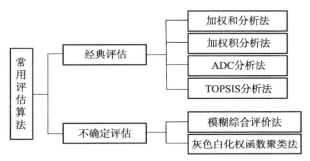

图 6 − 4　常用评估算法分类

接下来对各个算法的特点和适用性进行分析介绍，通过对各方法的特点和适应范围的分析来确定此次评估的合理方案。

（一）加权和分析法

加权和分析法是在实际应用中最常采用的评估方法，也是最容易理解的方法。这个方法的实质是赋予每个指标权重后，对每个方案求各个指标的加权和。加权和分析法的特点和适用范围如下：

（1）适用于指标为树形结构，每个下级指标只与上一个指标相关联。

（2）要求每个指标的分值都是无量纲的、规范化的值。

（3）权重系数的作用比在其他"合成"方法中更明显，且突出了指标值或权重较大者的作用。

（4）算法简单，易向上层层聚合，让人对整个评估过程有直观理解。

（二）加权积分析法

加权积分析法在原理上各指标以"乘法算子"的形式相乘聚合，所以当某项指标分值很小时，导致聚合结果相应变小。类似于"木桶原理"，分值最小的指标就相当于木桶的短板，对整个评估结果的影响最大。现给出加权积分析法的特点和适用范围：

（1）适用于指标为树形结构，每个下级指标只与上一个指标相关联。

（2）指标分值大小对评估结果影响较大，指标权重大小对评估结果影响

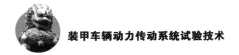
较小。

（3）要求每个指标的分值都是无量纲的、规范化的值，且都不能为零。

（4）算法总体上以乘法聚合，原理简单，聚合方式容易理解。

采用加权积分析法可以有效地利用已知数据，指标分值都用线性尺度变换法进行归一化处理，而且树形结构可以很好地层层聚合。运用加权积分析法不会加入过多的主观影响因素，向上聚合后评估结果以分值形式展现，有较高的精确度。

（三）ADC 分析法

ADC 分析法的模型较为成熟简单，但运用场合有一定的局限性，必须从现有的指标体系提炼出可用性、可信性、固有能力 3 种特性。由于装备作战试验是对整个装备系统的效能评估，并不只是针对完成某项任务体现出的系统效能，如果硬性使用 ADC 模型则可能得出不恰当甚至完全错误的结果。

（四）TOPSIS 分析法

TOPSIS 分析法是根据有限个评估对象与理想目标的接近程度进行排序的方法，是在现有的对象中进行相对优劣的评价。TOPSIS 分析法的运用场景有一些局限性，大致如下：

（1）TOPSIS 分析法是在有限多个评估对象中，按照与理想目标的接近程度进行排序得到的排名，当评估对象较少（如某型装备评估中使用了两个评估对象，62 式轻型坦克主要作为中南地区对比，96A 式主战坦克主要作为西南地区对比）时，使用过程中很容易出现两个对象计算结果差距较大的情况，当逐层向上聚合后，最终结果极易出现一个对象无限接近于 0，另一个对象无限接近于 1 的情况，导致评估结果失真。

（2）基于 TOPSIS 模型的特性，当只有两个评估对象且两个对象在某个指标下的分值相同的情况下，这与 TOPSIS 模型计算原理相悖，也会出现无法计算的情况。

（3）两个对象中某个对象在大多数指标下的分值都要优于另一个指标的情况下，使用 TOPSIS 算法向上层层聚合时，将对较优对象的优越性逐渐放大，也可能导致整个评估结果的精确性下降。

（五）模糊综合评价法

模糊综合评价法就是以模糊数学为基础，应用模糊关系合成的原理，对受到多种因素制约的事物或对象，将一些边界不清、不易定量的因素定量化，按多项模糊的准则参数对评估对象进行综合评判，再根据综合评判结果对得出的隶属度向量进行单值化得到评估结果的方法。

模糊综合评价法是一种定性与定量相结合的方法，其有良好的理论基础，它是应用模糊关系合成的原理，将一些边界不清、不易定量的因素定量化，从多个因素对被评价事物隶属等级状况进行综合性评价的一种方法。模糊综合评价法的基本原理为：首先，确定被评判对象的因素（指标）集和评价（等级）集；然后，分别确定各个因素的权重及它们的隶属度向量，获得模糊评判矩阵；最后，把模糊评判矩阵与因素的权向量进行模糊运算并进行归一化，得到模糊评价综合结果。其基本步骤如下：

（1）建立因素集。因素集（指标集）U 是以影响评判对象的各种因素为元素所组成的一个集合。

（2）建立评价集。评价集 V 是评判者对评判对象可能做出的各种评判结果所组成的集合。

（3）建立因素评判，即 U 到 V 的模糊映射：

$$f : U \rightarrow F(V), \forall u_i \in U$$

$$u_i \rightarrow f(u_i) = \frac{r_{i1}}{v_1} + \frac{r_{i2}}{v_2} + \cdots + \frac{r_{im}}{v_m}$$

$$(0 \leqslant r_{ij} \leqslant 1, 0 \leqslant i \leqslant n, 0 \leqslant j \leqslant m)$$

由 f 可以诱导出模糊关系，得到模糊矩阵为：

$$\boldsymbol{R} = \begin{bmatrix} r_{11} & r_{12} & \cdots & r_{1m} \\ r_{21} & r_{22} & \cdots & r_{2m} \\ \vdots & \vdots & & \vdots \\ r_{n1} & r_{n2} & \cdots & r_{nm} \end{bmatrix} \qquad (6-18)$$

称 $\boldsymbol{R}$ 为单因素评判矩阵，于是（U，V，$\boldsymbol{R}$）构成了一个综合评判模型。

（4）综合评判

$$S = A \circ R \qquad (6-19)$$

式中，$A = \{a_1, a_2, \cdots, a_n\}$ 为 U 上的一个模糊子集，且规定 $\sum_{i=1}^{n} a_i = 1$；$S = \{s_1, s_2, \cdots, s_m\}$ 是 V 上的一个模糊子集，其中 "$\circ$" 为模糊算子。

（六）灰色白化权函数聚类法

根据灰色系统理论，灰色是外延明确，但由于信息的匮乏而导致内涵不确定。灰类的白化权函数，是用定量描述评估对象隶属于某个灰类的程度。白化权函数是对灰数（灰类）内各元素取值的可能性大小的函数形式表达。一般来说，一个白化权函数是研究者根据已知信息设计的，没有固定的程式，但曲线的起点和终点一般都应有其含义。

灰色白化权函数聚类法适用于指标的意义、量纲皆相同的系统，当指标的意义、量纲不同，而且在数量上悬殊较大时，采用灰色白化权函数变权聚类法可能导致某些指标参与聚类的作用十分微弱。解决这一问题通常有两种途径：一是先初值化算子或者均值化算子，将各指标样本值都化为无量纲数据；二是对各聚类指标先赋权，采用定权法。但是这两种途径都有一定的不适应性，第一种方法对所有聚类指标一视同仁，不能反映出不同指标在聚类过程中作用的差异性。第二种采用定权方式处理时，要根据评估要求刻画灰类，选取阈值。阈值的选取根据某些现有的分类标准制定，或者专家结合大量试验定性给出。

随着仿真技术的快速发展，仿真试验已逐渐成为评价的一种重要手段。仿真评价过程一般包括评价准备、评价实施和评价结果输出3个阶段，其中，评价准备阶段包括了收集评价信息、明确评价目标、构建评价指标体系、建立假定和约束条件、明确仿真试验需求、开发作战效能仿真模型、建立作战效能评价模型7个步骤，评价实施阶段包括了试验设计与运行、评价与分析两个步骤，评价结果输出阶段主要是输出评价结果和提出改进建议。

评价指标体系是决定试验鉴定设计和评估的关键部分。为实现对被试装备的试验设计和综合评价，需要对构成装备能力的因素进行分解，以构建合理的指标体系。目前常用的构建指标体系的方法或思想主要有基于能力需求分析、基于综合集成试验、基于试验规程分析、基于作战活动阶段、基于信息流程分析等，这些方法或思想从不同的侧面、不同的关注重点构建评价指标体系，力图客观地反映装备实际能力。在指标体系的构建中，尽量多采用定量指标，而且所选择的定量指标要具有可测性，从而保证试验鉴定最终结果的客观性、准确性。

6.1.4 通用质量特性试验评价方法

一、可靠性评价

可靠度与样本数量、概率密度直接相关。由于装甲车辆的试验样本数一般不能满足概率统计的需要，故通常用正态分布或二项分布作为可靠度分布。装甲车辆平均故障间隔里程、致命性故障间的任务时间等指标均可以通过点估计值和区间估计（置信区间）来评价。

（一）定时截尾试验可靠性评价方法

1. 基本可靠性评价

（1）点估计。

基本可靠性点估计值计算公式如下：

$$\hat{\theta} = T/r \qquad (6-20)$$

式中，$\hat{\theta}$ 为点估计值；T 为底盘可靠性评估试验总里程；r 为关联故障统计数。

（2）区间估计。

选择置信度 $C = (1 - 2\beta) \times 100\%$，式中评估风险 $\beta = 10\%$，则置信度 C 的 MMBF 的区间估计下限：

$$\theta_L = \theta_L(C', r) \times \hat{\theta} = \frac{2r\hat{\theta}}{\chi^2_{(1+C)/2}(2r+2)} \qquad (6-21)$$

上限：

$$\theta_U = \theta_U(C', r) \times \hat{\theta} = \frac{2r\hat{\theta}}{\chi^2_{(1-C)/2}(2r)} \qquad (6-22)$$

式中，$\hat{\theta}$ 为点估计值；C 为置信度；$C' = (1+C)/2$ 为显著水平；$\chi^2_r(i)$ 为自由度 i 的 χ^2 分布的 r 上侧分位点；θ_L 为区间估计的下限值；θ_U 为区间估计的上限值。

2. 任务可靠性评估

（1）点估计。

任务可靠性点估计值计算公式如下：

$$\hat{\theta}_R = T/R \qquad (6-23)$$

式中，$\hat{\theta}_R$ 为点估计值；T 为底盘可靠性评估试验总里程；R 为关联故障统计数。

（2）区间估计。

选择置信度 $C = (1 - 2\beta) \times 100\%$，式中评估风险 $\beta = 30\%$，则置信度 C 的 MMBCF 的区间估计下限：

$$\theta_{RL} = \theta_{RL}(C', R) \times \hat{\theta}_R = \frac{2R\hat{\theta}}{\chi^2_{(1+C)/2}(2R+2)} \qquad (6-24)$$

上限：

$$\theta_{RU} = \theta_{RU}(C', R) \times \hat{\theta}_R = \frac{2R\hat{\theta}}{\chi^2_{(1-C)/2}(2R)} \qquad (6-25)$$

式中，$\hat{\theta}$ 为点估计值；C 为置信度；$C' = (1+C)/2$ 为显著水平；$\chi^2_r(i)$ 为自由

度 i 的 χ^2 分布的 r 上侧分位点；θ_{RL} 为区间估计的下限值；θ_{RU} 为区间估计的上限值。

（二） 试验数据缺失的可靠性评价方法

试验过程中，经常会出现由于部件非正常磨损或由于测试设备的局限性以及观察条件不具备等情况导致的数据缺失，这种试验过程称为随机截尾试验，这些中途失去观测的产品，称为删除样品，用图形表示，如图 6 – 5 所示。

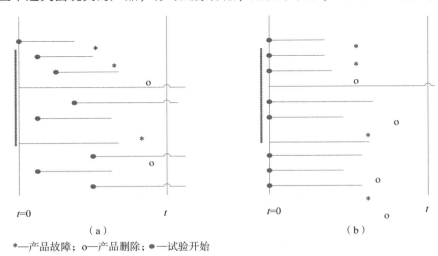

*—产品故障；o—产品删除；●—试验开始

图 6 – 5　随机截尾试验数据

（a）开始试验起点不同的过程；（b）开始试验起点均从 0 起算的过程

在图 6 – 5 中，图 6 – 5（a）表示 n 个产品开始试验的起点不同，至 t 时刻止有一部分已故障，一部分已删除，一部分还能工作，将这些不同工作起点的产品全部从时刻 0 起计，就可以得到图 6 – 5（b）。

随机截尾试验也称逐次截尾试验。根据其故障和删除样品发生状况又分为定时逐次截尾和定数逐次截尾；在故障时刻 t_1、t_2、t_3、$\cdots$、t_r 之外的时间 τ_1、τ_2、τ_3、$\cdots$、τ_r 删除 k 个产品为定时逐次截尾；在故障时刻 t_1、t_2、t_3、$\cdots$、t_r 时同时将未故障的产品删除 k 个为定数逐次截尾。

$$n = r + k \qquad\qquad (6-26)$$

其中，n 为参加试验的样品数；r 为删除样品数；k 为故障样品数。

常用的随机截尾试验可靠性的评估方法有残存比率法和平均秩次法。

1. 用残存比率法计算产品的可靠度

产品在某时刻 t_i 的可靠度为

$$R(t_i) = R(t_{i-1}) \cdot S(t_i) = \prod_{j=1}^{i} S(t_i) \qquad (6-27)$$

式中，$S(t_i)$ 为产品在时间区间 (t_{i-1}, t_i) 内的残存概率，它是一个条件概率，表示在 t_{i-1} 时刻能完好工作的产品继续工作至 t_i 时刻尚能完好工作的概率，其计算公式为：

$$S(t_i) = \frac{n_s(t_{i-1}) - \Delta r(t_i)}{n_s(t_{i-1})} \qquad (6-28)$$

式中，$n_s(t_{i-1})$ 为产品在 t_{i-1} 时刻继续受试的样品数；$\Delta r(t_i)$ 为产品在 (t_{i-1}, t_i) 时间区间内的故障数。

$$n_s(t_i) = n - \sum_{j=1}^{i} \left[\Delta r(t_j) + \Delta k(t_j) \right] \qquad (6-29)$$

式中，k 为参加试验的样品总数；$\Delta k(t_j)$ 为在 (t_{j-1}, t_j) 内删除的样品数。

2. 用平均秩次法计算经验分布函数

对于一组完全寿命试验的样本数据，可按其故障时间的大小排列成一组顺序统计量，其中每一个产品的故障时间（或其寿命值）都有一个顺序号，此顺序称为秩次。对于一组随机截尾寿命试验的样本数据，由于其中那些尚未故障而中途撤离的产品，什么时间故障无法预计，因此它们的寿命秩次就不会获得，然而我们却可以估计出它们所有可能的秩次，再求出平均秩次，将平均秩次代入中位秩公式 $F_n(t_i) = \dfrac{i - 0.3}{n + 0.4}$，求出其经验分布函数。

当参试产品数量较大时，将寿命秩次排列起来会比较困难。因此，统计学家们给出了一个计算平均秩的增量公式：

$$\Delta A_k = \frac{n + 1 - A_{k-1}}{n - i + 2} \qquad (6-30)$$

$$A_k = A_{k-1} + \Delta A_k = A_{k-1} + \frac{n + 1 - A_{k-1}}{n - i + 2} \qquad (6-31)$$

式中，A_k 为故障产品的平均秩次，下标 k 代表故障产品的顺序号；A_{k-1} 即为前一个故障产品的平均秩次；i 为所有产品的排列序号，按故障时间和删除时间的大小排列。

有了平均秩，将其代入中位秩公式计算产品的经验分布函数为

$$F_n(t_k) = 1 - R(t_i) = \frac{A_k - 0.3}{n + 0.4} \qquad (6-32)$$

由上面两种方法的介绍可以看出，残存比率法是由概率乘法公式得来的。因此它适用于样本量较大的情况，而平均秩次法可用于样本量较小的情况，它采用了中位秩公式。

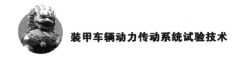

（三）超寿命使用部件评价方法

在试验过程中，经常会出现某些部件到规定的耐久性指标后并未损坏，在车辆上继续进行使用，或某些部件到达耐久性指标进行中修或大修后只更换关键部件，其他部件并未做更换等情况。

在目前的定型试验可靠性评估中，对于此类问题，通常首先需要根据耐久性判断准则从故障类别上判断产品是否发生了耐久性损坏，然后再根据判断结果评估产品的耐久性水平是否满足指标要求，并采用非参数法估计产品耐久性寿命达到指标要求的置信度，而没有根据试验结果对产品实际的耐久性水平进行推断。如何对此类情况进行评价，是试验过程中经常要面临的问题。对超寿命未替换的部件进行耐久性评估时，通常会有以下几种情况。

1. 所有参试样本都超寿命使用

当某部件试验里程超过第一次大修里程 X_0，还没有发生耐久性损坏时，用毕林所创立的非减密度的方法可以计算该部件的耐久度，即产品试验进行到发生首次耐久性损坏，此刻里程定为 X_1，且有 $X_1 > X_0$，其余的 $n-1$ 个部件样本中每一辆至少要试验到 X_1 才能终止试验，且未发生耐久性损坏，在这种情况下，该部件的耐久性偏差范围的下限为

$$X(1 - D_0) \geqslant X_1 \cdot (1 - D_0)/(1 - \alpha^{1/n}) \tag{6-33}$$

该部件的耐久度为

$$D(X_0) \geqslant 1 - (1 - \alpha^{1/n}) \cdot X_0/X_1 \tag{6-34}$$

式中，n 为试车次数；α 为显著水平；D_0 为选定的耐久性概率。

当该部件试验里程达到整车的试验考核里程时，如果仍未发生耐久性损坏，便终止试验，仍按上面的两个公式计算该部件的耐久度。

2. 部分参试样本超寿命使用

当产品试验在第一次大修里程 X_0 之前就有一个样本或者几个样本发生了耐久性损坏，其余参试样本至少要试验到 X_0 或者直至发生耐久性损坏，此刻的里程假定为 X_r，并有 $X_r \geqslant X_0$，才能终止试验。在这种情况下，则：

$$\theta = \frac{1}{n} \Big[\sum_{i=1}^{r} X_i + (n - r)X_r \Big] \tag{6-35}$$

$$\beta = \frac{-2r\ln D_0}{\chi_\alpha^2(2r)} \tag{6-36}$$

$$C = \min\Big\{\beta, \frac{r}{n}\Big\} \tag{6-37}$$

耐久性偏差范围的下限为：

$$X(1 - D_0) \geqslant \frac{-2r\ln D_0}{\chi_\alpha^2(2r)}\theta \tag{6-38}$$

当 $X_0 \leqslant \theta(r/n)$ 时，使 $X_0 = C\theta$，则该部件的耐久度为

$$D(X_0) \geqslant e^{-(X_0/\theta)[\chi_\alpha^2(2r)/2r]} \tag{6-39}$$

当 $X_0 > \theta(r/n)$ 时，$D(X_0)$ 没有限制范围。

在上面的公式中：r 为在数量为 n 的参试样本中发生耐久性损坏的次数；X_i 为第 i 个参试样本发生耐久性损坏的里程；X_r 为第 r 个参试样本发生耐久性损坏的里程；θ 为耐久性损坏的点估计值；β 为损坏率；C 为最小函数值；$\chi_\alpha^2(2r)$ 指显著性水平为 α，自由度为 $2r$ 的 χ^2 分布。

从上面的公式中可以看出：

（1）试验样本数量多，可以获得较高的耐久性和置信度，所以大批量生产的部件，为了获得较高的耐久性，安排该项试验的试验样本一定不能太少。

（2）当试验样本数量确定后，为了获得较高的耐久性，该项试验一般应做到车辆发生耐久性损坏或是车辆终止试验。

（四）低故障部件评价方法

随着装甲车辆产品可靠性的不断提高，高可靠性的产品在试验及使用中经常出现无故障情况，如何对产品在无故障情况下进行评估和数据处理成为可靠性试验评价中必须面临的问题。

根据产品故障率可知，随着产品使用时间增加，多数产品零部件在工作环境等因素作用下其故障呈现浴盆曲线形状变化，如图 6-6 所示。

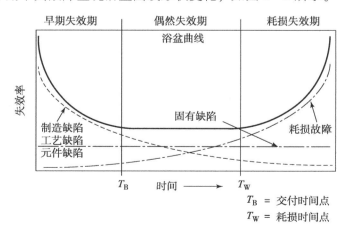

图 6-6　典型产品失效率浴盆曲线

早期失效期出现在产品投入使用的初期，其特点是开始时故障率较高，但

随着使用时间的增加故障率将较快地下降，呈递减型。此段时间内，产品内寿命短的部分、不适应外部环境的薄弱环节以及设计、工艺不良等缺陷引起的故障频繁发生，可以采用排除早期故障的方法使故障率稳定化。对于维修后的产品也有类似的早期失效期，需要重新磨合。为了缩短这一阶段的时间，产品在投入运行前可进行试运转，以便及早发现、修整和排除缺陷；或通过试验进行筛选，剔除不合格产品，或进行规定的磨合，改善其技术状况。

过了早期失效期，故障率基本上随时间趋于稳定状态并降至最低，且在相当长一段时间内大致保持不变，呈恒定型，这就是偶然失效期。这段时间故障的发生呈指数分布，是随机的、偶然的。偶然失效期是产品或系统的最佳状态时期，在规定的失效率下其持续时间称为使用寿命或有效寿命。人们希望延长这一时期，即在容许的费用内延长使用寿命。

耗损失效期是故障上升阶段，构成产品的各种零部件磨损、疲劳、老化而使故障频繁发生。如果在耗损失效期到来之前，采用事先更换备件等预防维修措施，可以使将要上升的故障率降下来，就可以延长可维护的产品或系统的使用寿命。当然，也要综合权衡故障维修和服务的成本再做出延寿或报废的决定。

对于装甲车辆而言，除了对电子元器件在上车之前进行环境应力筛选以及对重要部件进行试验台架磨合以外，整车在完成装配后还要进行出厂试验，以充分暴露早期失效期的故障，使其尽快进入偶然失效期，以降低维修成本、提高可用度，保证正常使用。从图6-6中也可以看出，整车交付试验后，产品工作到浴盆曲线的偶然失效期内，产品故障率基本为一常数，这时故障分布函数为指数分布，因此这里着重介绍基于指数分布的零故障的评价方法。

基于指数分布的零故障的评价方法，是假设从一批产品中任取 n 个进行定时截尾试验，到规定时间停止试验时，并未发现产品故障。

1. $1 - \beta$ 的置信水平下平均寿命 θ 的最优单侧置信下限

设产品的寿命服从指数分布，则有在 $1 - \beta$ 的置信水平下平均寿命的最优单侧置信下限 θ_L 为

$$\theta_L = \frac{2\sum_{i=1}^{n} t_i}{\chi^2_{2(r+1),\beta}} = \frac{\sum_{i=1}^{n} t_i}{-\ln\beta} \tag{6-40}$$

式中，β 为使用方风险。

2. β 的置信水平下可靠度 $R(t)$ 的最优单侧置信下限

设产品的寿命服从指数分布，则有在 $1 - \beta$ 的置信水平下可靠度 $R(t)$ 的最优单侧置信下限 $R_L(t)$ 为

$$R_{\mathrm{L}}(t) = \exp(-t/\theta_{\mathrm{L}}) = \beta^{t/\sum\limits_{i=1}^{n} t_i} \qquad (6-41)$$

式中，β 为使用方风险。

3. $1-\beta$ 的置信水平下可靠寿命 $t(R)$ 的最优单侧置信下限

设产品的寿命服从指数分布，则有当可靠度为 R 时，可靠寿命的单侧置信下限为

$$t_{\mathrm{L}}(R) = \frac{\ln R}{\ln \beta} \sum_{i=1}^{n} t_i \qquad (6-42)$$

式中，β 为使用方风险。

应用案例：

设某产品的寿命服从指数分布，现随机抽取 3 台参加设计定型试验，试验类型为定时截尾试验，3 台产品的试验里程都为 10 000 km，产品未产生任何故障，求置信水平为 0.8 时的平均寿命的单侧置信下限。

解：已知 $1-\beta=0.8$，$\beta=0.2$，$n=3$，可以得到

$$\theta_{\mathrm{L}} = \frac{2 \sum\limits_{i=1}^{n} t_i}{\chi^2_{2(r+1),\beta}} = \frac{\sum\limits_{i=1}^{n} t_i}{-\ln\beta} = \frac{30\ 000}{-\ln 0.2} = 18\ 640(\mathrm{km}) \qquad (6-43)$$

二、维修性评价

维修性评价是为确定装备在实际使用条件下的维修性水平，由装备的实际使用部队进行试验与评价的工作。通常是在装备研制方的配合下，在装备的部队试用（试验）或使用阶段进行维修性评价。

通过维修性评价可以了解装备在实际维修保障条件下的维修性水平。进行维修性评价所用的装备应当是已部署的装备或等效的样机。维修性评价主要是靠实际统计中得到的维修数据进行评价，不需进行专门的故障模拟与维修。当有基地级维修要求时，还需要评价基地级维修的实际维修性水平。

维修性评价的内容包括定性评价与定量评价两部分。

（一）维修性定性评价

维修性定性评价主要参照有关国标与国军标要求、合同规定中提出的装备维修性设计要求进行。维修性定性评价的具体内容一般包括：

（1）对预计发生频率较高的拆装、检测等操作，有重点地进行维修性演示。重点判断：人体、观察及工具的可达性；操作安全性、快速性；维修技术难度等。

（2）利用维修性核对表评价维修性设计准则的满足程度。维修性核对表

包括对简化设计、标准化、互换性、可达性、模块化、标记、人－机－环、维修安全、防差错、检测诊断等方面的要求。在进行评价时，应针对核对表中的每一项要求逐项进行审查，评价产品的设计是否贯彻了维修性设计准则要求，是否采取了具体的设计措施。

（3）对于维修性保障要素的评价。主要评价规定的人员及其配备的工具、设备、器材、技术手册等保障资源的完备性与适用性，包括各种测试、维修保障设备和工具、技术资料、培训方案是否达到所预定的要求。

GJB/Z 72—1995《可靠性维修性评审指南》对于产品在工程研制、设计定型和生产定型等各个阶段的维修性评审都给出了具体的要求，可以在产品定型审查时参考执行。

（二）维修性定量评价

根据维修性评价属于核查、验证、评价等不同类型，进行定量评价的侧重点和要求有所不同。在进行产品的设计定型或生产定型审查时，除了评价维修性试验的结果是否达到了研制合同的要求外，对于在维修性试验中暴露的维修性缺陷，还要评价是否已采取了有效的纠正措施。

三、保障性评价

保障性评价的主要内容包括保障资源评价、保障活动评价和装备系统保障性仿真评价。保障资源评价主要针对人力人员、保障设备、保障设施、技术资料等单一保障资源，结合每一类保障资源的特点，采用适用的方法给出定性、定量的评价结果。保障活动评价主要是对关键的保障活动，如预防性维修、修复性维修、战场抢修、训练与训练保障、包装、装卸、贮存、运输和供应保障等，按照事件—活动—作业层次进行实际的试验测试，给出针对每一项关键保障活动定性、定量的评价结果。装备系统保障性仿真评价主要针对装备及保障系统构成的大系统，根据装备的设计特性和保障系统的构成方案，建立相应的仿真模型，进行仿真试验，根据仿真结果开展保障性综合要求（如装备完好性、持续性）的定性定量评价。上述两种试验与评价结果数据应作为保障性仿真的输入数据。

（一）保障资源评价

1．人力和人员

在真实或接近真实的使用环境中，按各修理级别的维修机构布局，组织产品的维修，核实经历的时间和工时消耗情况。

评价内容有：按要求编配的装备使用人员数量、专业职务与职能、技术等级是否胜任作战和训练使用；按要求编配的各级维修机构的人员数量、专业职务与职能、技术等级是否胜任维修工作；按要求选拔或考录的人员文化水平、智能、体能是否适应产品的使用与维修工作。进行人力人员评价的主要指标有：每百公里维修工时、平均维修人员规模（用于完成各项维修工作的维修人员的平均数，即维修工时数（MMH)/实际维修时间（ET））。

通过评价，确认已安排好人员和他们所具有的技能适合在使用环境中完成装备保障工作的需要、所进行的培训能保证相关人员使用与维修相应的装备，以及所提供的培训装置与设备的功能和数量是适当的。

2. 保障设备

部分新研的测试与诊断设备、维修工程车、训练模拟器、试验设备等大型的保障设备，本身就是一种产品。除要单独进行一般性例行试验，确定其性能、功能和可靠性、维修性是否符合要求外，要应与保障对象（产品）一起进行保障设备协调性试验，应特别注意各保障设备之间以及各保障设备与主装备之间的相容性，确定其与产品的接口是否匹配和协调，各修理级别按计划配备的保障设备数量与性能是否满足产品使用和维修的需要；保障设备的使用频次、利用率是否达到规定的要求；保障设备维修要求（计划与非计划维修、停机时间及保障资源要求等）是否影响正常的保障工作。

3. 保障设施

通过评价确定设施在空间、场地、主要的设备和电力以及其他条件的提供等方面是否满足了装备的使用与维修的要求，也要确定在温度、湿度、照明和防尘等环境条件方面以及存储设施方面是否符合要求。

4. 技术资料

对于技术资料的评价，主要应关注这几个方面：①技术资料的数量、种类和格式是否符合要求。②技术资料的正确、清晰、准确、完整和易理解性。③技术资料中的警告、提醒及安全注意事项应当合理、醒目。④各技术资料中的术语应具有一致性。

试验中，应组织包括订购方的专门审查组对研制单位提供的全套技术资料（包括随机的和各修理级别使用的）进行检查验收。通过检查验收，做出技术资料是否齐全、是否符合合同规定的资料项目清单与质量要求的结论。验收时特别要重视所提供的技术资料能否胜任完成各修理级别规定维修工作的信息。

5. 计算机资源保障

这一要素既涉及装备的嵌入式计算机系统，也涉及自动测试设备。主要评价硬件的适用性和软件程序（包括机内测试软件程序）的准确性、文档的完备性与维护的简易性。

6. 保障资源的部署性评价

保障资源的部署性分析可采用标准度量单位，如标准集装箱数量、标准火车车皮数量、某型运输机数量等，通过各种可移动的保障资源（人力人员资源除外）的总质量和总体积转化计算得到。还可以进一步按修理级别或维修站点分别计算，总之只要保障方案中描述的保障资源的数据信息足够，则保障资源的部署性分析相对容易些。

通过部署性评价，可以宏观上比较新研制装备保障规模的大小，从中找出薄弱环节，进一步改进装备或保障资源的规划与设计工作。

（二）保障活动评价

可以按照自底向上的层次实施保障活动的试验，根据试验结果对保障活动进行评价。然而，由于保障活动繁多，流程复杂，因此，在实际工作中往往选择重要的保障事件进行实测评价，而其他保障活动的评价则采用估算的方法进行。如对于军用飞机，再次出动准备事件和发动机拆装事件就是两个非常典型的关键保障活动，一般采用现场实测方式进行。再如，装备的包装、装卸和运输事件也可以进行实际的测试。

这些实际测试可在虚拟样机、工程样机和实际装备上进行，以发现并鉴别装备（设备）设计和保障流程的设计缺陷，以及保障设备、保障设施、技术资料、人力人员等保障资源与装备的适用和匹配程度。

通过评价可以得出每一项保障活动的时间，实施每一项活动所需保障设备、备件的种类和数量、人力人员数量及其技术等级要求等结果。

（三）装备系统保障性仿真评价

装备及其保障系统之间以及它们内部各组成部分之间存在着复杂的相互影响关系。在许多情况下，很难建立求解这些复杂关系的解析模型，这时就需要借助系统建模与仿真方法来解决相关问题，并在此基础上进行系统评价。

保障性仿真与评价就是依照装备的构成结构、设计特性、保障方案组成结构及其各种资源要素特性，通过描述装备与保障系统及其内部各要素之间的逻辑关系建立起装备系统的保障性模型，借助于计算机试验，模拟装备的使用过程和维修过程，收集相关试验数据，对各种运行数据进行统计分析，再对装备系统保障性进行评价。主要过程如下：

①装备任务执行过程；

②装备预防性维修过程；

③装备故障过程；

④修复性维修过程；

⑤保障资源使用和供应过程。

根据仿真运行结果对装备系统的保障性进行评价，评价参数主要包括战备完好性参数和任务持续性参数。

通过分析找出装备系统保障性设计的薄弱环节，进而改进装备保障性设计，减少装备系统寿命周期使用和维护代价，提高装备系统的战备完好性和任务持续性。

四、测试性评价

测试性指标评价就是根据装备测试性相关信息，包括试验数据和先验信息等，利用概率统计方法确定装备的测试性指标（如故障检测率 FDR、故障隔离率 FIR 等）量值。评价结果的形式可以为点估计、置信下限估计、置信区间估计等。

测试性好的产品主要表现在以下几个方面：

①具有良好的自我诊断能力，能自我监测工作状况，指示和隔离故障，自动报警；

②便于维修或使用人员对其进行检查和维修；

③与 ETE、ATE 之间具有良好的兼容性，接口简单，便于使用这些设备进行检测。

对于电子类产品，典型的测试性指标为：

①对于 BIT，FDR 为 90% ~ 95%，FIR 为 90% ~ 95%（当要求隔离到 1 个 LRU 时），FAR 为 2% ~ 5%；

②对于自动测试设备（ATE），FDR 为 90% ~ 98%，FIR 为 85% ~ 95%（当要求隔离到 1 个 SRU 时）；

③对于所有检测手段（包括 BIT、ATE、人工检测等），FDR 为 100%，FIR 为 100%。

测试性指标评价可以在装备研制的任一阶段进行，既可以是研制阶段的测试性预计，也可以是鉴定定型阶段和外场使用阶段基于试验数据的统计评估。测试性指标评价方法主要包括基于概率信息的指标评价方法、基于试验数据的指标评价方法、测试性综合评价方法等。

（一）基于概率信息的指标评价方法

最典型的基于概率信息的指标评价方法即测试性预计，其目的是估计产品

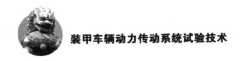

的测试性水平是否能满足规定的测试性定量要求。

基于概率信息的测试性指标评价一般是先建立描述故障－测试逻辑相关关系的布尔矩阵，然后通过经验确定测试检测/隔离故障的概率信息，形成故障－测试概率矩阵，据此通过一定的诊断逻辑得到 FDR/FIR 的预计值。然而该方法中，故障－测试间逻辑关系被简化，仅通过假设和经验确定概率信息，未考虑测试不确定性和环境因素等，使预计结果可能与真值出现严重偏差，该方法只适用于设计阶段，不能用于测试性验证阶段。

（二）　基于试验数据的指标评价方法

国内外经典的测试性指标统计分析一般是在大样本或较大样本的前提下进行的，这与前面综述的故障样本选取方法一致。目前常用的测试性指标评估形式主要有：点估计、二项分布或正态分布下的置信区间估计、置信下限估计等。

若得到的故障检测/隔离数据量充足，当然可以利用经典的统计方法评估装备的 FDR/FIR。但目前在工程上面临的问题是，一方面故障注入试验是有损性甚至破坏性试验，并且由于封装造成的物理位置限制，导致许多故障模式不能模拟注入，同时受试验费用的限制，在装备上注入大量的故障是比较困难的；另一方面，对于新研制的装备，开始研制的数量少，装备的采办对装备的可靠性要求高，同时高性能容错系统在武器装备中的应用，受外场使用周期的限制，要获得大量的故障检测/隔离数据是很困难的。由于用于评估的信息较少，基于经典的统计方法得到的 FDR/FIR 评估结论精度和置信度较低。

（三）　测试性综合评价方法

进行测试性指标评价的根本目标是要给出装备或系统尽量接近真实值的、反映研制水平的统计指标。因此，解决"小子样"测试性指标评估问题的根本途径是扩大信息量，充分运用与测试性相关的所有信息，建立能将不同类型信息融合的模型，然后评价装备测试性指标，称其为测试性指标综合评价。

|6.2　试验数据的处理与管理|

6.2.1　试验数据处理的基本方法

在试验中存在诸多不可控因素，使得试验测量值 y 与真实值 μ 之间存在偏

差 $\varepsilon = y - \mu$，偏差 ε 称为试验误差，简称为无偿。试验误差是不可避免的，呈现随机性的特点。若无特殊情况出现，随机误差通常服从均值为 0、方差为 σ^2 的正态分布。完全消除误差是不可能的，但可以通过运用合适的数据处理方法或其他相关的技术与手段减少误差，如增加试验次数、选择相对稳定的试验环境等。

装甲车辆动力传动系统试验中，由于测试对象、试验条件等固有的不确定性以及试验结果与预期可能存在较大的偏离，科学的数据处理是该过程中必须开展的工作。

我们在试验过程中获取的数据，必须经过科学的分析和处理，才能提示各物理量之间的关系。我们把从获得原始数据起到得出结论为止的加工过程称为数据处理。数据处理贯穿试验的全过程，包括数据记录、整理、计算、作图、分析等方面，涉及数据运算的处理方法。

常用的试验数据的处理方法有很多，如列表法、图示法、图解法、逐差法和最小二乘线性拟合法等，关于数据处理理论和方法方面的书籍很多，这里主要对常用的图示法和数据的模型化做简要介绍。

一、图示法

图示法就是用图像来表示数据变化规律的一种试验数据处理方法。一般地，一个变化规律可以用三种方式来表述：文字表述、解析函数关系表述、图像表示。图示法处理数据的优点是能够直观、形象地显示各个物理量之间的数量关系，便于比较分析。一条图线上可以有无数组数据，可以方便地进行内插和外推，特别是对那些尚未找到解析函数表达式的试验结果，可以依据图示法所画出的图线寻找到相应的经验公式。因此图示法是处理试验数据的很好选择。

使用图示法表述试验数据规律的一般过程包括确定合适的坐标分度和标记、描点、连线、注解和说明等。

对于动力传动系统试验来讲，新设计的动力传动系统只有理论的计算值，实测的数据在整机技术状态固化前都是不确定的，因此，最初的试验数据使用图示法表述动力传动系统的属性规律，比对与理论设计的吻合程度，是非常适宜的一种数据处理方法。

二、数据的模型化

简单地说，模型化就是将试验中获取的一组测量值，拟合成一个与可调参数相关的模型。这种模型有时仅是一种简单函数，如多项式或高斯函数，通过拟合，提供了恰当的系数。模型化也可用作一种满足约束条件的内插值，在此要把几个数据点扩展成一个连续的函数，而且具有此函数应该看起来像一个什么模样的基本思想。

对于动力传动系统试验来讲，进行数据的模型化处理，实现设计特性与试验数据的科学比对或指导设计参数的调整是试验的目的所在。关于数据的模型化理论和方法有大量的算法可实现，如作为最大似然估计的最小二乘法、直线拟合、通用的线性最小二乘法、稳健估计等，这里主要介绍数据的直线拟合、稳健估计等。

（一）数据的直线拟合

显而易见，直线拟合是考虑将一套 N 个数据点 (x, y) 拟合为一条直线模型的问题

$$y(x) = y(x; a, b) = a + bx \qquad (6-44)$$

这个问题通常称为"线性回归"。我们假设与每个测量值 y_i 有关的不确定量 σ_i 是已知的，并且 x_i 系列值（非独立定量的值）也确切地知道。根据 χ^2 拟合的理论，使下式

$$\chi^2 = \sum_{i=1}^{N} \left[\frac{y_i - y(x_i, a_1, a_2, \cdots, a_M)}{\sigma_i} \right]^2$$

最小化得到的最大似然估计叫作 χ^2 法。为了测试模型与数据拟合的吻合度，可利用 χ^2 最佳函数，此时为：

$$\chi^2(a, b) = \sum_{i=1}^{N} \left(\frac{y_i - a - bx_i}{\sigma_i} \right)^2 \qquad (6-45)$$

如果测量误差为正态分布，那么这个最佳函数将给出 a 和 b 的最大似然参数估计；如果误差为非正态分布，那么就不是最大似然参数估计，但可能仍然具有实际意义。

使式（6-45）最小来确定 a 和 b，在最小值处，$\chi^2(a, b)$ 对于 a、b 的导数分别为 0。即

$$0 = \frac{\partial \chi^2}{\partial a} = -2 \sum_{i=1}^{N} \frac{y_i - a - bx_i}{\sigma_i^2} \qquad (6-46)$$

$$0 = \frac{\partial \chi^2}{\partial b} = -2 \sum_{i=1}^{N} \frac{x_i(y_i - a - bx_i)}{\sigma_i^2} \qquad (6-47)$$

如果定义下列和的形式，那么上述方程可以再写成一种简要形式，即

$$\begin{cases} S \equiv \sum_{i=1}^{N} \frac{1}{\sigma_i^2} \\ S_x \equiv \sum_{i=1}^{N} \frac{x_i}{\sigma_i^2}, \quad S_y \equiv \sum_{i=1}^{N} \frac{y_i}{\sigma_i^2}, \\ S_{xx} \equiv \sum_{i=1}^{N} \frac{x_i^2}{\sigma_i^2}, \quad S_{xy} \equiv \sum_{i=1}^{N} \frac{x_i y_i}{\sigma_i^2} \end{cases} \quad (6-48)$$

在上述定义的条件下，式（6-47）变为

$$aS + bS_x = S_y \quad (6-49)$$

$$aS_x + bS_{xx} = S_{xy} \quad (6-50)$$

通过这两个方程求两个未知量解的计算为：

$$\Delta \equiv SS_{xx} - (S_x)^2$$

$$\begin{cases} a = \dfrac{S_{xx}S_y - S_x S_{xy}}{\Delta} \\ b = \dfrac{SS_{xy} - S_x S_y}{\Delta} \end{cases} \quad (6-51)$$

方程（6-51）给出了最佳拟合模型参数 a 和 b 的解。

我们还需要估计出在估计 a 和 b 中的可能不确定量。显然因为数据的测量误差在确定那些参数时定会引进某一不确定值。如果数据是独立的，那么每个数据就将自己的一点不确定量分配给参数。误差传递的条件表明任一函数值 f 的变量 σ_i^2 将变为：

$$\sigma_f^2 = \sum_{i=1}^{N} \sigma_i^2 \left(\frac{\partial f}{\partial y_i} \right) \quad (6-52)$$

对于直线，a 和 b 关于 y_i 的导数可直接从解中求出：

$$\frac{\partial a}{\partial y_i} = \frac{S_{xx}S_y - S_x x_i}{\sigma_i^2 \Delta}$$

$$\frac{\partial b}{\partial y_i} = \frac{S x_i - S_x}{\sigma_i^2 \Delta}$$

将式（6-52）中所有的点相加，则有

$$\begin{cases} \sigma_a^2 = \dfrac{S_{xx}}{\Delta} \\ \sigma_b^2 = \dfrac{S}{\Delta} \end{cases}$$

上式即为在估计 a 和 b 时的变量。还有就是 a 和 b 的相关变量，表示为

$$\text{Cov}(a, b) = -S/\Delta \quad (6-53)$$

a 和 b 中的不确定量的相关关系是介于 ± 1 之间，从式（6-53）得到下式

$$r_{ab} = \frac{-S_x}{\sqrt{SS_{xx}}} \qquad (6-54)$$

r_{ab} 为正值时表示 a 和 b 的误差可能为相同符号，而负值表示它们是反相关的，可能符号相反。

接着，必须估计数据到模型的拟合优化度。因为没有这个估计，我们一点也没有表明模型中参数 a 和 b 的意义。χ^2 法有时会发生与式（6-45）一样无法接受的概率 Q 值为

$$Q = \text{gamm } q\left(\frac{N-2}{2}, \frac{\chi^2}{2}\right) \qquad (6-55)$$

这里的 gamm q 是文献《科学计算的技巧与程序库》6.2 节中不完全 gamma 函数 $Q(a,x)$。若果 Q 值大于 0.1，那么拟合优化度是可信的；如果 Q 值大于 0.001，并且误差是非正态分布评定或者是适度低估的，那么拟合优化度是可接受的；如果 Q 值小于 0.001，那么确实对模型和（或）估计过程表示怀疑。

如果不知道各个点 S_i 的测量误差，可以采用误差理论估计这些误差。关于估计参数 a 和 b 的可能的不确定值的方法如下：

设式（6-48）所有方程中的 $\sigma_i = 1$，由方程得到 σ_a 和 σ_b 与另外一个因子 $\sqrt{\chi^2/(N-2)}$ 相乘，其中 χ^2 是用拟合参数 a 和 b 由式（6-51）计算得到的。如上述讨论，这个方法相当于建设拟合优化度优良，因此得到非独立拟合优化度的概率 Q。

（二）稳健估计

"稳健"这一术语是 G. EP. Box 在 1953 年写的《统计学》中引进的。对于一般的统计估计者，表示"对于估计者最优化的立项假设条件的微小偏离不敏感"。"微小"一词有两种解释，均很重要；或者是所有点部分都有小偏离，或者是对少部分数据点的部分有大偏离。就是这后种解释，导出局外点的说法，一般对统计过程是很重要的。

统计学家已经发展了多种稳健统计估计方法。很多能归到下列三类中的某一类。

①M - 估计是根据最大似然讨论得来的，是模型拟合最恰当的一种，也就是参数的估计。

②L - 估计是"顺序统计量的线性"。这些估计是最适用于中心值估计和中心倾向估计的，尽管它也偶尔用于老参数估计的某些问题上，两个"典型"的 L - 估计将给出一般四项，它们是：中值和 Tukey 的三平均——由一个分布

的四分点的第一、第二、第三点的加权平均值来定义，权数分别为 1/4、1/2 和 1/4。

③R－估计是基于秩检测的估计。例如，两种分布是否相等可由计算两个分布的一个组合样品中分布的平均秩的 Wilcoxon 检测来估计。如果不是由形式定义的，Kolmogorov－Smirnov 统计和 Spearman 秩一级相关关系实质上是 R－估计。

从最优控制领域和滤波领域得来的而不是从数理统计得来的一些其他类型的稳健技术可以从相关文献中获得。适于稳健统计方法的一些示例如图 6－7 所示。

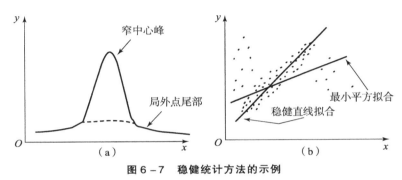

图 6－7　稳健统计方法的示例

图 6－7（a）是具有一个尾部稳健外点的一维分布：这些局外点中的统计振荡能妨碍中心峰值的准确确定。图 6－7（b）是在二维中拟合一直线的分布，非稳健技术如最小二乘法拟合对局外点没有所希望的敏感度。关于稳健估计的详细阐述超出了本书讨论的范畴，感兴趣的读者可参阅相关文献资料。

6.2.2　试验数据管理

试验数据是指试验活动中使用和形成的各类数据以及模型、软件等衍生品，是试验活动的记录与反映，是评估试验活动和被试品性能的依据，并对装备生产、操作使用、改进、保障等各项活动都具有重要的参考、利用价值。本章在介绍装甲车辆试验数据的分类及特点基础上，阐述试验数据处理的要求和原则、试验数据处理的基本方法和试验数据管理的基础。

一、试验数据的分类及特点

（一）试验数据的分类

装甲车辆动力传动数据来源广泛，数据量大，有多种维度、不同的分类方法。按试验类型，试验数据可以分为仿真试验数据、半实物（台架）试验数据、实车试验数据；按具体数据类目，试验数据可以分为设计输入数据、设计计算数据、测试测量数据、分析评估数据和基础保障数据等；按数据形式，可以分为数字、文字、图表、图像、声音和视频等；按试验数据产生的先后或加工深度划分，可分为零次数据、一次数据和二次数据等；根据试验数据产生的阶段，可分为原始数据、中间数据和结果数据等。

如果从纯粹的测量数据来讲，可分为确定性和非确定性试验数据两种。确定性数据可以用确定的数据关系式描述；非确定性数据描述一个随机过程，无法用确定的数据关系式表示，因此也称为随机数据或随机信号。它们又可细分，如图 6 – 8 所示。

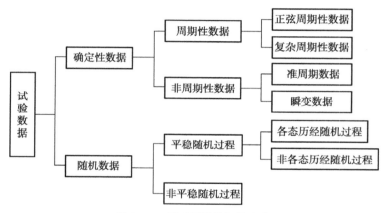

图 6 – 8 试验测量数据的分类

（二）试验数据的特点

装甲车辆动力传动数据，除了具有一般数据的客观性、不对称性、资源性等通用性特点外，还具有以下特点。

1. 复杂多样性

随着科技进步的发展，动力传动系统技术含量不断提高，带来了装备试验数据的复杂性，呈现多样性特点，包括数字、文字、图表、图像、声音和视频等。

2. 层次关联性

试验数据在逻辑上具有层次，针对装备、装备分系统、分系统各组成部分的使用性能、战技指标等不同层次的试验任务所产生的装备试验数据之间存在着层次关联性。

3．共享性

试验数据的共享性主要体现在三个方面：一是整个寿命周期不同阶段的考核评估对试验数据的共享需求；二是论证、研制、管理、使用和保障部门试验数据的共享需求；三是不同装备相互之间对试验数据的共享需求。

4．真实性

试验活动的客观性和严谨性，必然要求试验数据能够真实反映装备战术技术性能及试验活动，进而得出客观有效的试验评估结论。

5．保密性

新型系统往往代表了国家军队最新技术成果，某些战略性装备更是蕴含了国家军事战略意图，装备试验过程是对装备的全面检验，因此必须高度重视装备试验数据的保密性特点。

二、试验数据管理

（一）概述

装备试验数据管理是指对装备试验数据需求分析、获取与处理、储存、应用等的决策、计划、组织、领导、控制活动。

（1）装备试验数据需求分析。

装备试验数据需求分析阶段是装备试验数据生命周期的开始阶段，主要目的是完成装备试验数据的定义，明确所需数据的类型、精度、数量及数据获取要求。这一阶段中的主要活动包括通过对应用领域进行深入研究分析，制定出相应的装备试验数据标准，或基于成熟的数据标准，完成装备试验数据的定义，并通过具体的分析过程完成装备试验数据结构设计。

（2）装备试验数据获取与处理。

数据获取与处理阶段是装备试验数据的实际积累和完善的过程。数据获取与处理阶段的活动包括原始数据获取、数据预处理、数据规范化处理等具体活动。试验数据的收集处理一般是由试验数据采集组织部门完成的。在预处理阶段，各参试单位对本部门试验资料和数据进行分析和初步处理，以符合试验总体方案要求的内容和格式提交给试验总体部门，同时将原始数据存档。在规范化处理阶段，需要先进行误差修正、参数计算、审查数据完整性和符合性，然后综合分析数据的有效性和置信水平，必要时可调取原始数据进行复核查验。试验数据的处理主要包括实时处理（用于试验决策和安全控制）、事后处理（用于试验结果分析，分为快速、精细处理）。

（3）装备试验数据储存。

经过加工处理后的装备试验数据，需要进行分类储存（如通过计算机逻辑和相关的数学运算等处理，转存到磁带、磁盘、光盘等储存设备上，形成各类数据文件），以便于查询。只有把数据按照科学化、系统化、规范化的要求去储存，才能在更加广泛的范围内利用，并有利于数据资源的开发。

（4）装备试验数据应用。

试验数据应用是数据深加工的过程，也是数据价值的具体实现。数据应用阶段的活动可按照具体的技术特征细分为数据统计、数据挖掘、数据检索、数据集成、数据可视化等，这些活动实际上就是数据应用过程中所使用的不同技术手段。

试验数据为装备论证、使用、保障、改进升级等提供了基础支撑，也是其发挥作用的重要领域。相比而言，试验结果评定是试验数据最直接的用途，通过试验数据处理、管理、分析等手段，将试验采集的数据综合成性能参数等与装备性能直接联系的数据，并在充分考虑试验前数据和其他数据的基础上，评价装备的战术技术性能。

（二） 地位和作用

传统上，我们对动力传动系统的试验都是以单一目的为前提的，而且仅以当前的试验数据作为分析和解决问题的依据。随着动力传动系统技术向着高度集成化、复杂化的方向发展，以及对其高可靠性、测试性、维修性和保障性等的要求，实现从方案到整车定型全寿命周期和多源数据综合分析的跨越已是不可回避的现实，为达此目的，充分利用历史数据指导试验设计、辅助问题分析、提高技术水平是现实的需求，而开展动力传动系统数据管理的研究和系统建设是解决问题的关键点，因此，数据管理在动力传动系统的设计开发、问题分析等过程中占有不可替代的地位。

如前所述，无论是装备试验还是单独对动力传动系统试验来讲，都是一个获取试验数据的过程，由此可见，我们投入巨大的资源开展各类试验，从最终的目的来讲是评价被试对象的优劣，分析问题，改进设计，但实际上，我们所要开展的评价、分析、改进都是基于对试验数据的分析。良好的数据管理在提供数据存储平台的同时，更是为数据利用者提供了良好的使用环境，保证了试验数据是可发现的、可浏览的、可信的和可利用的。通过数据管理，改变了传统模式的数据管理和应用方式，使得任何一次试验的评价和分析更加科学与准确，在为试验数据管理提供数据的同时，也充分利用历史数据或相关过程数据参与试验设计、评价和分析，对于实现贯穿需求、设计、开发、验证、试验、鉴定、定型全寿命周期的试验模式的重塑，具有重要的作用意义。

（三）动力传动系统试验数据管理

1. 主要功能

（1）对动力传动系统一体化综合试验所涉及的受试装备进行管理。

（2）集中管理台架和实车试验相关的典型试验方法、标准文件。

（3）集中管理试验项目。建立试验项目库，按照试验项目分类逐级管理详细信息、试验参数以及对应限值。

（4）综合管理试验数据。建立集成各阶段、各类型试验、不同数据来源的试验数据，将导入系统的数据包细化为数据树，并能够对试验数据进行基础的规范化处理。

（5）提供试验数据处理功能。通过数据管理功能，将试验数据实测值和限值进行对比判读，实现超限预警；同时应能够支持常见逻辑计算方法、图表曲线绘制、试验数据回放。

（6）评价模型管理功能。在系统中嵌入性能指标的通用评价模型，支持自定义评价模型，能够进行单次的试验评价和多次试验的综合评价。

（7）自动生成评价报告功能。能够调用试验原始数据、计算结果、图表曲线、评价结论等信息，按照预设模板自动生成试验评价报告。

2. 数据管理系统的基本组成模块

（1）试验装备管理。

能够集中管理台架和实车试验中的试验装备（包括坦克、装甲车、输送车等地面车辆）和管理信息（包括种类、型号、类别、编号、核心部件、生产厂家以及额定参数）。实现试验装备信息与试验项目库关联，在试验项目库中能够直接调用试验装备信息；在试验装备信息列表中，选择某个试验装备能够对应查看该装备的已经完成的试验项目。

（2）试验方法和标准管理。

系统能够按照以上试验项目类别，分类管理试验方法和标准文件。每个试验项目信息中，能够选择查看所对应的方法和文件，为用户提供技术指导和操作依据。

例如，在柴油机台架试验项目中，具有权限人员应能够在系统中打开和查看 GJB 5464—2005《装甲车辆柴油机台架试验》。

（3）试验项目库。

①试验项目信息。

试验项目的管理分为两大类：台架试验和实车试验。其中台架试验和实车试验所包含的试验项目有五个大类：高原环境起步性能试验、动力传动系统热平衡试验、动力传动系统台架耐久性试验、自动挡换挡特性试验、变矩器失速点测定。

五个试验项目大类分别包含多试验项目小类，如动力传动系统台架耐久性试验包括变矩器试验、变速箱试验、惯性模拟试验等。该功能模块能够管理试验项目的详细信息，包括试验类型、试验装备、试验时间、试验方法标准、试验结论等。

②试验参数与限值。

按照试验项目的分类，集中管理试验过程中所产生的各类参数及其上下限值，建立试验参数及限值对应的数据表。对于重要和关键参数，用户查看参数或用于评价时，能够利用参数的上下限和实测值实现超限预警。

项目限值管理能够预先设定和录入参数的上下限，包括点值、曲线、直线、折线等类型，对试验数据进行判读、识别和故障报警。

（4）试验数据库。

①试验数据包。

对导入系统的试验数据包信息进行分类存储和管理，试验数据包分为通用参数、台架试验参数、实车试验参数、故障参数、维修保养参数共五大类。

通用参数包括试验装备、试验方法、试验数据来源、试验类型、试验环境参数、温度、场地描述、负责人等信息；

台架试验参数是指试验装备在台架试验过程中产生的试验数据，以每秒为单位进行采集，数据量大；

实车试验参数是指试验装备在实车试验过程中产生的试验数据，以每秒为单位进行采集，数据量大；

故障参数是指在试验过程中试验装备出现故障、停机时所记录的状态参数；

维修保养参数是指定期对试验装备进行维护维修时所记录的状态参数，该类数据多数情况下需要用户手动录入和确认。

②试验数据树。

对试验数据库内的数据进行分类管理，大类别可分为台架试验数据和实车试验数据，或者将日期时间、试验装备、试验项目作为大类别；台架试验数据和实车试验数据又分别包含动力装置试验数据、传动装置试验数据和辅助系统试验数据。以此类推，以大类别再分级成小类别、小类别再分级为多个参数的方式，建立树形结构目录，能够以试验数据树形式进行展示。

试验数据树能够以多种维度和数据分类方式进行展示，便于用户浏览、查看或选用数据。用户能够任意勾选需要统计和对比的几个参数，界面可显示这几个参数的数值对比列表、统计图表等。

③试验数据导入。

系统能够识别和解码多种文件格式和多种数据类型，如 HTML、CVS、TXT、Excel 等；能够利用系统的数据协议接收和识别文件，并能够保证试验数据的完整性和保密性。

数据导入介质应能够支持多用形式，包括涉密优盘、光盘、传输协议等。

④试验数据转换。

系统对于导入系统的试验数据应进行基础的格式转换和处理，如清除错误和不必要的数据点、将十进制格式转为十六进制、将原数据转换为对数格式、将秒级的数据转化为毫秒级的数据；同时，能够对转化后的数据检查错误和判读。

（5）试验数据处理。

①数据超限判读。

对于在某个试验标准下某种试验方法进行试验的装备，对应某个试验项目下包含多个参数，每个参数能够对应标准均具有上下限要求。用户能够调用和加载该参数对应该试验项目的上下限，在系统配置中能够设定关键数值的区间，与该参数的实测值进行每个数据点的对比，识别超限数据点并高亮标示或者报警，能够自动提醒用户进行标记和修正。

例如，装甲突击车的台架试验过程中，所产生的某个动力装置性能数据耗油率，按照 GJB 5464—2005《装甲车辆柴油机台架试验》的标准，在该试验项目中某个额定速度下耗油率不应超过 0.65 kg/（10 N·h），低于 0.3 kg/（10 N·h）时易出现故障。对该耗油率数据处理时，用户可调用耗油率的限制区间 [0.65，0.3]，对超限的数据进行预警。

②试验数据计算。

对试验数据库中的各类数据，系统应能够提供常用的逻辑分析与计算功能，如平均值、极值、方差方根、计次计时计数，在系统中嵌入试验数据处理组件，自动带入台架和实车的原始数据、过程数据、测试值等，显示计算与分析结果。

对某个试验参数计算平均值，如计算油耗数据得到平均油耗值；能够对耗油率、速度和压力等参数进行加权综合算法，得到压比油耗；其他数据计算得到最长里程、最大功率、平均油耗、换挡次数等。

③试验数据图表绘制。

能够在试验数据树中勾选和调用需要的数据，按照需求显示为对比表格和曲线图。系统生成的图表可用于导出、打印、报告生成。

获取的各种格式的试验数据提供多种常用的图形绘制功能，如时间历程曲线、$X-Y$曲线、过程中的数据曲线、曲面、柱状图、云图、极图、饼图、3D图形等在线分析绘图功能。

通过试验数据处理组件，对图形进行操作，包括试验点数据增加、修改、删除、标记，试验曲线放大、缩小、回放，打印，导出图片，多组数据比较，数据分析等功能。

④试验数据回放。

对于时序的试验数据，能够在本系统中显示为回放曲线，模拟试验过程中数据采集状态，便于用户直观查看故障数据点和关键试验时间。数据回放曲线支持缩放、快进后退、定点查看等功能。

例如，轻型坦克在台架试验的耐久性试验中，以秒为单位采集了发动机转速数据，该试验项目的数据包导入系统后，用户可以使用试验数据回放功能将转速数据进行连续播放，形成模拟曲线。

（6）试验评价体系。

①试验评价类别。

试验评价体系包含动力传动舱指标体系（包含环境试验性指标、可靠性可维修性指标、传动舱基本性能指标等）、动力装置指标体系、传动装置指标体系、动力传动装置的匹配特性等。

②单次试验评价及综合评价。

系统能够对单次的台架或实车试验进行单次评价，也能够对多次台架或实车试验进行综合评价。按照评分模型，生成详细的评分表，显示分项得分表和综合评分。

试验评价过程所使用的数据来源包括：加载和调用试验数据处理和计算结果、原数据、额定参数；如果某些数据没有处理，调用时可自动处理；需要手动即时填写的数据，系统支持人工录入数据。

③通用评价模型。

在系统中构建试验装备的评价体系，嵌入多个试验装备性能指标的评价算法或模型，引用算法所涉及参数的试验数据及计算值、系数，得到该性能指标的评价值。用户可调用该试验装备的该性能指标在该试验项目的上下限，当录入性能指标的计算结果超限时，能够自动提醒用户或得出不合格结论。

④自定义评价模型。

评价模型运算通过调用评价指标库的个别指标及其权重数据，同时，在类似的通用评分模型的计算公式基础上进行修改或者直接调用，实现对新的或特殊的试验参数进行计算和评价的功能。

例如，在对轻型坦克的动力装置的压比油耗评价时，系统没有压比油耗评价模型，可调用耗油率和压力等参数的评价模型，自定义压比油耗评价模型并保存到系统，以便后续试验评价可以直接使用。

（7）试验评价报告生成。

①试验报告出具。

试验完成后，系统获取到该试验项目所有的试验信息和出具报告的类型与份数，根据设置的报告模板自动生成试验评价报告，如装甲装备可靠性增长试验动力装置系统评价报告。

对本系统生成的文件，按照设定的命名规则，在每个文件的封面生成条码，并在系统中提供该文档条码实现扫描查询的功能。

②报告模块配置。

对系统中需要的文档模板进行配置，提供 Word、Excel 或 PDF 等多种格式的生成方式。对模板中需要的元素类型如图片、表格、文本、目录、页眉页脚等，固定元素的录入和引用元素，提供灵活配置，通过生成组件，调用配置模板来生成要求样式的文件。在原有文件格式发生变动时，也可以方便地调整文档模板格式来实现最终文档格式的变化。

③数据字典。

维护系统中使用到的常用类型字段，如试验类型（1、2、3）、试验种类（1、2、3、4）等，供其他模块调用。

本系统数据类型包括动力系统、传动系统、辅助系统的温度、压力、振动、噪声、扭矩、转矩、转速、耗油率，等等。

6.3 综合性能评价

在装甲车辆研制过程中，一般都是先分别进行动力与传动系统的研究，各自达到规定的性能指标后再进行匹配，结果是尽管各个子系统的性能都比较先进，但动力传动系统整体性能却往往达不到最好。动力传动系统自身的复杂性以及与车辆之间的匹配特性会通过各种性能参数、工作参数、使用参数和过程参数等反映出来，由于其表征参数繁多复杂，并且使用过程中受多方面因素的影响，因此用单一指标对其性能进行评价无法达到预期的目的。例如，用发动机功率来替代动力传动系统的综合水平是不准确也不恰当的。

目前，对车辆各方面性能都有单独的评定方法与指标，但缺少动力传动系统整体性能的评价方法与指标，因此，有必要对其进行综合评价，它不仅仅填补了动力及传动试验中尚未形成系统综合具有普遍意义综合分析和评定方法、软硬件相结合的空白，同时也为机动平台一体化、集成化的动力传动系统的论证、设计、研制、试验和评估提供理论依据。另外，由于动力传动系统的综合性能从优到劣并不是截然分开的，是存在过渡的，而模糊评判能通过对模糊集合的运算实现对模糊类的划分。因此，可采用模糊模式识别的方法来评价其整体综合性能。

6.3.1　综合性能评价的总体思路

模糊评判是建立在模糊集合的基础上的，通过对模糊集合的运算实现对模糊类的划分。模糊集的定义为：

在域 X 上的一模糊集 A 是指对任何 $x \in X$ 都有一个数 $\mu_{A(x)} \in [0,1]$ 与之对应，即指的是映射：

$$\mu_A : X \rightarrow [0,1] \qquad x \rightarrow \mu_{A(x)}$$

映射 μ_A 称为 A 的隶属函数，$\mu_{A(x)}$ 称为 x 属于模糊子集 A 的隶属程度，简称模糊集。

模糊识别算法可叙述为：假设有 n 个模糊集 A_1，A_2，$\cdots$，A_n（代表 n 种类型），当一个识别算法作用于对象 μ 时，就产生隶属度 $\mu_{A,(\mu)}$，表示对象 μ 属于集合 A_i 的程度。如果一个识别算法的清晰描述已经给出，这个算法称为明确的；如果算法没有清晰描述，这种算法称为不明确的。人们通常是通过不明确的算法直接对对象 μ 进行识别，而模式识别则是将一个不明确的算法转换为一个明确的算法，从对对象本身的识别转换为对它的模式进行识别。动力传动系统综合评价总体思路如图 6 – 9 所示。

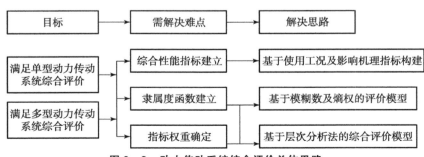

图 6 – 9　动力传动系统综合评价总体思路

由于动力传动系统涉及指标繁多，因此，其综合评价模型的建立主要解决以下几个方面的问题：

（1）动力传动系统评价指标体系的构建。

（2）评价模型的建立。动力传动综合性能评价要满足单型动力传动系统的综合评价，同时还要满足多型系统的对比评价，用一种模型显然不能同时兼顾，考虑到单型动力传动系统各指标的隶属函数需在模糊集合中进行归类划分，采用模糊数方法对其综合性能进行评价。而对于多型动力传动系统，现比较成熟的方法为层次分析法，因此，采用层次分析法进行对比评价。

（3）指标隶属函数的确立。由于评价指标包括定量和定性指标，对于定量指标，采用分段隶属度函数进行确立，而对于定性指标，由于要将模糊数明晰化，采用基于梯形模糊数方法进行确立。

（4）权重的计算。权重计算主要有两大类，一是主观法，通常包括专家打分法、环比法等；二是客观法，比较常用的是"熵值法"计算。主观法是建立在人为经验判断的基础上，与决策思维较为相符；客观法是以数据自身信息特征为基础，较为真实客观。

6.3.2　综合性能评价模型建立

一、单型动力传动系统综合评价模型

在总体思路中已经提过，对于单型动力传动系统的评价需要解决的主要问题在于，如何确定动力传动系统的评语集。通常单一系统的评价所采用的是，依据指标的数值以线性加权的方式，计算出一个量化指标，这个值经过一定的归一化处理后，通常处于 0 ~ 1 中间，由于对于其评价集一般无法给定，因此，这个值所代表的意义通常无法给出。举个例子，如某 12 缸发动机计算得出综合评价为 0.618，并不能明确说明其是优、是良、还是刚刚及格。

为了解决这个问题，借鉴多属性决策方法的思想，采用模糊数确定评语集。

在模糊多属性决策问题中，用经过明晰化的模糊数描述评语，用熵值法求取不同指标的客观权重，用线性加权法计算不同评价对象的综合评价值。在一级熵权模糊综合评价的基础上，采用线性加权法计算高一层级综合评价值。

一级熵权模糊综合评价法计算模型如下：

（1）确定因素集。

因素集是影响评价对象的各因素组成的集合，也就是评价指标的集合，用 U 表示。若有 n 个评价指标，则因素集为

$$U = [u_1, u_2, u_3, \cdots, u_n]$$

（2）确定评价集。

评价集是由不同因素评语等级组成的集合，用 V 表示。若第 n 个评价指标有 k 个评语，则对应的评价集为

$$V_n = [v_{n1}, v_{n2}, v_{n3}, \cdots, v_{nk}]$$

（3）确定评语对应的模糊数并将其明晰化。

按照不同评语等级的特点及其与相邻评语之间的模糊关系确定评语对应的模糊数。本节所采用梯形模糊数 $A = (a, b, c, d)$ 的特征参数 a、b、c、d 的取值范围为 $0 \leqslant a \leqslant b \leqslant c \leqslant d \leqslant 1$。将模糊数转化为明晰数。

（4）构造初始决策矩阵 H：

$$H = h_{ij}(i = 1, 2, \cdots, m; j = 1, 2, \cdots, n)$$

式中，h_{ij} 表示第 i 个评价对象在第 j 个属性下评价等级的取值，该数值取对应模糊数的明晰值。

（5）决策矩阵规范化。

初始决策矩阵中，不同指标的取值一般会存在变化范围不同的问题，可根据下式对决策矩阵进行规范化处理，得出规范化矩阵 R。

$$r_{ij} = \frac{h_{ij}}{\sqrt{\sum\limits_{i=1}^{m} h_{ij}^2}}(i = 1, 2, \cdots, m; j = 1, 2, \cdots, n)$$

（6）确定各因素权重集。

在进行综合评价时，不同因素的地位不尽相同，需要对各因素进行加权。不同因素权重的集合组成权重集，即

$$W = (\omega_1, \omega_2, \omega_3, \cdots, \omega_n)$$

其中，$\sum\limits_{i=1}^{n} \omega_i = 1$，$0 \leqslant \omega_i \leqslant 1$，$\omega_i$ 表示因素 u_i 在综合评价时影响程度的度量。

为避免人为因素的影响，采用熵值法计算不同因素 u_i 的客观权重 ω_i。

（7）综合评价值的计算和评价。

采用线性加权法，将权重集 W 与规范化决策矩阵 R 按 $M(\cdot, +)$ 模型进行计算，可得到不同评价对象的综合评价值。计算公式如下式所示。

$$B = W \circ R = [b_1, b_2, b_3, \cdots, b_m]$$

其中，

$$b_i = \sum\limits_{j=1}^{n} \omega_j r_{ij}(i = 1, 2, 3, \cdots, m)$$

式中，b_i 为第 i 个评价对象的综合评价值。b_i 值越大，其综合评价值越大。

二、多型动力传动系统对比评价模型

AHP（The Analytic Hierarchy Process，层次分析法）是美国学者 T. L. Satty

在 20 世纪 70 年代中期首次提出的。1982 年传入我国后，在很多的领域中都得到了广泛的应用。AHP 法能够有效地处理难以用定量方法来分析的复杂问题。它具有实用性、系统性和简洁性等优点，很好地弥补了以往评价方法在处理定性问题上的不足，使评价过程能够很好地与人的思维过程相拟合，从而更容易为人所掌握。因此，在进行多型动力传动系统的综合评价中采用 AHP 法，使人们对动力传动装置的综合性能评价能够较为正确地反映被评价动力传动装置的真正水平和做出正确的选择。

AHP 方法实质上是一种决策思维方法。它把复杂的决策或评价分解成若干层次，将各个层次又分解成若干个因素，将这些因素按照支配关系分组形成有序的递阶层次结构，通过两两对比判断的方法确定层次中诸个因素的相对重要性或各个方案的相对优化次序，然后综合人的判断。这一过程反映了决策思维的基本特征：分解、判断、综合，很好地体现了系统的层次性。AHP 方法的具体过程如图 6 – 10 所示。

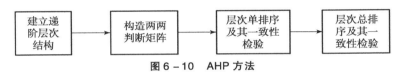

图 6 – 10 AHP 方法

①明确问题。

在分析问题时，首先要对问题有明确的认识，弄清楚问题的范围，了解问题所包含的因素，确定出各个因素之间的关联关系和隶属关系。这是一切后续工作的基础。

②递阶层次结构的建立。

根据对问题的分析和了解，将问题所包含的因素按照是否有某些特性将它们归纳成组，并把它们之间的共同特性看成是系统中新的层次中的一些因素，而这些因素本身也按照另外一组特性组合起来，形成另外更高层次的因素，直至最终形成单一的最高层次因素。这样即构成由最高层、若干中间层和最低层组合排列的层次分析结构模型，如图 6 – 11 所示。

③建立判断矩阵。

系统分析应以一定的信息为基础，层次分析法的信息来源主要是人们对于每一层次中各元素的相对重要性给出的判断。这些判断通过引入合适的标度用数值表述出来，写成两两比较矩阵。判断矩阵针对上一层次某元素，同一层次有关元素之间相对重要性的比较而得。假设上一层的某指标元素为 C_K，隶属于 C_K 的下一层指标元素分别为 A_1，A_2，$\cdots$，A_n，则相对于准则 C_K 的元素的判断矩阵的一般形式为 $A = (a_{ij}) n \times n$，见表 6 – 1。

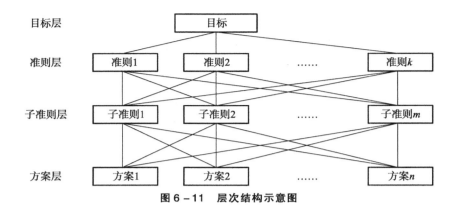

图 6 – 11　层次结构示意图

表 6 – 1　判断矩阵的一般形式

C_K	A_1	A_2	$\cdots$	A_n	$K_K(i)$	$H_K(i)$
A_1	a_{11}	a_{12}	$\cdots$	a_{1n}	$\sqrt[n]{\prod\limits_{j=1}^{n} a_{1j}}$	$\dfrac{K_K(1)}{\sum\limits_{i=1}^{n} K_K(i)}$
A_2	a_{21}	a_{22}	$\cdots$	a_{2n}	$\sqrt[n]{\prod\limits_{j=1}^{n} a_{2j}}$	$\dfrac{K_K(2)}{\sum\limits_{i=1}^{n} K_K(i)}$
$\vdots$	$\vdots$	$\vdots$	$\vdots$	$\vdots$	$\vdots$	$\vdots$
A_n	a_{n1}	a_{n2}	$\cdots$	a_{nn}	$\sqrt[n]{\prod\limits_{j=1}^{n} a_{nj}}$	$\dfrac{K_K(n)}{\sum\limits_{i=1}^{n} K_K(i)}$

其中，$K_K(i)$ 为矩阵各行元素乘积的 n 次根；$H_K(i)$ 是 $K_K(i)$ 的归一化值，也是矩阵行（或列）中所对应元素的单排序的权值；a_{ij} 表示对 C_K 而言，人们定性比较元素 A_i 对 A_j 的相对重要性的数值表示形式。两两比较矩阵的标度值 a_{ij} 可以是 1，2，$\cdots$，9 及其倒数，每个标度值的含义如表 6 – 2 所示。

表 6 – 2　判断矩阵的标度及含义

标度	含　义
1	A_i 与 A_j 相比，有相同的重要性
3	A_i 与 A_j 相比，A_i 比 A_j 稍微重要
5	A_i 与 A_j 相比，A_i 比 A_j 明显重要
7	A_i 与 A_j 相比，A_i 比 A_j 特别重要
9	A_i 与 A_j 相比，A_i 比 A_j 极端重要
倒数	经 A_i 与 A_j 比较得判断值 a_{ij}，则 A_i 与 A_j 比较的判断值为 $1/a_{ij}$

④层次单排序及其一致性检验。

判断矩阵是同一层次而言进行比较的评定数据，层次单排序就是把本层所有各元素对上一层次来说排出比较顺序，这就要在判断矩阵上进行计算，最常用的计算方法是和积法。为进行层次单排序的一致性检验，需要计算一致性指标 C_I。C_I 的计算公式为：

$$C_I = \frac{\lambda_{max} - n}{n - 1}$$

其中 n 为元素个数，λ_{max} 是比较矩阵的最大特征根。λ_{max} 计算公式为：

$$\lambda_{max} = \sum_{i=1}^{n} \frac{(CW)_i}{n\omega_i} \qquad (6-56)$$

其中 W 为特征向量，ω_i 为特征向量的第 i 个分量。

对于 1~15 阶判断矩阵，平均随机一致性指标 R_I 的值如表 6-3 所示。

表 6-3　平均随机一致性指标

矩阵阶数	1	2	3	4	5	6	7	8	9
R_I	0.00	0.00	0.514 9	0.893 1	1.118 5	1.249 4	1.345 0	1.420 0	1.461 6

当随机一致性比率 $C_R = \frac{C_I}{R_I} < 0.10$ 时，认为层次单排序的结果有满意的一致性，否则需要调整判断矩阵的元素取值。

⑤层次总排序及其一致性检验。

计算同一层所有元素对于最高层（即总目标）相对重要性的排序权值，称为层次总排序。这一过程是从最高层次到最低层次逐层进行的，若上一层次 A 包含 m 个因素 A_1，A_2，…，A_m，其层次总排序权值分别为 W_1，W_2，…，W_m；下一层次 B 包含 n 个因素 B_1，B_2，…，B_n，它们对于因素 A_j 的层次单排序权值分别为 $H_K(1)$，$H_K(2)$，…，$H_K(n)$（当 B_i 与 A_i 无联系时，取 $H_K(i) = 0$）；此时 B 层层次总排序权值 $Z_B(i)$ 由表 6-4 给出。

表 6-4　层次总排序权值表

	A_1	A_2	…	A_m	$Z_B(i)$
	W_1	W_2	…	W_m	
B_1	$H_1(1)$	$H_2(1)$	…	$H_m(1)$	$\sum\limits_{k=1}^{m} H_k(1) W_k$
B_2	$H_1(2)$	$H_2(2)$	…	$H_m(2)$	$\sum\limits_{k=1}^{m} H_k(2) W_k$

	A_1	A_2	$\cdots$	A_m	$Z_B(i)$
	W_1	W_2	$\cdots$	W_m	
$\vdots$	$\vdots$	$\vdots$	$\vdots$	$\vdots$	$\vdots$
B_m	$H_1(n)$	$H_2(n)$	$\cdots$	$H_m(n)$	$\sum\limits_{k=1}^{m} H_k(n) W_k$

层次总排序的一致性检验也是从高到低逐层进行的，如果 B 层某元素对于 A_j 单排序的一致性指标为 C_{Ij}，相对的随机一致性指标为 C_{Rj}，则 B 层总排序随机一致性比率为：

$$R_i = \frac{\sum\limits_{i=1}^{n} a_j C_{Ij}}{\sum\limits_{j=1}^{m} a_j C_{Rj}} \qquad (6-57)$$

类似的，当 $R_I < 0.10$ 时，认为层次总排序具有满意的一致性，否则重新调整判断元素的取值。

层次分析法的最终结果是得到相对于总的目标各个待评估方案的优先顺序权重，并给出这一组合排序权重所依据的整个递阶层次结构所有判断的总的一致性指标，据此可以得出评估的最终结论。

6.3.3 评价指标的构建

动力传动系统是装甲车辆的心脏，动力传动系统的好坏直接影响到地面车辆的性能。然而评价动力传动系统的好坏所涉及的性能参数多，参数之间的关系复杂，必须考虑到某些性能指标之间是相互影响、相互制约的。通过对于装甲车辆动力传动系统指标体系的深入研究和全面分析，根据具体使用要求，提出陆战地面动力传动系统综合评价指标的选取原则：

①能够显著代表某一方面的特性，即代表性原则；

②有足够的数据资料支持，即可信性原则；

③根据实际需要进行选取，即实用性原则；

④尽量选取关联度小的分性能，即独立性原则。

值得说明的是，虽然在综合评价模型上，一型动力传动系统与多型动力传动系统的评价模型有所区别，但所采用的评价指标一致。

6.3.4　隶属函数的确立

一、定量指标

指标数据标准化，就是用一定的方法将原始数据转化成量纲统一、同级、正向可加的标准数据（同级——统一各指标大小悬殊的原始数据的数量级；正向——将各类型的指标数据都转化成越大越好的极大型标准数据）。

（1）指标分类。

不同类型的指标数据转换的公式不同。指标大体上可分为极大型指标（数值越大越好的指标）和极小型指标（数值越小越好的指标）。

（2）数据标准化。

对于极大型指标，隶属函数为：

$$\mu_{ij} = \frac{d_{ij}}{M_j}, i = 1, 2, \cdots, m; j \in 极大型 \tag{6-58}$$

对于极小型指标，隶属函数为：

$$\mu_{ij} = 1 + \frac{m_j}{M_j} - \frac{d_{ij}}{M_j}, i = 1, 2, \cdots, m; j \in 极小型 \tag{6-59}$$

式中，m 为方案项；j 为指标项；d_{ij} 为原始数据；M_j 和 m_j 分别为第 j 项指标的最大值和最小值。

二、定性指标

将装甲车辆发动机的影响程度分为好、较好、一般、差四个等级。发动机环境适应性评价实质上就是将环境对发动机的影响程度按其程度大小的不同分别归入设定的相应技术等级中。

1. 主观权重计算方法

层次分析法中各指标的权重计算方法有两种，一是求方根法，二是和积法。

（1）方根法的计算步骤。

①计算判断矩阵每一行元素的乘积：

$$M_i = \prod_{j=1}^{n} b_{ij} \quad (i = 1, 2, \cdots, n)$$

②计算 M_i 的 n 次方根：

$$\overline{W}_i = \sqrt[n]{M_i} \quad (i = 1, 2, \cdots, n)$$

③将向量 $\overline{\boldsymbol{W}} = [\overline{W}_1, \overline{W}_2, \cdots, \overline{W}_n]^{\mathrm{T}}$ 归一化

$$W_i = \frac{\overline{W}_i}{\sum\limits_i^n \overline{W}_i} \quad (i = 1, 2, \cdots, n) \tag{6-60}$$

$\overline{\boldsymbol{W}} = [\overline{W}_1, \overline{W}_2, \cdots, \overline{W}_n]^{\mathrm{T}}$ 为所求的权重值。

④计算最大特征根：

$$\lambda_{\max} = \sum_{i=1}^{n} \frac{(AW)_i}{nW_i} \tag{6-61}$$

$(AW)_i$ 为向量的第 i 个分量。

（2）和积法的计算步骤。

①将判断矩阵每一列归一化：

$$\overline{b}_{ij} = \frac{b_{ij}}{\sum\limits_{j=k}^{n} b_{kj}} \quad (i = 1, 2, \cdots, n) \tag{6-62}$$

②对列归一化的判断矩阵，再按行求和：

$$\overline{W}_i = \sum_{j=1}^{n} \overline{b}_{ij} \quad (i = 1, 2, \cdots, n) \tag{6-63}$$

③将向量 $\overline{\boldsymbol{W}} = [\overline{W}_1, \overline{W}_2, \cdots, \overline{W}_n]^{\mathrm{T}}$ 归一化：

$$W_i = \frac{\overline{W}_i}{\sum\limits_{i=1}^{n} \overline{W}_i} \quad (i = 1, 2, \cdots, n) \tag{6-64}$$

$\overline{\boldsymbol{W}} = [\overline{W}_1, \overline{W}_2, \cdots, \overline{W}_n]^{\mathrm{T}}$ 为所求的权重值。

④计算最大特征根：

$$\lambda_{\max} = \sum_{i=1}^{n} \frac{(AW)_i}{nW_i} \tag{6-65}$$

$(AW)_i$ 为向量的第 i 个分量。

2. 客观权重计算方法

熵值法是根据各方案之间指标数据的差异程度来确定权重的方法。如各方案的某项指标数据相差越大，则其权重相差亦越大。其推算过程分为以下三步。

第一步，将标准数据 μ_{ij} 转化为比重值：

$$P_{ij} = \frac{\mu_{ij}}{\sum\limits_{j=1}^{m} \mu_{ij}} \quad (i = 1, 2, \cdots, m; j = 1, 2, \cdots, n) \tag{6-66}$$

第二步，计算各指标的熵值：

$$e_j = -k \sum_{i=1}^{m} P_{ij} \ln P_{ij} \quad (j = 1, 2, \cdots, n) \quad\quad (6-67)$$

式中，$k = \dfrac{1}{\ln m}$，$0 < e_j < 1$。

第三步，推算权重 W_j。

由上式可知，第 j 项指标的数据差异越小，e_j 则越大；相反，数据差异越大，e_j 越小。另一方面，如果第 j 项指标的数据差异大，表明对方案比较的作用就大，其权重应定得大一些；相反，权重则定得小一些。因此，权重与熵值应该是互补关系，即 $W'_j = 1 - e_j$，归一化得到

$$W_j = \frac{W'_j}{\sum\limits_{j=1}^{n} W'_j} \quad (j = 1, 2, \cdots, n) \quad\quad (6-68)$$

3. 综合赋权

主观赋权与客观赋权各有其优缺点。主观赋权概念清楚，简单易行，但受到主观因素的干扰；客观赋权推算严密，评价客观，但权重随着指标数据的变化而变化，失之稳定。因此，在确定权重时采用了综合赋权。它是一种综合主、客观赋权的结果而确定权重的方法。设对第 j 项指标主、客观赋权的权重分别为 W_{1j}、W_{2j}，则综合赋权的权重可按下式计算：

$$W_j = \frac{W_{1j} W_{2j}}{\sum\limits_{j=1}^{n} W_{1j} W_{2j}} \quad (j = 1, 2, 3, \cdots, n) \quad\quad (6-69)$$

由此在一定程度上克服了主、客观赋权的不足。

|6.4 动力传动系统综合评价应用案例|

6.4.1 动力系统评价示例

内燃机性能主要包括动力性、经济性、排放和噪声及其可靠耐久性等方面。衡量其产品性能，实质上就是结合车辆使用需求对内燃机的整体性能进行综合评定。在实际的评价工作中，由于内燃机整体性能涉及多个方面，反映各性能的指标也较多，因此要科学、系统、客观地对其整体质量进行综合

评价，就必须使用能够反映系统整体性能的多方面、多层次、科学的评价方法。

对于内燃机产品的综合评估，首先应从其所有的性能指标中选取能客观、科学地反映其某一性能特征的指标。通常衡量内燃机产品性能都以其动力性、经济性、排放和噪声等性能参数作为主要的评价指标。发动机动力系统综合评价由性能指标和权重值计算得出。发动机评价的权重值主要由具体车辆应用需求决定，如运输车辆对燃油经济性要求较高，装甲车辆对地域适应性、结构紧凑性要求较高等。在评价过程中，评价测试人员需根据不同需求调整其权重比例。发动机动力性、经济性等综合性指标是由各表征其性能的分指标构成，分权重选择时应考虑使用对象特征要求；同时还应考虑不同指标间的相关性、指标数据是否详细完整等综合因素。发动机动力系统权重评价指标构成如表 6 – 5 所示。

表 6 – 5　发动机动力系统指标权重定义

指标类别	总权重	指标名称	分权重
动力性	x_1	有效功率/kW	$x_{1,1}$
		标定功率/kW	$x_{1,2}$
		有效扭矩/（N·m）	$x_{1,3}$
		平均有效压力/MPa	$x_{1,4}$
经济性	x_2	有效燃油消耗率/[g·(kW·h)$^{-1}$]	$x_{2,1}$
		机油消耗率/[g·(kW·h)$^{-1}$]	$x_{2,2}$
		全寿命周期费用	$x_{2,3}$
运转性	x_3	柴油机主要排放污染物/[g·(kW·h)$^{-1}$]	$x_{3,1}$
		噪声/dB	$x_{3,2}$
		振动	$x_{3,3}$
		最大许用扭振振幅	$x_{3,4}$
可靠性和耐久性	x_4	发动机平均故障间隔时间/h	$x_{4,1}$
		发动机使用寿命/h	$x_{4,2}$
紧凑性	x_5	比质量/（kg·kW^{-1}）	$x_{5,1}$
		单位体积功率/（kW·m^{-3}）	$x_{5,2}$
		结构紧凑性系数/（L·m^{-3}）	$x_{5,3}$

续表

指标类别	总权重	指标名称	分权重
强化性	x_6	发动机升功率/(kW·L^{-1})	$x_{6,1}$
		活塞平均速度/(m·s^{-1})	$x_{6,2}$
		强化系数/(MPa·m·s^{-1})	$x_{6,3}$
		惯性力系数	$x_{6,4}$
		单位活塞面积功率/(kW·cm^{-2})	$x_{6,5}$
适应性	x_7	海拔能力	$x_{7,1}$
		适应性系数	$x_{7,2}$
		高温适应性	$x_{7,3}$
		高寒适应性	$x_{7,4}$

在实际应用过程中，考虑到评估的实用性和可行性，一般只选取几个能代表其主要性能的指标作为评估指标集。如表6-6为三种发动机动力系统性能评价指标值。

表6-6 三种发动机动力系统性能评价指标值

指标类别	评价指标	指标描述	TBD834	CV12TCA-1200	UDV12X1100
动力性	有效功率/kW	定量	—	—	—
	标定功率/kW	定量	—	—	—
	有效扭矩/(N·m)	定量	—	—	—
	平均有效压力/MPa	定量	1.97	1.79	1.57
经济性	有效燃油消耗率/[g·(kW·h)$^{-1}$]	定量	207	226	211
	机油消耗率/[g·(kW·h)$^{-1}$]	定量	2	2	3
	全寿命周期费用	定量	—	—	—
运转性	排气烟度最大值	定量	3	3	4
	噪声/dB	定量	112	113	110
	振动	定量	—	—	—
	最大许用扭振振幅	定性	0.2	0.234	0.4
可靠性和耐久性	发动机平均故障间隔时间/h	定量	600	300	700
	发动机使用寿命/h	定量	4 000	800	2 000

指标类别	评价指标	指标描述	TBD834	CV12TCA-1200	UDV12X1100
紧凑性	比质量/(kg·kW⁻¹)	定量	1.88	2.277	2.47
	单位体积功率/(kW·m⁻³)	定量	482	452	354
	结构紧凑性系数/(L·m⁻³)	定量	—	—	—
强化性	发动机升功率/(kW·L⁻¹)	定量	37.78	34.32	32.8
	活塞平均速度/(m·s⁻¹)	定量	10.73	11.65	10.83
	强化系数/(MPa·m·s⁻¹)	定量	—	—	—
	惯性力系数	定量	—	—	—
	单位活塞面积功率/(kW·cm⁻²)	定量	—	—	—
适应性	海拔能力	定性			
	适应性系数 k	定量	1.69	1.452	1.364
	高温适应性	定性	—	—	—
	高寒适应性	定性	—	—	—

注："—"表示数据未选用。

在评价指标数据选定好之后，首先需要用一定的方法将原始数据转化为量纲统一、同级、正向可加的标准数据，这一阶段主要涉及指标分类和数据转换。

（1）指标分类。不同类型的指标数据转化的公式不同。指标大体上可分为极大型指标（数值越大越好的指标）和极小型指标（数值越小越好的指标）。

（2）数据转换。设有 m 个方案，j 项指标，d_{ij} 为原始数据，a_{ij} 为标准数据，M_j 和 m_j 分别为第 j 项指标的最大值和最小值，则极大型指标数据转换为：

$$a_{ij} = \frac{d_{ij}}{M_j} \quad (i = 1, 2, \cdots, m), \quad m, \cdots, j \text{ 为极大型指标}$$

极小型指标数据转换为：

$$a_{ij} = 1 + \frac{m_j}{M_j} - \frac{d_{ij}}{M_j} \quad (i = 1, 2, \cdots, m), \quad m, \cdots, j \text{ 为极小型指标}$$

在指标数据标准后，再采用层次分析法和熵值法确定权重，可计算得表6-7。

表 6 – 7　三种发动机动力系统评价权重及计算值

指标类别	评价指标	隶属度类型	权重	TBD834	CV12TCA – 1200	UDV12X1100
动力性	平均有效压力 /MPa	极大型	0.063 4	1.000 0	0.908 6	0.797 0
经济性	有效燃油消耗率 /[g·(kW·h)⁻¹]	极小型	0.002 7	1.000 0	0.915 9	0.982 3
	机油消耗率 /[g·(kW·h)⁻¹]	极小型	0.057 8	1.000 0	1.000 0	0.666 7
运转性	排气烟度最大值	极小型	0.007 3	1.000 0	1.000 0	0.750 0
	噪声/dB	极小型	0.000 1	0.982 3	0.973 5	1.000 0
	最大许用扭振振幅	极小型	0.056 4	1.000 0	0.915 0	0.500 0
可靠性和耐久性	发动机平均故障间隔时间/h	极大型	0.156 3	0.857 1	0.428 6	1.000 0
	发动机使用寿命/h	极大型	0.494 5	1.000 0	0.200 0	0.500 0
紧凑性	比质量 /(kg·kW⁻¹)	极小型	0.009 2	1.000 0	0.839 3	0.761 1
	单位体积功率 /(kW·m⁻³)	极大型	0.073 9	1.000 0	0.937 8	0.734 4
强化性	发动机升功率 /(kW·L⁻¹)	极大型	0.059 8	1.000 0	0.908 4	0.868 2
	活塞平均速度 /(m·s⁻¹)	极大型	0.006 8	0.921 0	1.000 0	0.929 6
适应性	适应性系数 k	极大型	0.011 8	1.000 0	0.859 1	0.807 1

确定了指标权重，并将指标数据标准化后，就可根据公式（6 – 70）计算衡量系统总体性能优劣的综合评价值。

$$E_i = \sum_{j=1}^{n} W_j a_{ij} \quad (i = 1, 2, \cdots, m) \qquad (6 - 70)$$

式中，W_j 为第 j 项指标所占权重；a_{ij} 为标准数据；E_i 为综合评价值。

通过计算得出的各种系统性能指标标准数据的线性加权和如表 6 – 8 所示。

表6-8　三种发动机动力系统综合性能评价值

指标类别	TBD834	CV12TCA-1200	UDV12X1100
动力性	0.063	0.058	0.051
经济性	0.061	0.060	0.042
运转性	0.064	0.059	0.034
可靠性和耐久性	0.628	0.166	0.404
紧凑性	0.083	0.077	0.061
强化性	0.066	0.061	0.058
适应性	0.012	0.010	0.010
综合评价值	0.977	0.491	0.660

通过分析三种发动机动力系统综合性能评价表6-8可以得出，TBD834柴油机的整机性能最好，明显好于CV12TCA-1200柴油机与UDV12X1100柴油机。

CV12TCA-1200柴油机与UDV12X1100柴油机的各性能评价值互有胜负，但综合评价值UDV12X1100发动机比CV12TCA-1200发动机更好，表明UDV12X1100发动机比CV12TCA-1200发动机整体性能更好。

柴油机整机性能的综合评价是一项十分复杂和困难的系统工程，它涉及柴油机性能的多个方面。运用加权综合评价法对柴油机整机性能进行评价，只是对柴油机整机性能进行系统、科学、客观评价的一种，但仍然有许多不足，评价体系也在逐步发展。

6.4.2　动力传动系统整机匹配评价示例

在履带车辆动力传动系统性能评价方面，对单个性能评价方法和指标的研究已比较深入和全面，而对与动力传动系统有关的履带车辆整体性能的综合评价指标就很少见了。在深入研究和全面分析现有国家军用标准中与动力传动系统有关的履带车辆的动力性、燃油经济性、转向性和制动性等各个性能方面的评价方法与指标后，综合考虑履带车辆的各种使用要求，利用加权综合评价法来对履带车辆动力传动系统性能进行综合评价。提出了以下15个性能指标来作为履带车辆动力传动系统性能的综合评价指标。

在对某一工程的设计中，通常需要对各种不同的设计方案进行评价，以确定最优方案。当一个设计方案的各项指标都相应地高于另一个设计方案时，方案的优劣非常分明。然而当一个方案与另一个方案相比，众指标之间优劣交错时，这就需要综合评价。在系统工程中常用价值分析的方法来评价系统的优劣，而加权综合评价法则是一种有效且广泛应用的方法。加权综合评价法就是通过指标权重评定、指标数据标准化处理和综合评价值的计算与评价，将多项指标综合成一个能从整体上衡量方案相对优劣的单一评价指标，以此来确定出最优方案。对某一工程的各个性能指标进行评价时，对于能够量化的指标采用其量化值，对于不能量化的指标按其性能的好坏程度采用专家打分法所得的评分值作为评价值，非量化指标的具体评价标准如表 6 – 9 所示。

表 6 – 9　非量化指标的评价标准

评价等级	好	较好	一般	较差	差
评价分数	100 ~ 80	80 ~ 60	60 ~ 40	40 ~ 20	20 ~ 0

指标数据标准化，就是用一定的方法将原始数据转化成无量纲、同级、正向可加的标准数据（同级——统一各指标大小悬殊的原始数据的数量级；正向——将各类型的指标数据都转化成越大越好的极大型标准数据）。不同类型的指标数据转换的公式不同。指标可分为极大型指标（数值越大越好的指标）和极小型指标（数值越小越好的指标）。确定指标权重，就是相对量化各评价指标对某一工程总体性能优劣的影响程度。指标越重要，其权重就越大。对权重要程度进行归一化处理，使之介于 0 ~ 1 之间。确定权重的方法，有主观赋权、客观赋权和综合赋权三种。下面主要介绍采用的客观赋权法。所谓客观赋权，就是依据各指标的标准数据直接推断各指标权重。采用的方法是熵值法，此法是根据各方案之间指标数据的差异程度来确定权重的方法。如各方案的某项指标数据相差越大，则其权重相差亦越大。

以某三型地面车辆动力传动系统为例，其各系统指标参数如表 6 – 10 所示。

表 6 – 10　三型平台动力传动系统指标值

指标类别	指标名称	系统 1	系统 2	系统 3
动力性	最高车速/(km·h^{-1})	57	60	65
	加速时间/s	16	13	12
	最大爬坡度/%	62.49	67.45	64.49
燃油经济性	等速油耗/(L·百公里$^{-1}$)	260	271	278
	加速油耗/L	2	2.4	2.6

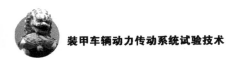

续表

指标类别	指标名称	系统1	系统2	系统3
转向性	最大转向角速度/(rad·s^{-1})	6	6.6	6.8
	最小确定转向半径/m	1.32	1.32	1.32
	确定转向半径个数/个	2	2	2
	松软路面转向能力	45	86	56
制动性	制动距离/m	45	42	35
	制动减速度/(m·s^{-2})	4	4.5	5.2
	制动器停坡能力	68	74	86
	制动时车辆偏驶失控控制能力	79	74	53
	连续下坡制动性能恢复能力	71	95	54
持续工作能力	平均速度/(km·h^{-1})	33	36	40
	动力、传动、操纵装置工作状态好坏	71	95	54
可靠性	平均故障间隔时间/h	380	350	280
耐久性	首次大修时间/h	450	480	350
	耐久度	0.94	0.97	0.98
操纵性	操纵轻便性	36	78	92
	操纵装置灵敏度	45	67	85
战场隐蔽性	噪声/dB（A）	120	100	95
	排气烟度/Rb	3.2	3.6	2.4
环境适应性	高原地区适应性	48	89	72
	沙漠地区适应性	46	68	83
	湿热地区适应性	78	86	84
	严寒地区适应性	57	65	90
	海拔能力	86	74	52
	冷起动性	62	94	78
	潜渡性	46	75	86
	涉水性	53	71	88
可维修性	可达性	24	58	89
	维修劳动量/(人·时)	780	640	520
多燃料适应性		45	80	60
紧凑性	单位体积功率/(kW·m^{-3})	142	136	163

指标类别	指标名称	系统1	系统2	系统3
轻巧性	比质量/(kg·kW⁻¹)	5.6	5.3	4.6
全寿命周期费用	全寿命周期总费用/万元	420	630	510

依据指标数据归类，标准化，然后采用层次分析法和熵值法确定权重，可计算得表6-11。

表6-11 三种样车动力传动系统评价计算值

指标类别	评价指标	指标描述	隶属度类型	权重值	系统1	系统2	系统3
动力性	最高车速/(km·h⁻¹)	定量	极大型	0.002 3	57	60	65
	加速时间/s	定量	极小型	0.011 5	16	13	12
	最大爬坡度/%	定量	极大型	0.000 7	62.49	67.45	64.49
燃油经济性	等速油耗/(L·百公里⁻¹)	定量	极小型	0.000 5	260	271	278
	加速油耗/L	定量	极小型	0.009 6	2	2.4	2.6
转向性	最大转向角速度/(rad·s⁻¹)	定量	极大型	0.002 3	6	6.6	8
	最小确定转向半径/m	定量	极小型	0	1.32	1.32	1.32
	确定转向半径个数/个	定量	极大型	0	2	2	2
	松软路面转向能力	定性	极大型	0.005 96	45	86	56
制动性	制动距离/m	定量	极小型	0.008 9	45	42	35
	制动减速度/(m·s⁻²)	定量	极大型	0.009 3	4	4.5	5.2
	制动器停坡能力	定性	极大型	0.007 7	68	74	86
	制动时车辆偏驶失控控制能力	定性	极大型	0.022 2	79	74	53
	连续下坡制动性能恢复能力	定性	极大型	0.041 7	71	95	54
持续工作能力	平均速度/(km·h⁻¹)	定量	极大型	0.004 9	33	36	40
	动力、传动、操纵装置工作状态好坏	定性	极大型	0.063 0	71	95	54
可靠性	平均故障间隔时间/h	定量	极大型	0.012 6	380	350	280
	首次大修时间/h	定量	极大型	0.013 8	450	480	350

续表

指标类别	评价指标	指标描述	隶属度类型	权重值	系统1	系统2	系统3
耐久性	耐久度	定量	极大型	0.000 2	0.94	0.97	0.98
操纵性	操纵轻便性	定性	极大型	0.105 0	36	78	92
	操纵装置灵敏度	定性	极大型	0.050 6	45	67	85
战场隐蔽性	噪声/dB（A）	定量	极小型	0.007 9	120	100	95
	排气烟度/Rb	定量	极小型	0.022 7	3.2	3.6	2.4
环境适应性	高原地区适应性	定性	极大型	0.047 9	48	89	72
	沙漠地区适应性	定性	极大型	0.043 8	46	68	83
	湿热地区适应性	定性	极大型	0.001 4	78	86	84
	严寒地区适应性	定性	极大型	0.030 6	57	65	90
	海拔能力	定性	极大型	0.032 7	86	74	52
	冷起动性	定性	极大型	0.022 5	62	94	78
	潜渡性	定性	极大型	0.050 5	46	75	86
	涉水性	定性	极大型	0.003 0	53	71	88
可维修性	可达性	定性	极大型	0.185 0	24	58	89
	维修劳动量/(人·时)	定量	极小型	0.021 3	780	640	520
多燃料适应性		定性	极大型	0.043 0	45	80	60
紧凑性	单位体积功率/(kW·m⁻³)	定量	极大型	0.004 9	142	136	163
轻巧性	比质量/(kg·kW⁻¹)	定量	极小型	0.005 4	5.6	5.3	4.6
全寿命周期费用	全寿命周期总费用/万元	定量	极小型	0.021 2	420	630	510

确定了指标权重，并将指标数据标准化后，就可以计算衡量系统总体性能优劣的综合评价值。通过计算得出的各种系统性能指标标准数据的线性加权和如表 6 - 12 所示。

表 6 - 12　三种动力传动系统综合性能的综合评价值

编号	系统1	系统2	系统3
综合评价值	0.596 0	0.831 4	0.873 0

由此在一定程度上克服了主、客观赋权的不足。从三种样车动力传动系统性能的综合评价值可以看出，样车 3 动力传动系统的整体性能最好，样车 2 动力传动系统的整体性能比样车 3 稍差一点，但它们动力传动系统的整体性能都明显好于样车 1，这为评价样车动力传动系统整体性能的好坏提供了正确、可信的依据。用加权综合评价指标作为履带车辆动力性、燃油经济性、转向性和制动性等各个性能的综合评价指标，其主要优点是物理意义明确，表明了履带车辆动力性、燃油经济性、转向性和制动性等各个性能的综合效果；可同时考虑量化和非量化的性能指标；评价指标是无量纲量，在数值上不受单位的影响；有特定的数值范围（0～1 之间）；综合可比性好。

第 7 章

动力传动系统试验的发展展望

动力传动系统作为装甲车辆的重要组成部分，其技术水平必将随着新材料、新工艺、新技术的不断涌现继续发展进步，与之对应的试验技术也将不断发展。本章在概要分析动力传动系统技术和结构形式发展趋势的基础上，从 6 个方面阐述动力传动系统试验技术的发展趋势，以期为后续试验设计、条件建设、技术研究提供借鉴和参考。

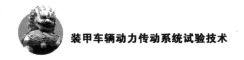

|7.1 动力传动系统未来发展趋势|

一、动力传动技术的发展趋势

进入 21 世纪后，世界各国面临的战略环境发生了变化，新型装备的发展速度较之以往有所降低，各国主要致力于现役装甲车辆的升级改造。在研制过程中，国外车辆动力传动系统呈现出高功率密度、高机动性能、高集成度、高可靠性的技术特点及系列化、模块化、通用化及信息化的总体特征。

1. 高功率密度

动力舱的体积一般约占总体积的 40%，缩小目标体积和减轻质量，可使整车的生存能力和机动性得到进一步提高。装甲车辆动力传动系统的功率在发展到 1 103 kW 之后，世界各国已经把研究的重点转移到减小体积和减轻质量方面。动力传动系统一体化集成和提高动力传动系统的转速是减小体积和质量的两个主要途径。

以德国 MTU890 系列发动机为例，其升功率高达 92 kW 以上，质量比功率和体积比功率分别高达 0.81 kg/kW 和 1 359 kW/m³，平均有效压力达到 26 bar，标定转速为 4 250 r/min。相应传动装置的功率密度要求也越来越高，美国开始了重型战斗车辆"先进的整体式推进系统（AIPS）"的研制，动力舱体积现在已缩小到 26% ~30%，传递功率达到 1 100 ~1 200 kW。相比之前的动力传动系统转速，目前变速装置的输入转速已经提高到 3 000 r/min。

2. 高机动性能

机动性是装甲车辆的重要性能之一，对装甲车辆的生存能力和进攻能力影响较大。法国的勒克莱尔是现役的第三代主战坦克机动性能方面的佼佼者，其 0～32 km/h 提速时间仅为 5.5 s。下一代主战坦克的发动机功率都将在 1 103 kW 以上，单位功率将大于 22 kW/t，0～32 km/h 提速时间低于 5 s。不断优化传动系统与动力装置的匹配程度，不断挖掘液力机械传动系统的潜能也是各国进行改造的重点之一。

3. 高集成度

动力、传动及辅助系统的集成度也越来越高。如欧洲动力传动机组是在采用了高性能的发动机、传动装置及辅助系统的基础上，应用综合集成的一体化设计，具有优越的总体性能。目前，与豹Ⅱ坦克发动机相比，新的欧洲动力传动系统体积减小了 35%，质量减轻了 14%。具有当今世界的最高水平。

4. 高可靠性

为保证车辆在各种复杂环境条件下的作战使用性能，装甲车辆的可靠性指标要求越来越高，传动装置的高可靠性成为重要指标。如俄罗斯主战坦克大修期为 10 000～12 000 km。美国和法国主战坦克耐久性指标已达到 9 000～10 000 km。俄罗斯及西方欧美国家在可靠性指标上，要求的平均无故障里程（MKBF）已达到 3 000 km。

5. 系列化、模块化、通用化

由于装甲车辆品种多、数量少、吨位范围大、功率等级多，传动装置必须实现产品系列化、模块化、通用化。如美国一个 X 系列传动装置覆盖所有履带车辆基型底盘；X 系列中 X－1100 的 3 个型号的传动装置，采用模块化设计，14 个模块中有 11 个模块可以通用，通用部件模块达到 80%。美国今后 20 年对军用履带车辆的发展设想中，计划用两种传动装置满足未来 24 种 4 万辆装甲履带车辆的使用要求，传动装置更加通用化。

6. 信息化

对传动系统的信息化改造对其可靠性的提高、整车的信息系统集成等具有重要意义，近年来，各种履带装甲车辆的信息化程度日益提高，信息化所带来的优越性也日益凸现。如瑞典的 CV90120－T 坦克通过大量使用传感器、数据库系统、先进显示与控制系统以及内检测系统、故障诊断系统等，提高了传动系统乃至整车的功能度。此外，该车还采用了可缩放的开放式综合电子体系结构，从而使该车具有很大的发展潜力，在新技术变为可用时，可实现新技术的嵌入。

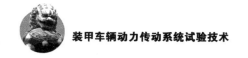

二、动力传动系统新型结构形式的发展趋势

随着未来装甲车辆作战任务和功能的变化，装甲车辆动力所能提供的能量形式也向多元化发展，除目前的机械能以外，还有电能和液压能等多种能量形式输出。军用车辆机电复合传动装置是未来高机动武器平台实现高机动性、满足高电能需求的关键技术。新型机电混合驱动系统具有高功率密度、无级变速、无级转向等典型技术特征，可实现未来武器平台的高机动性，同时可为平台搭载的武器系统、防护系统等提供所需的电能。

相比传统传动装置，电传动装置可提供理想的牵引特性，早在 20 世纪 60 年代之前，法、德和苏联等国都曾装车使用或进行试验研究，但终因电机、变流器的尺寸、质量过大而搁置。而伴随磁物理学、矢量电机和重载荷高速轴承等技术的发展，电机、变流器在效率、性能、尺寸和质量上都获得显著的改善，所以装甲车辆的电传动研究得以再次开展。

|7.2　动力传动系统试验的发展趋势|

近年来，我国装甲车辆的试验鉴定技术也得到了长足的发展，提出了基于能力的试验鉴定、成体系试验鉴定的试验鉴定技术或方法，大大提高了我国装甲车辆试验鉴定质量，为保证相关型号装备快速形成战斗力做出了极大的贡献。

随着各种新的军事思想和作战概念不断涌现，特别是美军陆、海、空、天、电一体化联合作战概念的形成，对世界各国的军事发展产生了重要影响，也对武器装备的采办和装备的试验鉴定质量提出了更高的要求。在这种形势下，如何提高我国装甲车辆试验鉴定质量和水平已成为一个迫切需要研究的课题。综合国内外试验鉴定技术的发展，我们认为，我国装甲车辆试验鉴定的发展趋势主要表现在以下几个方面。

一、试验鉴定程序一体化

美国现已形成了比较成熟的试验工作程序，把名目繁多的重复试验统一起来，在可能的情况下把研制试验和作战试验也统一起来。在保证产品可靠性的前提下，尽可能合并相同的试验和相同的试验阶段，提前吸收部队进行作战试验，加强了军方在综合试验鉴定中的主导作用。我军陆军武器装备试验鉴定技术力量比较分散，头绪繁杂，因此，为适应新军事变革需要，急需调整优化试验管理体制和运行机制，使陆军武器装备的试验鉴定尽快适应数字化部队建设的要求。

（1）结合一体化联合作战试验的顶层规划，建立一体化作战试验的运行机制。组建试验部队，发布联合作战试验的路线图，结合部队年度的演训演练任务，启动联合作战试验计划，为推行一体化联合试验提供必要的组织保障。装备试验与评估领域的每一次管理体制改革与创新，都是为了适应高新技术装备发展和作战需求的需要。建设基于信息系统的装备试验体系，就必须以创新思维和前瞻性的眼光，切实从国家战略和军事需求出发做好顶层设计，形成组织高效、法规健全、职能明晰的组织管理体制。

（2）改进完善试验鉴定工作流程，同步筹划试验鉴定工作。为适应全军装备发展建设新形势，我军装备试验鉴定工作做出了全面深度的改革创新，将全寿命周期的装备试验统一规范为性能试验、作战试验和在役考核三大类，规范了以"一个总案、三个大纲"为主体的试验鉴定文件，全面指导相关试验鉴定任务实施。

二、基于能力需求开展试验设计

为应对不断加大的陆军装备试验鉴定的复杂化程度，在试验鉴定中，要具有更多的灵活性，强调成熟技术和系统的应用。为此，装备试验鉴定要向基于能力方向发展，即要将试验鉴定目标、措施和问题同作战、保障和其他使能方案联系起来，试验鉴定的准则不应以是否达到某些技术参数为重点，不是以往单纯地通过试验数据来评定通过或者不通过的试验，而要以系统是否能达到要求的作战能力、是否具备完成相应作战任务的能力为准则进行试验鉴定。基于能力的试验鉴定要确保试验鉴定达到来源于经过确认的使用能力。

基于能力的试验鉴定是以及时、准确、清楚、精练、完整地描绘系统完成任务的能力与不足为目标，为此，未来动力传动系统试验鉴定需进行充分的基于能力的试验设计，更多考虑作战需求和作战要素，更充分地考虑武器系统运用的条件和战场环境的复杂性，并将其反映在试验系统设计中。

三、体系试验常态化

信息化战争推动了"体系试验"的产生。"体系试验"的系统之间是以网络为中心的接口。美军目前的采办过程基本还都是针对单一系统的研制定制的，而不是针对"体系试验"。美军提出：要准确地评估系统的实际作战能力，必须改变传统的从单个军种、单一系统的角度来考虑问题的方式，从

"以平台为中心"的试验理念向"以体系为中心"的试验理念转变，从评估平台的效能和适用性向了解"体系试验"的能力和局限性转变。

动力传动系统未来试验鉴定的主要内容集中在网络化作战体系的互联互操作性能，作战体系或平台中武器系统的战术技术指标和使用性能，平台作战系统的战术技术指标使用性能和效能，网络化作战体系的可用性、可塑性、可重组性和作战效能。未来试验鉴定中必将加强试验网络的互联互通，在整个系统体系中所有平台不能全部进入试验场进行试验的情况下，注重将虚拟试验平台的模拟和参试的真实试验平台相结合。

四、新技术新手段广泛运用

美陆军在装备试验鉴定中将"建模与仿真"作为必要的技术手段，特别是在建模与仿真高层体系结构框架下，仿真技术、高性能计算技术以及网络技术成熟的环境下，将不同系统的表示域（如数字系统模型、硬件在回路中、试验室、系统装机试验设施、战斗试验室、野外靶场等）中在地理上存在的或虚拟的资源相连接和综合在一起，推动其靶场建设向有效利用资源、提高试验效率、降低试验成本的分布化方向发展。

美陆军在装备试验鉴定的模拟过程中除了采用数字和模拟技术外，一些新的模拟技术，诸如分布式交互模拟技术、虚拟现实技术、多频谱技术及全球定位技术都在美陆军靶场中得到了进一步的发展和试验性应用。这些新技术综合运用了网络技术、自动控制技术、系统工程技术、卫星技术、人工智能技术、多媒体技术、传感技术、光电技术等最新科技成果。美军将大力开发研制以计算机为基础，以分布式交互模拟技术为依托，以虚拟现实和多频谱技术为核心的综合模拟系统，在同一模拟系统上演练不同靶场、不同地形、不同天候、不同作战对象下的试验鉴定，模拟较大规模试验鉴定，以提升指挥、通信、控制能力，从而将试验与评估鉴定水平推向更高层次。

把最新的高端技术及时纳入装备试验与评估领域，使我国装备试验具有领先世界的试验能力是我国试验鉴定领域的发展方向。面对高新技术群的不断涌现，大力推动基于建模与仿真技术、计算机技术、网络技术、虚拟现实技术、大数据技术和人工智能技术等高新技术的装备试验体系建设，是动力传动系统试验鉴定的发展趋势，也是"体系试验"的重要实现手段，从而提升基于信息系统的装备体系试验能力。

五、测控系统综合化数字化

信息化的战争需要战场对己方透明，试验基地的信息化建设中同样需要建立多维感知系统。试验区域内的地理信息和目标要向透明化建设，可以在有效控制全维信息试验场的情况下，具备有效控制多种空间的能力。这种具有前瞻性的多层次、多来源、全时空、近实时的多维感知系统，将减少试验的不确定性，使试验对指挥者单向透明，从而实现随时都能听得见，看得清，始终掌握试验的主动权。此外，测控系统的发展趋势是综合化和数字化。测控系统的综合化主要表现在以下方面：一是多功能综合，测控系统从分离体制向统一载波体制发展，基带设备由分离基带向综合基带发展；二是测控系统的任务，以跟踪、遥测和指挥为主，逐步综合了通信功能，成为测控通信系统；三是从分散多网向统一公用网发展。数字化测控系统的特点是：①提高测轨精度；②提高设备的稳定性、可靠性、可维修性；③有利于系统的综合化、计算机化、软件化；④易于扩展功能，易于模块化；⑤接口标准化好，易于互换；⑥产品一致性好，适合于批量生产。

六、基于数据驱动开展联合试验

随着大数据技术、网络技术、建模与仿真技术等高新技术的发展，为实现"数据驱动下的联合试验鉴定"提供了坚实的支撑。通过数据驱动的建设，一方面将独立的试验场站有效地协同起来，使各试验区、试验设施、仿真资源之间互操作、可重用、可组合；同时，通过有效的数据管理，使"性能试验""作战试验""在役考核"成为有机的整体，充分发挥不同来源的数据的作用，辅以建模与仿真等技术手段，为装备的联合试验和综合评估提供支撑。

可以预测，大数据的应用在未来试验鉴定中必将起到举足轻重的作用。试验设计、试验方案推演、试验资源统筹调配、综合评估以及仿真试验、联合试验等都离不开大数据的支持。在试验鉴定中，提升多元数据的获取能力、提升数据整合处理能力、提升数据互联贡献能力、提升数据价值深度挖掘应用能力是试验鉴定发展的必然。

"最大程度降低产品风险，缩短产品研制周期，降低研制费用和减少技术风险"是装备试验鉴定的重要目标。目前看来，以"'建模与仿真 - 虚拟试验 - 改进模型'的迭代过程"为趋势的试验鉴定模式是一种最佳的选择。而数据驱动是达到该目的的必由之路。

参 考 文 献

［1］ 刘洋. 车辆综合传动系试验台测控系统研究 ［D］. 河南科技大学，2013.

［2］ 骆清国，张永锋. 履带车辆动力传动系统性能综合评价 ［J］. 兵工学报，2005，26 （3）：413 – 417.

［3］ 庞宾宾，廖自力，钱万友，等. 装甲车辆电传动系统综合性能评价指标体系的构建 ［J］. 装甲兵工程学院学报，2015 （4）：57 – 61.

［4］ 吴雁，徐进. 水力测功机的新型控制系统 ［J］. 船电技术，2009 （9）：29 – 32.

［5］ 曾庆良，万丽荣，周红. 液压加载电机试验台 ［J］. 煤矿机电，2000 （3）：37 – 39.

［6］ 吴钊. 新能源汽车台架试验系统开发 ［D］. 清华大学，2016.

［7］ 于洋. 测控系统网络化技术及应用 ［M］. 第2版. 北京：机械工业出版社，2014.

［8］ 李俊. 常见转速传感器工作原理及特性分析 ［J］. 科技风，2018 （1）：239.

［9］ 熊诗波，黄长艺. 机械工程测试技术基础 ［M］. 北京：机械工业出版社，2006.

［10］ 江征风. 测试技术基础 ［M］. 北京：北京大学出版社，2005.

［11］ 贾伯年，俞朴，宋爱国. 传感技术 ［M］. 南京：东南大学出版社，1992.

［12］ 叶湘滨，熊飞丽，张文娜，等. 传感器与测试技术 ［M］. 北京：国防工业出版社，2007.

［13］ 郭振芹，等. 非电量测量 ［M］. 北京：计量出版社，1984.

［14］ 李文礼，石晓辉，柯坚，等. 基于滑模迭代学习的发动机怠速扭振模拟技术 ［J］. 振动、测试与诊断，2016，36 （2）：359 – 365.

［15］ 林君，李文全，等. 科学计算的技巧与程序库 ［M］. 北京：学苑出版社，1993.

[16] Li W，Shi X H，Guo D，et al. A Test Technology of a Vehicle Driveline Test Bench with Electric Drive Dynamometer for Dynamic Emulation ［R］. SAE Technical Paper，2015.

[17] Kuperman A，Rabinovici R. Virtual Torque and Inertia Loading of Controlled Electric Drive ［J］. IEEE Transactions on Education，2005，48（1）：47 – 52.

[18] Huber P J. Robust Statistics ［M］. New York：Wiley，1984.

[19] Launer R L，and Wilkinson G N，et al. Robustness in Statistics ［M］. New York：Academic Press，1979.

[20] Bryson A E. and Ho，Y C. Applied Optimal Control ［M］. Waltham，Mass.：Ginn，1969.

[21] Jazwinski A H. Stochastic Process and Filtering Theory ［M］. New York：Academic Press，1970.

[22] 刘力康，闻居博，董逾. 汽车传动系动态性能试验台驱动模拟方案的控制与仿真 ［J］. 传动技术，2011，25（3）：26 – 31.

[23] 蒋受宝，蒋绍坚. 发动机台架试验冷却系统的设计 ［J］. 小型内燃机与摩托车，2007（36）：45 – 47.

[24] 廖明明，林伟键. 发动机台架试验浅析 ［J］. 装备制造技术，2010（4）：167 – 169.

[25] 王建宏，张荣华. 发动机台架试验进气控制系统开发与应用 ［J］. 内燃机燃油喷射和控制，2001（1）：44 – 46.

[26] 郑康华，赵龙庆. 发动机台架试验系统排气消声坑的设计和试验 ［J］. 西南林学院学报，1989（2）：178 – 186.

[27] 郑慕桥，冯崇植，蓝祖佑. 坦克装甲车辆 ［M］. 北京：北京理工大学出版社，2003.

[28] 冯益柏. 装甲车辆设计——总体设计卷 ［M］. 北京：化学工业出版社，2014.

[29] 刘维平. 车辆试验学 ［M］. 北京：兵器工业出版社，2005.

[30] 闫清东，张连第，赵毓芹，等. 坦克构造与设计（上册）［M］. 北京：北京理工大学出版社，2006.

[31] 徐英，王松山，柳辉，等. 装备试验与评价概论 ［M］. 北京：北京理工大学出版社，2016.

[32] 吴小悦，刘琦. 装备试验与评价 ［M］. 北京：国防工业出版社，2008.

[33] 宫二玲，孙志强. 武器试验分析与评估 ［M］. 长沙：国防科技大学出

版社，2010.

[34] 唐雪梅，李荣，胡正东，等. 武器装备综合试验与评估 [M]. 北京：国防工业出版社，2013.

[35] 总参工程兵二所. 军用工程机械试验学 [M]. 北京：海洋出版社，1994.

[36] 曹裕华. 装备试验设计与评估 [M]. 北京：国防工业出版社，2016.

[37] 王伟，李远哲. 坦克装甲车辆试验鉴定 [M]. 北京：国防工业出版社，2019.

[38] 毛明，李振平，等. 坦克装甲车辆对试验测试技术的需求 [J]. 计算机测量与控制，2016，24（3）：8－10.

[39] 方萍，何延. 试验设计与统计 [M]. 杭州：浙江大学出版社，2003.

[40] 秦英孝. 可靠性维修性保障性概论 [M]. 北京：国防工业出版社，2002.

[41] 何国伟. 可靠性试验技术 [M]. 北京：国防工业出版社，1995.

[42] 康锐，屠庆慈，田仲，等. 可靠性维修性保障性工程基础 [M]. 北京：国防工业出版社，2012.

[43] 谢干跃，宁书存，李仲杰. 可靠性维修性保障性测试性安全性概论 [M]. 北京：国防工业出版社，2012.

[44] 中国人民解放军总装部. 可靠性维修性保障性术语 [S]. 2005.

[45] 中国人民解放军总装部. 装备可靠性鉴定和验收试验 [S]. 2009.

[46] 国家技术监督局. 统计学术语 第三部分 试验设计术语 [S]. 1993.

[47] 杨为民，阮镰，等. 可靠性·维修性·保障性总论 [M]. 北京：国防工业出版社，1995.

[48] 何国伟，戴慈庄. 可靠性试验技术 [M]. 北京：国防工业出版社，1995.

[49] 甘茂治，吴真真. 维修性设计与验证 [M]. 北京：国防工业出版社，1995.

[50] 张玉柱，胡自伟，曹世民，等. 维修性验证试验与评定统计原理 [M]. 北京：国防工业出版社，2006.

[51] 李炯天，樊民强. 试验设计方法 [M]. 北京：科学出版社，2006.

[52] 郭齐胜，徐享忠，徐豪华. 仿真科学与技术导论 [M]. 北京：国防工业出版社，2014.

[53] 李霖. 军事装备学 [M]. 北京：解放军出版社，2006.

[54] 中国人民解放军总装部. 装甲车辆试验规程野外振动试验 [S]. 1988.

［55］赵雯，廖馨，代坤，等．虚拟试验验证技术发展思路研究［J］．计算机测量与控制，2009，17（3）：437－439．

［56］张勇．装备测试性虚拟验证试验关键技术研究［D］．国防科学技术大学，2012．

［57］李彬轩．柴油机电控单元硬件在环仿真系统的设计及其相关研究［D］．浙江大学，2001．

［58］李彤，屈金标，李闯．基于物理层的车载CAN总线测试系统［J］．四川兵工学报，2011（5）：113－114．

［59］吴海峰．重型卡车总线检测技术研究［J］．试验测试，2011（4）：40－43．

［60］董文岳，蒋晓华，颜军．便携式1553B总线测试系统的设计与实现［J］．军民两用技术与产品，2011（10）：54－56．

［61］宋小庆．军用车辆综合电子系统总线网络［M］．北京：国防工业出版社，2010．

［62］杨榜林，岳全发．军事装备试验学［M］．北京：国防工业出版社，2008．

［63］张心源，李白杨．大数据的概念、技术及应用［J］．创新科技，2013，12（9）：43－44．

［64］郭齐胜，董志明，李亮，等．系统建模与仿真［M］．北京：国防工业出版社，2005．

［65］张永锋，骆清国．装甲车辆柴油机整机性能的综合评价［J］．机械工程学报，2006（S1）：205－208．

［66］蔡家明．内燃机综合性能的模糊评价方法［J］．上海工程技术大学学报，2004（03）：260－263．

［67］马修真，等．内燃机实验学［M］．哈尔滨：哈尔滨工程大学出版社，2012．

［68］［德］京特·P.默克，吕迪格·泰希曼．内燃机原理：工作原理、数值模拟与测量技术．上［M］．高宗英，等，译．北京：机械工业出版社，2019．

［69］［德］京特·P.默克，吕迪格·泰希曼．内燃机原理：工作原理、数值模拟与测量技术．下［M］．高宗英，等，译．北京：机械工业出版社，2019．

［70］罗红英，等．内燃机及动力装置测试技术［M］．哈尔滨：哈尔滨工程大学出版社，2006．

[71] ［英］A．J．马特，M．A．普林特．发动机试验理论与实践［M］．宋进桂，等，译．北京：机械工业出版社，2009．

[72] 周广猛，刘瑞林，董素荣，等．柴油机高原环境适应性研究综述［J］．车用发动机，2013（4）：15－19．

[73] 马桂香，马俊生，等．柴油机三高环境下性能提升技术研究现状与展望［J］．小型内燃机与车辆技术，2017（1）：73－78．

[74] 钟玉伟，杨怀山，段家修，等．柴油机高温环境下可靠运行的试验研究［J］．小型内燃机与摩托车，2005（03）：43－45．

[75] 张怡军，段春霞．基于进气预热对柴油机低温起动影响的研究［J］．内燃机与动力装置，2008（3）：10－13．

[76] 丛孟营．电控柴油机低温起动性能关键影响因素研究［D］．天津大学，2016．

[77] 王迟宇．柴油机热平衡数值仿真与试验研究［D］．浙江大学，2007．

[78] 李玉松，张波涛，任良成，等．增压中冷柴油机热平衡试验研究［J］．内燃机与配件，2014（8）：1－3．

[79] 张晗亮．以FMECA为中心的柴油机可靠性研究［D］．电子科技大学，2009．

[80] 田立新，刘家满．柴油机可靠性试验研究概述［J］．汽车工业研究，2013（2）：50－53．

[81] 何邦全，等．内燃机排放控制原理［M］．北京：科学出版社，2018．

[82] 张志华，周松，黎苏，等．内燃机排放与噪声控制［M］．哈尔滨：哈尔滨工程大学出版社，2003．

[83] 韩西，廖东，钟厉．整周期采样法在柴油机振动测试中的应用［J］．现代制造工程，1999（4）：23－24．

[84] 李玉军．柴油机结构噪声预测及其优化控制的研究［D］．武汉理工大学，2007．

[85] 石秀勇，乔信起，倪计民，等．多次喷射改善柴油机噪声及污染物排放的试验研究［J］．内燃机工程，2010，31（5）：25－29．

[86] 程广伟．履带车辆HMCVT测试技术研究及应用［D］．武汉：武汉理工大学，2008．

[87] 胡纪滨，苑世华．液压机械无级传动的特性研究［J］．机械设计，2000（4）：28－30．

[88] 曹付义，周立志．履带拖拉机液压机械双工率流差速转向机构设计［J］．农业机械学报，2006，37（9）：5－8．

［89］李光哲，孙勇，张鸿琼. 双流传动履带车辆实现方向盘转向的实验研究［J］. 农业工程学报，2008，24（8）：109－112.

［90］Antonio R，Alarico M. Multi－objective Optimization of Hydro－mechanical Power Split Transmissions［J］. Mechanism and Machine Theory，2013，62：112－128.

［91］Whalley R，Ebrahimi M. The Regulation of Mechanical Drive Systems［J］. Applied Mathematical Modeling，2000，24（4）：247－262.

［92］王丽芳，葛安林，张俊智，等. 采用预测控制的自动变速器动态电加载试验台的研制［J］. 汽车工程，1997，19（5）：311－315.

［93］杜保强，杜书玲. 利用 LabVIEW 进行发动机台架试验［J］. 车用发动机，2004（149）：55－56.

［94］沈顺成，余敏. 汽车液压动力转向器测试系统［J］. 汽车技术，2005，10（1）：23－25.

［95］徐立友，周志立，彭巧励，等. 多段式液压机械无级变速器方案设计与特性研究［J］. 中国机械工程，2012，23（21）：2641－2645.

［96］秦大同，张志龙，叶明. 重型汽车机械自动变速器传动试验台测控系统开发［J］. 重庆大学学报（自然科学版），2009，32（1）：11－16.

［97］王皖君，张为公，杨帆，等. 变速器试验台测控系统设计［J］. 测控技术，2011，30（9）：38－42.

［98］潘宏侠，黄晋英，郭彦青，等. 装甲车辆动力传动系统载荷谱测试方法研究［J］. 震动、测试与诊断，2009，29（1）：105－109.

［99］党玲，刘云鹏，等. 车辆传动装置嵌入式无线扭矩测试系统研究［J］. 计算机测量与控制，2011，19（16）：1338－1340.

［100］陈彦辉，郭旻，何宗颖，等. 炮口振动测试方法与实践［J］. 火炮发射与控制学报，2010，3（1）：80－83.

［101］许宏泉. 某型舰作战系统设备测试性验证技术［J］. 舰船电子工程，2010（3）：136－139.

［102］李天梅. 装备测试性验证试验优化设计与综合评估方法研究［D］. 国防科学技术大学，2010.

［103］钱彦岭. 测试性建模技术及其应用研究［D］. 国防科学技术大学，2002.

［104］徐萍. 测试性试验方法与试验平台研究［D］. 北京航空航天大学，2006.

［105］任向隆，马捷中，曾宪炼. 基于 VHDL 的故障注入技术研究［J］. 测

控技术，2009，28（11）：73－76.

[106] 田仲，石君友. 现有测试性验证方法分析与建议［J］. 质量与可靠性，2006（2）：47－51.

[107] 张勇，邱静，刘冠军，等. 面向测试性虚拟验证的功能－故障－行为－测试－环境一体化模型［J］. 航空学报，2012，33（2）：273－286.

[108] 陈希祥. 装备测试性方案优化设计技术研究［D］. 国防科学技术大学，2011.

[109] 田仲. 测试性验证方法研究［J］. 航空学报，1995，16（S1）：65－70.

[110] 李鹏波，张金槐. 仿真可信性的研究综述［J］. 计算机仿真，2007，17（4）：12－14.

[111] 沈亲沐. 装备系统级测试性分配技术研究及应用［D］. 国防科学技术大学，2007.

[112] Brown M，Proschan F. Imperfect Repair［J］. Journal of Applied Probability，1983，20（4）：851－859.

[113] Chan J K，Shaw L. Modeling Repairable Systems with Failure Rates That Depend on Age and Maintenance［J］. IEEE Transactions on reliability，1993，42（4）：566－571.

[114] Doyen L，Gaudoin O. Imperfect Maintenance in a Generalized Competing Risks Framework［J］. Journal of Applied Probability，2006，43（3）：825－839.

[115] Lim J H，Lu K L，Park D H. Bayesian Imperfect Repair Model［J］. Communications in Statistics－Theory and Methods，1998，27：965－984.

[116] 张春香. 可维修系统的可靠性研究［D］. 燕山大学，2001.

[117] 谈树萍，袁洪涛，韩禄亮. 装甲车辆故障随机过程分析［J］. 兵工学报，2006，27（6）：961－964.

[118] 王国权. 车辆平顺性虚拟试验技术的研究［D］. 中国农业大学，2002.

[119] 赵伟. 基于仿真的模拟电路故障诊断技术研究［D］. 华中科技大学，2006.

[120] 王圣金，苏春，许映秋. 基于 petri 网和梦特卡洛仿真的液压系统可靠性研究［J］. 机械科学与技术，2006，25（10）：1206－1209.

[121] 孙宇峰. 功能可靠性仿真技术研究［D］. 北京航空航天大学，2000.

［122］ 江振宇. 虚拟试验理论、方法及其应用研究［D］. 国防科学技术大学，2007.

［123］ 高燕，高松，赵明. SAE J1939 协议在客车上的应用现状及展望［J］. 工业控制计算机，2006，19（4）：68－70.

［124］ 李金波，刘明黎. 基于霍尔传感器的转速测量系统的设计［J］. 河南科技学院学报，2009（3）：54－56.

［125］ 努尔江·朱. 汽车 ABS 车轮转速传感器的检查和调整［J］. 汽车运用，2007（10）：29－30.

［126］ 黎廷云. 磁电式转速传感器的分类及评述［J］. 仪表技术与传感器，1989（5）：22－26.

［127］ 柴保明，王祖讷. 发动机整机性能综合评价［J］. 内燃机学报，2002，20（1）：67－70.

［128］ 陆明. 内燃机动力特性的一个新评价指标［J］. 柴油机，1999，1：16－24.

［129］ 杨靖，李克. 内燃机使用性能评价新方法［J］. 客车技术与研究，2003，25（5）：4－6.

［130］ 周广猛，刘瑞林，董素荣，等. 柴油机高原适应性研究综述［J］. 车用发动机，2013（4）：1－5.

［131］ 许翔，刘瑞林，董素荣，等. 车用柴油机高原性能模拟试验及性能提升策略［J］. 中国机械工程，2013，21（17）：2403－2407.

［132］ 余茂宏. 车用柴油机高原增压的试验研究［J］. 汽车技术，1979（5）：7－20.

［133］ 董素荣，许翔，周广猛，等. 车用柴油机高原性能提升技术研究现状与发展［J］. 装备环境工程，2013（2）：67－70.

［134］ 李文祥，高巍，原志远，等. CA6110/125Z1A2 增压柴油机对青藏高原适应性的研究［J］. 汽车技术，2001（7）：5－12.

［135］ 林春城，刘瑞林，董素荣，等. 柴油机高原可调增压技术［J］. 军事交通学院学报，2015（9）：41－46.

［136］ 施新，李文祥. 匹配二级顺序增压系统的柴油机高原特性仿真［J］. 兵工学报，2011（4）：397－402.

［137］ 李华雷，石磊，邓康耀，等. 两级可调增压系统变海拔适应性研究［J］. 内燃机工程，2015（3）：1－5.

［138］ Nicola T, Ricardo M B, Alessandro R, et al. Mild Hybridization via Electrification of the Air System：Electrically Assisted and Variable Geometry Turbocharging Impact on an Off – road Diesel Engine [J]. Journal of Engineering for Gas Turbines and Power, 2014: 031703 – 031712.

[139] Aki G, Petri S, Juha H, et al. Design and Experiments of Tow – stage Intercooled Electrically Assisted Turbocharger [J]. Energy Conversation and Management, 2016, 111: 115 – 124.

[140] 赵永生, 张虹, 王绍卿. 车用电辅助涡轮增压技术发展 [J]. 车辆与动力技术, 2010 (2): 54 – 57, 64.

[141] 张克松, 王桂华, 李国祥. 电辅助涡轮增压技术的发展综述 [J]. 内燃机与动力装置, 2008 (2): 31 – 35, 40.

[142] 王军. WD615 柴油机高原适应性技术研究 [J]. 山东内燃机, 2003 (03): 22 – 27.

[143] 沈颖刚, 杨杰, 马涛, 等. 燃烧室结构对柴油机燃烧过程影响及边界适应性的模拟研究 [J]. 小型内燃机与车辆技术, 2016, 45 (2): 1 – 9.

[144] 魏恒达, 黄林. 高寒地区如何克服发动机 "缺氧" [J]. 汽车维修, 2000 (9): 52.

[145] 刘瑞林, 靳尚杰, 孙武全, 等. 提高柴油机低温起动性能的冷起动辅助措施 [J]. 汽车技术, 2007 (6): 5 – 8.

[146] 冀树德, 王天太, 李宁, 等. 12 缸柴油机低温条件下的起动方法研究 [J]. 车用发动机, 2013 (4): 71 – 74.

[147] 孙树仁, 戴辅民. 东风柴油机低温冷启动性能与低温用发动机油 [J]. 汽车工艺与材料, 2005 (1): 35 – 38.

[148] 王恒, 洪光, 付冠生, 等. 超级电容器用于汽车低温启动可行性研究 [J]. 北京汽车, 2015 (6): 39 – 41.

[149] 魏广华. 柴油机的低温启动措施 [J]. 工程机械与维修, 2011 (1): 164 – 166.

[150] 张炳力, 徐德胜, 金朝勇, 等. 超级电容在汽车发动机起动系统中的应用研究 [J]. 合肥工业大学学报 (自然科学版), 2009, 32 (11): 1648 – 1651.

[151] 周磊, 刘瑞林, 欧阳光耀, 等. 基于冷却液温度的柴油机不同海拔燃烧过程参数研究 [J]. 小型内燃机与车辆技术, 2016, 45 (1): 5 – 9.

[152] 刘楠, 周磊, 张文建, 等. 柴油机高海拔热平衡模拟试验系统开发 [J]. 热科学与技术, 2016 (2): 129 – 134.

［153］栾忠贤，朱云. 高原地区含氧混合燃料对小型柴油机性能及排放的影响［J］. 装备制造技术，2007（5）：10－12.

［154］Benjumea P，Agudelo J，Agudela A. Effect of Altitude and Palm Oil Biodiesel Fueling on the Performance and Combustion Characteristics of a HSDI Diesel Engine［J］. Fuel，2009，88：725－731.

［155］肖广飞，乔信起，黄震，等. 膜法富氧技术在内燃机上应用的研究进展［J］. 农业机械报，2007，38（2）：183－188.

［156］李亭. 康明斯QSK60发动机高温故障分析及处理方法［J］. 内燃机，2011（6）：50－52.

［157］赖伟，喻寿益. 网络延时对PID控制系统性能影响的分析［J］. 信息与控制，2007，36（3）：302－307.

［158］赵雯，胡德凤. 武器系统虚拟试验验证技术发展研究［J］. 计算机测量与控制，2008，16（1）：1－3.

索 引

471

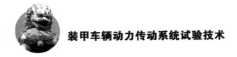

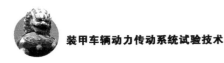

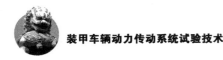